大型地下洞室群围岩稳定动态控制技术

周　恒　狄圣杰　等著

黄河水利出版社
·郑州·

内容提要

本书依托国家西部地区多个大型水电站地下厂房的洞室工程建设项目，结合行业领域科研、设计、施工、监测和运行等技术开发课题成果，围绕洞室群不同开挖阶段围岩稳定面临的主要问题和矛盾演变，通过开展系列技术攻关与工程实践，研究并建立了一套水利水电大型地下洞室群围岩稳定动态分析理论、方法、控制标准、评价体系及动态控制系列施工技术，并在国内外十多个大型水利水电工程中进行了应用。

本书适用于从事水利水电工程设计、施工与科研的工程技术人员，对高等院校相关专业的学生也有较好的学习意义。

图书在版编目(CIP)数据

大型地下洞室群围岩稳定动态控制技术/周恒等著
.—郑州：黄河水利出版社，2021.8
ISBN 978-7-5509-3064-3

Ⅰ.①大…　Ⅱ.①周…　Ⅲ.①水利水电工程-地下洞室-围岩稳定性-研究　Ⅳ.①TV5

中国版本图书馆 CIP 数据核字(2021)第 159034 号

出 版 社：黄河水利出版社　　网址：www.yrcp.com
地址：河南省郑州市顺河路黄委会综合楼 14 层　邮政编码：450003
发行单位：黄河水利出版社
发行部电话：0371-66026940、66020550、66028024、66022620(传真)
E-mail：hhslcbs@126.com
承印单位：广东虎彩云印刷有限公司
开本：787 mm×1 092 mm　1/16
印张：22.5
字数：520 千字
版次：2021 年 8 月第 1 版　　印次：2021 年 8 月第 1 次印刷

定价：160.00 元

前 言

随着地下空间建设、区域能源优化、绿色低碳等国家战略发展目标的推进，水电资源因其具有可再生、成本低、环保安全等优点，成为优先开发利用的能源之一。由于大部分水电资源集中在西部高山峡谷地区，受峡谷地形限制，地下厂房成为最常见的布置形式。水电站地下厂房主体洞室一般包括主厂房、主变室、尾水调压室。主体洞室与压力管洞、母线洞、尾水管洞以及通向地面的出线洞（井）、通风洞（井）、交通洞、尾水隧洞、排水洞等附属洞室一起，形成规模宏大、纵横交错的地下洞室群工程。

我国在水电站地下洞室群工程勘察、设计、施工和管理方面的理论、方法、技术和措施都已取得显著的发展。随着科学技术的进步，水利水电工程装机不断向大容量方向发展，其对地下厂区围岩开挖尺寸提出了更大的要求，然而面对地质条件复杂区域的大型洞室工程建设，如高地应力区、机理特殊的层状围岩区等，在开挖过程中，洞室群围岩经历围岩卸荷、应力重分布的复杂过程，易产生围岩大变形、剥落、掉块、垮塌、岩爆等破坏现象，对工程安全造成威胁，尤其是水利水电工程的大跨度、高边墙地下大型洞室群，围岩稳定性问题更加突出。复杂且不确定、多因素的存在，给地下洞室群围岩稳定判断和工程建设带来了较大挑战，如何确保地下洞室群围岩安全稳定，是目前大型地下工程建设遇到的难点和重点。

本书将大型地下厂房洞室群围岩稳定相关理论、经验和实践总结提升为“大型地下洞室群围岩稳定动态控制技术”，形成大型地下洞室群围岩稳定动态分析理论、方法、控制标准、评价体系及动态控制系列施工技术，对围岩稳定性在技术上做到预分析期、大顶拱成型期、高边墙形成期、洞室贯通期的分期，及各洞室间分区、分层、分序的多维动态调控，在实践中做到分析设计、检测监测、围岩变形、块体控制、开挖施工、支护措施的协调同步，在保证围岩整体和局部稳定的前提下，充分发挥围岩自承能力和支护措施的维稳能力，确保工程施工期和运行期安全稳定。本书研究成果成功解决了高边墙、大跨度、多洞立体交叉等复杂布置方式下的大型地下洞室群围岩设计、监测、施工、控制、评价等难题，为保障工程安全、减少二次支护、保证工程工期、降低工程造价、优选设计参数等有着重大工程实际意义，为地下工程的设计、施工和运行管理提供了重要参考。

本书第 1 章由周恒编写；第 2、3 章由狄圣杰、陆希编写；第 4 章由张建海、吕庆超编写；第 5 章由王明疆、狄圣杰编写；第 6 章由张建海、李祖锋、杨静安、黄艳艳编写；第 7 章由王明疆、刘静、黄鹏、张莹、邢瑞蛟编写；全书由周恒、狄圣杰、陆希统稿。

为推广应用该书研究成果，发挥应有效益，作者特撰写此书献于广大水电建设者，同时对有助于本书编制完成的其他科研院所单位及相关科技人员、编辑人员表示衷心感谢。由于作者水平有限，书中难免会有一些错漏与不足，敬请读者批评指正。

作 者

2021 年 8 月于西安

目　录

1 绪 论

1.1 水电站地下厂房建设现状

水电资源因其具有可再生、成本低、环保安全等优点,成为世界各国优先开发的能源。我国是世界上水电资源最丰富的国家之一,西南地区水能资源蕴藏量 694 400 MW,技术可开发装机容量 541 640 MW,均居世界首位。但我国水电资源分布不均匀,大部分集中在西部高山峡谷地区,工程开发难度大。受峡谷地形限制,地下厂房成为常见的布置形式。

自 20 世纪 50 年代以来,我国水电站地下厂房建设发展迅速。1956 年,中华人民共和国第一座水电站地下厂房(古田溪一级)建成;20 世纪七八十年代,白山(装机 900 MW,1974 年投产发电)和刘家峡(装机 1 225 MW,1984 年投产发电)等一批水电站地下厂房工程陆续建成,地下水电站装机 1 000 MW,单机容量达到 300 MW,设计和施工技术得到了较大发展;20 世纪 90 年代,二滩(3 300 MW,1998 年投产发电)、广蓄一期(1 200 MW,1993 年投产发电)、广蓄二期(1 200 MW,1999 年投产发电)等一批地下厂房的成功建设极大推动了我国地下厂房设计、建设和安全控制技术的发展,也标志着我国水电站地下厂房洞室群建设技术达到国际先进水平;2000 年后,溪洛渡(13 860 MW)、龙滩(5 400 MW)、锦屏二级(4 800 MW)、三峡右岸(4 200 MW)、拉西瓦(4 200 MW)、锦屏一级(3 600 MW)、向家坝(3 200 MW)等一大批水电站超大型地下厂房工程的建成投产,标志着我国水电站地下厂房洞室群建设技术居于世界领先地位。

据不完全统计,全世界已建成地下式水电站超过 600 座,其中挪威 200 余座,是世界上地下式水电站数量最多的国家,且有 2 座地下电站装机超过 1 000 MW。我国至 2015 年底已建成 120 余座地下式水电站;装机容量超过 1 000 MW 的地下式水电站 40 余座,且主厂房跨度超过 25 m 的超大地下洞室群电站有 27 座。表 1-1 列出了世界上装机规模前 10 的地下式水电站,除加拿大的拉格朗德二级和丘吉尔瀑布外,其余 8 座均在我国;溪洛渡装机 13 860 MW 为世界第一大地下式水电站,洞室群规模最大。

表 1-1 世界已建装机规模前 10 的地下式水电站

序号	电站名称	国家	装机容量(MW)	单机容量×台数(MW×台)	厂房尺寸(长×宽×高)(m×m×m)	岩性	建成年份
1	溪洛渡	中国	13 860	770×(左$_9$+右$_9$)	左 439.74×31.9×75.6 右 443.34×31.9×75.6	玄武岩	2014
2	龙滩	中国	6 300	700×9	388.5×30.3×74.5	砂岩、泥板岩	2009
3	糯扎渡	中国	5 850	650×9	418×29×79.6	花岗岩	2014

续表 1-1

序号	电站名称	国家	装机容量（MW）	单机容量×台数（MW×台）	厂房尺寸（长×宽×高）（m×m×m）	岩性	建成年份
4	拉格朗德二级	加拿大	5 280	330×16	490×26.3×47.2	花岗岩	1980
5	丘吉尔瀑布	加拿大	5 225	475×11	300×24.5×45.5	辉长岩	1971
6	锦屏二级	中国	4 800	600×8	352.4×28.3×72.2	大理岩	2014
7	三峡右岸	中国	4 200	700×6	311.3×32.6×87.3	花岗岩	2009
8	小湾	中国	4 200	700×6	298.4×30.6×79.3	片麻岩	2012
9	拉西瓦	中国	4 200	700×6	311.7×30.0×73.8	花岗岩	2011
10	锦屏一级	中国	3 600	600×6	277×29.6×68.8	大理岩	2014

巨型水电站地下厂房的洞室群规模巨大，表 1-2 列出了截至 2018 年我国已建单机容量前 20 的地下式水电站的主厂房、主变室、尾水调压室等三大洞室的特征参数。向家坝地下厂房单机容量 800 MW 为世界上已建单机容量最大的地下式水电站，表 1-3 列出了本项目依托的 4 座地下式水电站的主厂房、主变室、尾水调压室等三大洞室的特征参数。这四个地下厂房跨度从 17.2~30.0 m，地应力水平从 8.0~29.7 MPa，有良好代表性。

表 1-2　我国已建单机容量前 20 的水电站地下洞室群特征参数表

序号	电站名称	装机容量（MW）	单机容量×台数（MW×台）	主厂房尺寸（长×宽×高）（m×m×m）	主变室尺寸（长×宽×高）（m×m×m）	尾水调压室尺寸（长×宽×高）（m×m×m）或（个数φ直径×高）	岩性	建成年份
1	向家坝	3 200	800×4	255.4×33.4×85.2	192.3×26.3×23.9	—	砂岩，夹少量泥岩	2014
2	溪洛渡	13 860	770×18	左：439.74×31.9×75.6 右：443.34×31.9×75.6	左：349.3×33.32×19.8 右：349.3×33.32×19.8	左：317×95.0 ×25.0 右：317×95.0 ×25.0	玄武岩	2014
3	三峡右岸	4 200	700×6	311.3×32.6×87.3	—	—	花岗岩	2009
4	小湾	4 200	700×6	298.4×30.6×79.3	257×22×32	2 φ 38×91.02	片麻岩	2012
5	拉西瓦	4 200	700×6	311.8×30.0×74.9	232.6×29.0×51.5	2 φ 29.6×69.3	花岗岩	2011
6	龙滩	6 300	700×9	388.5×30.3×74.5	397×19.5×22.5	95.3×21.6×89.7	砂岩、泥板岩	2009
7	糯扎渡	5 850	650×9	418×29×79.6	348×19×22.6	3 φ 38×94	花岗岩	2014

续表 1-2

序号	电站名称	装机容量(MW)	单机容量×台数(MW×台)	主厂房尺寸(长×宽×高)(m×m×m)	主变室尺寸(长×宽×高)(m×m×m)	尾水调压室尺寸(长×宽×高)(m×m×m)或(个数Φ直径×高)	岩性	建成年份
8	大岗山	2 600	650×4	226.5×30.8×73.7	144×18.8×25.6	132×24.0×75.08	花岗岩	2015
9	锦屏二级	4 800	600×8	352.4×28.3×72.2	374.6×19.8×31.4	192.3×26.3×23.9	大理岩	2014
10	官地	2 400	600×4	243.4×31.1×76.3	197.3×18.8×25.2	205×21.5×72.5	玄武岩	2013
11	锦屏一级	3 600	600×6	277×29.6×68.8	201.6×19.30×32.54	Φ41×80.5/Φ37×79.5	大理岩	2014
12	构皮滩	3 600	600×6	230.4×27.0×75.3	207.1×15.8× 21.34	—	灰岩	2011
13	瀑布沟	3 300	550×6	294.1×30.7×70.1	250.3×18.3×25.6	178.87×17.4×54.15	花岗岩	2010
14	二滩	3 300	550×6	280.3×30.7×65.3	214.9×18.3×25	203×19.8×69.8	正长岩、玄武岩	2000
15	水布垭	1 600	400×4	168.5×23.0×65.4	—	—	灰岩、页岩	2009
16	鲁地拉	2 160	360×6	267×29.8×77.2	203.4×19.8×24	184×24×75	变质砂岩	2014
17	彭水	1 750	350×5	252×30×68.5	—	—	灰岩、灰质页岩	2008
18	小浪底	1 200	300×4	251.5×26.2×61.44	174.7×14.4×17.85	175.8×16.6/6.0×20.6	砂岩、黏土岩	2001
19	大朝山	1 350	225×6	234×26.4×63	157.65×16.2×17.95	271.4×22.4×73.6	玄武岩	2003
20	思林	1 050	262.5×4	177.8×27.0×73.5	130×19.3×37.7	—	灰岩	2009

表 1-3　本项目主要依托的 4 座水电站地下洞室群特征参数

序号	电站名称	装机容量(MW)	单机容量×台数(MW×台)	主厂房尺寸(长×宽×高)(m×m×m)	主变室尺寸(长×宽×高)(m×m×m)	尾水调压室尺寸(长×宽×高)(m×m×m)或(个数Φ直径×高)	岩性	最大主力(MPa)	建成年份
1	拉西瓦	4 200	700×6	311.7×30×73.8	354.75×29×53	2Φ32×69.3	花岗岩	29.7	2011
2	乌弄龙	990	247.5×4	189×26.7×70.25	143.7×18×34.3	116.5×20×65.9	砂质板岩	10.0	2017
3	功果桥	900	225×4	195×27.8×72.6	134.8×16.5×39	130×25×70	砂岩	14.03	2011
4	金桥	66	22×3	83.8×17.2×35.9	71.65×16.55×17.7	—	砂岩	8.0	2018

1.2　大型地下洞室群工程建设关键技术问题

我国近20年来在水电站地下洞室群工程勘察、设计、施工和管理的理论、方法、技术和措施方面都已取得长足的发展,但西部地区水电站地下洞室群工程所面临的挑战依然艰巨。受西部地区典型河谷地貌特征和区域强烈的“高地应力”和“强地震活动”的内外动力条件的影响,水电站地下洞室群工程面临的工程复杂性前所未有。

地下厂房洞室群规模巨大,主体洞室一般包括主厂房、主变室、尾水调压室。主体洞室与压力管洞、母线洞、尾水管洞以及通向地面的出线洞(井)、通风洞(井)、交通洞、尾水隧洞、排水洞等附属洞室一起,形成规模宏大、纵横交错的地下洞室群工程(见图1-1)。洞室围岩常常处于高地应力、断层结构面切割的复杂岩体结构环境中。在开挖过程中,洞室群围岩经历围岩卸荷、应力重分布的复杂过程,易产生围岩大变形、围岩剥落、掉块、垮塌、岩爆等破坏现象,对工程安全造成威胁。

国内20世纪90年代建成的二滩水电站地下厂房最大跨度30.70 m,主厂房高度65.38 m。厂区最大主应力实测值高达38.4 MPa,导致高边墙最大位移184.6 mm,变形影响深度5~15 m,在施工过程中出现了锚索张力超限、局部断索的情况。目前已建或在建的水电站大型地下厂房,国外的如Okutataragi、Okawachi等,国内的如锦屏一级、猴子岩、白鹤滩等,最大主应力实测值都超过30 MPa,开挖过程中出现了不同程度的围岩破裂、喷层裂缝、洞周大变形破坏、锚索锚固力超限等现象。

例如,锦屏一级地下厂房几乎整个主机间下游拱腰都出现了开裂现象,且裂缝弯曲,不连续,为向临空面鼓胀破坏(见图1-2)。打开喷混凝土后,发现出现围岩强烈破坏的部位正是由顶拱转为直边墙的拱座位置,由于洞室形态的陡变而产生极高的应力集中,围岩强度偏低与地应力量值偏大之间的矛盾,是导致该部位围岩弯曲折断破坏的根本原因。

乌弄龙水电站地下厂房主变室岩性为灰色变质砂岩、深灰色泥质板岩及砂质板岩与灰色砂岩互层,岩质较坚硬。洞室以层状结构为主,结构面较发育,发育的小断层有f_2、f_3、f_4、f_5等4条,宽度一般2~10 cm,多为层间形成的挤压带,充填糜棱岩、挤压片状岩,胶结一般较差。两侧边墙局部开挖后裂隙组合形成以倾向洞内裂隙面为底滑面的块体塌落现象(见图1-3)。

洞室群开挖支护施工过程中遇到高地应力引起的围岩系统性破坏现象,给工程建设安全和施工进度等造成很大影响,有些不得不中途停工,专门进行深入研究和采取专门加固措施。这些问题极大地提高了人们对地下工程高地应力破坏现象的认识,促进了工程界和科研人员对地下工程高地应力问题的分析研究工作。高地应力是洞室群赋存地质环境的固有属性,是客观因素,因此工程建设必须适应和尽可能规避其对地下工程安全稳定的影响,不断提升水电工程大型洞室群的设计和建造水平。

可见,地下厂房洞室群的围岩稳定性是事关工程成败的关键技术问题。大型地下洞室群工程建设的关键技术问题实质上是复杂地质条件下围岩变形和稳定性的合理动态控制问题。本项目将大型地下厂房洞室群围岩稳定相关经验、理论和实践总结提升为“大型地下洞室群围岩稳定多维动态控制关键技术”,对围岩稳定性在技术上做到分期、分层、分区、分序的动态调控,其关键是针对开挖不同阶段围岩稳定面临的主要问题和矛盾

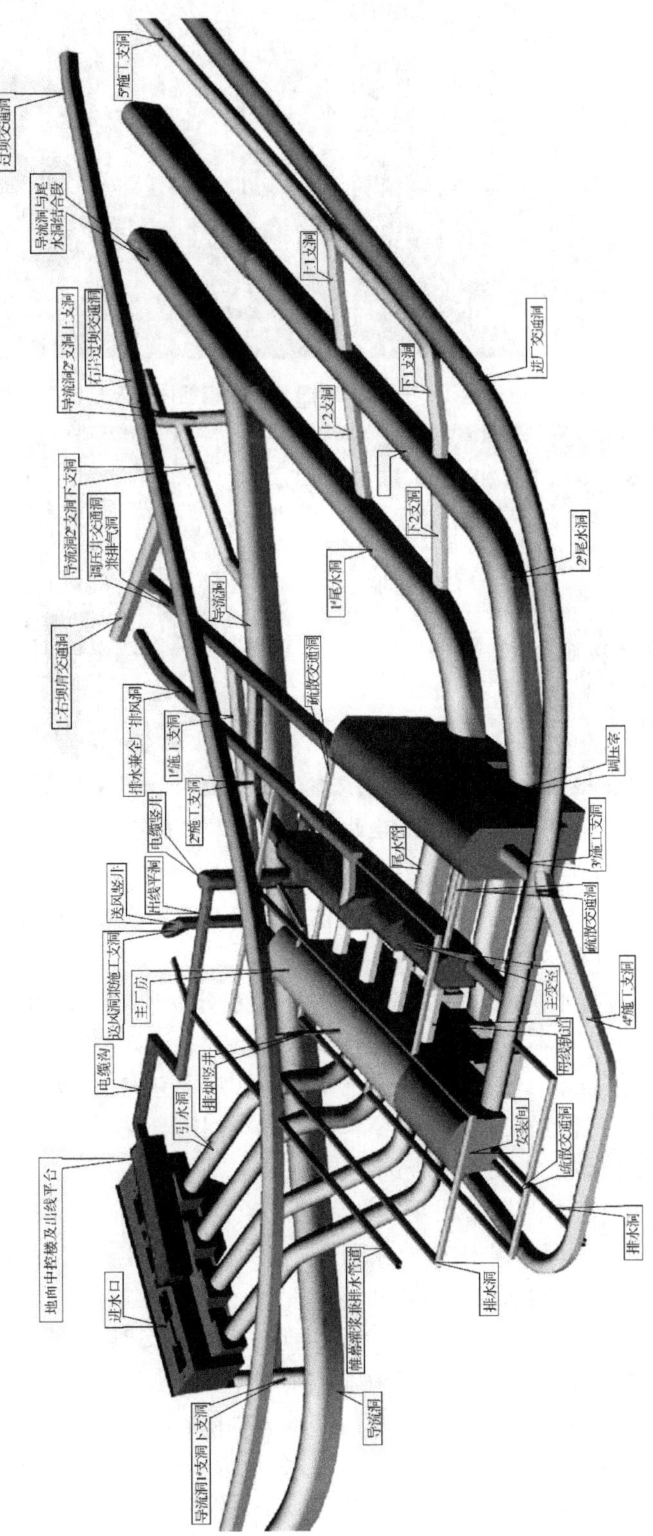

图 1-1 功果桥水电站地下洞室布置图

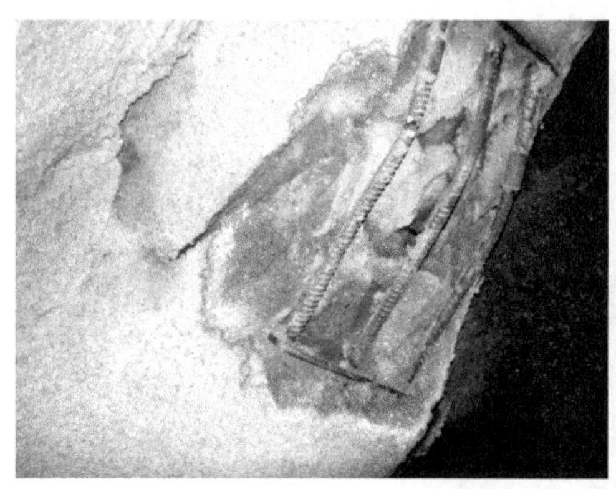

图 1-2 锦屏一级水电站地下厂房下游喷混凝土的钢筋内鼓及局部裂缝现象

图 1-3 乌弄龙水电站主变室边墙块体塌落

演变，提出有针对性的开挖支护措施，做到开挖施工、围岩变形、支护措施的协调，在保证围岩整体和局部稳定的前提下，充分发挥围岩自承能力和支护措施的维稳能力，确保工程施工期和运行期安全稳定。主要内容包括：

(1)分期动态调控技术。将洞室群开挖的整个过程分为顶拱形成期、边墙形成期、洞室群贯通期三个阶段，针对不同阶段的稳定性要求开展动态设计与围岩稳定性控制。

(2)分层动态调控技术。依据岩石力学原理，避免大开挖、大扰动。对三个开挖阶段每层开挖深度控制在合理范围，并根据洞室群开挖的空间组合关系，确定各层的开挖优先级，使得围岩应力逐步释放，也便于逐级进行支护。

(3)分区动态调控技术。依据现场实测资料和反演分析，确定围岩破坏区、强松弛区、弱松弛区分界线；分析应力集中区发生部位及程度，进而对洞室进行合理动态支护和变形控制，在岩体保持稳定的前提下协调变形。

(4)分序动态调控技术。对围岩开展合理、有序、有度的支护。原则上应充分发挥围岩的自稳能力和抗变形能力，围岩和支护措施和荷载分配关系适当。支护过早，会使得支护结构承受过大围岩变形，甚至超出支护结构的承载极限；支护过晚，可能使围岩变形过度发展，造成围岩破坏甚至洞体垮塌。支护过强，会造成过度支护，形成浪费；支护过弱，则达不到控制围岩变形的目的，造成围岩持续变形甚至破坏。

1.3 水电工程地下洞室群围岩稳定性研究现状

大型地下洞室群的结构以及地质条件复杂,其围岩稳定性受到施工方法、支护方式及围岩自身等多方面因素影响。我国现阶段建设的水电站多处于深山峡谷中,地质情况较为复杂,开挖后的围岩受到应力重分布的影响而易产生变形,对围岩稳定十分不利,而地下洞室的围岩稳定性影响着施工设计方案的成败,因此对地下洞室围岩稳定性进行研究分析成为水电站设计的关键问题和重要课题。

1.3.1 国内研究现状

聂卫平等针对向家坝水电站地下厂房围岩的特殊性进行了稳定性研究,考虑流变作用,建立三维有限元模型进行数值计算,以洞室变形和点抗滑安全系数为指标,发现随着围压的增高,流变速率逐渐减小,初始应变逐渐减小;软弱夹层处流变速率较其他岩体减小缓慢,且开挖后流变达到稳态状态时软弱夹层最终流变位移较大;流变效应对岩体变形和稳定性,以及对支护结构有重要影响;点抗滑安全系数分析还表明,软弱夹层对其稳定性影响明显,验证了位移分析结果。

樊启祥等结合模拟分析和监测数据结果,分析了向家坝水电站缓倾角岩层中大跨度地下洞室群的开挖致使顶拱围岩稳定问题突出,为典型结构面控制型地下岩体工程,并采取三维离散单元法与应力位移监测相结合的研究对策,对围岩稳定进行综合分析,实施对穿锚索和系统锚杆的加固对策,并基于监测成果说明厂房顶拱围岩在开挖加固后的稳定性。研究表明,浅至中等埋深结构面控制型围岩稳定问题必须加强工程地质分析,重视岩体的非连续性和各向异性,宜采用非连续介质力学分析方法进行分析,以实施针对性加固措施。

左双英等对利用处于 FLAC3D 软件对中高地应力场的水电站地下厂区进行了分期开挖过程中洞周应力场、位移场和破坏区的分布规律分析。结果表明,给定的开挖顺序和支护条件有效地限制了围岩的破坏区发展和变形,改善了围岩的应力状态,但是围岩条件相对于高地应力场来说较弱,深部开挖扰动难以控制,认为需在局部位置加强支护。

许强、程丽娟等通过室内试验、理论分析、数值模拟和现场原位监测等方法研究了锦屏一级水电站地下厂房高地应力围岩变形破坏特点,并在位移反馈分析方法的基础上得出时效性位移反馈分析方法,给出该方法的数值实现路径。结果表明,岩体中的软弱结构面和岩体时效变形对工程影响较大,并为动态支护设计提供依据,对洞室群长期稳定性进行分析时,除需要将所有岩体赋为流变模型外,还应该考虑钢筋、锚墩、锚固端岩体在地下水等外在因素作用下的劣化。

Feng 等采用摄影测量法和数字钻孔摄像机对中国锦屏二级水电站深层隧道岩石剥落的主要特征包括方向、板厚和剥落深度进行了定量分析。通过扫描电子显微镜和基于 FLAC3D 的数值模拟分析了失效机制。观测结果清晰地显示了岩体剥落失效的过程;发现了顶进和底台后 D 型隧道周围的典型剥落模式,并分析了隧道内不同位置受应力状态和开挖影响的剥落形式和机制,为存在高岩爆、剥落风险的地下工程开挖支护提供建议。

Li 等通过结合连续体建模和微地震(MS)监测的方法,提出了定量预测岩层结构控制位移的方法建立考虑围岩损伤区的三维介质数值模拟,预测了两河口水电站地下洞室开挖过程中结构控制型位移,为洞室开挖支护措施设计提供了理论依据,也为溶洞开挖过程中的支护措施提供更合理的指导。

董家兴等通过多点位移计、锚杆和锚索的应力监测数据分析,将猴子岩和锦屏一级水电站地下厂房进行比较;提出了预应力锚索和锚杆的单位面积预应力支护强度计算方法,并根据评价结果对局部洞段进行针对性的围岩补强支护设计,研究为类似高地应力地下洞室围岩支护设计和支护强度评价提供参考和借鉴。

王克忠等结合地下厂房洞群的开挖支护过程,研究主洞室围岩断层带变形破坏力学机制,探讨围岩分层次支护的耦合作用机制以及力学与变形特征。基于对洞室围岩不同支护形式的数值模拟和原位监测,研究在挂网喷射混凝土支护系统中增加钢筋拱肋这一强柔性支护技术。结果表明,该种支护技术措施能有效地控制围岩变形,避免局部失稳导致洞群不稳定或垮塌现象的产生,对大型洞群开挖支护设计与施工具有重要参考价值和指导意义。

李金河等采用损伤弹塑性有限元数值方法对水电站在断层错动条件下围岩的稳定性进行分析,对监测数据进行分析和反演分析,对支护工作量进行动态设计。结合现场实际,采取改进设备和优化工艺等有效措施,极大降低了安全风险,加快了施工进度。总结了设计、开挖与支护、监测与反演等岩体工程控制措施,确定了洞室的合理开挖顺序和支护参数。

刘鹏等探究断层破碎带对地下水封洞库洞室稳定性的影响,依据湛江地下水封洞库库址区地质构造及地应力实测资料,基于 FLAC3D 有限差分软件,分析了断层破碎带距洞室不同距离时的围岩位移及模型断面典型位置的位移。结果表明:

(1)断层破碎带位置对洞室近边墙围岩稳定性影响较大,对远边墙围岩稳定性影响较小;

(2)当断层破碎带距离近边墙的距离超过 1/2 洞室跨度时,断层破碎带对洞室围岩稳定性影响可忽略。研究成果对于类似洞库工程选址及安全距离的选择具有良好的指导作用。

张頔等发现双江口水电站主厂房初步开挖过程中脆性破坏现象明显,煌斑岩脉影响洞段围岩变形问题突出。在综合围岩变形多点位移计监测、围岩裂隙钻孔成像观测、地下厂房开挖过程数值仿真和煌斑岩脉对局部洞段变形影响的 3DEC 模拟等手段下,提出了基于围岩松动圈与厂房截面面积的洞室稳定性评价方法,对围岩变形破裂特征及其稳定性开展深入研究。结果表明:第一层开挖后主厂房围岩变形整体较小,但顶拱下沉相对较大。高应力下硬性花岗岩围岩时效性变形特征不明显,围岩变形主要受开挖掌子面影响,掌子面对煌斑岩脉影响洞段变形的控制作用范围约为 1.5 倍洞室跨度。

1.3.2 国外研究现状

Zimbardo Margherita 等通过调查空洞、系统取样、岩相分析和岩土测试等方式对 Marsala (Sicily)地区地下洞室进行研究。将得到的岩土参数引入三维有限元软件中,对地下洞室的稳定性和安全性进行评价,并根据完整岩石和岩体的强度及变形模量,定义了安全系数的算法,提出了硬土-软岩地下洞室风险评估方案,可用于优化具体的勘测规划。

Ebrahim Fathi Salmi 等通过数值模型评估开挖和支护方法在控制地面运动中的作用,并讨论了预支护作为一种实用技术在软弱岩石中控制地面移动和防止沉井形成的效果。研究结果表明,裂隙性和叶状构造对岩体的强度和变形性有很大影响,而采用分阶段开挖和复合支护系统(由岩石锚杆和钢筋混凝土组成)的预支护技术是防止逐渐坍塌和避免在浅层软弱岩石开挖过程中形成沉陷洞的切实可行的补救措施。

Mahmoud Behnia 等认为地下洞口设计中考虑的参数都涉及一些不确定性。利用现场数据得到的地质强度指数分布函数和完好的岩体强度特征,采用蒙特卡洛法定义岩体参数的统计分布函数。通过点估计法对 Azad-pumped 抽水蓄能电站洞室稳定性进行了统计分析。根据支护压力和洞室周围的塑性区,提出了合适的支护体系。结合完整岩体强度和结构面参数的不确定性,将统计方法应用于岩体强度和变形能力评价以及支护选择过程中,并与确定性方法进行了比较。

Mohammad Rezaei 等采用数值分析(NA)、模糊推理系统(FIS)和多元回归(MVR)模型对主厂房洞室周围的塑性区进行了研究。在数值模拟的基础上,建立了一个新的预测方程,确定了岩洞周围侧壁中间点和诱导关键点的塑性区。对已建立的模型的性能进行了评估,应用测试数据集,并利用统计指数进行评估。结果表明,FIS 模型和 NA 模型的推导结果比 MVR 模型更精确;横向应力系数、覆土深度和岩石质量等级是最有效的参数,而抗拉强度是对岩洞周围塑性区影响最小的参数。

Vikalp Kumar 等对微地震数据进行了静态和动态参数分析,评估了岩洞的整体稳定性。通过对微地震事件的时空分析,识别出了潜在的风险区。采用横波和纵波能量之比作为指标,评估了洞室的整体稳定性。结果发现,岩体较硬会增加其吸收所致应力的能力,有助于该地区的整体稳定。结合实际工程分析,预计所处地区的一处岩体洞室周围不发生大的地震事件,也不存在对所致应力的动态不稳定区域。

Rajinder Bhasin 等采用有限元和离散元两种方法对喜马拉雅山大型地下电站的稳定性进行了数值模拟和评估。此水电站地下厂房出现大量岩石锚杆(索)失效,喷射混凝土衬砌呈现裂缝和失效痕迹,经数值分析对地下厂房周围的现行岩体质量状况进行反演计算,得到了岩洞失稳的机制。分析结果表明,该地区存在高应力体系,导致岩洞所需的岩体支护要求可能被低估,且锚索安装不到位,灌浆不彻底。另外,还研究了该地区经常发生的可能的地震影响,证明地震会导致位移和支护失效的显著增加。

Abolfazl Abdollahipour 等研究了侧向应力与竖向应力比对不同地质力学和几何学条

件下洞室行为的影响。结果表明,侧向应力与竖向应力比在 1~2 的范围内是洞室稳定性的最佳条件。在大量数值分析的基础上,利用拟合方程对洞室侧壁上的关键点位置进行了研究和确定。以关键点位移为稳定系数,研究了蘑菇形、马蹄形和椭圆形等 3 种不同形状的洞室对洞室稳定性的影响。在较大范围内的侧向应力与竖向应力比中,最理想的形状是椭圆形;在单轴应力场中,考虑岩质的影响,蘑菇形和马蹄形是首选。

Arvind Kumar Mishra 等利用 3DEC 软件对不丹 Mangdechhu 水电站进行了渐进式三维不连续数值建模分析,以优化开挖方法、顺序和支护系统。在开挖的各个阶段,利用现有的和预期的地质条件、岩体特性和仪器数据对模型进行更新,模拟开挖过程中的岩体行为,分析特定开挖阶段岩洞内的应力变化和相关位移,并在下一阶段开挖前制定安全的开挖方法、顺序和支撑系统,同时对已安装的支撑系统进行重新验证。在开挖完成后,还确定了岩洞的整体稳定性。通过数值模拟结果,优化了开挖方法、开挖顺序和支护系统,模型结果表明,采用喷射混凝土、锚杆、钢肋、锚索和十字螺栓等形式沿洞室提供的支护体系是足够的,增强了结构的稳定性。在足够的支护系统下,大部分洞室开挖区域的安全系数均大于 1,但爆破会使部分孤立区域和主要剪切区安全系数均小于 1,低强度应力比区域对洞室整体稳定性影响不大。

Atsushi Sainoki 等研究了弹塑性模型的分析解,还进行了基于大型溶洞开挖和大深度原位应力连续测量的案例研究。分析结果表明,在屈服函数相同的情况下,不同的塑性势函数之间的体积塑性应变增量有明显的差异。对不同势函数下的大洞开挖数值分析表明,Drucker-Prager(DP)和 Mohr-Coulomb(MC)势函数在应力监测点产生的开挖所致应力变化相当,但围岩的失效状态转换是不相同的。由分析可知,塑性势函数中的中间主应力在体积塑性应变的演化过程中起着至关重要的作用,从而对岩块结构的整体稳定性产生影响,尤其是对于裂缝岩块。

Mohammad Rezaei 等采用数值分析(NA)、神经网络(NN)、模糊逻辑(FL)和统计分析(SA)等模型,在大量数值模拟的基础上,拟合了一个新的预测方程,考虑了 7 个有效的基本因素,预测了地下洞室洞顶和洞底关键点的弹塑性竖向位移。在测试数据集的基础上,利用相关的统计指标对这些模型所取得的结果进行了比较,结果表明,FL 模型和 NN 模型的性能相对优于基于 NA 模型的方程。此外,这三个模型比 SA 模型更有意义。在建模结束后,所进行的敏感性分析证明,覆土深度、侧向应力系数是对竖向位移影响最大的变量,而抗拉强度是影响最小的变量。

Nader Moussaei 等认为在低应力条件下,层状岩体中隧道的稳定性取决于岩体结构(块体)和开挖几何尺寸。通过建立的物理模型,研究了层理倾角、结构面间距和隧道尺寸对隧道破坏机制的影响。在图像分析的基础上,确定了基坑周围的三个区域:静止区、坍塌区和屈曲区。层倾角对屈曲区的影响较大。崩塌带分为块体崩塌、滑动和倾倒三种形式。采用离散单元法进行了数值模拟,并进行验证。结合物理试验结果、图像分析和数值模拟结果,采用"层理倾角"和"尺寸比"对层状岩体的破坏机制进行了分类。

Yossef H. Hatzor 等探讨了地下开挖跨度与块状岩体稳定所需覆盖高度之间的限制关系,块状岩体的特点是由水平垫层平面和垂直节理组成的网络。利用非连续变形分析方法对多个洞跨与高度的洞室进行数值分析,得到稳定与不稳定开挖几何形状的边界曲线。结果表明，对于跨度不超过 18 m 的洞室，高跨比 $h/B=0.33$ 足以保证稳定性；对于跨度大于 18 m 的洞口，对洞高的需求迅速增加，当 $B=26$ m 及以上时，高跨比基本稳定在 $h/B=1.0$。

V. B. Maji 利用开发的实用等效方法尝试对 Shiobara 水电站洞室进行了三维数值模拟，这种简单的等效方法整合了岩石中的节理效应和相应的非线性，并预测其变形行为，该模型只需要从现场或实验室试验中输入少量的数据，并能有效地捕捉与节理岩体相关的非线性应力—应变响应。通过三维数值模拟分析，证明了该模型的适用性。数值结果与其他 6 个计算模型的结果进行比较，验证了其具有较高的准确性，并能够很好地精确预测变形值，证实了该方法对节理岩地下结构模拟的有效性。

可见，目前尚缺乏系统的围岩稳定动态控制相关理论、判别标准、方法和关键技术。复杂赋存环境、复杂卸荷应力路径和洞群非线性耦合条件下的大型地下洞室群围岩变位、松弛、破裂现象及其演化规律，决定了大型地下洞室群围岩稳定性难以用单一指标、单一标准进行评判，多维动态控制是大型地下洞室群围岩稳定性控制的基本特征。

1.4 本书研究内容

图 1-4 给出了本项目研究方法和技术路线。

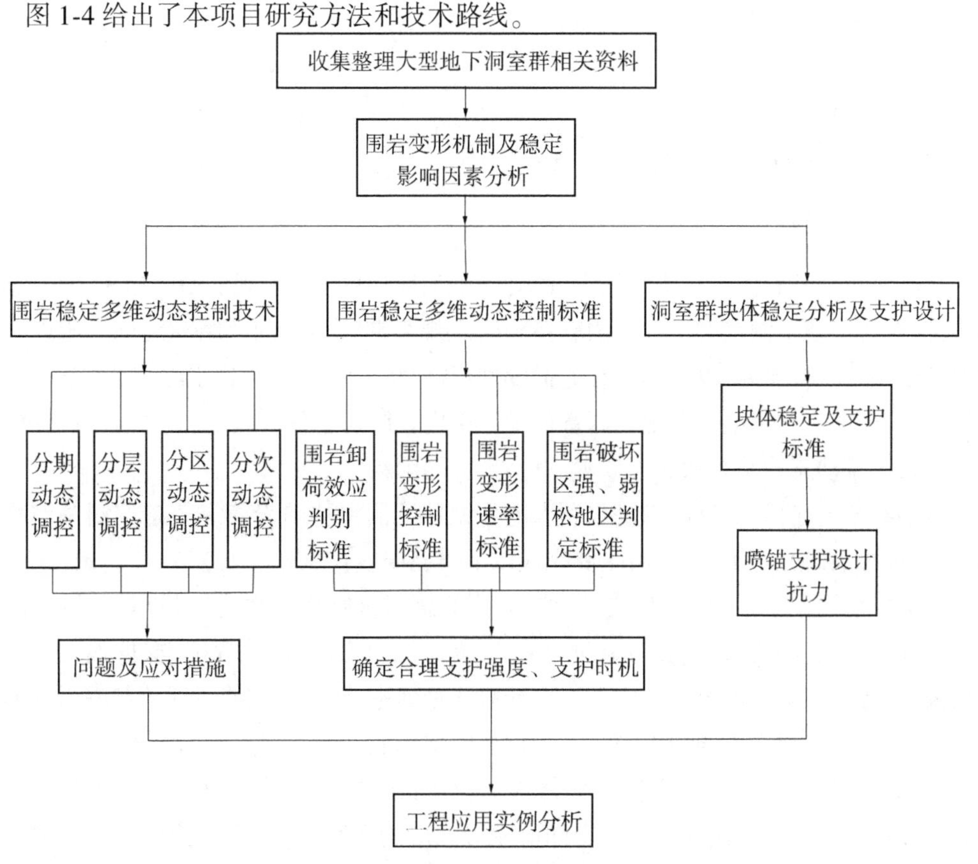

图 1-4 研究方法和技术路线

(1)收集整理国内外大型地下洞室群相关资料,包括洞室体形、地应力环境、围岩类别及物理力学参数,围岩开挖施工工艺及支护参数、围岩声波测试资料和洞周变形测试资料等。

(2)对各个洞室群工程的开挖、支护、监测等资料进行横向类比和提炼:归纳出洞周松弛与地应力场、围岩参数、裂隙走向的关系,提出围岩变形、松弛深度、支护强度的相关经验公式,提出半理论半经验公式。

(3)引入释放能量理论,研究开挖能量释放、围岩变形与破坏机制的关系,建立不同地下洞室群工程横向比较的理论基础和实用公式。

(4)在总结以往工程经验和科研实践的基础上,总结并提出洞室群分期、分层、分区、分序动态设计和稳定性控制技术。

(5)对围岩变形、应力、支护强度、支护时机等提出多维动态设计和稳定性控制标准。

(6)针对断层、结构面切割造成的局部不稳定块体,提出块体搜索方法、支护标准和支护措施,对顶拱、边墙的局部块体提出有针对性的工程应对措施。

1.4.1 依托工程

(1)功果桥水电站。

(2)拉西瓦水电站。

(3)乌弄龙水电站。

(4)金桥水电站。

1.4.2 研究内容

目前对单个的具体工程研究较多,而对众多工程则缺乏更宏观层面的相应归纳、总结和提升,对各个地下洞室群工程间的联系和宏观规律缺乏系统的总结和提炼。所以有必要对多个项目联合研究,以找到内在的根本性规律,将零散的经验上升到更加科学合理的理论层面,建立水利水电大型地下洞室群围岩稳定多维动态分析理论、方法、控制标准、评价体系及多维动态控制系列施工技术,以实现协同创新。

本书结合上述依托工程,围绕水利水电大型地下洞室群围岩稳定动态控制关键技术问题,开展相关研究与工程实践,主要完成以下研究内容:

(1)对各个洞室群工程的开挖、支护、监测等资料进行横向类比和提炼,归纳出洞周松弛与地应力场、围岩参数、裂隙走向的关系,提出围岩变形、松弛深度、支护强度的相关经验公式,提出半理论半经验公式。引入释放能量理论,研究开挖能量释放与围岩变形与破坏机制的关系,建立不同地下洞室群工程横向比较的理论基础和实用公式。

(2)研究不同地质条件、不同地应力水平、不同洞室跨度的有代表性的大型地下洞室群,结合现场监测数据,提出表征围岩卸荷变形效应的多种定量、定性指标,包括:围岩卸荷效应能量指标、围岩变形和变形速率指标、松弛破坏分区、层状围岩溃曲指数、岩爆判据等多重指标,并依此形成判断围岩变形稳定的直接、间接和验证的三级评判准则及多维动态稳定状态评价标准体系,为围岩变形及稳定提供了理论支撑和评价依据。

(3)在系统总结多个大型地下厂房工程经验基础上,建立大型洞室群的洞间非线性耦合关系创新理论,提出大型地下洞室群预分析期、大顶拱成型期、高边墙形成期、大跨度洞室群贯通期的分期,及各洞室间分区、分层、分序的多维动态控制分析方法,解决复杂洞室群围岩稳定动态分析及设计技术难题。

(4)建立不同跨度和地应力水平围岩合理锚固强度、最优锚固时机,揭示了支护结构增加围岩强度的作用机制,并推导了脆性围岩最优支护时机计算公式,以及预应力锚索(锚杆)预紧系数计算公式,为围岩分序合理支护提供了依据;建立了支护结构增加围岩强度的分析方法,提出了合理支护强度计算公式,解决了定量确定支护强度的设计难题。

(5)针对断层、结构面切割造成的局部不稳定块体,开展块体搜索方法、支护标准和支护措施等研究,建立了一套以结构面优势裂隙聚类分组的随机块体分析、块体系统分析、动态反演分析为核心技术手段的大型地下洞室实用有效的围岩稳定快速分析方法体系;实现了复杂地下洞室群大规模三维块体搜索,开发了局部块体系统稳定性分析系统,解决了地下厂房局部稳定性问题。

(6)研究大型地下洞室群围岩动态参数反演、开挖卸荷稳定性动态反馈、洞室精密工程测量、施工支护动态控制等多项技术,形成分期(空间组合优化、洞间协调变形)、分区(先拱后墙、先中后边、先软后硬)、分层(立体精细划分、逐层梯段推进)、分序(优选开挖步序、适时适度支护)的多维动态控制施工技术,实现地下洞室群设计、施工开挖、支护措施的全过程围岩稳定动态管控。

(7)创建包括位移模式与位移量级、洞室围岩应力空间变异性、支护系统应力超限、围岩损伤松动区动态演化的多层级、多方法、多参数、多角度、多目标的闭环综合评价流程,实现洞室群围岩整体和局部稳定、动态支护、超前预测的变形控制流程标准化。

1.5 依托工程概况

1.5.1 功果桥

功果桥水电站位于云南省云龙县功果桥处的澜沧江上,是澜沧江中下游河段梯级开发的第一级电站。水库正常蓄水位 1 307 m,相应库容 3.16 亿 m^3,具日调节能力。拦河坝最大坝高为 105 m,电站装机容量为 900 MW,年发电量 40.41 亿 kW·h。功果桥水电站开发任务以发电为主,为二等大(2)型工程,挡水、泄洪、引水及发电等永久性主要建筑物为 2 级建筑物,次要建筑物为 3 级建筑物。

地下厂房洞室群围岩主要由青灰色变质砂岩与灰白色变质石英砂岩组成,间夹灰黑色砂质板岩,以中—厚层状结构为主,且软弱结构面大都以顺层方向为主;围岩总体以

Ⅱ—$Ⅲ_1$ 类围岩为主,局部Ⅳ类,成洞条件较好。实测坝址区最大主应力 σ_1 = 10~14 MPa,方位 NE25°。

厂区三大洞室平行布置,沿水流向依次为电站厂房、主变洞、尾水调压室,洞室轴线方向均为 NE50°,间距分别为 40 m、39.5 m。地下厂房轮廓尺寸 195 m×27.8 m×72.6 m(长×宽×高),电站厂房内安装 4 台额定容量 225 MW 的立轴混流式水轮发电机组;主变洞尺寸 134.8 m×16.5 m×39 m,布置 4×3 台容量 90 MVA 的单相变压器及 550 kV GIS 设备;尾调开挖尺寸 130 m×25 m×70 m,中部略偏右设隔墙分为两室。

1.5.1.1 地形地貌

坝址两岸地形基本对称,河谷呈"V"形横向谷,两岸边坡走向 NW292°,坡高 500~1 200 m。右岸山体雄厚,山顶高程大于 2 000 m,大部分基岩裸露,基本上一坡到底,平均坡度 46°。地下厂房系统外边墙距边坡水平距离约 146 m,上部微新岩体厚度为 80~275 m。

1.5.1.2 岩性及其分布

厂区岩体岩性以青灰色变质砂岩、灰白色变质石英砂岩为主,局部段夹有宽 6~12 m 的灰黑色砂质板岩条带,总体以中—厚层状结构为主,岩层产状 NW345°~355°SW∠65°~73°,陡倾上游偏岸内。根据厂区 PD204(主厂房)、PD208(主变洞)平洞资料,地下厂房系统中,变质砂岩占 37%;变质石英砂岩占 41%;砂质板岩占 22%。

1.5.1.3 主要结构面

综合 PD204、PD208 两平洞内揭露的结构面进行统计分析,总体上可分为五组:①330°~355°SW∠55°~77°;②270°~305°NE∠22°~35°;③70°~88°NW∠70°~85°;④345°~5°NE~SE∠50°~70°;⑤75°~88°SE∠75°~88°。

其中①组为顺层结构面,优势方位为 NW350°SW∠60°,主要为层面裂隙,顺层断层及变质砂岩与砂质板岩接触带,属软弱结构面。②组为缓倾结构面,多为硬性结构面,延伸长度一般为 2~3 m;③与⑤组为陡倾结构面,亦属硬性结构面。延伸长度一般为 2~3 m;④组为中陡倾角结构面,属硬性结构面,延伸短,不太发育。裂隙多为岩屑型充填,少量有夹泥现象。

岩体中断层主要以顺层结构为主,规模较大的为 f_2 断层,该断层发育于变质砂岩与砂质板岩接触带,贯穿右岸地下厂房系统各建筑物围岩,破碎带宽度一般为 1~2 m,带内充填灰白色断层泥、糜棱岩、角砾等,两侧影响带宽度 3~4 m,影响带内岩体一般呈锈黄色,较破碎。其余断层规模一般较小,多为层间挤压带或砂岩与板岩接触带。

1.5.1.4 围岩分类

工程区岩体结构为层状结构,且软弱结构面大都以顺层方向为主,因此洞室围岩类型也以层面方向划分。根据对 PD204 与 PD208 两勘探平洞的围岩划分,并且结合对主厂房和主变室的岩性及弱面的拓展分析,地下厂房系统以Ⅱ—$Ⅲ_1$ 类围岩为主,局部为 $Ⅲ_2$、Ⅳ类围岩,总体呈现往洞内围岩质量越来越好的趋势。对三大洞室的上游墙、下游墙以及拱顶的围岩类型进行统计,主厂房中Ⅱ—$Ⅲ_1$类围岩占73%~80%,$Ⅲ_2$类围岩占17%~20%,Ⅳ类围岩占3%~7%。主变洞中Ⅱ—$Ⅲ_1$类围岩占58%~65%,$Ⅲ_2$类围岩占29%~31%,Ⅳ类围岩占6%~11%。尾调室中Ⅱ—$Ⅲ_1$类围岩占67%~80%,$Ⅲ_2$类围岩占8%~21%,Ⅳ类围岩占12%。

1.5.1.5 地下水

坝址区水文地质条件较简单,地下水主要为第四系孔隙潜水及基岩裂隙水。右岸地下厂房系统处地下水水位为1 270~1 320 m高程。据勘探平洞揭露,洞内多处有滴水—线状流水现象,且均是从张开的陡倾裂隙涌出,出水裂隙大多为近顺层的陡倾裂隙。

厂区地应力测量由国家地应力研究所在PD208与PD204平洞中分别采用应力解除法、水压致裂法进行厂区地应力测量,其中PD208平洞内有两组应力解除法测量成果,PD204平洞内有三组水压致裂法测量成果。

应力解除法钻孔位于PD208平洞内,岩性为厚层块状灰岩和石英岩、变质砂岩,岩石新鲜坚硬完整。ZK204、ZK208分别在孔深约7.0 m、15.0 m范围内,进行单孔全应力解除试验,两钻孔测量结果为:最大主应力值为13.40~14.03 MPa,倾角为2°~18°,方位为NE13°~25°;中间主应力值为9.50~11.7 MPa,倾角为20°~31°,方位为SE108°~120°;最小主应力值为7.80~8.70 MPa,倾角为59°~67°,方位为SW192°~269°。

水压致裂法三维地应力测量在PD204平洞内进行,三个测量点距洞口深度分别是300 m、230 m、160 m,岩性为砂质板岩、变质砂岩及变质石英砂岩,其软硬兼有,互层较多,层间裂隙极为发育。测量结果为:最大主应力值为10.05~10.56 MPa,倾角14°~27°,方位为NE23°~42°;中间主应力值为6.08~7.44 MPa,倾角为16°~47°,方位为SE122°~174°;最小主应力值为4.64~5.01 MPa,倾角为19°~69°,方位为SW262°~NW285°。

1.5.1.6 厂区岩体力学参数

岩体力学参数建议值见表1-4,工程区断裂结构面力学参数建议值见表1-5。

1.5.2 拉西瓦

地下厂房洞群地段岩体为花岗岩,灰-灰白色,中粗粒结构,块状构造,矿物成分以长石、石英、黑云母为主。岩石强度高,岩体致密坚硬。岩体完整性好,断层分布较少,规模不大,性状较好。围岩类别以Ⅱ类为主,局部Ⅲ类;陡缓断裂多属Ⅲ—Ⅳ级结构面,部分陡倾断层为Ⅱ级结构面,规模较大者为Hf8缓倾角断层。

厂房洞群地段峡谷山高坡陡,地形较为简单,右岸岸坡由河床至正常蓄水位高程2 452 m,几乎呈绝壁状态,坡度65°~70°;其上2 452~2 500 m坡度45°;2 500~2 600 m高程为青草沟地段,坡度30°~35°;2 600 m高程以上至岸顶再次呈现基岩陡壁,坡度60°~65°。

表 1-4　岩体力学参数建议值

<table>
<tr><th rowspan="3">岩体级别</th><th rowspan="3">岩性</th><th rowspan="3">风化程度</th><th rowspan="3">岩石饱和抗压强度（MPa）</th><th rowspan="3">岩石天然密度（g/cm^3）</th><th rowspan="3">泊松比</th><th colspan="2" rowspan="2">模量值（GPa）</th><th colspan="3">混凝土/岩体抗剪(断)强度</th><th colspan="3">岩体/岩体抗剪(断)强度</th></tr>
<tr><th colspan="2">抗剪断</th><th>抗剪</th><th colspan="2">抗剪断</th><th>抗剪</th></tr>
<tr><th>变模 E_0</th><th>弹模 E_s</th><th>f'</th><th>C'（MPa）</th><th>f</th><th>f'</th><th>C'（MPa）</th><th>f</th></tr>
<tr><td>Ⅱ</td><td>中、厚层砂岩</td><td>微—新</td><td>100~120</td><td>2.80</td><td>0.20</td><td>20~22</td><td>30~33</td><td>1.15</td><td>1.1</td><td>1.0</td><td>1.2</td><td>2.0</td><td>1.1</td></tr>
<tr><td rowspan="2">$Ⅲ_1$</td><td>砂岩板岩互层</td><td>微—新</td><td>60~80</td><td>2.78</td><td>0.22</td><td>15~18</td><td>23~27</td><td>1.0</td><td>0.9</td><td>0.8</td><td>1.1</td><td>1.5</td><td>1.0</td></tr>
<tr><td>板岩</td><td>微—新</td><td>60</td><td>2.76</td><td>0.24</td><td>10~12</td><td>15~18</td><td>0.9</td><td>0.8</td><td>0.75</td><td>1.0</td><td>1.0</td><td>0.85</td></tr>
<tr><td rowspan="2">$Ⅲ_2$</td><td>砂岩板岩互层</td><td>弱风化</td><td>40~60</td><td>2.76</td><td>0.25</td><td>8~10</td><td>12~15</td><td>0.75</td><td>0.55</td><td>0.65</td><td>0.85</td><td>0.7</td><td>0.75</td></tr>
<tr><td>板岩</td><td>弱风化</td><td>30~40</td><td>2.76</td><td>0.26</td><td>5~7</td><td>8~10</td><td>0.65</td><td>0.5</td><td>0.6</td><td>0.70</td><td>0.6</td><td>0.65</td></tr>
<tr><td>Ⅳ</td><td>薄层砂板岩互层断层及影响带</td><td>弱—强</td><td><20</td><td>2.74</td><td>0.30</td><td>3~4</td><td>5~6</td><td>0.65</td><td>0.4</td><td>0.5</td><td>0.65</td><td>0.4</td><td>0.5</td></tr>
</table>

注：1. 本表中模量值为平行层理值，垂直层理时砂岩取 0.9 折减，其他 0.8 折减。
2. 本表中抗剪(断)指标为垂直层理值，平行层理时砂岩取 0.9 折减，其他 0.8 折减。

表 1-5　工程区断裂结构面力学参数建议值

序号	分类	结构面性状	抗剪断		抗剪
			f'	C'（MPa）	f
1	断层	闭合无充填裂隙，延伸短，或者起伏较大者	0.55~0.60	0.15~0.20	0.50~0.55
2		局部充填岩屑、碎屑型	0.50~0.55	0.10~0.15	0.45~0.50
3		岩屑型	0.40~0.45	0.08~0.10	0.35~0.40
4	裂隙	岩块与岩屑型	0.45~0.50	0.10~0.20	0.35~0.40
5		岩屑夹泥型	0.35~0.40	0.05~0.08	0.30~0.35
6		少量夹泥岩屑型	0.30~0.35	0.02~0.03	0.25~0.30
7		充填纯泥结构面（次生泥）	0.25~0.30	0.01~0.02	0.20~0.25

主副厂房垂直埋深225~447 m,副厂房外端墙水平埋深距离岸坡150 m,主安装间内端墙距离岸坡460 m;主变室垂直埋深282~429 m,外端墙水平埋深距离岸坡216 m,主安装间内端墙距离岸坡440 m;操作廊道垂直埋深384~459 m;1号尾水调压室埋深459~509 m,2号尾水调压室埋深505~551 m。

地下厂房洞群系统地段花岗岩体中断裂构造总的发育方向及规模与坝区基本相同。岩体完整性好,断层分布较少,规模不大,性状较好。陡缓断裂多属Ⅲ—Ⅳ级结构面,部分陡倾断层为Ⅱ级结构面,规模较大者为Hf_8缓倾角断层。

拉西瓦水电站厂房洞群深埋右岸岸里,主要洞室外端墙距河谷岸坡大于150 m,受峡谷山高坡陡,河谷狭窄,区域地应力场的影响。

1.5.2.1 地应力现象

(1)勘探及地应力测试钻孔中发现有饼状岩芯(岩饼),最大集中分布厚度约70 cm,单块岩饼厚度1~2 cm,岩饼底面略凸,上面略凹。断面新鲜粗糙,中部略显微擦痕和剪切错动阶坎。

(2)勘探洞、施工交通洞、厂房上导洞等洞壁坚硬新鲜岩石中出现片状剥落,断层带处出现板状劈裂。其特征主要呈千枚状薄片,手捏呈碎末,剥落总深度为3~5 cm。而断裂带中板状劈裂则呈2~4 cm的薄板,如2#、14#洞等。

(3)隧洞完成一段时间后,洞顶完整新鲜岩石地段局部发生非常明显的板状剥皮,延续时间可至开挖后两三年内。

(4)有的隧洞开挖时出现岩石爆裂声响及岩片(块)弹落,如14#、2#洞及地下厂房试验洞等,且模拟开挖过程及完工后用声发射监测仪确切测出岩石中的声响等。

1.5.2.2 地应力实测结果

1984~2003年,国家地震局地壳应力研究所和西北勘测设计研究院岩基队在厂房区花岗岩中共进行了14个点的三维地应力测量和5个点的二维地应力测量。2003年二维及三维地应力测试均在单孔中进行,从实测成果可见:

(1)二维测试成果中,最大主应力σ_1为16.4~22.3 MPa,最小主应力σ_3为11.8~13.9 MPa,σ_1/σ_3除一个点为1.2外,其余各点均为1.6,σ_1平均值为19.88 MPa,σ_3平均值为13.08 MPa。最大主应力σ_1的方位变化在NW341°~NE12°。测点高程2 231~2 250 m,控制了地下厂房的中上部。

(2)三维测试成果中,最大主应力σ_1为14.6~29.7 MPa,最小主应力σ_3为3.7~13.1 MPa,σ_1/σ_3为1.6~4.0。位于PD14-1中的4号测点距岸边近,受上游冲沟和顶部平台的影响,不代表厂区地应力值,舍去此点,σ_1平均值为21.6 MPa,σ_2平均值为15.3 MPa,σ_3平均值为9.2 MPa。

(3)三维测试成果中,最大主应力σ_1的方位变化在NW302°~NE26°,大多位于NW350°~NE12°。最大主应力σ_1的倾角变化较大,但均小于50°,总体分为两个区,其中有 7 个点倾角小于 10°,为近水平;另有 7 个点倾角在 20°~50°,多集中在 30°~40°范围内,且均向岸外倾斜。因此,地下厂房系统位于河谷二次应力集中带向正常应力区的应力过渡带上,基本上不受河谷二次应力的影响。

(4)厂房洞群地应力测点位置分布在岸内 60~507 m 范围,上覆岩体厚度 125~554 m,高程 2 211~2 286 m。从平面、深度、高程三方面全部控制了地下洞群位置。从实测结果看,除局部位置(14 号洞 255 m 处)受构造和岸坡总体地形影响存在应力增高的分异现象外,洞群区不同高程处的应力值均已接近原应力状态,σ_1 值为 19.1~22.9 MPa,差异已很小,这种差异仍属局部构造的影响和施测方法本身的误差。因此,洞群围岩稳定计算时,可取 $\sigma_1=21.6$ MPa,局部可考虑 29.7 MPa,$\sigma_2=15.3$ MPa,$\sigma_3=9.2$ MPa。

1.5.2.3 主厂房岩体结构与围岩质量

据探洞揭示信息,考虑岩体风化程度、卸荷程度、结构面发育特征和纵波波速等因素,对厂房区勘探平洞进行岩体结构分段。

主副厂房区花岗岩体微风化—新鲜,岩体完整,断裂不甚发育,主要以中陡倾角为主,*RQD* 值一般在 80%以上,ZK_2 钻孔 25.7 m 处见有两片厚 5 mm 岩饼,说明局部地段存在较高地应力。

洞壁地震波测试成果显示岩体波速大于 5 500 m/s 占 95%以上,基本属于整体块状—块状结构,岩体完整性好。而质量略差的次块状结构岩体仅占较小部分,约占 10%,且多发育于断裂带和断裂交会处。

虽然厂房洞轴线与最大主应力方向小角度相交或近平行,洞群各洞室地质条件基本相近,具有相近的成洞条件;经补充勘探,主厂房洞室虽整体避开了发育较多、性状较差的 NNW—SN 向断层组,但局部高程段与洞轴线近平行或小角度相交的 NNE 向(NNW 向)断裂仍较发育,将对下游边墙岩锚梁的形成不利。

在洞段岩体结构分类的基础上,采用 Q 分类、RMR 分类及水电分类三种方案对地下洞室群的围岩类型进行划分。最后依据具体的工程地质环境,结合本工程的特点,给出综合的分类方案。

主副厂房区围岩类别主要以Ⅱ类岩体为主,且Ⅰ、Ⅱ类岩体占 90%以上,Ⅲ类以下岩体所占比例不到 10%。上述统计数据表明,拉西瓦主副厂房总体围岩质量较好。需指出,上述围岩分类是针对厂房上部的勘探洞进行的,实际上主副厂房边墙及顶拱围岩主要受结构面密集程度影响。另外,规模较大的断层带按Ⅲ类围岩考虑。

1.5.3 乌弄龙

乌弄龙水电站为澜沧江上游河段规划方案的第二级电站,位于云南省迪庆州维西县巴迪乡与德钦县燕门乡交界的澜沧江上,乌弄龙坝址位于维西县界内。坝址左岸有县级公路通过,距下游的巴迪乡镇约 12 km、维西县城约 125 km;距上游的燕门乡镇约 20 km、德钦县城约 100 km。乌弄龙水电站以发电为主,初拟水库正常蓄水位 1 906.0 m,相应库容 2.72 亿 m^3。

电站采用右岸地下引水发电系统,引水、尾水系统布置格局为“单机单管”供水、两台机共用一个尾水调压室、一条尾水洞(简称“两机一室一洞”)形式。地下厂房内安装 4 台额定容量 247.5 MW 的立轴混流式水轮发电机组,总装机容量为 990 MW。电站额定水头 81 m,单机引用流量 345 m^3/s,4 台机组共引用流量 1 380 m^3/s。

地下厂房、主变洞、尾水调压室三大洞室平行布置,轴线方向均为 NE50°,间距分别为 41.5 m 和 35.5 m;地下厂房轮廓尺寸为 189 m×26.7 m×70.25 m(长×宽×高),主变洞尺寸为 143.7 m×18.0 m×34.3 m(长×宽×高),尾水调压室尺寸为 116.50 m×20.0 m×65.9 m(长×宽×高)。厂房垂直方向最小埋深约 129 m,最大埋深约 331 m,侧向埋深 124~154 m。右岸地下厂房系统洞室群的总体布置如图 1-5 所示。

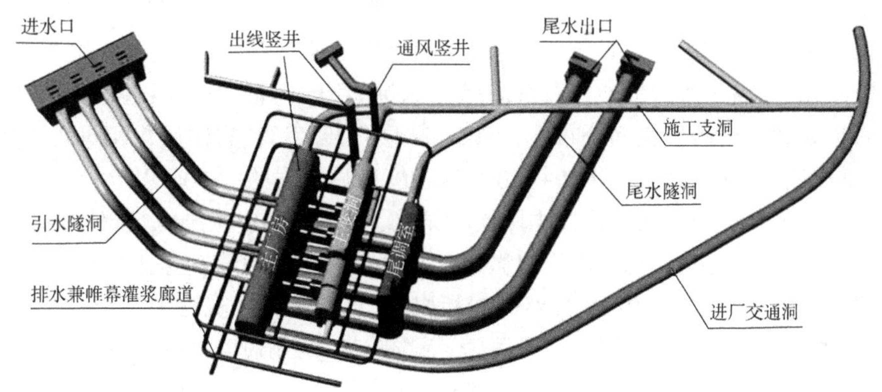

图 1-5 乌弄龙右岸地下厂房系统布置图

乌弄龙水电站地下厂房洞室群规模大,地质条件复杂,在洞室群开挖卸荷作用下,洞室围岩结构、力学特性等将发生一系列变化,地下厂房洞室围岩稳定性与支护结构安全成为重点考虑的问题。本工程地下厂房洞室群围岩为层状或薄层状结构围岩,围岩级别较差,不同岩性岩体之间强度和变形特性存在差异,且层状岩体内部在垂直和平行层面方向的强度及变形特性存在各向异性。此外,本工程地下厂房岩体裂隙和断层结构面相对发育,加上层状或薄层状岩体层面的相互切割,将会对围岩的局部或整体稳定性产生不利影响。

根据施工过程中地质、监测和物探信息的动态变化与反馈分析成果,对围岩锚固支护参数进行调整和优化,以确保洞室围岩稳定和施工安全。研究总结了前五期阶段性报告的研究成果,根据截至 2015 年 12 月 8 日所收集地下厂房开挖揭露的地质信息、围岩安全监测数据、主厂房岩锚梁安全监测数据以及物探测试数据,开展了乌弄龙地下厂房区初始地应力场反演分析,进行了三期围岩力学参数反分析,完成了五期开挖支护影响下的围岩稳定性评价与预测、三期地下厂房锚固支护优化、四期施工期主厂房岩锚梁的稳定性评价以及运行期岩锚梁稳定性预测、一期岩锚梁裂缝成因分析、四期围岩块体稳定性分析。

2014 年 5 月主厂房第Ⅰ层(1 845.5 m)开挖结束,主厂房揭露岩性为灰色变质砂岩与深灰色泥质板岩、砂质板岩互层,岩质较坚硬,岩体的完整性略差,以层间结构面发育为主,成组发育,多成断续状延伸。局部洞壁和顶拱围岩断裂面有滴水、渗水现象,围岩主要为Ⅲ类,洞室围岩整体稳定性较好。具体岩性和围岩分类分段描述如下,左端墙:砂质板岩,裂隙发育,结构面间距小,总体为$Ⅲ_2$类。厂左 0+15~厂右 0+5:深灰色砂质板岩为主,间夹灰色砂岩互层,岩质较坚硬,岩体完整性较好,主要以层间结构面较发育为主,少量的斜交结构面,岩体多呈弱—微风化,围岩为 $Ⅲ_1$类。厂右 0+5~厂右 0+70:总体以变质砂岩为主,约占 80%以上,岩体多呈中—厚层状结构。其余为深灰色砂质板岩与青灰色变质砂岩互层,岩体多呈薄层状结构或中层状结构,局部为互层状结构,岩体较新鲜完整,个别裂隙面有轻微的锈染,洞室总体围岩以微风化为主。以层间结构面发育为主,间距 20~50 cm。其中厂右 0+5~0+15 岩石较破碎,总体为$Ⅲ_2$类; 厂右 0+15~0+30 岩体完整性好,裂隙发育很少,总体呈中厚层状结构,为$Ⅲ_1$类;厂右 0+30~0+40 短小裂隙较发育,切割岩体呈镶嵌碎裂状,总体为 $Ⅲ_2$类;厂右 0+40~0+50 岩体裂隙不发育,完整性好,总体为 Ⅱ—$Ⅲ_1$类;厂右 0+50~0+70 岩石破碎,呈弱风化状,围岩完整性差,受 f_3断层和一组顺洞向的陡倾裂隙影响,洞壁局部滑塌掉块, 岩石面风化锈蚀,总体为$Ⅲ_2$类。厂右 0+70~厂右 0+100:砂质板岩和变质砂岩相间分布,由于该段断层、裂隙发育,岩体风化相对较强烈,围岩较破碎,总体以 $Ⅲ_2$类为主。厂右 0+100~ 0+140:砂质板岩约占 70%以上,其余为青灰色变质砂岩。岩体多呈薄层状结构或中厚层状结构,局部为互层状结构,岩体新鲜完整,个别裂隙面有轻微的的锈染,总体围岩以微风化为主。顺层向裂隙发育,间距 20~50 cm,围岩以$Ⅲ_1$类为主。厂右 0+140~0+168:砂岩板岩互层,发育 3 条宽度为 1~5 cm 不等层间挤压带,充填挤压片状岩、糜棱岩,挤压紧密,无影响带,两侧边墙下挖时有可能向下顺延。除顺层结构面外,另发育少量中陡倾角的裂隙,多为闭合—微张,裂隙面较粗糙,缓倾角裂隙不甚发育,围岩完整性较好,洞壁岩体开挖面起伏差较小,围岩以$Ⅲ_1$类为主。厂右 0+168~ 0+174 及右端墙:砂质板岩,断层裂隙发育,总体为$Ⅲ_2$类。

通过 5 组实测的地应力资料,乌弄龙水电站所在区域地应力的 σ_1最大应力值为 10.0 MPa 左右,σ_2应力值主要集中在 5.0~7.0 MPa,σ_3应力值主要集中在 2.0~5.0 MPa。地下厂房区主压应力方位 NNW 向,最大主应力方位为 NW350°。地应力特征主要表现为上覆岩体的静岩压力与构造应力共同作用的结果。主厂房地应力建议值如表 1-6 所示。

表 1-6　主厂房地应力建议值

部位(m)	σ_1			σ_2			σ_3		
	量大值(MPa)	方位(°)	倾角(°)	量大值(MPa)	方位(°)	倾角(°)	量大值(MPa)	方位(°)	倾角(°)
1 855.5	7.4	168.6	28.9	5.9	−76.0	37.7	2.7	232.4	−38.7
1 826.0	8.4	170.6	27.9	6.5	−73.9	39.1	3.4	235.9	−38.2
1 782.9	9.6	172.6	26.6	7.4	−70.8	41.8	4.6	240.8	−36.6

注:σ_1、σ_2、σ_3分别是最大、中间、最小主压应力;主应力方位角以北顺时针为正,北逆时针为负; 倾角向上为正。

厂轴方向与最大主应力及与优势结构面方位之间的相互关系示意图见图 1-6。

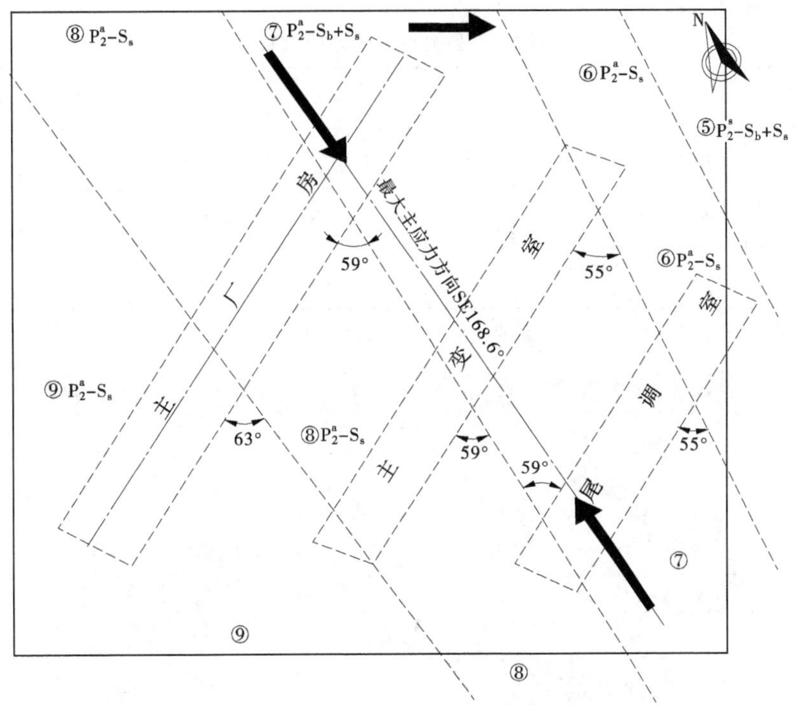

图 1-6 厂轴方向与最大主应力方位及与优势结构面方位关系示意图

坝址区所有钻孔均未揭示饼状岩芯,所有平洞(尤其 PD216 高程 1 838.31 m,开挖深度 258.8 m)开挖过程中均无洞壁片帮、剥离现象,说明坝址区无较高地应力分布。厂房区地应力最大主应力方位 NW350°,当厂轴方向为 SW230°时,轴线方向与最大主应力方向夹角为 60°,夹角较大对厂房边墙及拱角稳定不利。但由于地应力量值不高,对厂房布置及厂轴方位选择的影响不大。

据所提供的乌弄龙水电站地下厂房区地应力实测数据,为更好地进行地下厂房区三维地应力场反演,先对该区的实测地应力成果进行分析,并从中获得一些定性的和规律性的认识。表 1-7 给出了各测点 σ_x,σ_y,σ_z 及水平应力分量与垂直应力分量的比值。

按静水应力场假设,考虑乌弄龙水电站地下厂房区岩体容重为 27.30 kN/m^3,则深度为 h 处的纯自重垂直应力为 $h\gamma=h\times27.30$ kN/m^3。纯自重情况下的侧压力系数按式 $\lambda=\mu/(1-\mu)$ 计算,由乌弄龙坝区岩体泊松比 μ 平均值为 0.25,可得纯自重条件下的侧压力系数为 0.33。据此,从表 1-7 中的数据可见:乌弄龙坝址区实测垂直地应力分量 σ_z 与上覆岩体自重产生的垂直应力 $h\gamma$ 相差不多,其比值 $\sigma_z/h\gamma$ 在 0.98~1.34 。此外,实测 x 向水平应力分量与垂直应力分量比值在 0.72~1.43 ;实测 y 向水平应力分量与垂直应力分量比值在 0.82~1.08;实测水平应力分量均值与垂直应力分量比值 $(\sigma_x+\sigma_y)/2\sigma_z=0.90\sim1.13$,可见,实测水平应力分量与垂直应力分量之比值一般都大于纯自重情况下的侧压力系数 0.33 较多。分析表明,乌弄龙地下厂房区地应力除包括岩体自重应力外,地质构造应力亦是其不可忽视的主要构成部分。

乌弄龙地下厂房洞室群地层、断层及开挖区三维数值模型见图 1-7，其地下厂房洞室群三维数值网格图见图 1-8。

表 1-7 各测点实测地应力数据

测点名称	σ_x	σ_y	σ_z	$\sigma_z/h\gamma$	σ_x/σ_z	σ_y/σ_z	$(\sigma_x+\sigma_y)/2\sigma_z$
$CFZK_1$	6.23	6.60	5.75	1.34	1.15	1.08	1.12
$CFZK_2$	5.11	7.59	7.08	0.98	0.72	1.07	0.90
$CFZK_3$	4.80	8.30	5.82	1.26	1.43	0.82	1.13

注：表中数据应力单位为 MPa，$h\gamma$ 为对应测点上覆岩层的自重应力。

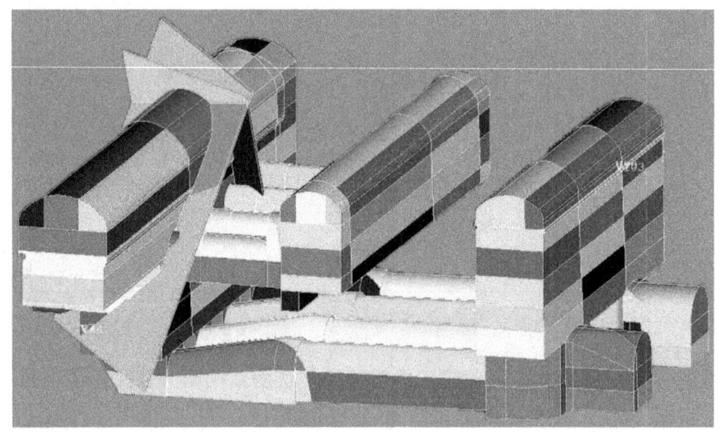

图 1-7 乌弄龙地下厂房洞室群地层、断层及开挖区三维数值模型

图 1-8 乌弄龙地下厂房洞室群三维数值网格图

1.5.4 金桥地

金桥水电站是易贡藏布干流上规划的第5个梯级电站,距拉萨市625 km。本工程位于西藏自治区嘉黎县境内,上距嘉黎县100 km,下距忠玉乡10 km,嘉(黎)—忠(玉)公路从首部枢纽及厂区通过,交通较为便利。

金桥水电站为引水式电站,工程的主要任务是发电。水库正常蓄水位为3 425.00 m,死水位为3 422.00 m,水库总库容38.17万m^3,调节库容11.83万m^3;最大坝高26 m,装机容量66 MW(3×22 MW),年发电量3.88亿kW·h,保证出力13.5 MW,年利用小时为5 873 h。根据《水电枢纽工程等级划分及设计安全标准》(DL 5180—2003)的规定,确定工程规模为三等中型工程。金桥水电站工程主要建筑物(挡水建筑物、泄洪排沙建筑物、引水发电系统建筑物等)为3级,次要建筑物(护坡、挡土墙等)为4级,临时建筑物为5级建筑物,水工建筑物安全级别均为Ⅱ级。

根据《水电工程水工建筑物抗震设计规范》(NB 35047—2015),本工程的地震设防烈度确定为7度。根据国家地震局地震安全性评价成果,场址50年超越概率10%的地震动峰值加速度为0.15g,反应谱特征周期分别为0.45 s,相对应的地震基本烈度为7度。金桥水电站地下洞室群包括地下发电厂房、主变(尾闸)室、尾水洞、进厂交通洞以及相应的辅助洞室等。地下厂房、主变(尾闸)室平行布置,洞室间距为30 m,洞室轴线NE13°。地下厂房轮廓尺寸为83.8 m×17.2 m×35.9 m($L×B×H$),厂房岩锚梁以上开挖跨度为20.0 m,其上覆岩层厚度约220 m,厂内安装3台额定容量为22 MW的混流式水轮发电机组;主变(尾闸)室开挖尺寸为71.65 m×16.55 m×17.7 m($L×B×H$),洞顶围岩厚度173~200 m,布置有主变室、电缆层及尾闸操作室等;尾水洞采用“三机一洞”的布置形式,采用有压城门洞型,断面尺寸为4.5 m×6 m($B×H$),出洞后接长23.95 m的尾水箱涵;进厂交通洞采用城门洞形,断面尺寸为8 m×6.5 m($B×H$),洞长约130 m,与主厂房、主变(尾闸)室连通。金桥水电站地下主洞室群三维模型见图1-9。

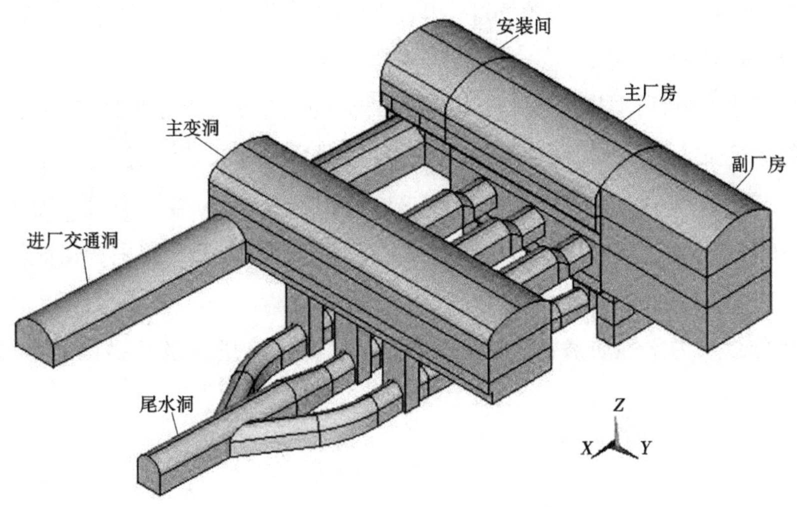

图1-9 金桥水电站地下主洞室群布置

厂房区处于易贡藏布江右岸高大山体内，山体陡峻，坡度一般 50°~70°，山体岩性为奥陶系变质石英砂岩，沟谷及坡脚堆积厚度不均的洪积物及崩坡积物；厂区断层构造较发育，测绘中共发现 12 条断层，规模均不大，根据产状可分为两组断层，①NW280°~ 310° NE(SW)∠72°~85°，②NE35°~40°SE∠38°~47°，以平移断层和逆断层为主；裂隙中等发育，主要裂隙组以 NE65°~ 85°SE∠42°~75°为主，其次为 NW280°~300°SW∠45°~50°，根据厂区平洞(PD05)编录及物探资料，岩体强卸荷带深度 0~5 m，弱卸荷带深度 5~32 m，32 m 以后为微风化岩体，地下水较丰富，岩体完整性中等。

厂房轴线方向 NE13°，长 83.8 m，跨度 17.2 m，上覆岩层厚度 220 m，围岩岩性为前奥陶系变质石英砂岩。由于工程区构造格局受近 EW 向的嘉黎断层主干断裂 F_2 及次级断裂 F_3控制，其均具有右旋平移逆冲性质，因而区域构造主应力应为垂直于断裂方向的近 SN，角度为近水平向，略倾伏于 S。由于厂房区地形上位于 NWW 条形山脊近易贡藏布河谷侧，有一定埋深，所处山体属于应力过渡带，而非坡脚及河谷的应力集中带，其河谷应力方向应垂直于河谷近水平，与区域构造应力方向相近，二者叠加后的量值可类比扎墨脱公路嘎隆拉隧道的地应力测试成果，该测试同样是在隧洞进出口的应力过渡带进行的，其最大水平主应力为 7.6 MPa。主厂房及调压井的上覆岩体在 150~220 m，容重以 27 kN/m^3计，对应的最大铅直应力为 5.9 MPa。岩石饱和单轴抗压强度 R 均值约为 70 MPa ，σ_{max} 以 8 MPa计，R_c/σ_{max}值为 8.75>7，根据《工程岩体分级标准》(GB/T 50218—2014)，厂房区不属于高地应力区，产生岩爆的可能性小，预测仅局部段可能产生弱岩爆。据厂房区 PD05 勘探揭示，围岩不存在放射性及有害气体等不良地质现象；洞室围岩地下水较丰富，厂房区地下水、江水分别为 HCO^-—Ca^{2+}型水、HCO^- · SO^{2-}—Ca^{2+} · Mg^{2+}型水，对混凝土无腐蚀性，有滴渗水或线状渗流现象，开挖过程中可能存在基岩裂隙水沿结构面涌出现象；主裂隙面走向与厂房轴线夹角 50°~70°，围岩完整性为中等，为Ⅲ类围岩，围岩较稳定，开挖后局部有掉块现象，不存在大的块体稳定问题。

主变(尾闸)室洞顶围岩厚度 173~200 m，洞室长 71.65 m，跨度 16.55 m，洞室围岩岩性为前奥陶系变质石英砂岩，断层构造较发育，根据厂区断层统计表，有两组断层较发育：①NW280°~310°NE(SW)∠72°~85°，②NE35°~40°SE∠38°~47°，以平移断层和逆断层为主；裂隙中等发育，主要裂隙组以 NE65°~85°SE∠42°~75° 为主，其次为 NW280°~300°SW∠45°~50°。

结构面分级及力学性质参数建议值见表 1-8。岩体质量分级及物理力学参数建议值见表 1-9。

表 1-8 结构面分级及力学性质参数建议值

结构面级别	分级标准	结构面类型	结构面强度				代表性结构面
			抗剪断		抗剪		
			f'	C'(MPa)	f	C(MPa)	
Ⅱ	延伸长度大于 300 m,宽度大于 50 cm	构造岩为主,属岩块岩屑、岩屑夹泥型	0.40~0.45	0.05~0.10	0.35~0.40	0	上坝址右岸 f_5、f_6,下坝址左岸 f_{45}
Ⅲ	延伸长度80~300 m,宽度 10~50 cm	连续夹泥,属泥质岩屑型	0.25~0.30	0.01~0.02	0.20~0.25	0	PD1、PD2 洞内断层,如 f_1、f_3、F_3 等
Ⅳ	延伸长度小于 80 m,宽度 1~10 cm	断续夹泥,属岩屑夹泥型	0.40~0.45	0.05	0.35~0.40	0	PD5 洞内 f_6、L_{24}、L_{30}、L_{82} 等
Ⅴ	宽度小于 1 cm,节理裂隙	硬性结构面,无夹泥,面较规则,略有起伏	0.45~0.50	0.05~0.10	0.40~0.45	0	PD3、PD4 、PD5 洞内 L_{64}、L_{76}、L_{110} 等

表 1-9 岩体质量分级及物理力学参数建议值

质量分级	结构类型	岩石 RQD(%)	完整性系数	饱和单轴抗压强度(MPa)	风化特征		岩体力学参数						工程地质评价
					风化程度	纵波速度(m/s)	变形模量	弹性模量	抗剪(断)强度				
									岩石/岩石		混凝土/岩石		
							(GPa)		f'	C'(MPa)	f	C(MPa)	
Ⅲ	次块状—块状结构	80~70	0.7~0.5	80~60	弱	>3 000	10~15	20~25	0.9~0.8	0.7~0.8	0.85~0.90	0.7~0.8	岩体完整—较完整,局部完整性差,强度仍较高,岩体抗滑、抗变形性能受结构面的控制,对结构面做处理后可利用
Ⅳ	块裂结构	40~30	0.3~0.25	30~40	弱	2 500~1 000	7~4	10~6	0.60~0.55	0.2~0.3	0.60~0.70	0.2~0.3	岩体完整性较差,强度低,抗滑、抗变形性能明显受结构面及岩体间嵌合力控制,需进行处理

2　地下洞室群围岩变形机制分析及围岩稳定影响因素

2.1　大型地下洞室群工程实例及开挖能量谱分析

表 2-1 给出了跨度在 17.2~34 m 的 27 个国内代表性大型、超大型水电工程地下厂房参数。由于各个水电工程地质条件、围岩类别、地应力水平差异巨大，以往的研究往往是针对具体的、单独的地下洞室群工程的研究，罕有对众多地下洞室群工程实例进行系统的统一研究。

表 2-1　国内代表性地下厂房系统基本参数

工程名称	开挖跨度 B(m)	高度 H(m)	单轴抗压强度 R_c(MPa)	最大主应力 (MPa)	强度应力比 K_σ	围岩变形模量 E(GPa)	单宽开挖释放能量 W(MJ/m)	单宽开挖综合能量指数 W_σ(MJ/m)
江口	19.2	51.2	90	7.4	12.2	25.0	1.076 6	0.088 2
水布垭	21.5	65.0	90	5.6	16.0	8.0	2.739 1	0.171 2
泰安	24.5	52.3	160	11.0	14.5	15.0	5.168 1	0.356 4
小浪底	26.2	61.44	100	5.0	20.0	9.45	2.129 3	0.106 5
大朝山	26.4	61.29	85	11.0	7.7	10.0	9.789 2	1.271 3
瀑布沟	32.4	66.68	120	23.3	5.2	13.0	45.110 7	8.675 1
龙滩	30.7	81.30	130	13.0	10.0	13.0	16.223 4	1.622 3
锦屏一级	29.2	68.63	70	35.7	2.0	11.0	116.094 2	58.047 1
向家坝	31.0	87.7	100	8.9	11.3	14.0	7.691 0	0.680 6
三峡	32.5	88.62	130	11.7	11.1	30.0	6.571 1	0.592 0
溪洛渡	31.9	75.6	120	18.0	6.7	25.0	15.627 4	2.332 5
二滩	30.7	65.38	200	29.5	6.8	40.0	21.834 2	3.210 9
佛子岭	25.3	55	105	1.3	80.8	20.0	0.058 8	0.000 7
糯扎渡	29.0	77.7	100	8.28	12.0	12.0	6.436 8	0.536 4
两河口	28.7	66.7	100	18.0	5.6	10.0	31.011 5	5.537 8
黄金坪	28.8	67.3	75	23.2	3.2	9.0	57.957 7	18.111 8

续表 2-1

工程名称	开挖跨度 B(m)	高度 H(m)	单轴抗压强度 R_c(MPa)	最大主应力 (MPa)	强度应力比 K_σ	围岩变形模量 E(GPa)	单宽开挖释放能量 W(MJ/m)	单宽开挖综合能量指数 W_σ(MJ/m)
猴子岩	29.2	68.7	80	33.5	2.4	9.0	125.071 0	52.112 9
白鹤滩	34.0	88.7	95	31.0	3.1	18.5	78.329 3	25.267 5
小湾	31.5	79.3	140	25.4	5.5	36.0	22.383 0	4.069 6
大岗山	30.8	73.7	60	22.2	2.7	10.0	55.936 4	20.717 2
孟底沟	29.1	68.7	85	17.0	5.0	11.0	26.261 8	5.252 4
双江口	28.3	70.0	70	37.82	1.85	7.5	188.901 9	102.109 1
叶巴滩	30	71.54	90	35.7	2.52	9.0	151.961 7	60.302 3
拉西瓦	30.0	73.8	120	29.7	4.04	22.5	43.398 8	10.742 3
功果桥	27.8	72.6	70	14.03	4.99	17.0	11.684 7	2.341 6
金桥	17.2	35.9	90	8.0	11.25	13.0	1.520 0	0.135 1
乌弄龙	26.7	70.25	70	10.0	7.0	12.5	7.502 7	1.071 8

地下洞室群工程开挖的过程是一个地下储存的应变能释放、地应力重分布的过程，因此有理由从能量释放的角度度量和解释大型地下厂房的变形破坏机制和发生的各种围岩大变形和破坏现象。图 2-1 为各工程单宽开挖释放能量 W 与强度应力比 K_σ 关系图，图 2-2 为各工程单宽开挖释放能量 W 与开挖跨度 B 关系图。

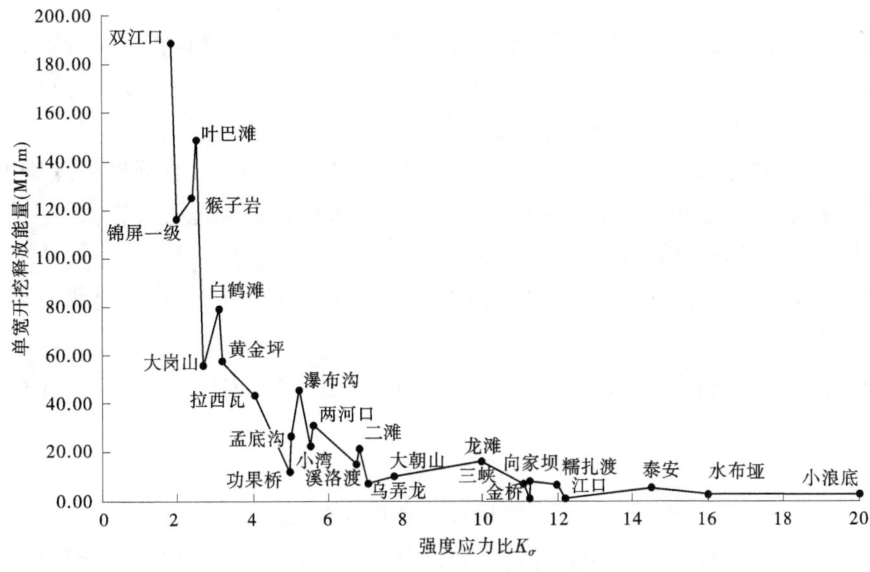

图 2-1　各工程单宽开挖释放能量 W 与强度应力比 K_σ 关系图

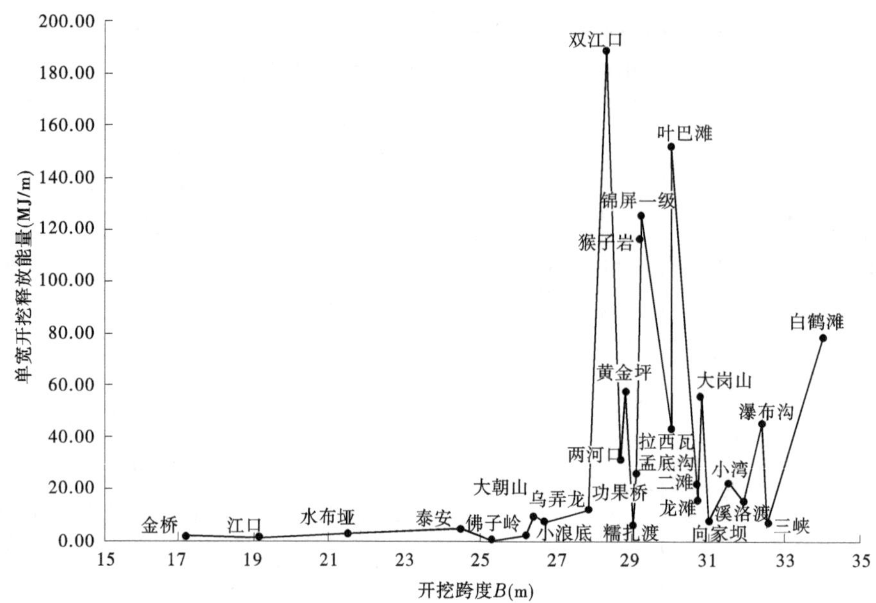

图 2-2　各工程单宽开挖释放能量 W 与开挖跨度 B 关系图

定义地下厂房剖面上每延米的释放能量 W 为:

$$W = \frac{\sigma_1^2}{2E}HB \tag{2-1}$$

式中:σ_1 为围岩地应力极值,E 为围岩变形模量,H 为厂房高度,B 为厂房跨度。

由图 2-1 可见,对于释放能量 W 达到 70 MJ/m 以上的大型地下厂房,例如锦屏一级、白鹤滩、猴子岩等地下厂房工程,往往均出现了高边墙大变形、岩爆、围岩破裂等现象。例如白鹤滩地下厂房,释放能量 W 达到 78.33 MJ/m 以上,施工中出现钻孔岩芯饼化、探洞内出现葱皮带、张性劈裂、顶拱稳定缓慢、边墙持续大变形、层间错动带剪切滑动等现象。而对于释放能量 W 在 40~70 MJ/m 的大型地下厂房,例如大岗山、黄金坪、拉西瓦、瀑布沟等,可以看成是中等应变能的地下厂房,这些厂房尽管跨度可能很大,但是由于释放能量相对较小,围岩变形和破坏现象相对于高应变能洞室小得多,工程问题处理难度中等;而对于释放能量 W 在 40 MJ/m 以下的地下厂房,厂房尽管跨度也可能很大,但是由于释放能量小,围岩变形和破坏现象不突出,工程问题处理难度较低。

由式(2-1)可见,开挖释放能量 W 主要反映了围岩的地应力水平、弹性模量和洞室开挖尺度,但是没有反映围岩的强度。

表征地下厂房围岩稳定性的另一个代表性指标是强度应力比:

$$K_\sigma = \frac{R_c}{\sigma_1} \tag{2-2}$$

式中: σ_1 为实测地应力极值,R_c 为岩体单轴饱和抗压强度。

可见,围岩的单宽开挖释放能量 W 大致随强度应力比 K_σ 增大而减小,但由于强度应力比不能反映洞室开挖尺度,因而不能全面反映围岩的开挖变形效应。为结合这两个表

征量的优缺点,提出开挖综合能量指数 W_σ:

$$W_\sigma = \frac{W}{K_\sigma} = \frac{BH\sigma_1^3}{2ER_c} \tag{2-3}$$

式(2-3)综合表征了单宽释放能量,以及围岩抗力(围岩强度)与变形驱动力(地应力)的综合作用。由于强度应力比是无量纲数,因此开挖综合能量指数 W_σ 的单位仍然是 MJ/m。

图 2-3 给出了不同开挖跨度 B,各工程开挖综合能量指数 W_σ。可见,综合能量指数 W_σ 最大的前 4 个已建工程是锦屏一级、猴子岩、白鹤滩和大岗山,而在建的双江口综合能量指数 W_σ 最大。综合能量指数与这几个工程实际开挖过程的强卸荷现象有很高的对应性。而溪洛渡、拉西瓦、两河口等工程,尽管开挖跨度大,但是由于开挖综合能量指数 W_σ 较低,其围岩卸荷、大变形等问题相对弱一些。

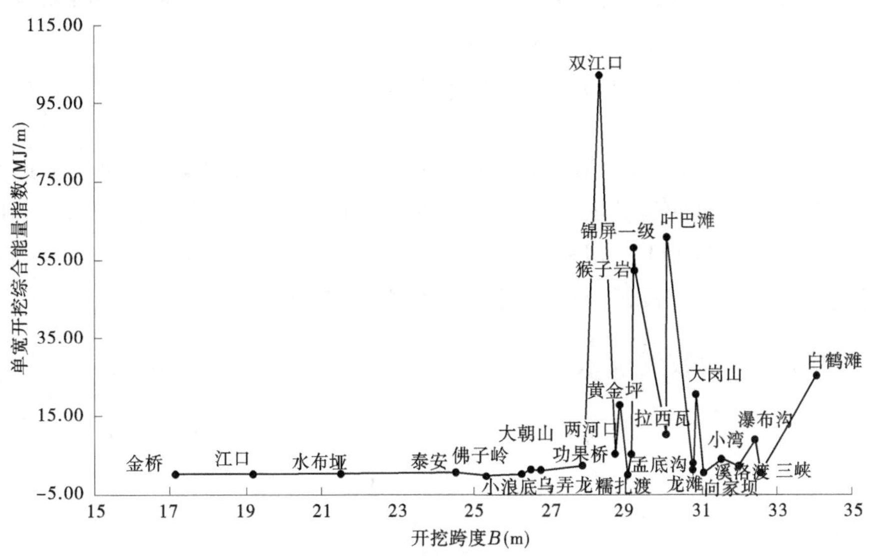

图 2-3 各工程开挖综合能量指数 W_σ 与开挖跨度 B 关系图

2.2 地下洞室围岩松弛现象及洞周松弛函数的引入

2.2.1 洞周松弛现象

我国已建、在建的许多大型水电工程都采用了地下厂房结构,如二滩、小浪底、溪洛渡、龙滩、三峡后期电站等,这些地下厂房由于受到埋深变化大、穿越地层复杂多变、布置密集、高地应力、地质条件和地质构造复杂、厂房尺寸大、岩体的强度和变形的不确定性、地下水等多种因素的影响,岩体力学性质波动较大。开挖和爆破活动,将使当地围岩地应力得到释放,引起围岩产生变形,甚至使洞周围岩产生裂隙张开和松弛现象。对地下厂房变形监测反馈分析的研究表明:若在计算分析中,忽略洞周围岩松弛现象,则不能得到贴近实际的反馈和预测结果;要对围岩变形和应力分布有更准确的把握,必须搞清楚洞周围岩的松弛规律。为此,文献[1]在开挖岩体表面一定深度内,建立强松弛区和弱松弛区,用统一的松动系数和半松动系数对该范围内的岩体材料参数按一定比例折减。这种做法,在一定程度上反映了围岩松动现象,但由于在强松弛区和半松弛区取固定的折减系数,不能反映洞周变形模量随深度逐渐恢复至原岩的连续变化。本书结合锦屏一级水电站和溪洛渡水电站地下厂房围岩近200条声波测试曲线,试图建立洞周围岩松弛规律的经验公式,对洞周松弛现象的基础理论研究和计算模拟提供依据。

岩体变形模量 E 和泊松比 μ 是描述岩体力学性质的基本参数,也是水工建筑物地基及地下工程设计时衡量工程稳定安全必需的的力学指标,而超声波检测技术建立在固体介质中弹性波传播理论基础上,以人工激振的方法向介质发射声波,在一定的空间距离上接收被测介质物理特性所调制的传播速度、振幅、频率等声波参数,通过分析超声波在岩体中的传播特性(通常为波速)换算出岩体弹性模量和泊松比,相对于通过物理力学试验测试,因其具有成本低、对被检测物无损坏、操作简单、测试迅速等优点,在岩土及混凝土特性检测中广泛应用。

根据锦屏一级水电站和溪洛渡水电站地下厂房的声波检测资料,共挑选了近两百条有代表性的波速—深度曲线数据,重点对洞壁松弛区的波速曲线进行函数拟合,利用经典的波速—弹模关系式将地下厂房岩体深度与弹模联系起来,并将取得的拟合经验公式成功应用于地下厂房的监测反馈分析中,取得了良好的应用效果。

2.2.2 洞周松弛函数的引入

经典弹性力学推导平面波在无限大弹性体中的传播波速可以由以下各式计算:

$$v_p = \sqrt{\frac{E(1-\mu)}{\rho(1+\mu)(1-2\mu)}} \tag{2-4}$$

$$v_s = \sqrt{\frac{E}{2\rho(1+\mu)}} \tag{2-5}$$

式中:v_p 为纵波速度,m/s;v_s 为横波速度,m/s;ρ 为固体的密度,g/cm^3;μ 为泊松比。

联立式(2-4)和式(2-5)可得:

$$\mu = \frac{v_p^2/2 - v_s^2}{v_p^2 - v_s^2} \tag{2-6}$$

由上可知,只要已知 v_p 和 v_s,则可由式(2-6)解出泊松比 μ,代入式(2-4)或式(2-5)即可解得弹性模量 E 的值。然而,由于横波不能在液体中传播,其测量方法比纵波更为复杂且在节理裂隙岩体中易产生误差。考虑到岩体的泊松比相对稳定,可视为定值,这样能在只测量纵波波速的情况下求解弹性模量,由式(2-4)可得:

$$E = \frac{(1+\mu)(1-2\mu)}{1-\mu}\rho v_p^2 \tag{2-7}$$

令 $\frac{(1+\mu)(1-2\mu)}{1-\mu} = C$,则有:

$$E = \rho C v_{\mathrm{p}}^{2} \tag{2-8}$$

设未开挖扰动前原岩声波速度为 v_{p0}，弹性模量为 E_0，定义开挖松弛区的松弛系数为：

$$\alpha = \frac{E}{E_0} = \left(\frac{v_{\mathrm{p}}}{v_{\mathrm{p0}}}\right)^2 \tag{2-9}$$

2.2.3 声波测试曲线的分类

观察锦屏一级和溪洛渡两个水电站地下厂房大量声波检测数据，发现声波曲线大致可以分为对应于松弛区的低波速区和对应于原岩的波速相对较高的未扰动原岩区。根据这两个区段的曲线特点，可以分为如图 2-4 所示的 5 种类型。

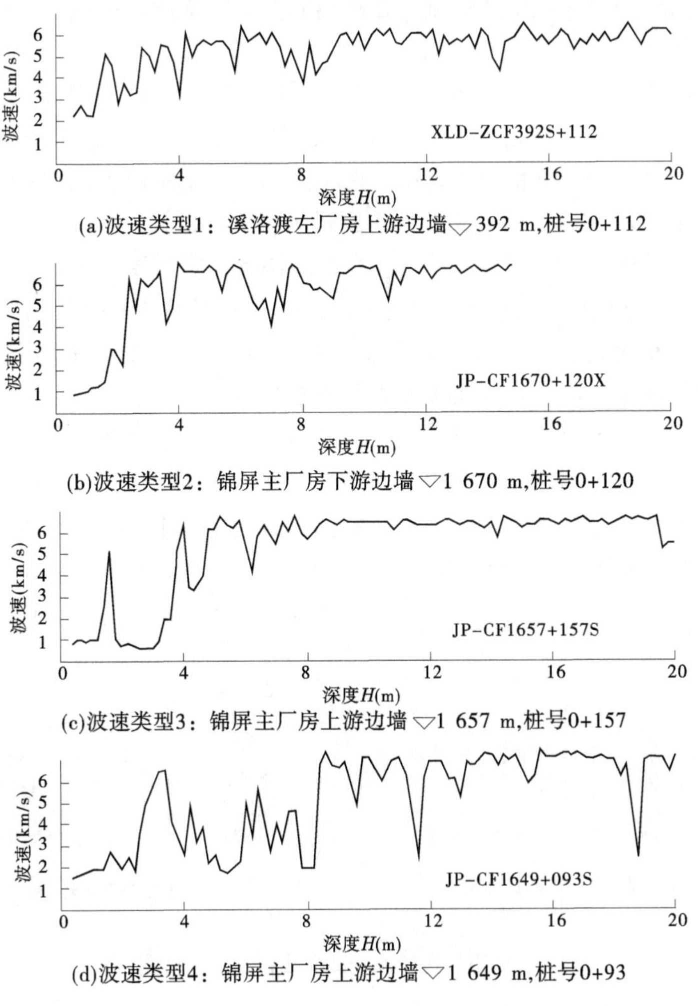

(a)波速类型1：溪洛渡左厂房上游边墙▽392 m，桩号0+112

(b)波速类型2：锦屏主厂房下游边墙▽1 670 m，桩号0+120

(c)波速类型3：锦屏主厂房上游边墙▽1 657 m，桩号0+157

(d)波速类型4：锦屏主厂房上游边墙▽1 649 m，桩号0+93

图 2-4 地下厂房各声波测试曲线类型

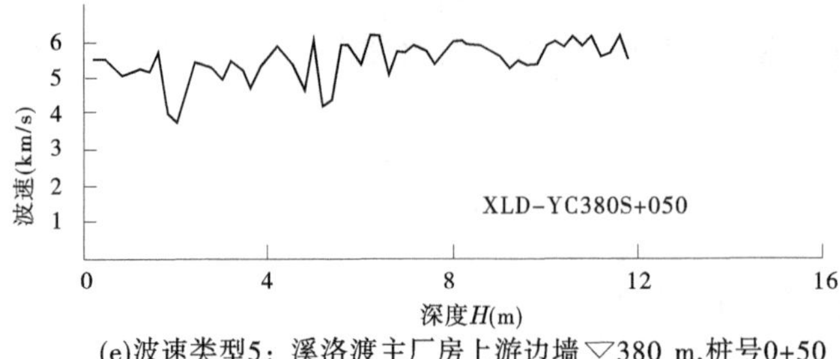

(e)波速类型5：溪洛渡主厂房上游边墙▽380 m,桩号0+50

续图 2-4

声波类型 1:稳定上升+稳定波动型。在距离洞壁一定深度范围内,声波小幅波动,逐渐上升,在达到某一深度后,围岩波动很小。

声波类型 2:稳定上升+剧烈波动型。在距离洞壁一定深度范围内,声波小幅波动,逐渐上升,在达到某一深度后,围岩声波值达到最大,但在某些更深部位出现剧烈波动。

声波类型 3:不稳定上升+稳定波动型。在距离洞壁一定深度范围内,声波大幅波动,逐渐上升,在达到某一深度后,围岩声波值达到最大,然后波动较小。

声波类型 4:不稳定上升+剧烈波动型。在距离洞壁一定深度范围内,声波大幅波动,逐渐上升,在达到某一深度后,围岩声波值达到最大,但在某些更深部位出现剧烈波动。

溪洛渡声波测试资料显示,还有一种声波类型,即声波类型 5:即使在洞壁表层,波速也没有明显下降[见图 2-4(e)],表明该处无明显松弛现象。

由图 2-5 可见,出现频率最高的是类型 3 和类型 4,其总和分别占锦屏声波测试曲线样本的 72.7%和溪洛渡声波测试曲线样本的 63.5%。对于波速的剧烈波动,往往意味着该处出现大的裂隙或不连续面。如图 2-6 所示的钻孔电视成像表明,岩体内部缺陷或断裂与声波剧烈波动现象有着良好的对应性。

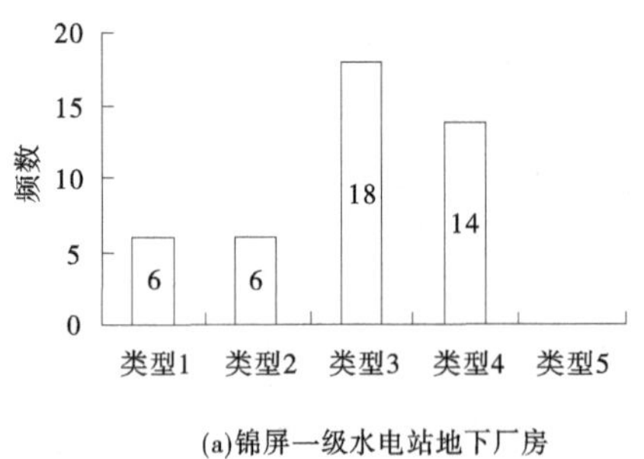

(a)锦屏一级水电站地下厂房

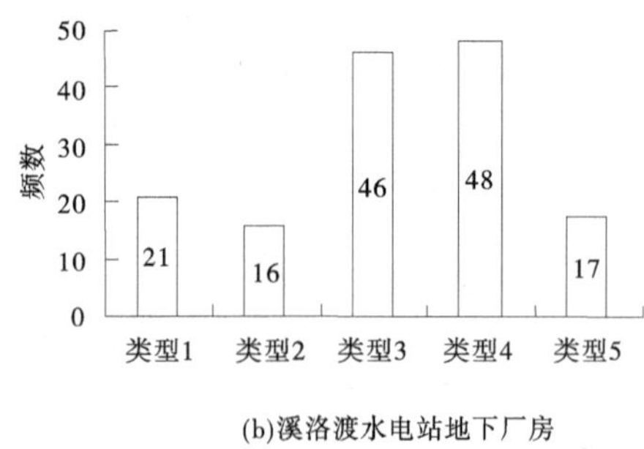

(b)溪洛渡水电站地下厂房

图 2-5　地下厂房声波测试曲线样本数柱形图

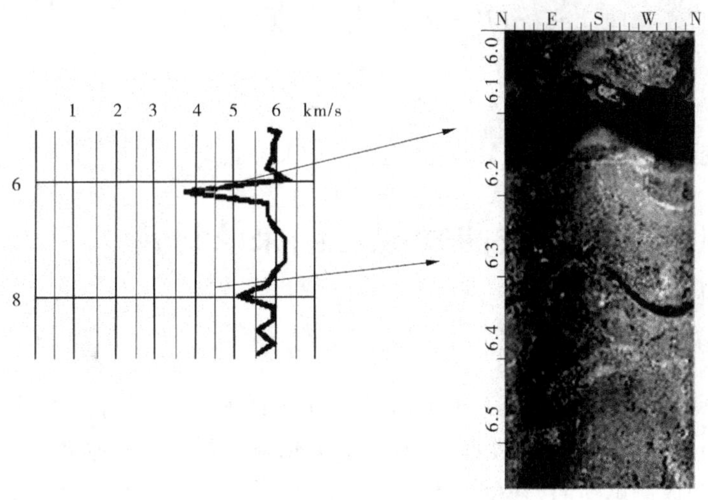

图 2-6 波速陡降与岩体结构面的对应关系

2.2.4 函数拟合

从地下厂房围岩的大量声波检测数据特点来看,可以将声波曲线划分为两段:第一段从洞壁表面到某一深度 H_0,该深度称为松弛深度(见图 2-7),这一区间声波逐渐上升;H_0 以里为第二段,声波保持未扰动的原岩值。本书根据松弛区的深度—波速曲线的趋势和形状,采用了三种函数曲线,编写程序实现了最小二乘拟合。在拟合公式时不考虑明显受断层和软弱夹层影响的波速剧烈变化情况。

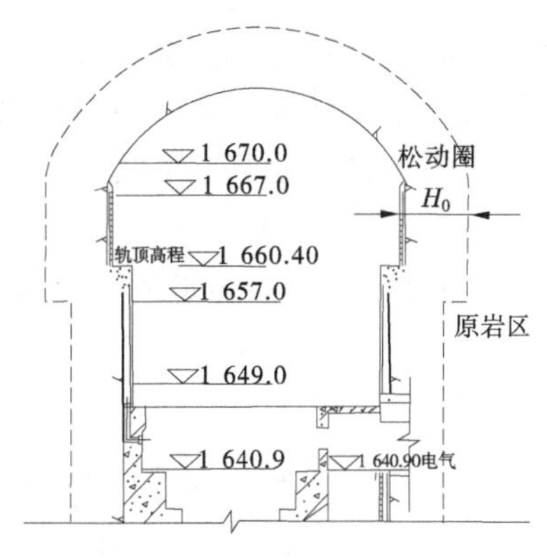

图 2-7 围岩松弛区示意图

对低波速的松弛区,本书分别采用一次式、二次式和指数函数拟合其波速,分别可得以下形式的波速—深度关系:

$$v_p = a(H - H_0) + v_{p0} \quad \text{(声波一次式)} \tag{2-10}$$

$$v_p = aH^2 + bH + c \quad \text{(声波二次式)} \tag{2-11}$$

$$v_p = ae^H + b \quad \text{(声波指数式)} \tag{2-12}$$

式中:v_p 为纵波波速,km/s;v_{p0} 为纵波波速在一定深度后的稳定值,计算中取深度大于 H_0 的测点的波速的平均值,也可参照岩体级别和推荐变形模量参数反算取值;H_0 为松弛深度,即纵波波速开始趋于稳定时对应测点的深度;H 为垂直于洞壁的测点深度,m,小于等于松弛深度 H_0;a,b,c 为拟合常数。

得到松弛区波速拟合函数后,就可以由式(2-8)计算松弛区不同深度部位的弹性模量,并由式(2-9)评价其松弛程度。松弛区变模可以表达为:

$$E=\begin{cases}\rho C[a(H-H_0)+v_{p0}]^2 & (\text{一次式}) \\ \rho C(aH^2+bH+c)^2 & (\text{二次式}) \\ \rho C(ae^H+b)^2 & (\text{指数式})\end{cases} \tag{2-13}$$

式(2-13)中变形模量 E 单位为 MPa;波速单位取 km/s。

2.3　声波曲线拟合结果及讨论

2.3.1　锦屏一级地下厂房工程

锦屏一级水电站地下厂房位于大坝下游约 350 m 的右岸山体内,其主厂房尺寸为 276.99 m×25.60 m×68.80 m,水平埋深在 100~380 m,垂直埋深 160~420 m。主厂房约每 30 m 布置 1 个声波测试断面,共布置 6 个检测断面,每断面左右边墙各布置声波检测孔 6 个,共 12 个。其中顶拱布置 2 个,边墙布置 10 个,吊车梁等关键部位(▽1 667 m)钻孔同时作为长观孔,并作为数据采集的主要部位。采用单孔声波检测法,测深一般 20 m,间隔 0.2 m 读数。图 2-8 为锦屏一级地下厂房 0+093 剖面上游边墙 1 657 m 高程的声波拟合曲线,该曲线在洞壁以内 9.4 m 的松弛深度内,声波变化剧烈,而 9.4 m 以里则可以近似认为波速趋于稳定,其值保持不变。当采用一次式拟合时,a = 0.489 37,H_0 = 9.4 m,v_{p0} = 6.355 72 km/s;采用二次式拟合时,a = 0.071 6,b = − 0.388 8,c = 3.688 4;采用指数式拟合时,a = 0.000 23,b = 3.622 29。

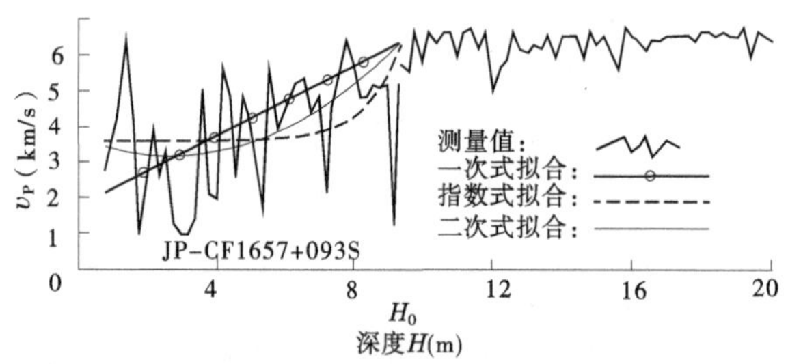

图 2-8　锦屏一级地下厂房 0+093 剖面上游边墙 1 657 m 高程声波拟合曲线

对锦屏一级主厂房 148 条声波测试曲线回归,可以得到各参数量值范围如表 2-2 所示。由图 2-8 可见,三种拟合公式均能描述开挖后,洞壁一定深度内的变形模量下降的规律。

表 2-2　锦屏一级和溪洛渡地下厂房洞周松弛区拟合常数

	一次式参数			二次式参数			指数式参数	
	a	H_0	v_{p0}	a	b	c	a	b
锦屏一级	0.5~2.8	1.8~10	5.0~6.5	0~1.5	−2.0~2.0	−2.0~5.0	0.001~0.40	−2.5~4.5
溪洛渡	0.5~5.0	1.6~9.4	4.8~6.1	−1~1.0	−1.5~2.5	−1.0~6.5	0.000 1~0.20	0.0~4.0

2.3.2　溪洛渡地下厂房工程

溪洛渡地下厂房的左、右岸地下厂区均位于坝肩上游山体内，水平埋深 300～450 m，垂直埋深 340～480 m。围岩主要由 $P_2β_4$、$P_2β_5$、$P_2β_6$、$P_2β_7$ 四层的斑状玄武岩、含斑玄武岩、致密状玄武岩及各层上部的角砾集块熔岩组成，岩石坚硬，新鲜完整。地层产状平缓，无断层分布，主要结构面为层间、层内错动带和节理裂隙。围岩完整程度和力学性质都较锦屏一级好。

溪洛渡地下厂房的数据采集部位与锦屏一级类似，都是在吊车梁所在高程较多，其他高程均匀分布。检测方法，深度和测距也完全相同。

图 2-9 为溪洛渡地下厂房 0+167 m 剖面上游边墙 387 m 高程的声波拟合曲线，该曲线在洞壁以内 4.0 m 的松弛深度内，声波变化剧烈，而 4.0 m 以里则可以近似认为波速趋于稳定，其值保持不变。当采用一次式拟合时，$a=0.77493$，$H_0=4.0$ m，$v_{p0}=5.63397$ km/s；采用二次式拟合时，$a=-0.0774$，$b=1.1913$，$c=2.1077$；采用指数式拟合时，$a=0.03638$，$b=3.6477$。对溪洛渡主厂房 44 条声波测试曲线回归，可以得到各参数量值范围如表 2-2 所示。地下厂房围岩深度—松弛系数曲线见图 2-10 所示。

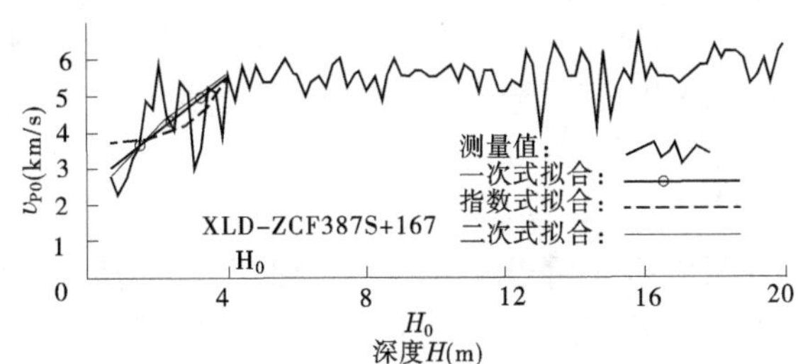

图 2-9　溪洛渡地下厂房 0+167 m 剖面上游边墙 387 m 高程声波拟合曲线

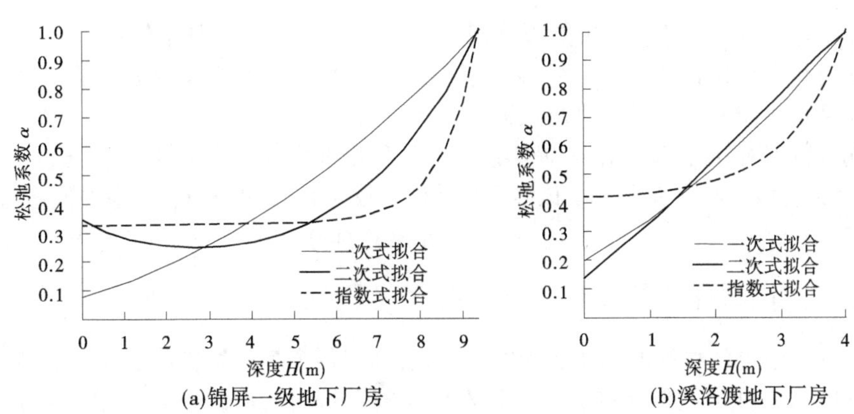

图 2-10　地下厂房围岩深度—松弛系数曲线

2.4　考虑洞周松弛参数场的自动反馈分析有限元法理论

2.4.1　洞室开挖反馈分析存在的问题

依据多点位移计观测资料的开挖反馈分析难点在于：

(1)传统弹塑性有限元法，不能灵活模拟洞周松弛区，难以模拟洞周松弛区对多点位移计的影响。因此，要做好开挖反馈分析，必须在计算模型中引入洞周松弛区的概念。

(2)由于仪器质量、埋设方法、爆破扰动等因素的影响，地下洞室中埋设的多点位移计其测值可信度不尽相同。甚至有些多点位移计读数明显不合理。如何在数值计算过程中对每支多点位移计的可信度做出评价，进而对多点位移计周围岩体的参数进行反演调整，是反馈分析的一个难点。

(3)由于各支多点位移计埋设位置不同、埋设时间不同等原因，在进行反演分析时，对某一支多点位移计而言，可能测值小于计算值，这意味着周围岩体的计算参数偏低。但对于另一支多点位移计而言，可能测值大于计算值，这又意味着周围岩体的计算参数偏高。在反演分析中必须设计参数调整的规则，以实现计算机对围岩参数的自动调整，并保证计算的收敛性。

为解决以上问题，本书提出下列开挖反馈分析研究思路。

2.4.2　损失位移的确定

由于多点位移计的埋设常常滞后于围岩变形，因此多点位移计的读数往往仅仅记录了实际发生的部分围岩变形。若多点位移计埋设滞后过多，甚至导致观测变形与实际变形严重偏离，导致观测变形仅仅是真实围岩变位的一部分，即存在下式：

$$U_{real} = U_{lose} + U_{measure} \tag{2-14}$$

式中：U_{real} 为真实位移；U_{lose} 为未能观测到的损失位移；$U_{measure}$ 为测量位移。

若在进行多点位移计反演分析时，多点位移计读数远远小于正演分析的结果，则常常必须考虑到损失位移场。其计算可按以下步骤进行：

首先进行正演分析，获得计算位移场，将此位移场视为真实位移场 U_{real}，再设由 U_{real} 计算多点位移计读数为 V_a，实际测量该多点位移计读数为 V_b，且 $V_b \leqslant V_a$，则损失位移场为：

$$U_{lose} = U_{real}(1 - V_b/V_a) \tag{2-15}$$

2.4.3　多点位移计及其控制区的确定

依据每支多点位移计的起始点和影响半径，确定各个多点位移计的控制范围：设多点位移计长度为 L，则其控制半径 r 可以定义为其长度的 γ 倍，即 $r = \gamma L$（见图 2-11），本书中取 $\gamma = 0.5$。

2.4.4　引入单元材料参数松弛影响系数的概念

设每个单元均有参数下降的松弛系数 α。

设原弹性模量为 E，开挖松弛后变为 E'，则 $E' = \alpha E$。

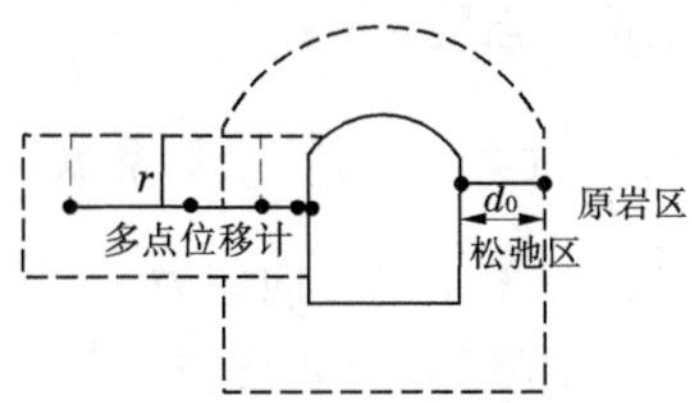

图 2-11 多点位移计控制范围的围岩松弛区示意图

设原黏聚力为 C,开挖松弛后变为 C',则 $C' = \alpha C$。

设原摩擦系数为 f,开挖松弛后变为 f',则 $f' = \alpha f$。

一般地,松弛系数 α 是距开挖面距离 d、开挖面释放应力 σ,以及暴露时间 t 的函数,即:

$$\alpha = \alpha(d,\sigma,t),\alpha \in [0,1] \tag{2-16}$$

不妨设松弛系数 α 是以下三个独立因子的积:

$$\alpha = \alpha_d \alpha_\sigma \alpha_t,\alpha \in [0,1] \tag{2-17}$$

式中:α_d 为距离 d 的函数,$\alpha_d \in [0,1]$;α_σ 为释放地应力 σ 的函数,$\alpha_\sigma \in [0,1]$;α_t 为暴露时间 t 的函数,$\alpha_t \in [0,1]$。

依据观测资料,松弛系数 α 随距开挖面距离 d 增大而增大,直到 α 变到 1.0,即进入原始无扰动区(见图 2-12)。

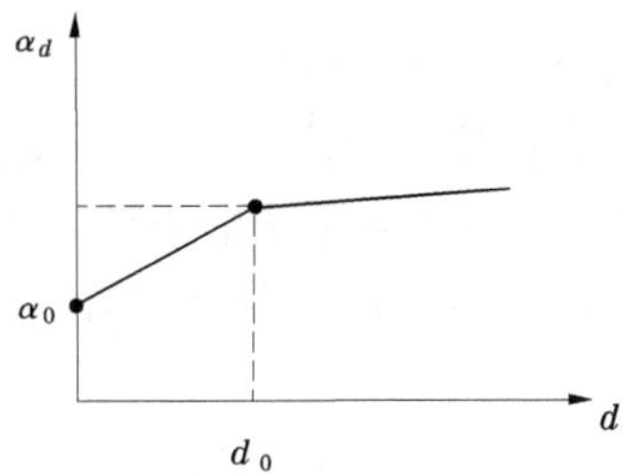

图 2-12 松弛影响系数 α_d 与距洞壁距离 d 的关系

由于开挖地应力释放,致使岩体内原来相互挤压密实的微裂隙松动和张开,导致参数下降。因此,原始地应力越大,释放荷载越大,对围岩的松弛影响就会越明显。因此,松弛系数 α 与释放地应力 σ 成反比关系。

岩体松弛与暴露时间有密切关系。暴露时间越长,岩体松弛越严重。

若不计时间效应,则松弛系数 α 可表达为:

$$\alpha = \alpha_d \alpha_\sigma,\alpha \in [0,1]$$

取函数

$$\alpha_d = \left(\frac{1 - \alpha_0}{d_0}\right) d + \alpha_0 \tag{2-18}$$

式中:α_0 和 d_0 为材料常数,α_0 的物理意义是开挖面处的松弛系数,d_0 的物理意义是松弛区与原始无扰动区的分界距离。

取函数

$$\alpha_\sigma = (\alpha_1 - 1)\frac{\sigma_n}{\sigma_c} + 1 \tag{2-19}$$

式中：α_1 为材料常数；σ_c 为单轴抗压强度。

α_1 的物理意义是开挖应力比 $\frac{\sigma_n}{\sigma_c}$ 为1.0时的松弛系数。

注意：σ_n 为距某单元最近的开挖面上的法向应力。

综上可知，忽略时间因素的松弛系数 α 可表达为：

$$\alpha = \alpha_d \alpha_\sigma, \alpha \in [0,1]$$

或

$$\alpha = \alpha_d \alpha_\sigma = \left[\left(\frac{1-\alpha_0}{d_0}\right)d + \alpha_0\right]\left[(\alpha_1 - 1)\frac{\sigma_n}{\sigma_c} + 1\right], \alpha \in [0,1] \tag{2-20}$$

2.4.5 洞室开挖反馈分析程序系统流程

由于地下工程的内在未知性和复杂性，仅仅进行开挖前的正演分析和变形、破坏区研究是不够的。更重要的是，依据洞室开挖监测所得变形、声波、松弛卸荷资料开展动态反演分析，调整计算模型和岩体力学参数，使模型不断改进，从而达到更准确预测变形和破坏区分布特征的目的。

本书中反演分析重点依据现场所得多点位移计监测资料，计算模型反演的基本思路如下，流程图如图2-13所示。

开挖反馈分析的基本思路是依据多点位移计计算值 V_c 与实测值 V_m 之间的差异，调整材料松弛系数 α_0，进而重算多点位移计变位值，直到计算值和实测值足够接近为止。

设由上一开挖步的初始条件，计算得到本步的位移 U_R，应力 σ_R，执行以下操作：

(1)由有限元计算所得节点位移 U_R 计算多点位移计计算值 V_c。

(2)收敛判断。

①若 $|(V_m - V_c)_{max}| \leq \varepsilon$，则反馈迭代收敛，输出结果，退出。

②若本次计算所得多点位移计计算值与上一次计算的多点位移计计算值相比无变化，则反馈迭代收敛，输出结果，退出。否则进行下一步计算。

(3)多点位移计循环，比较 V_m 位移计计算值 V_c 与实测值 V_m 之间的差异：

①若某一支多点位移计测值 V_m 为伸长($V_m>0$)，而计算值 V_c 小于 V_m，则意味着该多点位移计周围岩体参数偏高，该单元的相关材料的松弛系数 α_0 应下降。

②若某一支多点位移计测值 V_m 为伸长($V_m>0$)，而计算值 V_c 大于 V_m，则意味着该多点位移计周围岩体参数偏低，该单元的相关材料的松弛系数 α_0 应上升。

③若某一支多点位移计测值 V_m($V_m>0$)，而计算值 V_c 与 V_m 相差很小(tol)，则意味着该多点位移计周围岩体参数取值恰当，该单元的相关材料的松弛系数 α_0 应不变。

④刷新该多点位移计相关材料的升降指示数组。

(4)材料参数升降判断：在第④步基础上，分析所有多点位移计的材料升降指示数组，并依照其权重系数，统计其升降得票。若材料升降指示数组表明无材料需要降低参数，则认为反馈迭代收敛，输出结果，退出。否则进行下一步计算。

(5)由材料升降指示数组，处理单元材料信息，进而刷新高斯点材料松弛系数 α。重新进行非线性计算。

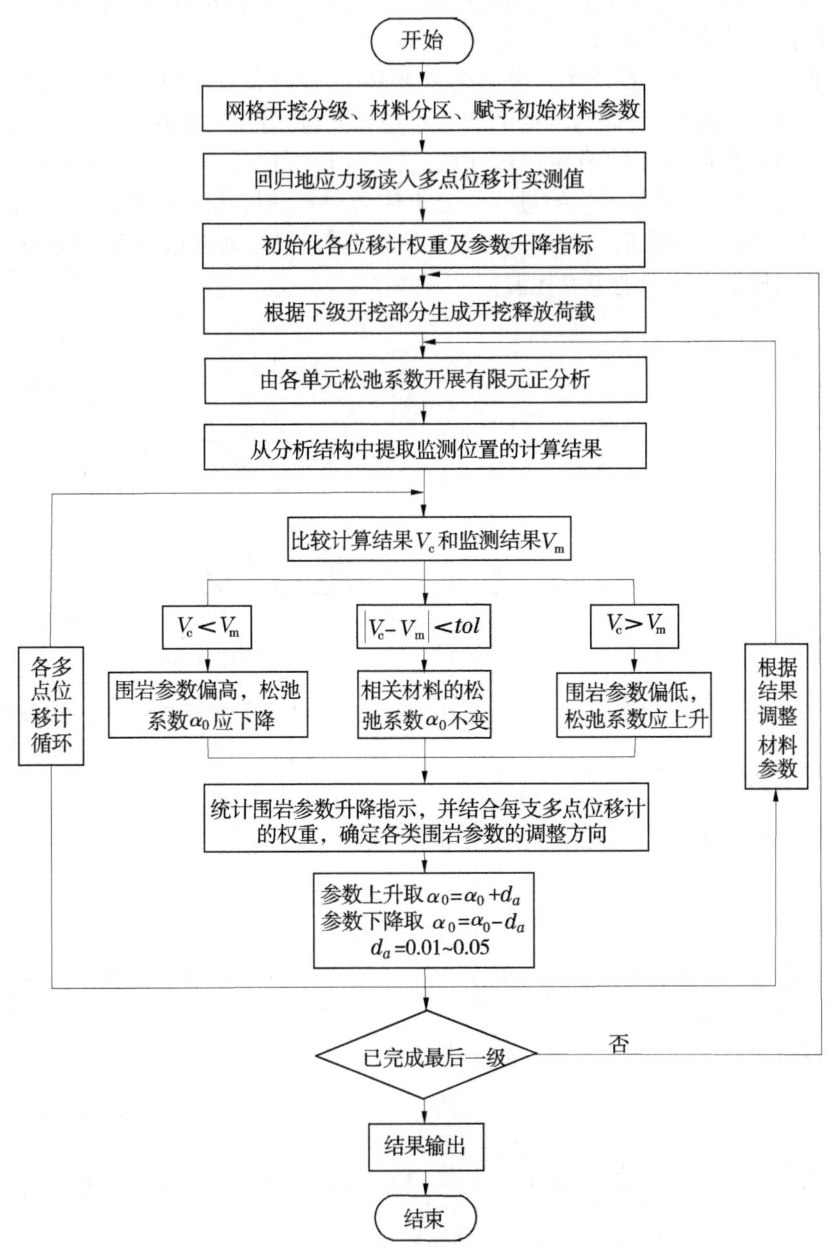

图 2-13 考虑松弛影响系数的反馈分析流程

2.5 围岩稳定分析基本理论

岩石一般具有高抗压、低抗拉的特性，并且其应力—应变关系呈现复杂的非线性特征。对岩土体材料来说,由于其力学特性复杂,一般考虑为弹塑性材料,采用材料非线性有限元方法进行计算和分析工作。

材料非线性从总体特征上可以分为两种类型,一种是非线性弹性,如图 2-14 所示,应变仅随应力的大小而改变,而与加荷的应力路径无关,是可逆的过程。另一种是非线性弹塑性,如图 2-15 所示,对于非线性弹塑性材料,其变形不仅与荷载的大小有关,而且还与加载的应力路径有关,是非可逆的过程。岩土体类材料的应力—应变关系表现出强烈的非线性弹塑性特征。作为简化处理,在岩石达到屈服极限之前近似地看成线弹性,达到屈服极限之后则显示出一定的塑性屈服。

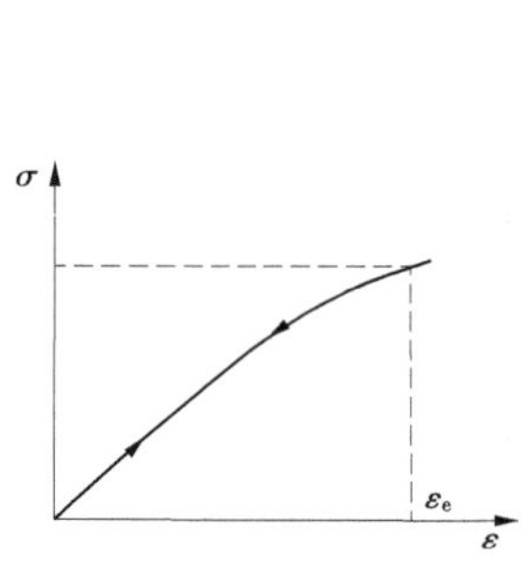

图 2-14　非线性弹性图

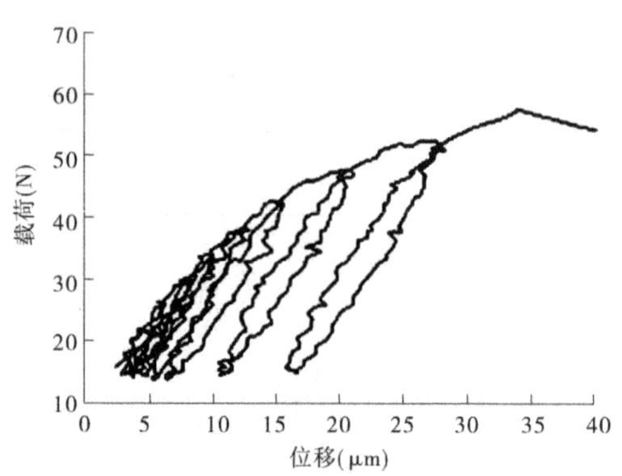

图 2-15　砂岩试样循环拉伸时的载荷—位移曲线

2.5.1　弹性模型

当岩体材料处于弹性状况时,有下列本构关系:

$$\begin{aligned}\{\sigma\} &= [\sigma_x \quad \sigma_y \quad \sigma_z \quad \tau_{xy} \quad \tau_{yz} \quad \tau_{zx}] \\ &= [D][B]\{\delta^e\} - [D]\{\varepsilon_0^e\} + \{\sigma_0\}\end{aligned} \tag{2-21}$$

式中:$[D]$ 为弹性矩阵;$[B]$ 为几何矩阵;$\{\varepsilon_0^e\}$ 为单元初应变列阵;$\{\delta^e\}$ 为单元位移列阵;$\{\sigma_0\}$ 为初应力矩阵。

对于各向同性体,弹性矩阵$[D]$按下式计算:

$$[D] = \frac{E(1-\mu)}{(1+\mu)(1-2\mu)}\begin{bmatrix} 1 & \frac{\mu}{1-\mu} & \frac{\mu}{1-\mu} & 0 & 0 & 0 \\ \frac{\mu}{1-\mu} & 1 & \frac{\mu}{1-\mu} & 0 & 0 & 0 \\ \frac{\mu}{1-\mu} & \frac{\mu}{1-\mu} & 1 & 0 & 0 & 0 \\ 0 & 0 & 1 & \frac{1-2\mu}{2(1-\mu)} & 0 & 0 \\ 0 & 0 & 0 & 0 & \frac{1-2\mu}{2(1-\mu)} & 0 \\ 0 & 0 & 0 & 0 & 0 & \frac{1-2\mu}{2(1-\mu)} \end{bmatrix} \tag{2-22}$$

2.5.2 弹塑性模型

按照塑性增量理论，材料达到屈服后的总应变增量可表示为弹性应变增量和塑性应变增量之和，即：

$$\mathrm{d}\varepsilon = \mathrm{d}\varepsilon^{e} + \mathrm{d}\varepsilon^{p} \tag{2-23}$$

弹性应变增量 $\mathrm{d}\varepsilon^{e}$ 可由线弹性本构关系确定，塑性应变增量 $\mathrm{d}\varepsilon^{p}$ 则由流动法则确定，即

$$\mathrm{d}\varepsilon^{e} = [D]^{-1}\mathrm{d}\varepsilon^{p} \tag{2-24}$$

$$\mathrm{d}\varepsilon^{p} = \lambda\left\{\frac{\partial g}{\partial \sigma}\right\} \tag{2-25}$$

推导可得应力—应变关系表达式：

$$\mathrm{d}\sigma = [D_{ep}]\mathrm{d}\varepsilon^{p} \tag{2-26}$$

弹塑性矩阵$[D_{ep}]$的表达式为：

$$[D_{ep}] = [D] - [D_p] \tag{2-27}$$

$$[D_p] = \frac{[D]\left\{\frac{\partial g}{\partial \sigma}\right\}\left\{\frac{\partial f}{\partial \sigma}\right\}^{T}[D]}{A + \left\{\frac{\partial f}{\partial \sigma}\right\}^{T}[D]\left\{\frac{\partial g}{\partial \sigma}\right\}} \tag{2-28}$$

式中：$[D]$为弹性矩阵；$[D_p]$为塑性矩阵；g,f 为塑性势及屈服函数；A 为应变硬化参数（当 $A>0$ 时，应变硬化；当 $A<0$ 时，硬变软化）。

塑性矩阵的具体形式是：

$$[D_p] = \frac{1}{S_0}\begin{bmatrix} S_1^2 & S_1S_2 & S_1S_3 & S_1S_4 & S_1S_5 & S_1S_6 \\ S_1S_2 & S_2^2 & S_2S_3 & S_2S_4 & S_2S_5 & S_2S_6 \\ S_1S_3 & S_2S_3 & S_3^2 & S_3S_4 & S_3S_5 & S_3S_6 \\ S_1S_4 & S_2S_4 & S_3S_4 & S_4^2 & S_4S_5 & S_4S_6 \\ S_1S_5 & S_2S_5 & S_3S_5 & S_4S_5 & S_5^2 & S_5S_6 \\ S_1S_6 & S_2S_6 & S_3S_6 & S_4S_6 & S_5S_6 & S_6^2 \end{bmatrix} \tag{2-29}$$

式中：

$$S_i = D_{i1}\overline{\sigma}_x + D_{i2}\overline{\sigma}_y + D_{i3}\overline{\sigma}_z, (i = 1,2,3)$$

$$S_i = G\overline{\tau}_{K_j}, (K_j = xy, yz, zx; i = 4,5,6)$$

$$G = E/2(1 + \mu)$$

$$S_0 = S_1\overline{\sigma}_x + S_2\overline{\sigma}_y + S_3\overline{\sigma}_z + S_4\overline{\tau}_{xy} + S_5\overline{\tau}_{yz} + S_6\overline{\tau}_{zx}$$

$$\overline{\sigma}_{ij} = \partial f/\partial \sigma_{ij}, (i = x,y,z; j = x,y,z)$$

2.5.3 实体单元屈服准则

(1) 岩体材料开裂条件按低抗拉弹塑性模型分析，可描述为：

$$\sigma_{ii} \leqslant R_t \quad (i = 1,2,3) \tag{2-30}$$

式中：R_t 为抗拉强度；σ_{ii} 表征应力张量三个主应力，分析中可能呈单向、双向及三向开裂情况，由程序自行校核并进行刚度修正。

（2）岩体是否进入塑性状态，按 Druker-Prager 准则判别：

$$f = \alpha I_1 + \sqrt{J_2} - k \tag{2-31}$$

式中：I_1 为应力张量的第一不变量，$I_1 = \sigma_x + \sigma_y + \sigma_z$；$J_2$ 为偏应力张量的第二不变量，且

$$J_2 = \frac{1}{3}[(\sigma_x - \sigma_y)^2 + (\sigma_y - \sigma_z)^2 + (\sigma_z - \sigma_x)^2] \tag{2-32}$$

α，k 分别是与岩体材料摩擦系数 $\tan\varphi$ 和黏聚力 C 有关的常数，其值由式（2-33）计算：

$$\left.\begin{aligned} \alpha &= \tan\varphi / \sqrt{9 + 12\tan^2\varphi} \\ k &= 3C / \sqrt{9 + 12\tan^2\varphi} \end{aligned}\right\} \tag{2-33}$$

在有限元计算中弹塑性矩阵 $\underset{\sim}{D}_{ep}$ 可表达为：

$$\underset{\sim}{D}_{ep} = \underset{\sim}{D} - (1 - r)\underset{\sim}{D}_p \tag{2-34}$$

$$r = \begin{cases} 1 & \text{（弹性区单元或卸载单元）} \\ 0 & \text{（塑性区单元）} \\ \dfrac{-f}{f' - f} & \text{（加载前} f < 0\text{，加载后} f' > 0\text{，即过渡区单元）} \end{cases} \tag{2-35}$$

2.5.4 软弱结构面非线性分析模型

对于岩体中的结构面，若视为无厚度介质，可以按照法向不抗拉材料分析。剪切滑移按 Mohr-Coulomb 准则校核：

$$|\tau_s| \geqslant C_j + \sigma_n \tan\varphi \tag{2-36}$$

式中：C_j 和 $\tan\varphi_j$ 为软弱结构面抗剪强度参数；σ_n 为软弱结构面上作用的正应力。

对于破碎带宽度较大的断层，可以考虑为有厚度的实体介质，按不抗拉弹塑性材料分析。是否进入塑性状态的判别条件仍采用 Druker-Prager 准则，只是材料摩擦系数 $\tan\varphi_j$ 和黏聚力 C_j 改为断层参数，本构矩阵仍采用式（2-36）。

2.5.5 洞室开挖计算模拟方法

由于初始地应力的存在，岩石的开挖将导致部分岩体卸载，从而使一定范围的应力场发生变化，开挖卸荷岩体中，不同区域的卸荷程度是不同的，而不同卸荷条件下的岩体应取与之相对应的卸荷岩体力学参数。开挖过程中，岩体的卸荷区是不断变化的，卸荷分析的模拟过程也应该不断调整。在洞室开挖计算过程中应正确模拟这种开挖效果。

对于岩体开挖通常采用沿开挖面作用着与初始地应力等价的“开挖释放荷载”的方式来模拟，把由此所得位移作为由于工程开挖产生的岩体位移，所得的应力场即为开挖后应力场。这种模拟开挖效果的方法如图 2-16 所示。有限元计算中对开挖区的单元的变形模量赋予极小值并同时施加开挖释放荷载，即可模拟开挖施工。对于同时考虑支护或其他人工结构的建造过程，也可以通过逐步把已建造部分的单元及时加入计算网格中来实现。

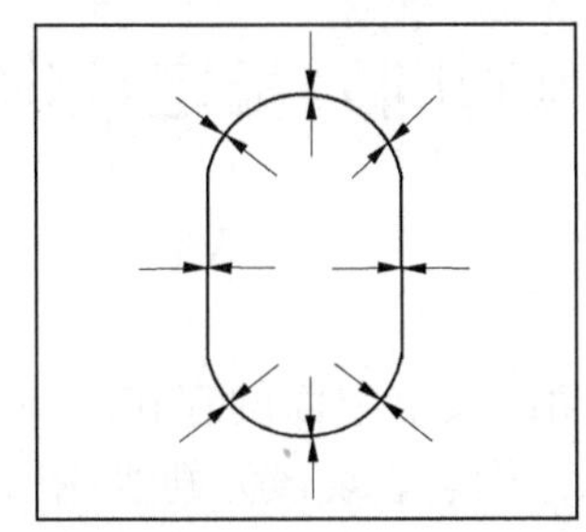
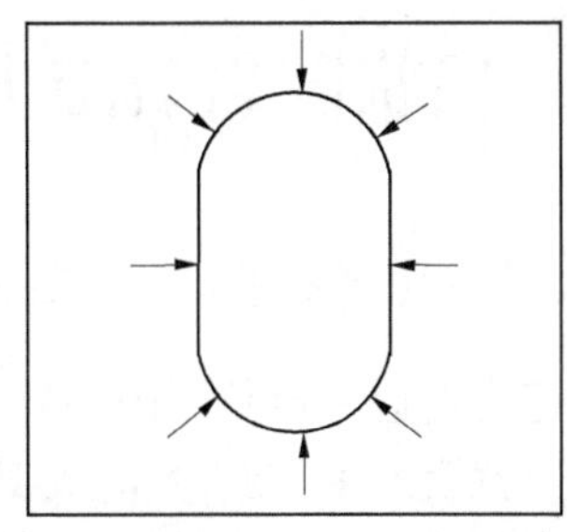

图 2-16　开挖释放荷载示意图

洞室的开挖效应一方面体现在开挖岩块的刚度消失,另一方面将解除开挖岩块对围岩的变形约束,致使围岩产生附加位移场和附加应力场。在计算模拟过程中,首先由初始应力场 σ_0 确定第 1 级开挖边界上的释放面力荷载:

$$\vec{F}_t = -\alpha\int_a \underset{\sim}{N}\vec{\sigma}\cdot\vec{n}\mathrm{d}a \tag{2-37}$$

式中:α 为释放荷载系数;$\underset{\sim}{N}$ 为有限元形函数。

对于采用二维有限元计算模型分析地下厂房开挖过程,释放荷载系数 α 可分下列情况选取:

(1)对主厂房、主变室、尾调室可近似视为平面应变问题,α 取值为 1.0。

(2)对于母线洞、尾水洞则应考虑其洞间隔墙的作用。设母线洞(或尾水洞)宽度为 B_1,洞间隔墙宽度为 B_2,则开挖释放荷载系数 $\alpha=B_1/B_2$。

(3)应注意对于母线洞、尾水洞的开挖模拟,由于洞间隔墙的作用,开挖后其刚度并未完全丧失,因此不能通过简单将开挖区刚度置零加以模拟。其开挖后残余刚度为 $K_{残余}$。$K_{残余}$ 可按下式计算:

$$K_{残余} = (1-\alpha)K \tag{2-38}$$

式中:K 为开挖前刚度;α 为释放荷载系数。

由第 i 级开挖释放荷载作用形成的洞室围岩第 1 级附加位移场和附加应力场为 Δq_1 和 $\Delta\sigma_1$。

第 1 级开挖完成时围岩的一次应力场和位移场为:

$$\sigma_1 = \sigma_0 + \Delta\sigma \tag{2-39}$$

$$q_1 = \Delta q_1 \tag{2-40}$$

同理可计算第 i 级的开挖释放荷载及其产生的附加位移场。第 i 级开挖结束时的应力场为:

$$\sigma_i = \sigma_{i-1} + \Delta\sigma \tag{2-41}$$

第 i 级开挖洞室围岩累计位移场:

$$u_i = \sum_{j=1}^{i}\Delta q_j \tag{2-42}$$

2.6 层状围岩裂隙方向对洞周围岩稳定性影响

2.6.1 拱脚岩体压弯挠曲变形机制分析

洞室在开挖后周边一定范围内的岩体因受扰动以及临窄面的存在,在岩体自重应力作用下初始应力就会发生重新分布,尤其在洞室周边围岩表现最为剧烈,使围岩内各质点的初始应力平衡状态受到破坏,因而岩体发生位移并向临空面挤压,使围岩发生变形和松胀。由于围岩承载力拱环效应的存在,应力分布的结果是:平行于洞轴线方向的应力最大,垂直于洞轴线方向的应力最小,不同部位围岩体的受力情况也有所不同,如图 2-17 所示。

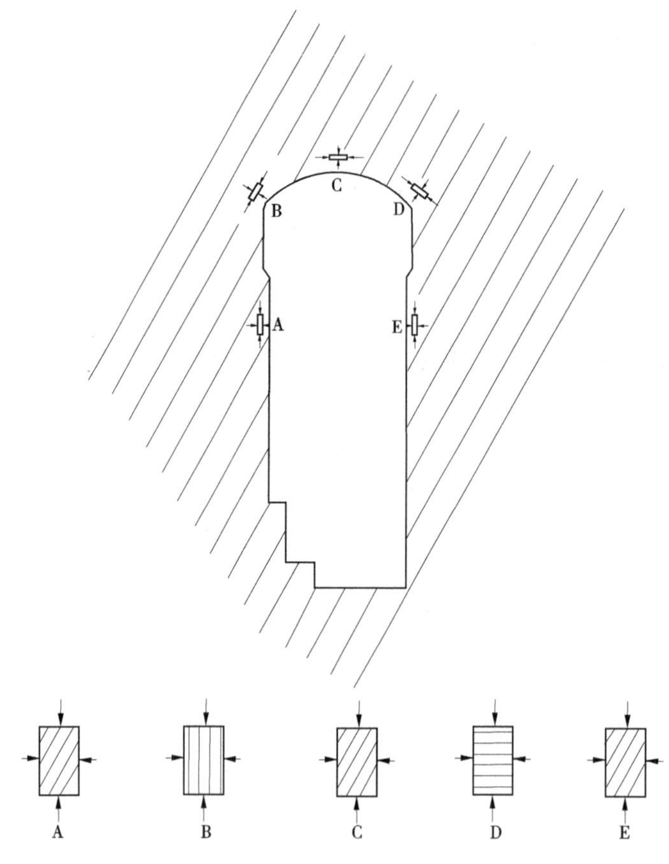

图 2-17　层状岩体中地下厂房洞周单元应力示意图

图 2-18 给出了上、下游拱角开挖完成后应力调整示意图,开挖卸荷后,下游拱角结构面法向正应力增加,切向应力减小,结构面压紧,稳定性有一定程度的提高;而上游拱角岩体则是沿着结构面方向压应力明显加大,侧向约束减弱(围压降低),结构面将松弛,稳定性大大降低,岩体的受力状态类似一个典型的“压杆”(见图 2-19),压杆的竖向压应力加大,侧向约束减弱,在这种应力状态下,压杆将发生压弯挠曲变形,挠曲变形的最终结果导致产生连续性的喷层并产生顺洞向的裂缝,这是拱角喷层裂缝的根本原因。

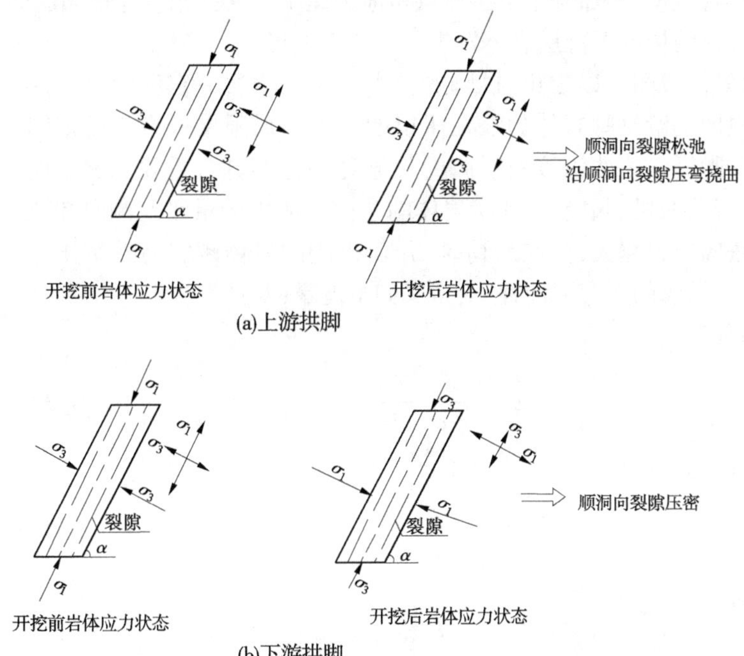

图 2-18 开挖前后上、下游拱角应力调整示意图

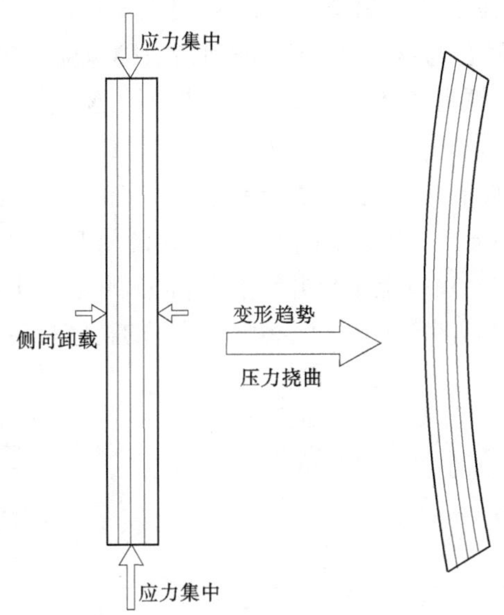

图 2-19 上游拱角岩体变形趋势分析图

2.6.2 层状围岩洞周溃曲系数定义及分布

根据上述分析,认为功果桥主厂房上游拱角喷层产生裂缝的原因是:①洞室开挖后洞室周边形成二次应力场,导致拱角应力集中。②初始偏压应力加剧上游拱角应力集中。

③岩体各向异性进一步加剧了上游侧拱角应力集中。④拱角岩体被顺洞向裂隙割成薄层状,在侧向卸荷的情况下薄层岩体发生压弯挠曲变形。

从应力等值线图可以看出,拱脚的应力集中在围岩一定深度范围内迅速衰减,也即上游拱脚岩体的潜在压挠曲深度是局限在一定深度范围内的,弄清拱脚压弯溃曲深度对拱脚的裂缝处理方案具有重要意义。而拱脚薄片压弯溃曲机制显然与片状岩体的法向压应力的量级及侧向卸荷程度有关,法向应力越大,侧向卸荷越厉害,拱脚的岩体越容易发生压弯溃曲。为量化拱脚的压弯溃曲程度,定义如下变量(见图 2-20):

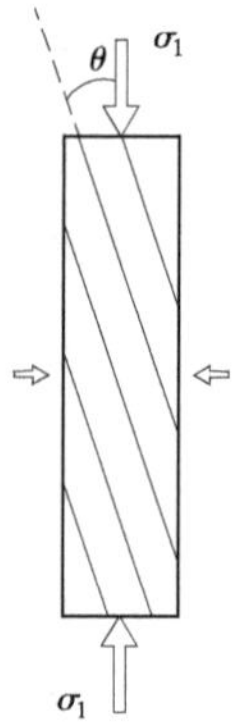

图 2-20 围岩洞周受力示意图

节理卸载率:

$$\mu = \frac{\sigma_{n0} - \sigma_{n1}}{\sigma_{n0}} \tag{2-43}$$

片状岩体偏压比:

$$\lambda = \frac{\sigma_1}{\sigma_{n1}} \tag{2-44}$$

节理岩体压弯溃曲指数:

$$I = \lambda\mu\cos\theta \tag{2-45}$$

式中:σ_{n0} 为初始地应力状态下节理压应力;σ_{n1} 为开挖卸荷后节理法向应力;σ_1 为沿裂隙方向片状岩体压应力;θ 为主应力 σ_1 与层面裂隙的夹角。

对功果桥地下厂房,在上游拱角从拱座底部到拱座顶部法向上定义 10 条应力路径(编号依次为 $S_1 \sim S_{10}$),各应力路径岩体压弯溃曲指数随深度变化的曲线见图 2-21。可以看出,裂隙倾角越大,压弯溃曲指数数值越大,溃曲风险越大。从最大溃曲指数出现部位来看,裂隙倾角为 60°时,拱座中上部(S_7)压弯溃曲指数最高;而裂隙倾角为 40°时,则拱座顶部(S_{10})压弯溃曲指数最高;即随着裂隙变缓,潜在的应力压溃区域逐步往拱座上部转移。总体上裂隙倾角在 40°~60°时,下游拱角岩体的压弯溃曲指数均在洞壁 0~2 m 范围内快速衰减并趋于稳定。由以上分析并结合实际监测资料可见,下游拱角岩体的压弯溃曲变形是发生在浅表层局部范围内,不会影响洞室的整体稳定性。

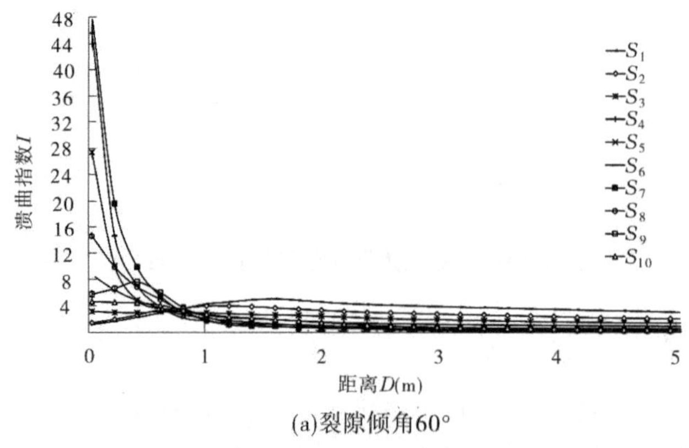

(a)裂隙倾角60°

图 2-21 不同应力路径溃曲指数随深度衰减曲线

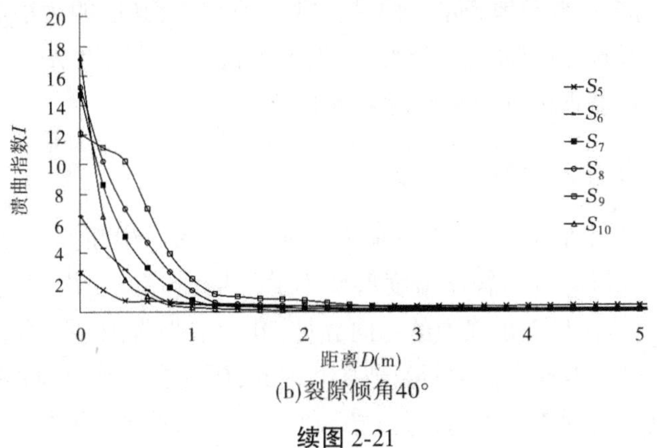

(b)裂隙倾角40°

续图 2-21

2.7 霍克-布朗强度准则中 m、s 参数的断裂分析

2.7.1 霍克-布朗强度准则

地壳表面的各类岩石,在漫长的形成与演变过程中,不断遭受内外温度变化、构造运动、火山活动及风化卸荷等地质作用,使得完整岩石被切割成各式各样的块体,其中含断续节理和层状岩体的物理力学性质相对更为复杂,并具有显著的各向异性。目前,霍克-布朗强度准则有一定的权威性和实用性,其优点在于由准则所提出的数值,可为最终确定岩体强度参数提供重要依据或验证由工程类比得出的岩体强度参数。

霍克-布朗强度准则的岩体强度公式为

$$\sigma_1 = \sigma_3 + \sqrt{m\sigma_3\sigma_c + s\sigma_c^2} \tag{2-46}$$

式中:σ_c 为完整岩块试件的单轴抗压强度;σ_1、σ_3 为岩体破坏时的大、小主应力,以压为正;m,s 为表征岩体质量的两个无量纲系数。

由式(2-46) 退化为 $\sigma_3=0$ 的条件,可导出

$$R_c = \sqrt{s}\sigma_c \tag{2-47}$$

式中:R_c 为岩体单轴抗压强度。从中可以看出 s 定量反映了岩体破碎程度对岩体抗压强度的影响。

将 $\sigma_1 = 0$ 代入式(2-46) 可解得 $\sigma_3 = \frac{\sigma_c}{2}(m + \sqrt{m^2 + 4s})$ 及 $\sigma_3 = \frac{\sigma_c}{2}(m - \sqrt{m^2 + 4s})$ 两个根,前者为正,根据单轴极限拉伸条件 $\sigma_3 = -R_t$,由此可导出岩体单轴抗拉强度:

$$R_t = -\frac{\sigma_c}{2}(\sqrt{m^2 + 4s} - m) \tag{2-48}$$

当 $s = 0$ 时,$R_t = 0$,表明完全破碎岩体无抗拉强度;相反,当 $s = 1$ 时,$R_t = \sigma_t$ 即岩体与岩块单轴抗拉强度相近。

式(2-46)中的 m,s 是无量纲系数,既能评价岩体质量好坏,又是计算岩体强度十分重

要的经验参数。如何客观准确地确定这两个参数至关重要,其值的大小取决于岩石的矿物成分、岩体中结构面的发育程度、几何形态、地下水状态以及充填物性质等,文献[1]根据 Q 系统和 RMR 方法获取的评分来确定岩体的 m、s 值。

2.7.2　m、s 参数的断裂分析

霍克-布朗强度准则将岩体视为各向同性介质,未计入结构面方位对强度的影响,即由霍克-布朗强度公式所确定的岩体强度参数不随结构面方位变化,而事实上含节理裂隙及层状岩体的强度特征呈现出强烈的各向异性,断续节理裂隙端部存在明显的应力集中现象,脆性的岩体可能表现为脆性断裂破坏。因此,研究含断续节理岩体的强度各向异性与霍克-布朗强度公式的相互关系,可以拓展霍克-布朗强度准则的应用范围,并具有重要的工程实践价值。近年来,国内外学者对此进行了较多的研究,一般认为 m、s 与围压水平 σ_3 无关,这一点值得商榷。本书从含断续节理岩体脆性断裂破坏机制入手,将断裂力学理论与霍克-布朗强度公式联系起来,建立该类岩体霍克-布朗强度公式中 m、s 参数的数学表达形式,定量反映结构面产状及围压水平对岩体强度的作用与影响。

由断裂力学理论分析可知,含一组多排节理岩体抗拉强度为

$$R_t = \frac{-K_{\mathrm{Ic}}}{f(a,b,h)\sqrt{\pi a}} \tag{2-49}$$

式中:K_{Ic} 为岩块Ⅰ型断裂韧度;a、b、h 分别为节理1/2长度、岩桥长度及裂隙排距,如图2-22所示;$f(a,b,h)$ 为与节理裂隙分布密度有关的系数。

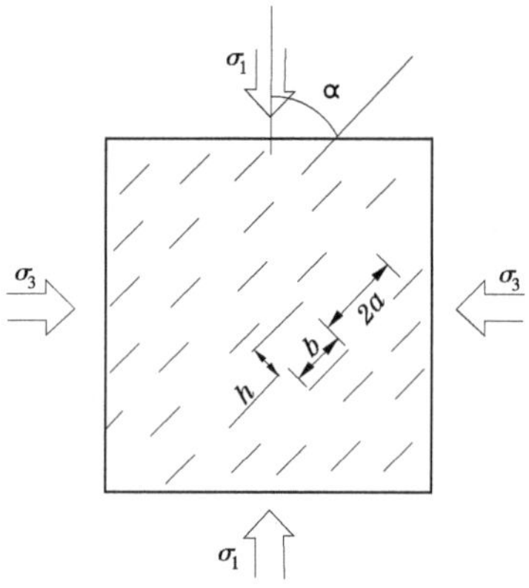

图2-22　断续节理岩体力学模型

联立式(2-48)、式(2-49)可导出

$$s = \frac{K_{\mathrm{Ic}}m}{\sigma_c f(a,b,h)\sqrt{\pi a}} + \frac{K_{\mathrm{Ic}}^2}{\sigma_c^2 \pi a f^2(a,b,h)} \tag{2-50}$$

代入式(2-49)得

$$s = -\frac{R_t m}{\sigma_c} + \left(\frac{R_t}{\sigma_c}\right)^2 \tag{2-51}$$

由于一般岩体 $R_t \ll \sigma_c$,式(2-51)中等号后第二项相对很小,可以忽略不计,则

$$s = -\frac{R_t m}{\sigma_c} = \frac{K_{\mathrm{Ic}}m}{\sigma_c f(a,b,h)\sqrt{\pi a}} \tag{2-52}$$

根据断裂力学理论,对于压剪闭合节理 $K_{\mathrm{I}}=0$ 的情况,各种复合型断裂准则都等价为 $K_{\mathrm{II}}=K_{\mathrm{IIc}}$,由此可导出含一组多排闭合节理岩体的初裂强度表达式:

$$\sigma_1 = \frac{\sin2\alpha + f_j\cos2\alpha + f_j}{\sin2\alpha + f_j\cos2\alpha - f_j}\sigma_3 + \frac{\dfrac{2K_{\mathrm{IIc}}}{f(a,b,h)\sqrt{\pi a}} + 2c_j}{\sin2\alpha + f_j\cos2\alpha - f_j} \tag{2-53}$$

式(2-53)是基于平面问题分析建立的,在相同剪应力作用下,节理边缘的应力强度因子按三维问题解($K_{\mathrm{II}}^{\mathrm{b}}$)比按平面问题解($K_{\mathrm{II}}^{\mathrm{s}}$)的数值要小。当 $u=0.2$ 时, $K_{\mathrm{II}}^{\mathrm{b}}/K_{\mathrm{II}}^{\mathrm{s}}\approx 0.8$,换言之,考虑三维效应的岩石断裂韧度 K_{IIc} 有所提高。由此,式(2-53)变为:

$$\sigma_1=\frac{\sin 2\alpha+f_j\cos 2\alpha+f_j}{\sin 2\alpha+f_j\cos 2\alpha-f_j}\sigma_3+\frac{\dfrac{2K_{\mathrm{IIc}}}{0.8f(a,b,h)\sqrt{\pi a}}+2c_j}{\sin 2\alpha+f_j\cos 2\alpha-f_j} \tag{2-54}$$

含断续节理岩体的峰值强度取决于节理与岩桥的极限强度,以及两者之间的耦合效应。笔者完成的大量石膏模型试验表明,含断续节理脆性岩体中节理之间的岩桥呈现张裂,最终复合破坏面由节理面与岩桥张裂面构成阶梯状。根据复合破坏面综合阻抗力等于节理面峰值抗剪力与岩桥抗拉力之和,可导出峰值强度表达式:

$$\sigma_1=\frac{\sin 2\alpha+f_j\cos 2\alpha+f_j}{\sin 2\alpha+f_j\cos 2\alpha-f_j}\sigma_3+\frac{\dfrac{\sigma_{\mathrm{t}}h}{a}+2C_j}{\sin 2\alpha+f_j\cos 2\alpha-f_j} \tag{2-55}$$

对 α 求极值, $\alpha=45^\circ-\varphi_j/2$ 时, σ_1 取得极小值。

式(2-53)~式(2-55)中: K_{IIc} 为岩块Ⅱ型断裂强度因子; f_j , C_j 为节理裂隙面摩擦系数与黏聚力; σ_t 为岩块的单轴抗拉强度; a 、 b 、 h 为节理参数,如图2-22所示。综合反映了节理裂隙面强度、岩桥对强度的贡献以及围压与结构特征(节理长度、方位、排距与连通率 $2a/b$)对含断续节理岩体宏观强度的定量影响。

令:

$$C_1=\begin{cases}K_{\mathrm{IIc}}/0.8f(a,b,h)\sqrt{\pi a} & (\text{初裂强度})\\ \sigma_{\mathrm{t}}h/2a & (\text{峰值强度})\end{cases}$$

$$C_2=(\sin 2\alpha+f_j\cos 2\alpha+f_j)/(\sin 2\alpha+f_j\cos 2\alpha-f_j)$$

$$C_3=(2C_1+2C_j)/(\sin 2\alpha+f_j\cos 2\alpha-f_j)$$

则式(2-54)、式(2-55)可表达为

$$\sigma_1=C_2\sigma_3+C_3 \tag{2-56}$$

由式(2-46)与式(2-55)相等,可导出

$$C_2\sigma_3+C_3=\sigma_3+\sqrt{m\sigma_3\sigma_{\mathrm{c}}+s\sigma_{\mathrm{c}}^2} \tag{2-57}$$

进而又得

$$(C_2-1)\sigma_3+C_3=\sqrt{m\sigma_3\sigma_{\mathrm{c}}+s\sigma_{\mathrm{c}}^2} \tag{2-58}$$

引入式(2-52)可导出

$$m=\frac{1}{\sigma_{\mathrm{c}}(-R_{\mathrm{t}}+\sigma_3)}[(C_2-1)^2\sigma_3^2+2C_3(C_2-1)\sigma_3+C_3^2] \tag{2-59}$$

由此可以看出, m 、 s 不仅与节理倾角 α 有关,而且还是 σ_3 的二次函数;当 $\alpha=45^\circ-\varphi_j/2$ 时, m 、 s 取得极小值。

2.7.3 工程实例

本书选取云南小湾水电站坝址区Ⅱ类闪斜长片麻岩的参数进行分析,设计上提供的

该类岩体节理分布参数 $a=100$ cm, $h=50$ cm；节理裂隙面强度参数 $f_j=1.0$, $C_j=0$；岩体综合强度参数 $f=1.5$, $C=2$ MPa；室内测定该类岩石 $K_{\mathrm{I}c}=126$ kg/cm$^{3/2}$, $K_{\mathrm{II}c}=169$ kg/cm$^{3/2}$, $\sigma_c=80$ MPa, $\sigma_t=-8.0$ MPa。

假设 $\alpha=5°, 10°, 15°, 20°, 22.5°, 30°, 35°, 37°, 40°$ 以及 $\sigma_3=0$ MPa, 1.0 MPa, 2.0 MPa, 5.0 MPa，分别计算岩体初裂时 m、s 及 $[\sigma_1]$，其成果如表 2-3 和图 2-23～图 2-25 所示。从中可以清楚地看出，霍克-布朗参数 m、s 及强度 $[\sigma_1]$ 具有明显的各向异性，在 $\alpha=22.5°$ 时达到极小值，同时，无论是 m、s 值还是强度 $[\sigma_1]$ 均随围压 σ_3 升高而增加。

表 2-3　霍克-布朗参数 m、s 及强度 $[\sigma_1]$ 计算表

α (°)	$\sigma_3=0$ MPa			$\sigma_3=1.0$ MPa			$\sigma_3=2.0$ MPa			$\sigma_3=5.0$ MPa		
	m	s	$[\sigma_1]$ (MPa)	m	s	$[\sigma_1]$ (MPa)	m	s	$[\sigma_1]$ (MPa)	m	s	$[\sigma_1]$ (MPa)
5	3.979 2	0.035 4	15.043 3	5.591 9	0.049 7	28.665 1	7.483 9	0.066 5	42.286 9	13.368 8	0.118 8	83.152 3
10	1.258 9	0.112 0	8.461 5	1.769 1	0.015 7	16.560 9	2.367 7	0.021 0	24.660 3	4.229 6	0.037 6	48.986 0
15	0.745 8	0.006 6	6.512 4	1.048 0	0.009 3	12.976 5	1.402 6	0.012 5	19.440 6	2.505 4	0.022 3	38.832 9
20	0.597 8	0.005 3	5.830 5	0.840 0	0.007 5	11.722 5	1.124 2	0.010 0	17.614 5	2.008 3	0.017 8	35.290 4
22.5	0.582 3	0.052 0	5.754 8	0.818 3	0.073 0	11.583 2	1.095 2	0.009 7	17.416 0	1.956 4	0.017 4	34.896 9
30	0.745 8	0.066 0	6.512 4	1.048 0	0.009 3	12.976 5	1.402 6	0.012 5	19.440 6	2.505 4	0.022 3	38.832 9
35	1.258 9	0.0112	8.461 5	1.769 1	0.015 7	16.560 9	2.367 7	0.021 0	24.660 3	4.229 6	0.037 6	48.958 6
37	1.780 3	0.015 8	10.062 1	2.501 8	0.022 2	19.504 5	3.348 3	0.029 8	28.946 9	5.981 1	0.053 1	57.274 2
40	3.979 2	0.035 4	15.0433	5.591 8	0.049 7	28.665 1	7.483 9	0.066 5	42.286 9	13.368 8	0.118 8	83.152 3

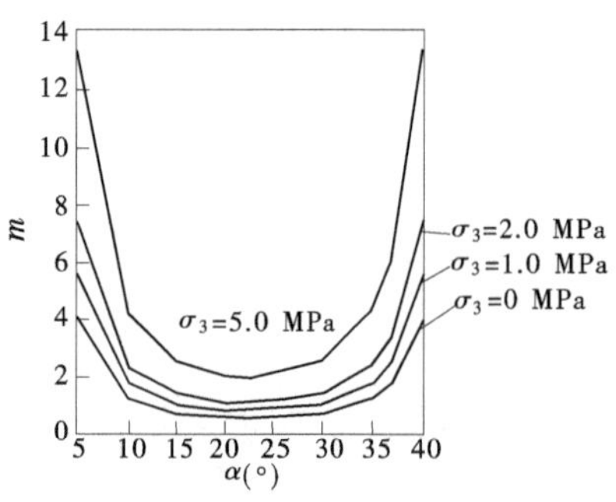

图 2-23　岩体参数 m—α 关系

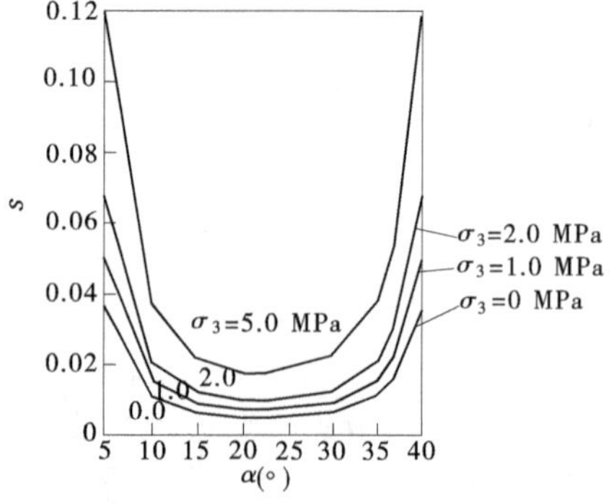

图 2-24　岩体参数 s—α 关系

由于初裂强度式(2-54)与峰值强度式(2-55)表达形式完全相似,只是初裂时 C_1 = 1.192 MPa,峰值时 C_1 = 2.0 MPa。因此,相应于峰值的 m、s 与 $[\sigma_1]$ 随节理产状及 σ_3 变化规律完全相同;但相同 α 和 σ_3 条件下量值较初裂时均有所增加。

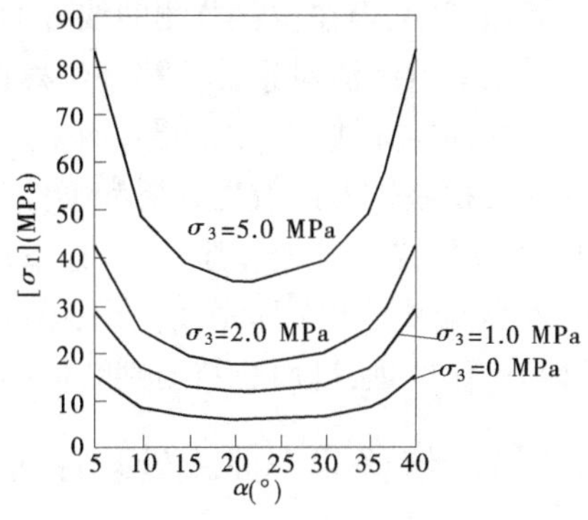

图 2-25 岩体强度$[\sigma_1]$—α 关系

以小湾Ⅱ类闪斜长片麻岩为例,由设计提供的岩体综合强度参数 f = 1.5,C = 2 MPa,当 σ_3 = 2 MPa 时,可求得$[\sigma_1]$ = 35 MPa;若按各向同性霍克-布朗强度公式分析,根据设计上建议的 *RMR* 值及岩性可确定 m = 6.28,s = 0.020 9,由式(2-46)可求得$[\sigma_1]$ = 35.74 MPa,两者求得的岩体强度值非常接近。

若按本书提出的断裂力学方法分析,在最不利节理产状 α = 22.5° 条件下,岩体初裂强度$[\sigma_1]$ = 17.41 MPa,峰值强度$[\sigma_1]$ = 21.32 MPa,表明同一类岩体当节理裂隙处于最不利方向时,初裂与峰值强度较各向同性霍克-布朗强度存在显著下降趋势。

综上可知:

(1)含断续节理岩体强度的各向异性表现为霍克-布朗强度准则中 m、s 参数的各向异性。

(2)本书提出了按断裂分析确定 m、s 的方法,其中 s 表征岩块与岩体单轴抗压强度之间的比值。由于岩体的单轴抗压强度与加载的方向(即节理方位)有关,所以 s 值除与岩体完整性有关外,还与加载的方向有关。式(2-57)表明 m 值除具有各向异性外,还与 σ_3 呈二次函数关系。该方法反映了含断续节理脆性岩体的破坏机制,理论上更为严密合理,具有推广意义。

(3)针对小湾水电站Ⅱ类闪斜长片麻岩的参数,在最不利条件(α = 22.5°)下,按断裂分析确定的初裂与峰值强度较各向同性霍克-布朗强度存在显著下降趋势,反映出含断续节理岩体强度具有强烈的各向异性。拱坝坝肩不同部位主应力张最存在差异,同一组节理裂隙与主应力之间夹角随之变化,由此将导致岩体强度的变化,这一点应引起工程上的足够重视。

2.8 基于位移速率小波去噪的开挖事件判别方法

在地下厂房的建设施工过程中,工程中常常采用埋设多点位移计的方式,来监测厂房各关键部位处的围岩变形,以评判围岩局部和整体稳定性,为动态支护设计提供依据,保证工程的安全和质量。位移监测曲线的量级有着重要的工程意义。通过研究位移监测曲线的量级,可以反映出地下洞室群不同部位对开挖施工等工程扰动的敏感程度。在施工过程中,位移监测曲线和位移速率曲线在某一区间范围内可能存在紊乱且无规律的波动。为消除位移速率局部波动可能带来的误读,本书引入小波去噪的思路,小波分析具有准熵性、多分辨率、去相关性和选基灵活性的优点,广泛地应用于医疗、电力、图像处理、地震研究等领域中,但在位移监测曲线方面的应用还不多见。另外,对于事件判断标准的确定,若采用有量纲法对累计位移和位移速率进行研究,很可能出现各指标量级不同的情况,造成判断标准无法统一的问题,而采用无量纲分析法对位移速率进行分时间段分析,可以消除量级相差较大给数据分析和事件判断带来的影响。基于锦屏一级地下厂房多点位移计监测数据,结合开挖步序,对开挖事件的判别方法进行研究。首先将获取的位移速率曲线代入小波阈值去噪程序,以消除噪声信号带来的干扰;再将其按不同的开挖时间段分别进行归一化处理,进而总结出判断标准。

2.8.1　位移速率曲线处理原理概述

2.8.1.1　小波去噪原理

设一个普通的一维信号为 $m(i)$,该信号中叠加了一个高斯白噪声 $r(i)$,则:

$$m(i) = n(i) + \sigma r(i), (i = 0,1,\cdots,n-1) \tag{2-60}$$

式中: $r(i)$ 代表一个标准的高斯白噪声, $r(i) \sim N(0,1)$; σ 是噪声级。

小波去噪则是通过小波变换、对小波系数的处理和小波重构三步实现。其具体步骤为:

(1)为了实现快速小波变换,可采用 Mallat 提出的构造正交小波基的分解算法来实现。

(2)利用信号卷积进行小波分解后,对估值系数进行硬阈值处理。

(3)在进行了小波阈值去噪后,利用信号卷积对估计系数进行重构即可得到去噪后的信号。

2.8.1.2　归一化处理

指标的无量纲化,也叫作指标数据的标准化、规范化。其中归一化处理的计算公式为:

$$x_{ij}^{*} = \frac{x_{ij}}{\sum_{i=1}^{n} x_{ij}} \tag{2-61}$$

2.8.2　分级大台阶开挖事件的判别

地下厂房一般分成十级左右的大台阶开挖,每级开挖下卧深度达到 8~10 m,对围岩变形影响显著。在地下厂房各部位埋设多点位移计后,可通过多点位移计监测到的量值波动,来判断厂房各部位的稳定性情况。

锦屏一级水电站引水发电系统布置于坝区右岸,地下厂区主要由引水洞、地下厂房、母线洞、主变室、尾水调压室和尾水洞等组成。其中三大洞室采用分级开挖的方式,主厂房分别分为Ⅺ级进行开挖,围岩的变形量值主要采用埋设多点位移计的方式进行监测。

本书选取地下厂房 0+126.8 上游边墙四点位移计 M_{ZCF4-2}^{4} 和地下厂房 0+126.8 下游边墙六点位移计 M_{ZCF4-1}^{6} 的监测成果,其中的时间跨度为 2008 年 9 月至 2013 年 9 月 20 日。

通过位移计数据计算出速率曲线,将主厂房 0+126.8 上游边墙时间—速率曲线中第Ⅴ级开挖的位移速率曲线放大,如图 2-26 所示,可以看出对速率曲线进行阈值去噪时,可去除速率趋近于零处的噪声信号。

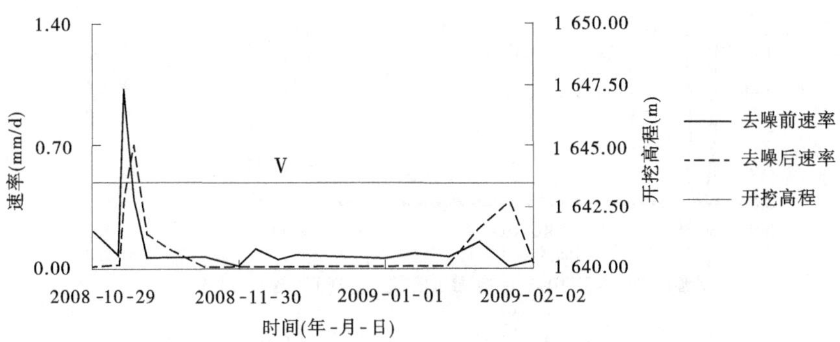

图 2-26 0+126.8 上游边墙第Ⅴ级开挖去噪前后时间—速率对比图

将去噪后的速率—时间曲线分开挖时间段进行归一化处理,定义归一化处理后得到的无量纲的速率为事件指标。针对围岩稳定参数选取问题,认为若在一个开挖事件段内,围岩的位移速率最大值小于 0.05 mm/d,则视围岩为稳定的、不受该层开挖事件影响的状态,并不再对该层级对应的速率做归一化处理。进行归一化处理后,如图 2-27 所示。

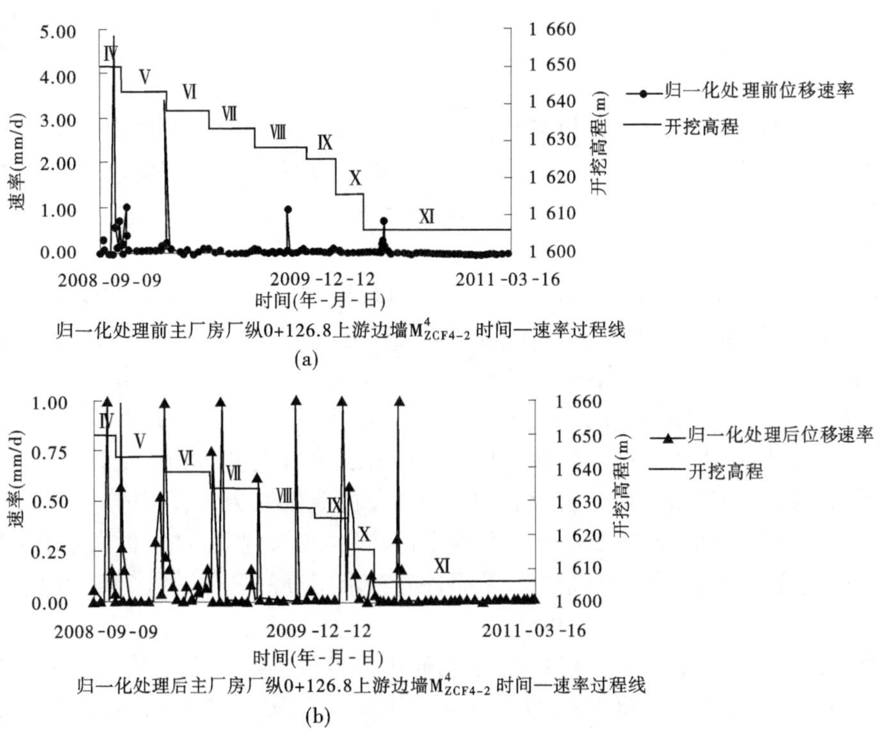

归一化处理前主厂房厂纵0+126.8上游边墙M^4_{ZCF4-2}时间—速率过程线

(a)

归一化处理后主厂房厂纵0+126.8上游边墙M^4_{ZCF4-2}时间—速率过程线

(b)

图 2-27 归一化处理前、后主厂房 0+126.8 边墙处位移速率对比

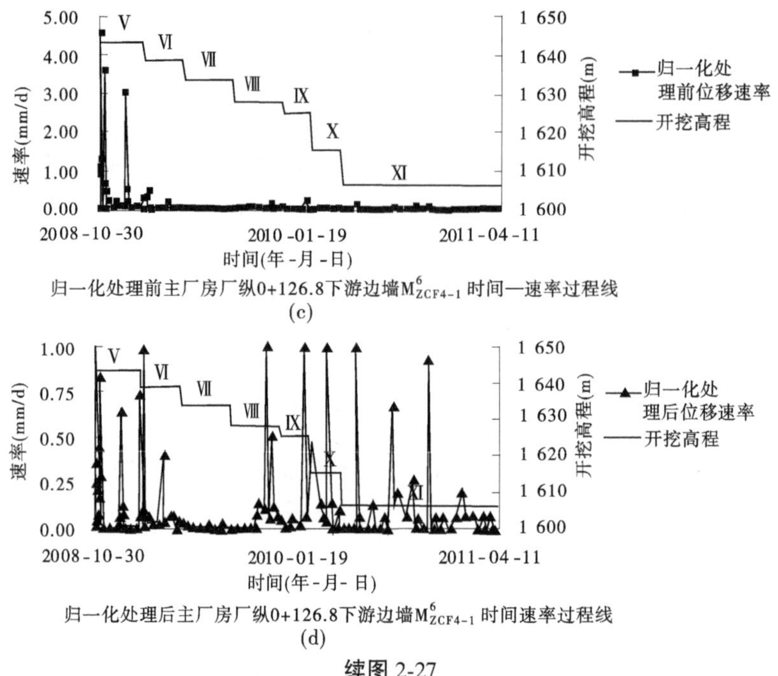

归一化处理前主厂房厂纵0+126.8下游边墙M_{ZCF4-1}^{6}时间—速率过程线

(c)

归一化处理后主厂房厂纵0+126.8下游边墙M_{ZCF4-1}^{6}时间速率过程线

(d)

续图 2-27

(1)在进行去噪和归一化处理之前,由图 2-27 (a) 可以直观判断出四次大台阶开挖事件,有三次大台阶开挖事件无法判断出来,成功率为 57.2%。由图 2-27 (c) 可以从图中直接判断出两次大台阶开挖事件,有五级大台阶开挖事件无法判断出来,成功率仅为 28.6%。

(2)对图 2-27 (a) 的时间速率过程线进行处理后,可得图 2-27 (b),可以判断出所有的大台阶开挖事件,成功率 100%,比未经过处理直接进行判断可多判断出两次大台阶开挖事件,成功率增加 42.8%。同理,由图 2-27 (d) 可以判断出六次大台阶开挖事件,仅有第Ⅶ级大台阶开挖事件无法判断出来,判断成功的百分率为 85.7%,成功率提高 57.1%。

另外,再选取 41 条存在开挖事件的速率曲线,进行事件指标值的统计,其中在开挖事件前后 15 天内,事件指标最大值为 1 的曲线占总曲线数的 78%,事件指标最大值大于等于 0.62 的曲线占总曲线的 12%,即在开挖事件前后 15 天内,事件指标大于 0.62 的概率为 90%。为保证开挖事件与其余未开挖事件有一个明确的区分,则认为在事件指标大于 0.62 处,存在一次明显的开挖事件。

综上,可将归一化处理后得到的无量纲的速率定义为事件指标,从经过阈值去噪和归一化处理后图像中可以观察出,开挖事件的时间速率过程线出现尖峰,且达到 0.62 以上。

2.8.3　结　论

文章以锦屏一级地下厂房主厂房 0+126.8 上游边墙多点位移计 M_{ZCF4-2}^{4} 和下游边墙多点位移计 M_{ZCF4-1}^{6} 监测数据为例研究其去噪和归一化位移速率曲线的特点,可以得到以下结论：

(1)小波阈值去噪可以去除时间—速率曲线中速率值趋近于零处的噪声信号。

(2)对主厂房边墙处的时间—速率时间过程线分开挖时间段进行阈值去噪和归一化处理，且将边墙位移速率小于0.05 mm/d看作围岩已经稳定。若得到的图像具有尖峰，且尖峰处事件指标大于0.62，则在尖峰处存在一次大台阶开挖事件。上述研究方法可用于对多点位移计监测位移的数据处理和解析。

2.9　地下洞室群围岩稳定影响因素

地下洞室群围岩稳定影响因素见表2-4。

表2-4　地下洞室群围岩稳定影响因素

一级影响因素	二级影响因素	备注
赋存环境影响因素	地应力大小及方向	
	围岩分类及组合	
	地下水	
	地震烈度	
洞室结构影响因素	开挖跨度 B(m)	
	开挖高度 H(m)	
	洞室群间距	
	洞室轴向	
	洞形	圆拱直墙形、圆筒形、卵形
结构面	断层	
	裂隙密集带	
	结构面不利组合	
围岩物理力学性质	围岩强度	
	围岩变形模量	
	围岩本构特征	软岩、硬岩、弹脆性、弹塑性、弹黏塑性
施工开挖控制	开挖分级组合	
	开挖分区	
	开挖方式	钻爆法、TBM
支护措施	被动支护	喷锚、挂网
	主动支护	预应力锚索(锚杆)
	支护时机选择	
	岩体强度和整体性恢复措施	固结灌浆、化学灌浆

由于地下工程的复杂性，围岩稳定性影响因素众多，表2-4给出了地下洞室群围岩稳

定影响因素，包括 6 大类一级影响指标和 22 个二级影响因素。

总得来说，围岩失稳是一个相当复杂的过程，通常伴随着变形的非均匀性、非连续性和大位移等特点，是一个高度非线性科学问题。对围岩稳定性的评价不能依赖于单一方法。因此，依托于计算机技术，进行多种方法综合评价分析，是未来发展的一种趋势。

3　大型地下洞室群围岩稳定动态控制技术研究

3.1　围岩稳定分析方法综述

地下洞室围岩稳定研究已取得了丰硕的成果,但由于地下工程问题的特殊性与复杂性:①地质条件和地质构造的复杂性(三维空间的非线性、不连续性、软弱夹层、断层、裂隙及层间错动带);②具有预应力“结构”特征(主要是压应力,在开挖时引起卸载或加载);③大小尺寸和时间的变化大;④岩体的强度和变形未知,特别是“峰值后”的性质至关重要;⑤流体和固体的耦合效应使得问题更加复杂;⑥具有时效性和不确定性。若材料具有物理非线性或考虑几何非线性、边界非线性(如接触问题),则这些问题含有的路径因素将与几何、物性、边界的时变发生耦联,产生施工的“路径效应”,即同一结构,不同施工顺序控制过程,其最终力学状态不同。

因此,现阶段在国内外的地下工程设计中,所采用的设计理论和计算方法,各有不同,远没有形成统一的准则和规定。现阶段国内外比较有代表性的地下工程围岩稳定和支护的设计理论和方法概括如下:

(1)新奥法。新奥法是由 L. V. Rabcwicz 在总结隧洞建设实践经验基础上创立的。其理论基础是,隧洞开挖后,围岩是隧洞稳定的基本部分,因而在开挖过程中,尽可能使围岩少受扰动,保护围岩固有的承载力,从而最大限度地发挥围岩的自支承作用;采取支护措施,也应根据围岩的变化情况,适时或及时支护,使其与围岩共同承载,保证地下工程的稳定运行。新奥法是以工程现场施工量测为基础,研究围岩与支护之间变形与压力的平衡关系,适时进行支护,使支护承载最小并能保持围岩的稳定。近年来在国内外地下工程中新奥法应用比较多,尽管如此,也存在着一些具体问题还没有得到妥善解决,例如在洞室未开挖之前,围岩的变形无法确切得知,因此设计工作也就难以从理论上获得解决。

(2)工程地质法。这是一种基本的方法,包括地质分析、工程类比、岩体结构分析。其中地质分析是通过勘测手段了解围岩稳定有关的、经常出现的、起控制作用的岩石特性、地质构造、水的作用和岩体应力四个因素,并通过综合分析确定围岩的稳定性;工程类比是根据拟建工程区的工程地质条件、岩体特性和动态观测资料,通过与具有类似条件的已建工程的综合分析和对比,从而判断工程区的岩体稳定性,并取得相应的资料进行稳定计算;岩体结构分析是在岩体结构及其特性研究的基础上,考虑工程力作用方式和围岩应力,借助赤平投影法、实体比例投影法和块体坐标投影法进行图解分析,初步判断岩体的稳定性。工程类比是最基本、最常用的方法,是通过对岩体工程地质特性的概括而进行的。约在 20 世纪 70 年代前,我国采用普氏分类来进行地下洞室的设计。工程实践表明,普氏分类在多数情况下与实际情况不符,随着岩体力学和测试技术的发展,相继提出了多类围岩分类法解决围岩稳定与支护问题,围岩分类的种类很多,正在由定性的分类向着定性定量相结合的分类过渡,其中国外以巴顿及南非地质力学围岩分类较有代表性,在欧洲地下工程设计中广泛应用,国内主要采用多因素的综合分类法,有水利水电工程地下洞室围岩分类、水工隧洞围岩分类、岩石洞室围岩分类、国家标准围岩分类、国防工程分类法等。各种围岩分类方法对支护参数的建议,均建立在经验基础上,尚缺乏工程实践运行的考核鉴定资料,因此推广使用还存在一些问题有待进一步完善。

(3)模型试验方法。试验模型有地质力学模型、光弹模型、基底摩擦模型、工程模型和原位模型(加载、开挖扩大)等,随着模拟技术和试验量测技术的发展,在模型中能够模拟出岩体中的断层、破碎带及软弱带、主要节理裂隙组,因此在一定程度上能够体现出岩体非均值等向、非弹性及非连续体的岩石力学特征;同时,模型的几何形状、边界条件、作用荷载、材料密度、强度及变形特性等方面均能满足相似理论的要求。所以,试验成果已由定性分析阶段开始进入定量分析阶段。由于具有具体直观的优点,现今在地下洞室围岩稳定与支护分析中,模型试验方法仍占有一定的地位,特别是较大型的模型试验,近年来在国内外有了较大的发展。

地下工程围岩稳定性问题的研究始终与模型试验相伴,模型与实际工程问题的相似性是模型试验解决问题的关键。针对理论分析中的种种缺陷和不足,国内外不少学者开展了大量的模型试验研究工作,得出了许多有益的结论。如荷兰 S. C. Bandis 等进行了模拟高地应力条件下的圆形洞室开挖模型试验后认为:即使在超高应力条件下,围岩的各向异性性质还是很明显,其二次应力和变形都由岩体构造控制。模型试验方法多用于重要的难以用现场试验方法解决的复杂工程。如清华大学李仲奎等开发出新型廉价模型材料 NIOS,成功制作出近 100 t 重的超大型岩体模型;研制的离散化主应力面加载和监控系统,使模拟复杂三维初始地应力场得以实现;研制的机械臂和微型步 TBM 掘进机,仿真模拟了模型洞室群施工过程。

(4)数值分析法。数值分析方法是随着岩体力学和电子计算机技术的发展而形成的一种方法,以有限元分析为主构。从 20 世纪 60 年代开始,国内外一些地下工程实例中已成功应用数值分析法计算围岩应力和变形问题,以此作为分析、评价围岩稳定的依据之一。实践证明,在模拟岩体的复杂状态及地质因素的影响方面,数值分析法是一个有效的方法,是其他理论分析法和模型试验所不能比拟的,而且具有速度快、计算准确等一系列优点,数值分析法已成为工程设计的有力工具。数值分析法已发展成一种常规的、必不可少的围岩稳定分析方法,在大型工程中得到普遍应用,并贯穿整个设计过程,受到设计人员的普遍欢迎,对地下洞室的多方案布置研究、围岩初步稳定分析、支护类型初选等方面,数值分析具有直观性、可重复性、快速准确等特点,有其他分析方法所无法比拟的优势。

目前,数值分析法主要有:①有限差分法(FDM、FLAC);②有限元法(FEM);③块体元法;④边界元法(BEM);⑤离散元法(DEM);⑥拉格朗日元法(LEM);⑦不连续变形分析法(DDA);⑧无单元法(EFM);⑨流形元法(MEM)。各种方法由于侧重点不同而各有特色,但所依据的力学基本方程是一致的。其中有限元法由于对非均质各向异性和以非线性为主的岩石介质具有良好的适应性以及开放式、功能强大的处理软件的开发,已成为岩土工程中计算的主流方法。但数值分析法的应用是否真正有效,主要取决于两个条件:一是对地质变化的准确了解,如岩体内部岩性变化的界限、断层的延展情况、节理裂隙的实际状况等;二是对介质物性的深入了解,即岩体的各个组成部分在复杂应力及其变化的作用下的变形特性、强度特性及破坏规律等。

(5)位移反分析法。从20世纪70年代起,日本、美国、意大利等学者就开始进行了岩体位移反馈理论和应用方面的研究,其中日本的樱井春辅通过假设岩体的垂直向地应力近似等于自重应力,水平向地应力和地层的弹性模量 E、泊松比 μ 值用多次重复计算来确定,据此提出的位移反馈确定初始地应力与地层参数的有限元法最具代表性。20世纪90年代以来,又发展了针对弹塑性围岩的简化反分析法等,都展示了国外学者在此领域的研究成果。国内杨志法在80年代初提出了运用位移图谱法对弹性介质围岩做反分析的方法。其原理是将初始地应力荷载分解为4种形式,对不同工程条件,实际初始地应力可由上述4种形式的某种组合叠加而成,并设定几种典型洞型作为标准洞型。通过计算分析,对它们分别得出与各类荷载相应的位移值,并绘制成一系列图谱。若实际工程的计算剖面与标准洞型几何相似,并且约束条件和弹性方程相似,则可利用图谱根据实测位移,直接得出初始地应力或地层的弹性参数值。20世纪90年代以来,我国在岩体反分析领域的研究取得了进一步发展。王芝银等对反分析问题中的非线性问题、时间相关性问题、空间效应以及如何消除测前丢失位移的影响方面做了较深入的研究,并就黏弹性、黏弹塑性问题和三维反分析等方面提出了相应的反分析方法和实用性较强的程序设计;吕爱钟等对弹性介质位移反分析做了参数辨识方面研究,都取得了一定成果。孙钧、蒋树屏等在专著中详细阐述了岩土力学相关问题的建模原理和方法,包括处理观测中不确定性的最优目标函数、模型的不确定性等问题;洞室围岩变形随机预报的原理和方法;稳定的可靠性评价等。总之,反分析法作为量化研究和评价地下工程围岩变形特征的一种有效途径,备受国内外专家的重视,是一种非常有前途的岩体力学发展方向。

3.2 围岩整体稳定控制标准探讨

地下洞室围岩丧失稳定性,从力学观点来看,是由于围岩的应力水平达到或超过岩体的强度范围较大,形成了一个连续贯通的塑性区和滑动面,产生较大位移最终导致失稳。地下洞室围岩的破坏主要有脆性张裂破坏、塑性挤压流动破坏和剪切流动破坏等形式。因此,隧洞围岩稳定性研究的实质是分析和评价围岩介质的应力和变形。

在评价地下洞室围岩的稳定性时,选择合理的评价指标是非常重要的。目前,洞室围岩稳定性判据没有一个统一的标准,主要是因为实际工程所遇到的情况复杂,岩体性质、洞室大小和形状、受力情况(岩体初始应力的大小),乃至施工方法等都会对它产生影响,而这些因素的组合情况又是人们难以预测的,有的洞室工程洞周收敛超出规范允许值数倍,并未发生失稳,有的工程(特别是浅埋工程)尚未达到容许值却发生了失稳与坍塌事故。因该问题很重要,且有着巨大的实用意义,一些国家的有关部门都在注意进行这方面的总结工作,并为了适应某种需要也提出了一些相应的规定。总的来讲,围岩稳定性一般主要有围岩强度、围岩变形量或变形速率、围岩失稳的能量等三种基本判据。

3.2.1 围岩强度判据

该判据在隧道地下结构围岩稳定性的数值分析中得到了广泛应用,该判据理论基础是强度破坏理论,如 Mohr-Coulomb 屈服准则、Drucker-Prager 屈服准则、低抗拉屈服准则、Zienkiewicz-Pande 双曲线屈服准则、Hook-Brown 岩体强度经验准则等。以上准则均定义了在约束压力条件下,当岩体内某斜截面的剪应力超过破坏理论规定的滑动界限范围时,岩体就发生剪切极限破坏。破碎软弱岩体由于裂隙极度发育,岩石切割成碎石块体,往往裂隙间夹杂大量泥质物,所以具有非线性应力—应变关系,屈服强度低,对于这类围岩可以用弹塑性和低抗拉条件分析评价围岩稳定性。

3.2.2 围岩变形量或变形速率判据

用位移判别洞室的稳定性,就是从隧道出现的各种极限状态入手,找出在某种极限状态下各控制点的位移,即所谓极限位移,作为稳定性判据。以锚喷初期支护为主要技术背景的新奥法的推行,提供了在隧道开挖和支护过程中,及时对围岩和支护结构变形进行监测,并通过这种监测对围岩稳定性做出判断的可能性。在国内外有关规范中,围岩稳定性判据多以变形值或变形速率为主,认为围岩变形量或变形速率超过一定值岩体即发生破坏。

岩石地下工程中,由于受诸多因素影响,对围岩稳定性和支护强度分析仍存在许多不确定,相比而言,原位监测对于评价围岩变形与应力变化是一种比较客观的手段。例如,龙滩水电站地下厂房和琅琊山水电站地下厂房的共同特点是陡倾角层状岩体,与功果桥电站工程类似,围岩变形规律明显表现为边墙变形大于顶拱变形。

3.2.3 围岩失稳的能量判据

岩体开挖过程中发生的物理、力学效应,一般都具有非线性和不可逆性质。应力重分布达到一定程度后,不可逆过程就会产生各种形式的能量耗散,如岩体的塑性变形损耗的塑性能、黏性流动变形损耗的黏性能、岩石单元受拉破坏损耗的断裂能等。能量耗散产生的根本原因是热力学不可逆过程,每种不可逆过程都有对应的热力学力和流。只要选择适当的力和流的形式,便可定量地计算不可逆过程引起的能量耗散。朱维申、程峰等考虑能量耗散对岩石屈服本构方程的影响,并应用到工程中。对比不考虑能量耗散时的计算,其结果显示岩体损坏的应力有所减小,因此塑性屈服区减小;但围岩中能量耗散使得围岩的位移变大,靠近开挖边界处的位移增加尤其明显。李树忱等建立考虑能量耗散的弹性损伤屈服准则,并将其应用于求解大型地下洞室围岩稳定性的问题中。通过计算,可以给出洞室周围损伤演化区和损伤变量的大小。根据损伤变量的大小,可以判断洞室围岩损伤破坏程度和发生断裂的位置及其发展方向。

3.3 围岩稳定性多维动态控制思路及流程

由于岩体是典型的非连续介质,其物理力学指标和地应力难以准确测定,地下工程的信息化施工与动态支护优化调整的重要措施之一就是：根据施工期围岩变形监测和锚杆(索)应力监测以及开挖洞壁结构面分布等进行围岩动态反馈分析。根据动态反馈分析成果，分析三大洞室围岩在开挖卸荷作用下的变形规律及围岩变形的量级；确定在开挖卸荷作用下岩体力学参数变化规律及围岩开挖卸荷作用下围岩松弛破坏区、承载区的范围，据此与原始设计条件进行对比而后进行支护动态优化调整，保证洞室整体的稳定性与局部稳定。根据地下厂房施工阶段的特点，动态支护设计调整需要考虑从勘察、设计到开挖、支护的各个阶段的主要矛盾和围岩变形特点，做到分期、分层、分区、分序的多维动态支护。地下厂房围岩稳定性多维动态调整与控制具体流程见图3-1。

(1)分期动态调整：地下厂房建设可以大体分为四期，分别为挖前预分析期、地下厂房顶拱形成期(一层开挖完成后)、高边墙形成期(厂房开挖至发电机层)、三大洞室贯通期(机窝开挖且与尾调室联通)。

挖前预分析期需要在充分研究地下洞室群赋存环境、围岩力学性质和结构面发育特征的基础上，确定洞室群纵轴线方位，对地下洞室群开展开挖释能综合分级，确定分层开挖和支护设计参数，并开展非线性有限元和有限差分数值模拟研究。

第一阶段(成顶)：地下厂房顶拱形成期面对的主要矛盾是控制顶拱变形，不产生顶拱大变形或垮塌。

第二阶段(成墙)：高边墙形成期(厂房开挖至发电机层)的主要矛盾是控制边墙变形协调，不产生过大变形或边墙垮塌，同时保证开挖下卧过程中顶拱拱座应力集中区处于稳定状态。

第三阶段(贯通)：三大洞室贯通期由于主厂房通过尾水连接洞与尾调室联通，可能会产生耦合应力释放和整体位移调整现象，应保证洞室群贯通时整体变形协调。

在各期围岩稳定性动态控制过程中，对揭示的结构面信息进行统计分析，建立岩体结构面和洞室三维模型，对洞壁块体分布及稳定性进行分析评价，并给出块体锚固设计参数。

(2)分层动态调整：为保证围岩小扰动，保证围岩不产生过大位移突变和松弛现象，需要对地下厂房进行分层开挖设计，一般5~8 m一层。在兼顾施工方法、施工进度、支护措施和围岩卸荷变形协调性的前提下，确定每层的开挖深度以及各洞室开挖层的组合关系。

(3)分区动态调整：围岩开挖卸荷后，洞壁会产生不同深度的强、弱松弛区，应力集中区，结合现场监测资料和数值反馈及预测分析，可以对不同部位的破坏松弛程度、塑性区贯通情况、应力集中部位进行定位分区，进而确定有针对性的动态调整，确定支护参数。

(4)分序动态调整：支护措施的施加并非越快越好，而应该根据围岩时效变形特征以及后期变形的影响，选择适当的支护时机。原则上应充分发挥围岩的自稳能力和抗变形能力，围岩和支护措施和荷载分配关系适当。支护过早，会使得支护结构承受过大围岩变形，甚至超出支护结构的承载极限；支护过晚，可能使围岩变形过度发展，造成围岩失去承载能力而破坏。

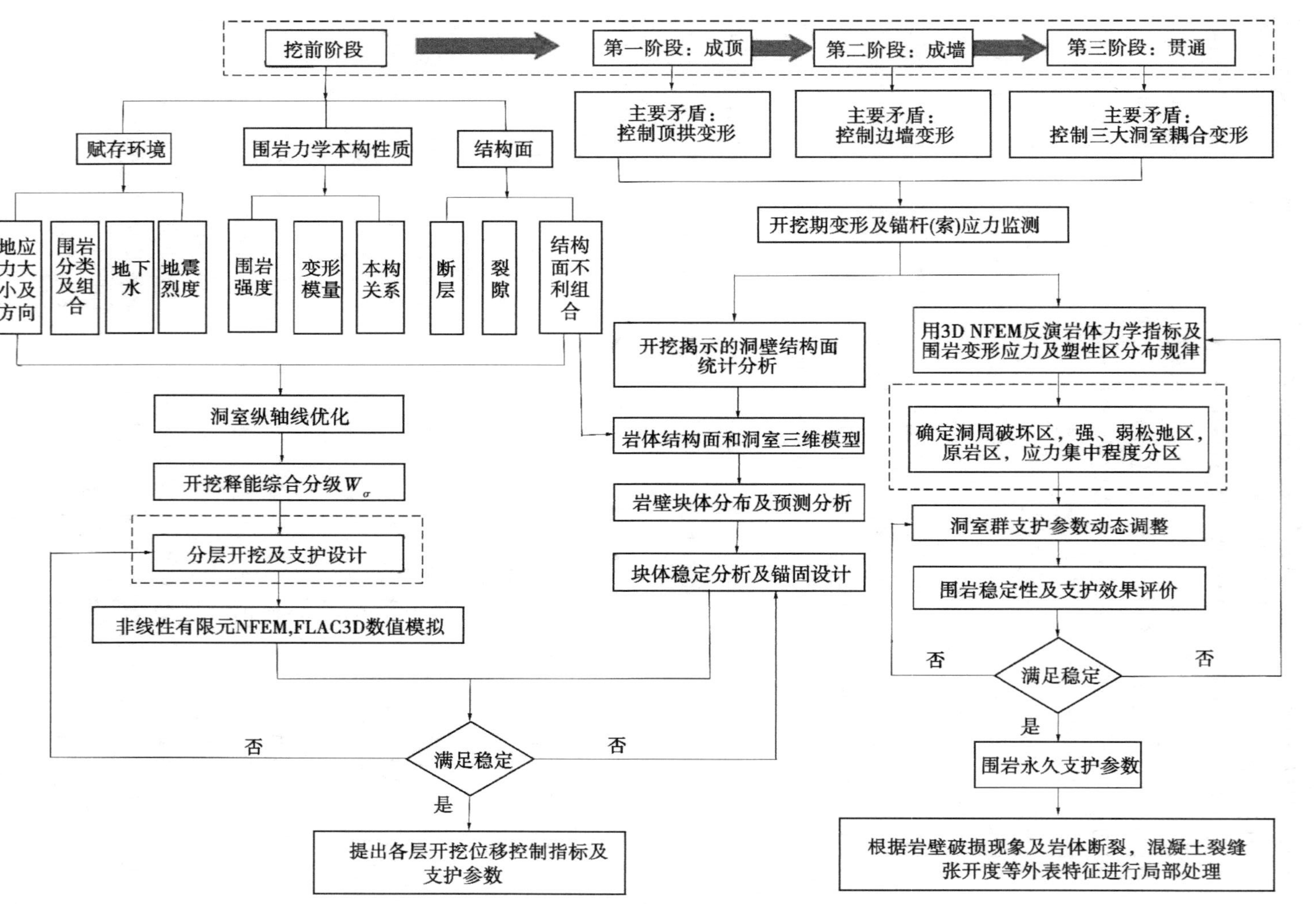

图 3-1 大型地下洞室群围岩稳定多维动态控制实施流程

3.4 围岩稳定性多维动态控制关键技术

3.4.1 分期动态控制技术

依据洞室群设计和开挖支护的不同阶段,可从时间轴上将洞室群分成四个阶段:

(1)挖前阶段:该阶段洞室尚未进行开挖,仅掌握有限的地勘资料、地应力测试资料、岩体力学参数试验资料。该阶段进行的动态设计和调整主要体现在洞室轴线选定、洞室间距优化、开挖步序的拟定、围岩支护参数的拟定、局部危险块体的初步筛查。由于尚未进行实际开挖,洞室围岩实际状态可能与预判存在较大差异,特别是围岩参数、结构面发育状态、地应力量级和方向存在变数,需要后续开挖揭示的检验和校正。

(2)第一阶段(成顶阶段):该阶段一般包含主厂房的导洞开挖、扩挖,主要是主厂房岩锚吊车梁以上部分的开挖。这一阶段围岩变形呈现出顶拱下沉、底板上抬的变形特点。围岩变形稳定的主要矛盾是控制顶拱过大变形,防止顶拱掉块、垮塌。特别是当顶拱存在近水平的结构面时,可能产生较大变形或掉块,甚至造成大的塌方。

如图 3-2 所示,针对白鹤滩地下厂房顶拱存在的层间错动带,采取了顶拱锚固洞和提拉锚索的工程措施。又例如,为克服锦屏一级地下厂房右拱脚应力集中导致的鼓出弯折破坏,地下厂房右顶拱采用了加强预应力锚索和加密预应力锚杆的技术,控制顶拱拱座变形(见图 3-3)。

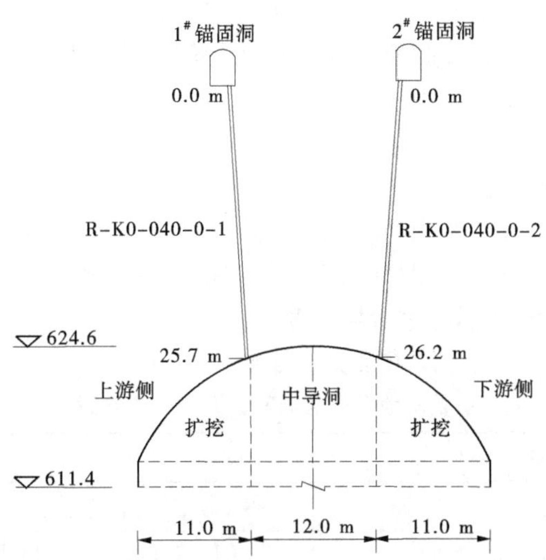

图 3-2 白鹤滩右岸地下厂房顶拱锚固洞和提拉锚索

(3)第二阶段(成墙阶段),该阶段主厂房向深部开挖至发电机层,同时主变室、尾调室也协同下挖。这一阶段,主厂房高边墙逐步形成,围岩变形呈现边墙变形快速增大,顶拱变形趋于稳定甚至回弹的变形特点。洞室间的空间应力调整相互影响愈加明显,主厂房和主变室通过母线洞相互贯通,拱座应力集中加剧、边墙松弛区加深。围岩变形的主要矛盾是控制高边墙变形,采用适当工程措施对高边墙进行适时适度的支护。对拱座等应力集中关键部位进行针对性加固。

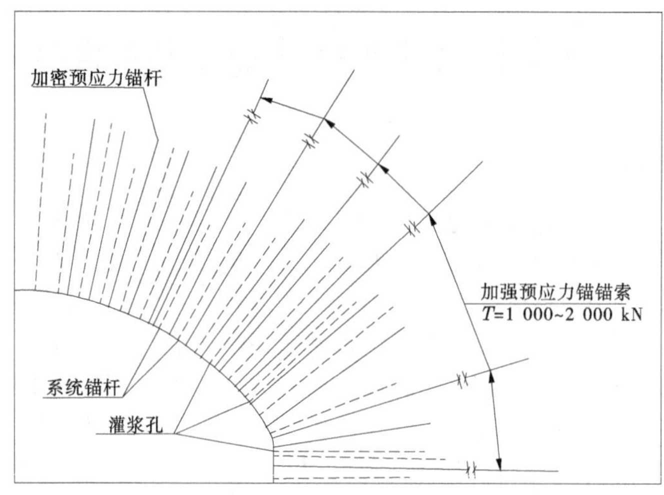

图 3-3　锦屏一级地下厂房侧拱围岩加强支护措施

(4)第三阶段(贯通阶段):该阶段主厂房继续开挖下卧,形成机窝,同时尾调室通过尾水管和尾水连接洞形成三大洞室的贯通。这一阶段,机窝区域岩台三面卸荷,尾水管横河向与第一主应力有一小交角,处于不利的地应力释放状态,可能在主厂房底部产生明显卸荷松弛破坏现象。甚至在实现洞室贯通时发生岩爆、大变形等突发情况。例如二滩的两次岩爆,都是发生在尾调室贯通时,使得主厂房变形由 5 cm 左右突变为 11 cm,导致多条锚索断裂失效。围岩变形的主要矛盾是控制机窝岩台强烈松弛,避免三大洞室贯通发生耦合联动大变形,做到小扰动,慢卸荷,最终完成洞室群开挖,保证洞室的整体稳定性。

3.4.2　分层动态控制技术

依据洞室群开挖的空间组合关系,一般将洞室开挖分为 9 级或 10 级。每层开挖深度控制在 5.0~8.0 m,避免大开挖、大扰动。使得围岩应力逐步释放,也便于逐级进行支护。下面给出了功果桥、猴子岩、两河口、双江口地下厂房的分层开挖方案。

3.4.2.1　功果桥地下厂房洞室群开挖分层步序

功果桥地下厂房洞室群开挖分层方案见表 3-1。

表 3-1　功果桥地下厂房洞室群开挖分层方案

	开挖顺序	方案
主厂房、主变洞、尾调室	第一期	主厂房Ⅰ层,主变洞Ⅰ层,尾调室Ⅰ层
	第二期	主厂房Ⅱ层,主变洞Ⅱ层
	第三期	主厂房Ⅲ层,主变洞Ⅲ层,尾调室Ⅲ层
	第四期	主厂房Ⅳ层,母线洞
	第五期	引水洞,尾水洞
	第六期	主厂房Ⅴ层,尾调室Ⅲ层
	第七期	主厂房Ⅵ层,尾调室Ⅳ层
	第八期	尾水管

功果桥地下厂房洞室群施工开挖顺序方案示意图见图 3-4。

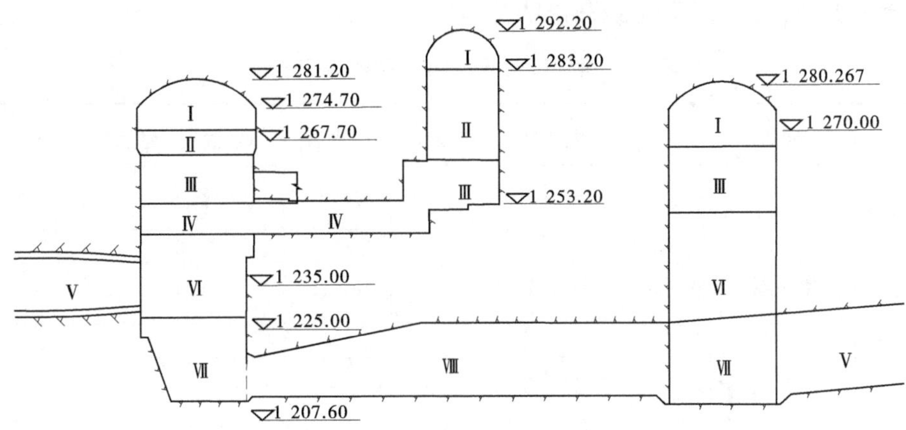

图 3-4　功果桥地下厂房洞室群施工开挖顺序方案示意图

3.4.2.2　猴子岩地下厂房计算开挖步序

猴子岩地下厂房洞室群分级开挖见表 3-2。

表 3-2　猴子岩地下厂房洞室群分级开挖表

第 1 级	Ⅰ、i、母 1、母 2	第 6 级	Ⅵ、Ⅶ、Ⅷ、(3#～4#)B、⑤
第 2 级	Ⅱ、ii、母 3、①	第 7 级	Ⅷ、⑥
第 3 级	Ⅲ、iii、②	第 8 级	Ⅸ、⑦
第 4 级	Ⅳ、③、(1#～2#)A	第 9 级	⑧
第 5 级	Ⅴ、④、(1#～2#)B、(3#～4#)A	第 10 级	⑨

猴子岩地下厂房洞室群施工开挖顺序方案示意图见图 3-5。

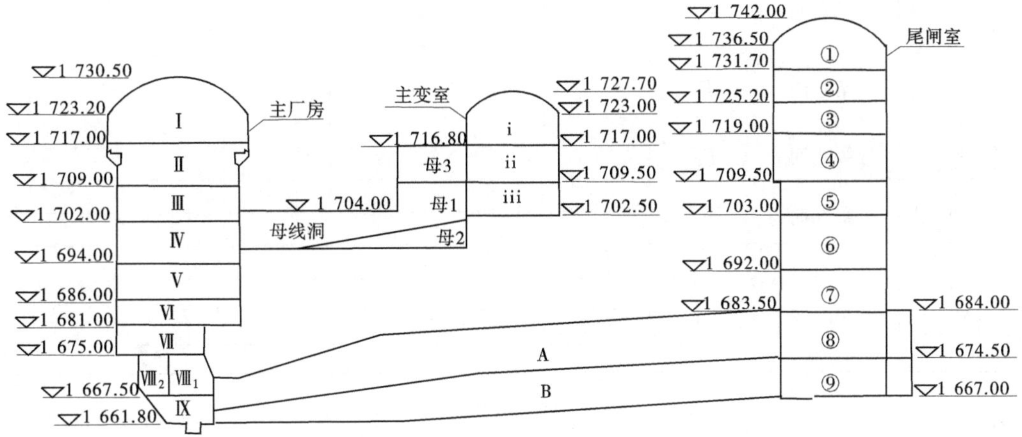

图 3-5　猴子岩地下厂房洞室群施工开挖顺序方案示意图

3.4.2.3　两河口地下厂房开挖分级

两河口地下厂房洞室群分级开挖见表 3-3。

表 3-3　两河口地下厂房洞室群分级开挖表

编号	分期	主厂房	主变室	尾调室	引水洞	母线洞	尾水管	尾水洞
1	第一期	上$_1$		a b				
2	第二期	上$_2$	1	c d				
3	第三(1)期	中$_1$	2	e f	①			⑥
4	第三(2)期	吊车梁	3	g h		② ③		
5	第四期	中$_2$					④	
6	第五期	中$_3$					⑤	
7	第六期	下$_1$		i				
8	第七期	下$_2$						
9	第八期	下$_3$						
10	第九期	下$_4$						
11	第十期							⑦

两河口地下厂房洞室群施工开挖顺序方案示意图见图 3-6。

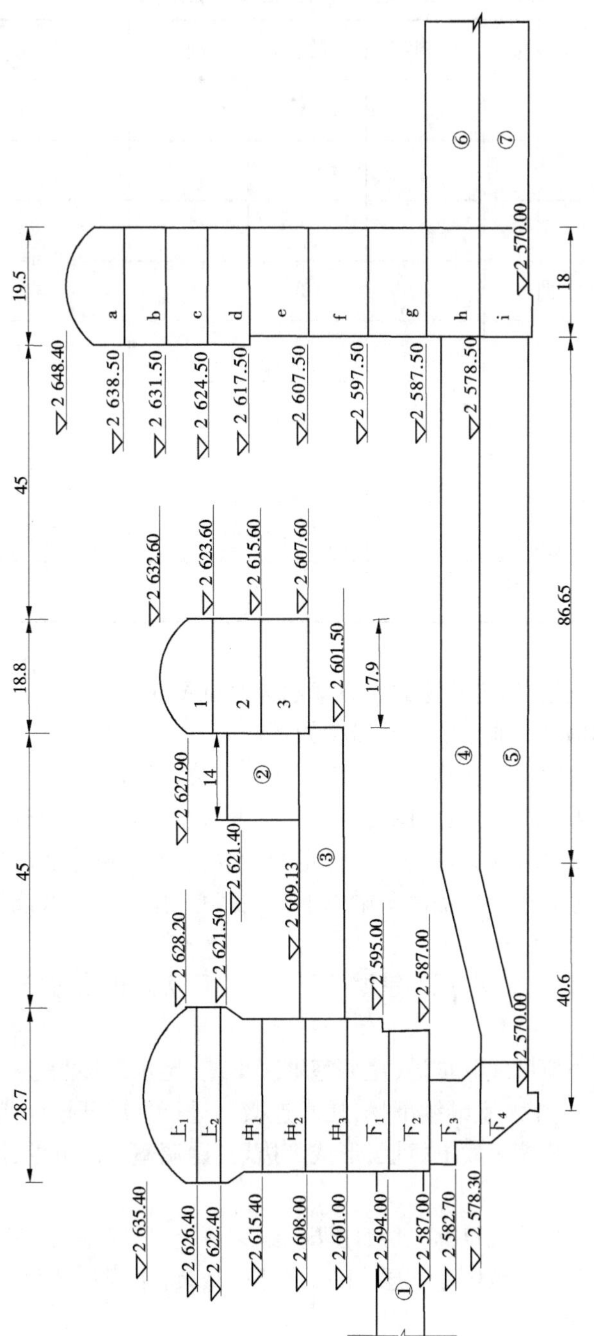

图 3-6 两河口地下厂房洞室施工开挖顺序方案示意图 （尺寸单位：m，高程单位：mm）

3.4.2.4　双江口地下厂房开挖步序

双江口地下厂房洞室群分级开挖表见表 3-4。

表 3-4　双江口地下厂房洞室群分级开挖表

开挖级	主厂房	主变室	尾调室	母线洞	引水洞	尾水连接洞	尾水隧洞
第 1 级	A		a、b				
第 2 级	B	Ⅰ	c				
第 3 级	C	Ⅱ	d				⑤
第 4 级	D	Ⅲ	e	②		③	
第 5 级	E						
第 6 级	F						⑥
第 7 级	G					④	
第 8 级	H						
第 9 级			f、g、h、i				

双江口地下厂房洞室群施工开挖顺序方案示意图见图 3-7。

以双江口地下厂房为例，典型的分层步骤如下：

第 1 级开挖：形成主厂房顶拱区域、主变室顶拱区域，母线洞的主体部分；此时主厂房、主变室处于独立成拱阶段，各自的围岩变形基本没有相互影响。另外，母线洞先开挖，使得主厂房后续开挖时，边墙应力预先得到一定的释放，有利于减小边墙的变形。

第 2 级开挖：主厂房下挖至岩锚吊车梁以下，主变室下挖且与母线洞贯通。尾调室进行顶拱开挖。

第 3 级开挖：主厂房、主变室、尾调室继续下挖。主厂房高边墙初步形成、主变室开挖结束。

第 4 级开挖：主厂房与母线洞贯通，尾调室继续下挖，尾水连接洞进行上层开挖。

第 5 级开挖：主厂房、尾调室继续下挖，尾水连接洞进行下层开挖。

第 6 级开挖：主厂房开挖至发电机层，形成高边墙；尾调室继续下挖，尾水连接洞交替进行下层开挖。

第 7 级开挖：主厂房开挖至机窝上层，尾调室继续下挖，形成尾调室高边墙。

第 8 级开挖：主厂房开挖至机窝下层，主厂房开挖结束；尾调室继续下挖，尾调室高边墙达到尾水连接洞顶高程。

第 9 级开挖：尾调室与尾水连接洞上层贯通。

第 10 级开：挖尾调室与尾水连接洞下层贯通。洞室群开挖结束。

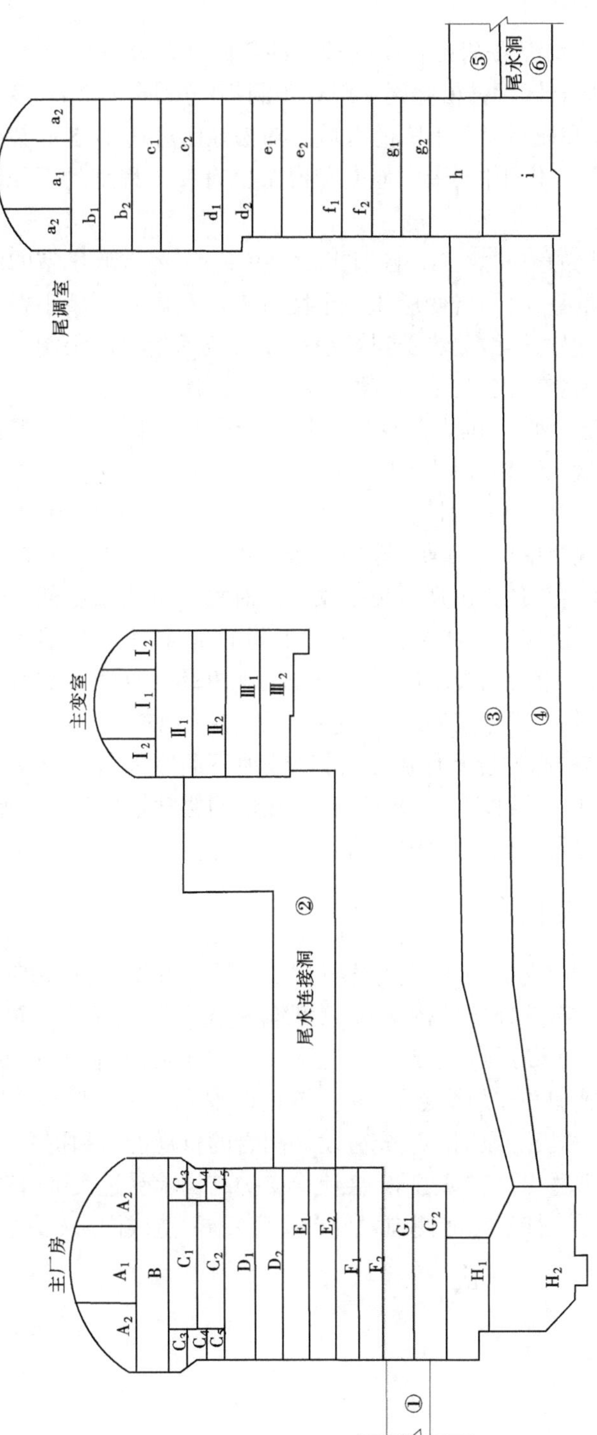

图 3-7 双江口地下厂房洞室群施工开挖顺序方案示意图

3.4.3 分区动态控制技术

(1)洞室开挖卸荷后,从围岩卸荷松弛程度的不同来划分,在洞壁由浅及深形成浅表强松弛区、弱松弛区、原岩区。强松弛区一般处于洞室浅表层 1~2 m,该部分呈现声波波速显著下降,围岩强度和模量显著下降的区域。弱松弛区可达 4~5 m 甚至 10 余 m 深度,这部分岩体声波波速有一定下降,围岩强度和模量也有一定程度的下降。原岩区则基本未受岩体开挖的影响。

由于受洞室群开挖的空间效应影响,主厂房、主变室、尾水调压室的洞壁松弛区和破坏区可能相互影响并重叠,给围岩变形和稳定性带来不利影响。减小叠加效应最简单的办法是增加洞室间距,但这样做显然受到场地和经济技术指标的限制。如何对洞室松弛区进行合理动态支护和变形控制,是洞室群分区动态设计的关键。

(2)从应力集中程度划分,围岩开挖后会形成应力集中区和应力平稳过渡区。过高的应力集中,会导致岩爆、劈裂、掉块等围岩破坏现象。由于地应力与水平面存在夹角,往往导致洞室出现偏压现象。偏压洞室应力集中往往呈现顶拱应力集中与对角一侧边墙墙底应力集中区成对出现的现象。例如,锦屏一级水电站地下厂房,顶拱右上角出现约 47 MPa 的应力集中,导致右侧顶拱出现板裂现象。而对角一侧边墙底部受到另一个应力集中区的作用。与右侧顶拱应力集中区相对不动不同的是,该上游边墙底部应力集中区随开挖不断下移,并导致上游边墙表层产生开裂和松弛剥落。这两个应力集中区对围岩稳定性的影响效应是不同的,应分区处理,采用不同的支护策略。

(3)由于断层和结构面的切割作用,常常导致地下洞室围岩变形在断层和结构面处出现显著变化。例如,白鹤滩地下厂房下游边墙在层间错动带出现错台变形,甚至将抗剪洞整体切穿。因此,对断层影响带要进行有针对性的开挖支护设计,保证岩体协调变形。

3.4.4 分序动态控制技术

对洞室群围岩的开挖支护,分批次有序开展。在围岩开挖后,首先应根据围岩强度和类别,以及地应力水平,有选择地进行挂网、喷射混凝土、锚杆、预应力锚杆(锚索)、混凝土衬砌等支护措施。对于断层过渡带,还可能采用固结灌浆、超前锚杆、肋拱、钢板带等支护措施。支护措施的施加并非越快越好,而应该根据围岩时效变形特征以及后期变形的影响,选择适当的支护时机。原则上应充分发挥围岩的自稳能力和抗变形能力,围岩和支护措施和荷载分配关系适当。支护过早,会使得支护结构承受过大围岩变形,甚至超出支护结构的承载极限;支护过晚,可能使围岩变形过度发展,造成围岩破坏甚至洞体垮塌。

4 大型地下洞室群围岩稳定动态控制标准研究

水电站地下洞室跨度大、高度大、高跨比大,洞群交叉错综复杂,岩性软硬相间,地质条件复杂,在此条件下,很难采用单一的围岩稳定判别标准来判定地下洞室群围岩的稳定性,需研究多种围岩稳定标准,确定适用于特定工程的标准来判定地下厂房洞室的整体稳定性。

4.1 围岩卸荷效应能量指标

定义开挖综合能量释放指数 W_σ 为单宽释放能量 W 与强度应力比的比值,即

$$W_\sigma = \frac{W}{K_\sigma} = \frac{BH\sigma_1^3}{2ER_c} \tag{4-1}$$

式中各符号含义参见 2.1 节。

各工程开挖综合能量释放指数 W_σ 见图 4-1。

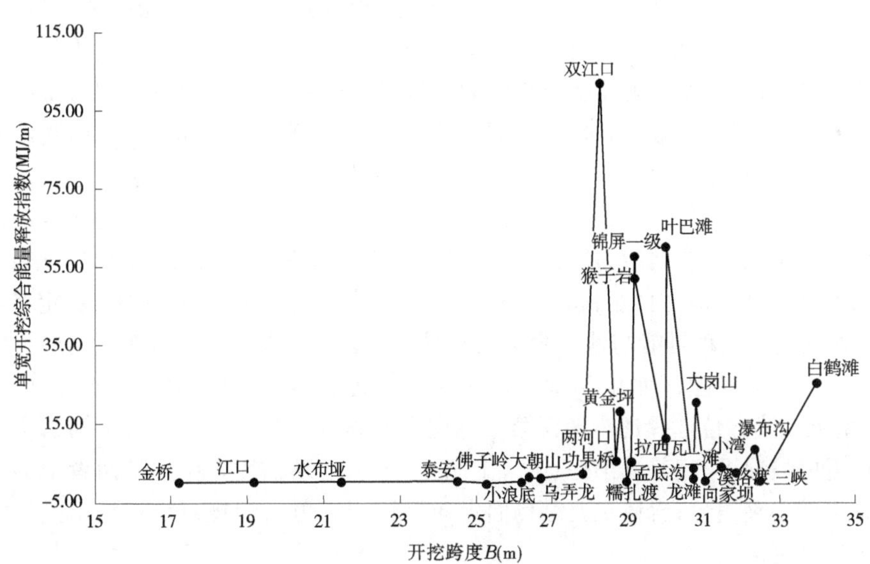

图 4-1 各工程开挖综合能量释放指数 W_σ

综合 2.1 节的分析,提出大型地下洞室开挖卸荷强度的分级标准(见表 4-1)。围岩开挖卸荷的强度分为极强、强、一般和弱—较弱四级。表 4-1 按照单宽开挖释放能量 W、围岩强度应力比 K_σ 以及综合开挖能量指标 W_σ 给出了分级划线。综合能量指数 W_σ 越大,其开挖过程卸荷现象更为突出。由于综合开挖能量释放指数 W_σ 具有更好的代表性,本次研究推荐按照综合开挖能量释放指数 W_σ 进行分级表征围岩开挖卸荷现象的强弱程度。

表 4-1 大型地下洞室开挖卸荷强度分级

强度分级	极强	强	一般	弱—较弱
单宽开挖释放能量 W(MJ/m)	≥70	(40,70]	(20,40]	<20
强度应力比 K_σ	≤2	(2,4]	(4,7]	≥7
综合开挖能量指数 W_σ(MJ/m)	≥35	[10,35)	[3,10)	<3

4.2 高地应力区地下洞室纵轴线定位准则

4.2.1 研究现状

工程实践表明,高地应力区地下洞室纵轴线方位对围岩稳定性影响显著。因此,如何选择合理的洞室纵轴线是高地应力区地下工程设计的关键工作。《水电站厂房设计规范》(NB 35011—2016)中规定"高地应力地区,洞室纵轴线走向与地应力的最大主应力水平投影方向宜呈较小夹角"。这一规定的实质是减小第一主应力引起的破坏效应,适用于第二和第三主应力量值较小的情况,也就是第二和第三主应力引起的围压释放效应可以由岩体强度抵抗,不至于发生较严重的岩体破坏。但在第二和第三主应力量级与第一主应力具有可比性的高地应力区,例如锦屏一级水电站、猴子岩水电站、拉西瓦水电站等地下厂房,基于上述规定设计的厂房纵轴线,在工程施工过程中,均出现了围岩表部开裂、卸荷松弛深度较大、洞周变形量值大且时效性显著、支护系统负荷高甚至超限等高地应力破坏现象。分析认为,高地应力区,第二和第三主应力作为围压释放引起的变形破坏,岩体强度已不能完全抵抗,由此引起了带有全局性的破坏,给工程安全和围岩稳定造成不利影响。这些问题的出现可能与地下洞室纵轴线方位选择时未能充分考虑三向应力综合作用有关。为了规避风险,《水电站地下厂房设计规范》(NB/T 35090—2016)修订版提出"主体洞室纵轴线方位选择还需考虑第二主应力的影响。在第一主应力和第二主应力量值较为接近的情况下,宜兼顾第一、第二主应力,主洞室纵轴线方位宜与两者中的水平分力较大者呈较小夹角、与岩体主要结构面走向呈较大夹角",但规范没有给出具体的理论方法和定位准则。

针对上述问题,本书在综合考虑高地应力三向应力特征的基础上,提出了高地应力区地下洞室纵轴线定位准则,建立了洞室纵轴线方位优化的理论方法,并用具体案例的数值分析试验论证了该准则和方法的合理性和优越性。

4.2.2 洞室纵轴线选择的基本原则

地下洞室开挖时,其赋存地质体可划分为三个区域,如图 4-2 所示,A 区为挖除区,B 区为扰动区(开挖影响区),C 区为未扰动区(原始应力状态)。A 区与 B 区的边界称为开挖设计轮廓，是由工程设计需求确定的。B 区与 C 区的边界称为扰动界限，其形状由开挖设计轮廓、开挖界面应力释放水平、围岩力学特性等决定。开挖设计轮廓和洞室布置选址确定后，围岩的力学特性也基本确定，此时，开挖界面应力释放水平成为影响扰动界限的范围和形状的主要因素之一。

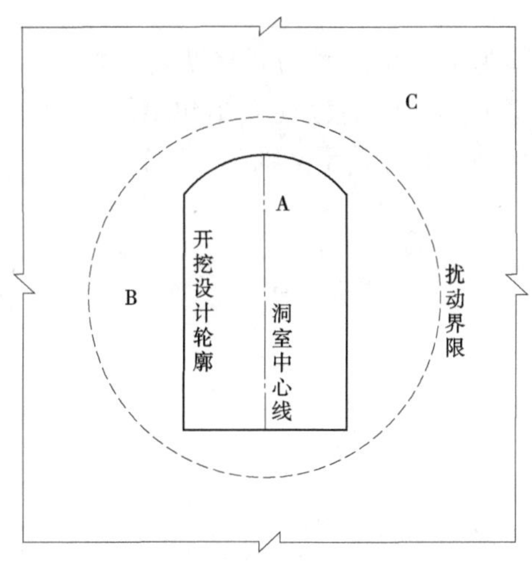

图 4-2　洞室开挖影响分区示意图

一般情况下，不同的洞室纵轴线，会出现不同的洞室开挖界面应力释放水平，设计工程师总是希望扰动界限范围尽可能小，扰动区相对设计轮廓基本均匀，力求减小洞室两侧不对称变形引起的设计轮廓变形和围岩破坏。

国内水电工程地下洞室绝大多数采用圆拱直墙的长廊型结构，这种结构在力学分析上可简化为平面应变问题，即当洞室纵轴线确定后，可近似认为沿着纵轴线方向的应力是不变的，其位移和应变都发生在横剖面（与纵轴线垂直的平面）内。根据这一基本理论，高地应力区的地下洞室纵轴线选择时，应尽可能减小垂直于洞室纵轴线方向的横剖面开挖边界的释放应力，同时提高纵轴线方向的应力。

地下洞室的纵向长度和断面尺寸是由设计功能决定的，纵轴线和地应力场之间的方位关系并没有改变洞室开挖轮廓的受力面积，只是改变了该面积上应力作用的大小。因此，对拟开挖区的围岩而言，不同的纵轴线方位代表着不同的力学平衡体系。

洞室开挖后围岩（扰动区）承受的应力可划分为垂直应力和水平应力，垂直应力主要由自重应力和构造应力的垂直分量构成，以自重应力为主，而水平应力主要由构造应力的水平分量构成。

垂直应力主要影响洞室顶拱稳定，工程中多采用选择合理的圆拱和矢高比参数进行轮廓设计。水平应力主要影响洞室顶拱的偏压（不对称变形）和高边墙变形破坏。为了使洞室开挖后，扰动区内的含开挖空间的系统不发生偏压变形，应使开挖边界区两侧的水平向应力基本平衡。

根据这一思想，本书提出一种高地应力区地下洞室纵轴线选择的定位准则：高地应力区地下洞室纵轴线最优方位应使得各主应力沿着横剖面上水平方向的分量之和为零。

该准则避免了洞室处于偏压状态,从而减小了洞周变形和应力集中程度,有效缩地小了塑性区范围,提高了洞室的稳定性。

4.2.3　洞室纵轴线最优方位的确定方法

4.2.3.1　空间分析

如图 4-3 所示, xy 平面为水平面, y 轴为洞室纵轴线方向, xz 平面为洞室横剖面, N 轴为水平面内的正北方向, σ_1、σ_2、σ_3 分别为地应力场的第一、第二和第三主应力方向,洞室纵轴线的方位角为 θ(从 N 轴顺时针转至 y 轴的角度)。

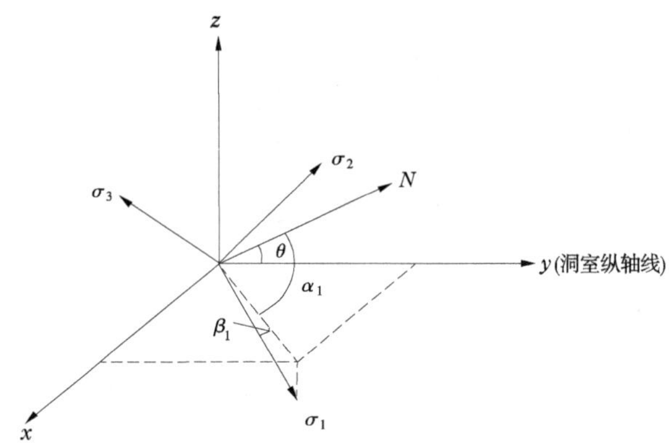

图 4-3　空间分析坐标图

设 σ_1、σ_2、σ_3 的方位角分别为 α_1、α_2、α_3,倾角(仰角为正,俯角为负)分别为 β_1、β_2、β_3。第一主应力 σ_1 沿 x、y、z 轴的分量可表达为:

$$\sigma_{1x} = \sigma_1 \cos\beta_1 \sin(\alpha_1 - \theta) \tag{4-2}$$

$$\sigma_{1y} = \sigma_1 \cos\beta_1 \cos(\alpha_1 - \theta) \tag{4-3}$$

$$\sigma_{1z} = \sigma_1 \sin\beta_1 \tag{4-4}$$

同理,可分别求出 σ_2、σ_3 沿 x、y、z 轴的分量。将各分量叠加,可得沿 x、y、z 轴的合应力分量:

$$p_x = \sum_{i=1}^{3} \sigma_i \cos\beta_i \sin(\alpha_i - \theta) \tag{4-5}$$

$$p_y = \sum_{i=1}^{3} \sigma_i \cos\beta_i \cos(\alpha_i - \theta) \tag{4-6}$$

$$p_z = \sum_{i=1}^{3} \sigma_i \sin\beta_i \tag{4-7}$$

式(4-2)~(4-7)中, σ_1、σ_2、σ_3 的方位角、倾角、量值可由实测资料获取。根据洞室纵轴线选择的定位准则,满足高地应力区地下洞室纵轴线最优方位,应使得各主应力沿着横剖面上水平方向的分量之和为零,则有:

$$p_x = 0 \tag{4-8}$$

即

$$\sum_{i=1}^{3} \sigma_i \cos\beta_i \sin(\alpha_i - \theta) = 0 \tag{4-9}$$

由式(4-9)可求出洞室纵轴线的最优方位角 θ_0,进而可利用式(4-6)求得洞室纵轴线方向的合应力分量 p_y。

4.2.3.2 特例1:洞室纵轴线与 σ_1 水平投影方向重合

假设洞室纵轴线与 σ_1 的水平投影方向重合,即

$$\theta_0 = \alpha_1 \tag{4-10}$$

则由式(4-5)、式(4-6)和式(4-9)可得:

$$p_x = \sigma_2 \cos\beta_2 \sin(\alpha_2 - \alpha_1) + \sigma_3 \cos\beta_3 \sin(\alpha_3 - \alpha_1) \tag{4-11}$$

$$p_y = \sigma_1 \cos\beta_1 + \sigma_2 \cos\beta_2 \cos(\alpha_2 - \alpha_1) + \sigma_3 \cos\beta_3 \cos(\alpha_3 - \alpha_1) \tag{4-12}$$

下面以案例为基础,分析在洞室纵轴线的方位角与 σ_1 的水平投影方位重合和最优方位角 θ_0 两种情况下,合应力分量 p_x 和 p_y 的差异。

某地下洞室赋存地质环境的地应力场某点的主应力分量实测数据如表4-2所示。

表4-2 某地下工程单点实测地应力数据

测值	σ_1	σ_2	σ_3
方位角(°)	43	245.1	134.9
倾角(°)	-17.9	-70.8	-6.8
量值(MPa)	25.17	10.31	5.62

从表4-3可以看出,最优方位角 θ_0 定位的洞室纵轴线,洞室两侧水平向应力释放程度相同,不会发生偏压变形,且沿着纵轴线方向的水平压缩应力相对较大,这对洞室稳定是有利的。

表4-3 p_x 和 p_y 差异分析

项目	纵轴线方位角(°)	p_x (MPa)	p_y (MPa)
与 σ_1 水平投影方位重合	43	4.302	20.625
最优方位角 θ_0	54.8	0	21.066

4.2.3.3 特例2:σ_1 和 σ_2 处于水平面内,σ_3 沿垂直方向

如图4-4所示,y 轴为洞室纵轴线方向,σ_1 与 σ_2 分别为第一和第二主应力,且处于水平面内,σ_3 沿垂直方向。σ_1 与 y 轴的夹角为 θ,则沿着 x、y 轴合应力分量为:

$$p_x = \sigma_1 \sin\theta - \sigma_2 \cos\theta \tag{4-13}$$

$$p_y = \sigma_1 \cos\theta + \sigma_2 \sin\theta \tag{4-14}$$

设最优方位角为 θ_0,根据式(4-8)和式(4-13)可得:

$$\frac{\sigma_2}{\sigma_1} = \frac{\sin\theta_0}{\cos\theta_0} = \tan\theta_0 \tag{4-15}$$

由式(4-15)可计算出洞室纵轴线与最大主应力之间的最优方位角 θ_0。由图4-5可以看出,当 $\sigma_2 = 0$ 或相对 σ_1 量值较小时,最优方位角应选择与 σ_1 水平投影方位重合或呈小

角度夹角；随着 σ_2 的增大，洞室轴线最优方位角 θ_0 向 σ_2 方向偏移。

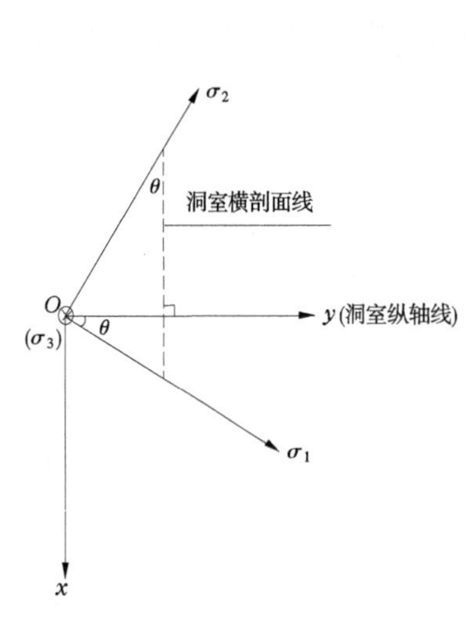

图 4-4　平面分析坐标图

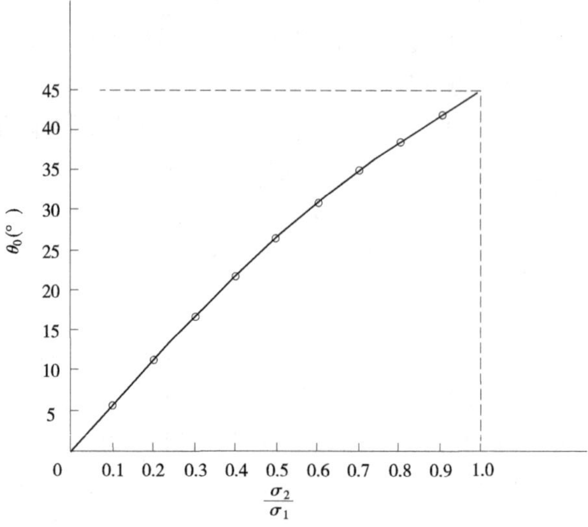

图 4-5　$\frac{\sigma_2}{\sigma_1}$—$\theta_0$ 关系曲线

由式(4-13)和式(4-14)可得：

$$p_x^2 + p_y^2 = \sigma_1^2 + \sigma_2^2 \tag{4-16}$$

由式(4-14)、式(4-15)和式(4-16)可得：

$$p_y = \frac{\sigma_1}{\cos\theta_0} \tag{4-17}$$

由式(4-17)可知，当地下洞室纵轴线选择最优方位角 θ_0 时，与 σ_1 水平投影方位重合的洞轴线相比，纵向压缩应力 p_y 大于 σ_1，更有利于洞室稳定。

4.2.4　地下洞室纵轴线最优方位角设计

为反映高地应力区地应力场的基本特征，工程设计中常采用现场测定地应力方向和量值的方法，给出多个测点的实测资料。由于地应力场在不同点位的主应力量值和方向存在空间差异，应用最优方位角定位洞室纵轴线时，应对每个测点进行具体分析，剔除不合理测点，然后对选取的每个测点进行计算分析，综合选取最优方位角。

根据某个实测点的主应力方向和量值，由式(4-9)计算出该点的最优方位角 $\theta_j(j = 1, 2, \cdots, n)$，$n$ 为选取的测点个数，然后将该纵轴线绘制到赤平投影图中。依次对每个测点进行计算绘图，可得到一系列图线。

假设最终确定的纵轴线方位角为 θ_0，运用最小二乘法原理，使选择的纵轴线方位角 θ_0 与基于实测点计算绘制的一系列图线的离差平方和最小，即式(4-2)取得最小值：

$$f(\theta) = \sum_{j=1}^{n} (\theta_j - \theta)^2 \tag{4-18}$$

由此可得：

$$\theta_0 = \frac{1}{n}\sum_{j=1}^{n} \theta_j = \overline{\theta} \tag{4-19}$$

以某地下工程地应力场实测数据为例，计算该地下洞室纵轴线最优方位角 θ_0（见表4-4）。

表4-4 某地下工程实测地应力数据及纵轴线最优方位角 θ_0 计算

测点编号	主应力分量	量值(MPa)	方位角(°)	倾角(°)	纵轴线方位 θ_j(°)
1	σ_1	21.57	20.3	-2.0	20.2
	σ_2	10.17	293.7	60.6	
	σ_3	5.67	109.2	29.3	
2	σ_1	23.62	51.0	-23.2	29.0
	σ_2	13.41	328.0	16.0	
	σ_3	7.50	89.5	61.3	
3	σ_1	24.56	43.3	-11.8	33.2
	σ_2	12.40	322.8	38.3	
	σ_3	7.58	119.2	49.3	
4	σ_1	23.90	57.7	15.6	58.2
	σ_2	12.04	348.5	-51.9	
	σ_3	8.78	137.0	-33.8	
5	σ_1	25.17	43.0	-17.9	54.8
	σ_2	10.31	245.1	-70.8	
	σ_3	5.62	134.9	-6.8	
6	σ_1	24.11	34.7	-17.7	32.4
	σ_2	16.09	342.1	62.3	
	σ_3	5.94	152.2	20.6	
7	σ_1	30.44	35.5	-10.6	27.6
	σ_2	12.08	293.0	-49.3	
	σ_3	5.07	135.8	-38.7	
纵轴线最优方位角均值 $\bar{\theta}=\theta_0$					36.5

计算绘制的各测点最优方位角 θ_j 如图 4-6 所示,图中 L_j 为各测点计算所得的纵轴线方位,L_0 为离差平方和最小的纵轴线方位,即最优方位角 θ_0 对应的轴线,$\theta_0 = 36.5°$。值得关注的是,该地下工程区地质勘测资料表明,其地质构造主要为顺层向断层和岩体层面,且断层和层面的走向主要为 N55°~65°W,最优方位角 θ_0 计算的纵轴线与主要结构面走向的夹角为 88.5°~78.5°,这对围岩稳定是有利的。

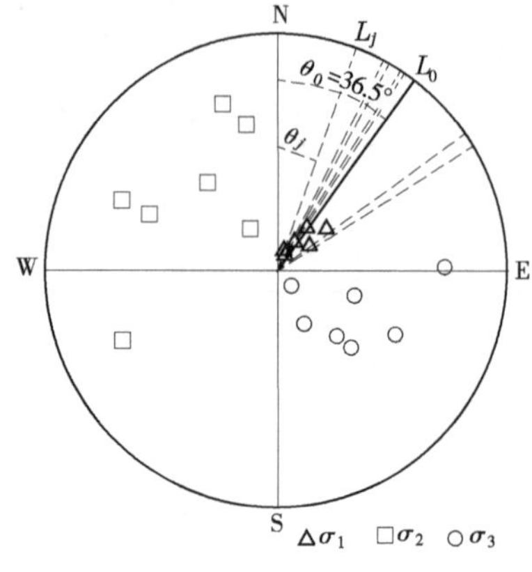

图 4-6 某洞室纵轴线最优方位分析图

4.2.5 数值分析验证

为验证文中提出的洞室纵轴线最优方位角 θ_0 的合理性和优越性,以表 4-4 给出的工程实例为基础,对三种不同的纵轴线方位角进行计算,并对相关围岩稳定指标进行对比分析。

4.2.5.1 模型设计及计算参数

拟定三种不同的纵轴线布置方案,分别为 N3°E、N36.5°E(最优方位角计算值 θ_0)、N173°E(N7°W),分别独立建模进行计算分析。选取地下厂房三大主体洞室为开挖范围,其中主厂房岩壁梁以上跨度 28.4 m,以下跨度 25.4 m,最大高度 66.8 m;主变室跨度 18.8 m,高度 25.3 mm;尾水调压室上部跨度 19.9 mm,下部跨度 18 mm,最大高度 80.1 m。洞室群横剖面图及特征点位如图 4-7 所示。

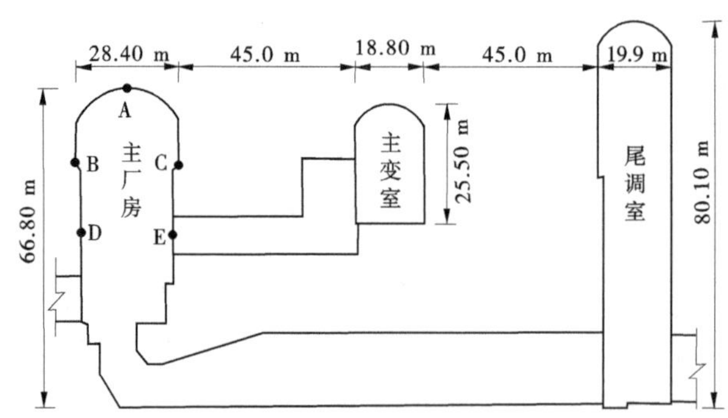

图 4-7 洞室群横剖面图及特征点位

计算范围示意图如图 4-8 所示,其中 X 方向由上游主厂房指向尾调室,截取长度 340.4 m;铅直方向 Y 底部取洞室底板以下 70 m,顶部延伸至山顶(高度 500~700 m);Z 方向由 6#机组指向 1#机组,截取长度共 327.02 m。研究区三维网格模型及开挖区网格模型如图 4-9、图 4-10 所示。为更好地反映洞室纵轴线设计对围岩稳定的影响,采用弹塑性有限元计算方法,模拟计算“开挖+无支护”工况,计算参数如表 4-5 所示。

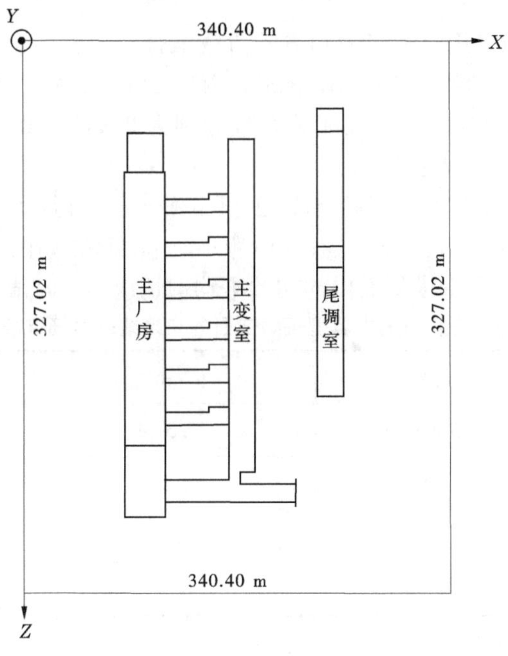

图 4-8　计算范围示意图

图 4-9　研究区域三维网格模型

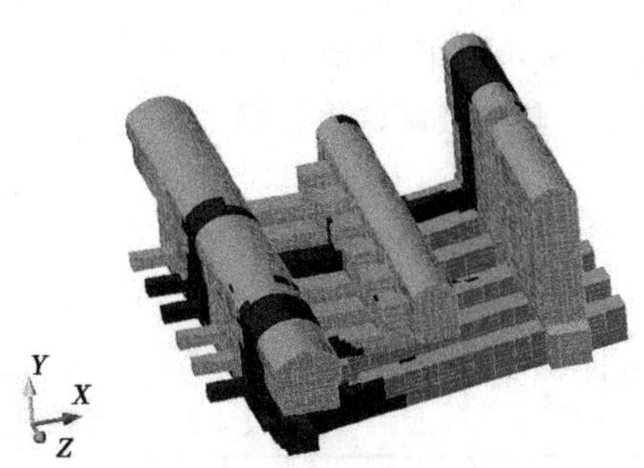

图 4-10　开挖区网格模型

表 4-5　计算参数

岩体代号	变形模量 E(GPa)	泊松比 μ	容重(t/m^3)	抗剪断强度内摩擦系数 f'	黏聚力 C'(MPa)
Ⅲ$_1$	10.0	0.25	2.72	1.10	1.25
Ⅲ$_2$	6.5	0.28	2.70	0.90	0.85
Ⅳ	3.5	0.31	2.67	0.70	0.50
Ⅴ	1.75	0.38	2.62	0.50	0.12
断层 F	1.50	0.35	1.80	0.35	0.07
挤压带 g	3.50	0.31	2.50	0.70	0.50

4.2.5.2 初始地应力

初始地应力场模拟采用自重应力和边界荷载组合作用的拟合思路,计算过程中采用多元线性回归方法。以实测数据为基础,N3°E、N36.5°E(最优方位角计算值 θ_0)、N173°E(N7°W)三种方案地应力场计算的复相关系数分别为 0.945 4、0.944 1、0.946 6,表明地应力回归精度基本一致,效果良好。

表 4-6 给出了三种方案中典型机组段(2[#]机组横剖面)开挖边界的 σ_X、σ_Y、τ_{XY}、σ_Z 的初始应力量值范围,其中 σ_X、σ_Y、σ_Z 分别为开挖边界区初始的水平向 X、Z 及垂直向 Y 的平均应力大小,τ_{XY} 为洞室横剖面内的初始平均剪切应力。从表 4-6 中可以看出:

表 4-6　三种方案中典型机组剖面的初始地应力场特征对比

轴线方向	N3°E	N36.5°E	N173°E
σ_X(MPa)	12.5~19.0	7.5~12.0	15~21
σ_Y(MPa)	11.5~15.5	11.5~15.7	11.4~15.5
σ_Z(MPa)	17.8~25.0	22~30	15~22
τ_{XY} (MPa)	2.6~3.0	0.9~1.1	2.9~3.4

(1)垂直向应力 σ_Y 差别很小,表明构造应力场以近水平向为主;

(2)N36.5°E 方案的 σ_X、τ_{XY} 明显小于其他方案,而 σ_Z 明显大于其他方案,表明该方案中洞室纵轴向压缩应力大,而横剖面内的水平应力释放和剪切变形均较小,即 N36.5°E 方案显著减小了围岩释放应力。

4.2.5.3 塑性破坏体积指标

计算模拟了各开挖分期完成后洞群的塑性体积变化过程。表 4-7 给出三种轴线方案地下洞室群开挖完成后的 2[#]、4[#]机组段单宽塑性破坏体积和单机组段塑性破坏体积、洞室群整体塑性破坏体积统计。图 4-11 给出了三种轴线方案在各开挖分期完成后的洞室群体塑性体积变化曲线。

表 4-7　三种轴线方案塑性破坏体积指标

轴线方向	N3°E	N36.5°E	N173°E
2[#]机单宽塑性体积($\times10^3 m^3/m$)	5.424 0	4.356 6	12.077 9
2[#]机组段塑性体积($\times10^3 m^3/m$)	33.086 4	26.575 4	73.675 0
4[#]机单宽塑性体积($\times10^3 m^3/m$)	8.224 1	6.118 7	15.045 1
4[#]机组段塑性体积($\times10^3 m^3/m$)	50.167 3	37.323 9	91.775 1
整体塑性体积($\times10^3 m^3$)	1 321.580	1 009.995	2 274.201

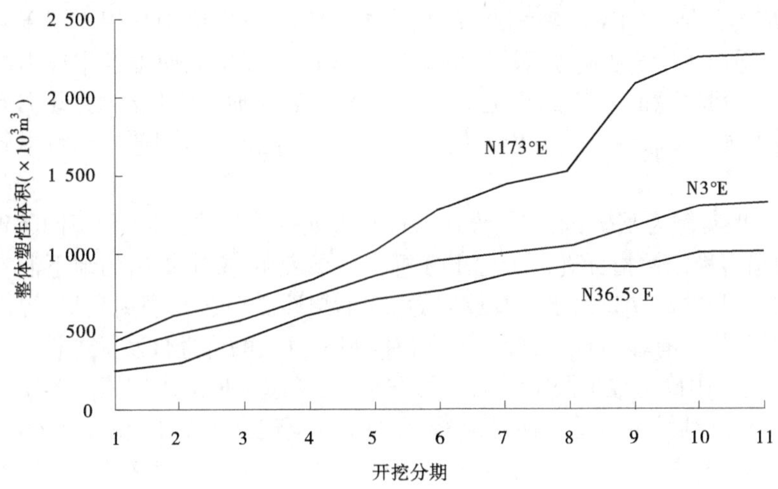

图4-11　三种轴线方案整体塑性体积随开挖分期变化曲线

由表4-7和图4-11可以看出,N36.5°E轴线方案的单机组段的单宽塑性体积、机组段的塑性体积、洞室群各开挖分期的塑性体积、开挖完成后的整体塑性体积等指标量值均明显小于其他两种方案,表明该方案围岩稳定性更好。此外,轴线方位角度与N36.5°E轴线偏差越小,各塑性指标值越小,围岩稳定性越好。

4.2.5.4　特征节点位移指标

洞室开挖后的围岩变形是衡量洞室稳定性的重要指标。选取典型机组段(4#机组)中心断面部位的主厂房顶拱(A点)、上游岩壁梁(B点)、下游岩壁梁(C点)、上游高边墙中部(D点)、下游高边墙中部(E点)5个特征点(见图4-7),分析三种轴线方案在洞室群开挖完成后各特征点的变形情况。图4-12为不同方案各特征点的变形量值变化曲线。由图4-12中可以看出,N36.5°E轴线方案各特征点的变形明显小于其他方案,表明该方案围岩稳定性更好。

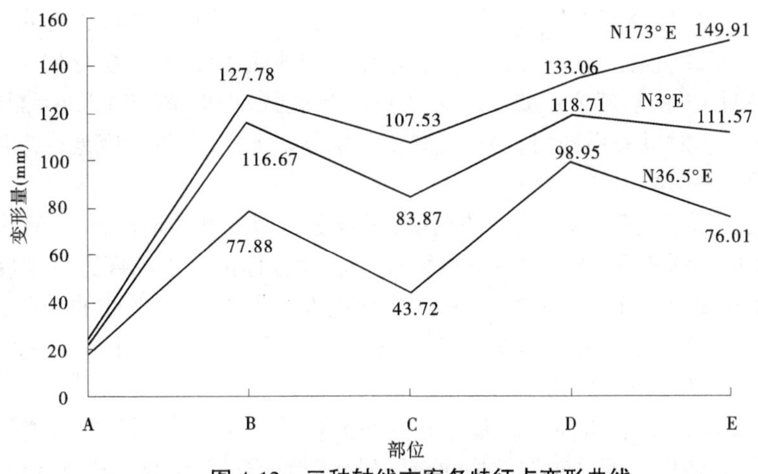

图4-12　三种轴线方案各特征点变形曲线

综上可知：

(1)高地应力区地下洞室纵轴线选择时，应综合考虑三向应力作用。基于洞室两侧对称变形原则，提出了“高地应力区地下洞室纵轴线最优方位应使得各主应力沿着横剖面上水平方向的分量之和为零”的高地应力区地下洞室纵轴线定位准则，并据此建立了高地应力区地下洞室纵轴线最优方位的量化计算方法，给出了合理选择洞室纵轴线的工程设计方法。

(2)以某工程实例为基础，采用三维弹塑性有限元计算方法，对三种不同的地下洞室纵轴线方案的围岩稳定性指标进行了对比分析。结果表明，文中提出的地下洞室纵轴线最优方位角方案，从减小初始水平向释放应力，减小塑性破坏区和洞周变形，提高洞室整体稳定性等方面，均具有显著优势，验证了定位准则和方法的合理性及优越性。

(3)应指出，文中确定地下洞室纵轴线的方法，仅考虑了地应力因素。鉴于实际工程设计中，地下洞室纵轴线定位受多种因素影响，如工程枢纽布置要求、设计功能协调性、岩体强度、地质构造等，很难完全满足最优方位角的要求。在地下洞室纵轴线设计时，需要综合考虑各种因素之间的制约关系，以最优方位角为基准，研究适当的允许偏转角度，确定合理的高地应力区地下洞室纵轴线设计方位。

4.3 围岩变形控制标准

对中(高)地应力硬岩条件下水电站地下厂房顶拱围岩变形特征分析，可以得到如下认识：

(1)据常规经验，地下厂房顶拱围岩变形主要发生在顶拱层(一般为洞室第Ⅰ层)开挖期间，之后随着洞室开挖高程下降，拱效应显现，顶拱变形问题将逐步趋缓。洞室第Ⅰ层开挖时，正顶拱部位的变形一般约占洞室开挖完成后总变形量的80%以上。在分析相关变形监测数据时，应密切关注多点位移计的具体安装和监测时机，注意仪器即埋或预埋的区别，工程中多采用即埋方式，该监测变形存在部分丢失，这一丢失变形在进行数值反馈分析和围岩稳定性评价时应予以考虑。

(2)统计表明，中(高)地应力硬岩条件下，厂房正顶拱部位的变形一般在4~10 mm，通常不超过40 mm；厂房拱肩部位的变形一般在10~20 mm，通常不超过35 mm。在一般情况下，应力水平越高，整体变形量也将越大；存在不利地质条件洞段，变形相对较大。

(3)厂房顶拱围岩变形特征主要受邻近部位的爆破扰动和围岩开挖卸荷影响，并与系统支护强度和施作时机关系密切。另外，洞室分层分幅下挖、洞群效应也将是顶拱围岩监测变形变化的主要影响因素。

(4)一方面，在围岩完整性好、均一的洞段，围岩变形随深度的增加，将表现出一定的连续性和由表及里的渐变性，该部位多点位移计的监测位移值在沿深度方向上将呈现出均匀减小的规律性变形特征。另一方面，在厂房顶拱围岩完整洞段，监测的变形量值通常很小，有时难以采用变形指标进行围岩稳定性评价或预警，比如对于围岩高应力破坏问题，一般需从应力的角度进行分析。

(5)围岩中软弱结构面、岩性显著差异分界面或松弛破裂区等的存在可能导致围岩变形的不连续性，岩体中广泛分布的结构面对围岩变形影响最为常见。通常，结构面都会对岩体变形造成一定影响,但并非所有的结构面都会导致围岩产生大变形,结构面对围岩变形及稳定影响特征与其性状、空间位置以及具体的开挖支护措施等因素有关。多点位移计监测成果一般较容易体现岩体的非连续或不均匀的变形特征。

(6)部分中高应力条件下地下洞室开挖可能会表现出较明显的围岩时效变形和围岩破裂时间效应特征。一般在低岩石强度应力比条件和结构面发育部位,围岩的时效变形特征会更为明显。

目前,还没有统一明确的围岩变形控制标准。地下厂房变形控制标准需要采用经验公式法、规范法、工程类比法、数值分析法综合分析后确定。

4.3.1 经验公式法

苏联学者通过对大量观测数据的整理,得出了用于计算洞室周边容许最大变形值的近似公式:

$$\left.\begin{aligned}\delta_{顶允} &= 12.0\frac{B}{f_k^{\frac{3}{2}}}\\ \delta_{侧允} &= 4.5\frac{H^{\frac{3}{2}}}{f_k^{2}}\end{aligned}\right\}(\mathrm{mm}) \tag{4-20}$$

式中:B 为洞室跨度,m;H 为边墙自拱角至底板的高度,m;f_k 为普氏系数,$f_k = \alpha\frac{R_c}{10}$,无量纲;α 为普氏系数的修正系数, 可选取为 0.4;R_c 为岩体单轴饱和抗压强度,MPa。

故而,式(4-20)可以进一步写为:

$$\left.\begin{aligned}\delta_{顶允} &= 12.0B\Big/\left(\alpha\frac{R_c}{10}\right)^{\frac{3}{2}}\\ \delta_{侧允} &= 4.5H^{\frac{3}{2}}\Big/\left(\alpha\frac{R_c}{10}\right)^{2}\end{aligned}\right\}(\mathrm{mm}) \tag{4-21}$$

功果桥主厂房跨度 B 为 27.8 m;边墙高度(算至第八层)H 为 56.0 m;$Ⅲ_1$、$Ⅲ_2$ 类围岩单轴饱和抗压强度 R_c 分别约为 85 MPa、70 MPa;结合现场地质条件,普氏系数的修正系数 α 选取为 0.4。由此根据经验式(4-21)计算得到功果桥地下厂房顶拱和边墙允许变形量见表 4-8。

表 4-8 功果桥各类围岩允许变形量

围岩	顶拱允许变形量(mm)	边墙允许变形量(mm)
Ⅱ	36	108
$Ⅲ_1$	45	149
$Ⅲ_2$	61	220

由上述经验公式计算可得各地下厂房工程顶拱和边墙允许变形,见表 4-9。由于

式(4-21)只与围岩单轴抗压强度和开挖尺度有关,当围岩单轴抗压强度较高时,所得允许顶拱变位和边墙变位基本合理。

表 4-9　国内地下厂房工程围岩允许变形量

工程名称	开挖跨度	高度(m)	单轴抗压强度 R_c(MPa)	最大主应力(MPa)	强度应力比 K_σ	式(4-21)		修正式(4-22)
						$\delta_{顶}$(mm)	$\delta_{侧}$(mm)	$\delta_{侧}$(mm)
江口	19.2	51.2	90	7.4	12.2	33.73	127.20	56.53
水布垭	21.5	65.0	90	5.6	16	37.77	181.96	80.87
泰安	24.5	52.3	160	11	14.5	18.15	41.55	18.46
小浪底	26.2	61.44	100	5	20	39.30	135.44	60.19
大朝山	26.4	61.29	85	11	7.7	50.53	186.78	83.01
瀑布沟	32.4	66.68	120	23.3	5.2	36.97	106.34	47.26
龙滩	30.7	81.3	130	13	10	31.06	121.99	54.22
锦屏一级	29.2	68.63	70	35.7	2	74.78	326.33	145.03
向家坝	31.0	87.7	100	8.9	11.3	46.50	230.98	102.66
三峡	32.5	88.62	130	11.7	11.1	32.88	138.83	61.70
溪洛渡	31.9	75.6	120	18	6.7	36.40	128.38	57.05
二滩	30.7	65.38	200	29.5	6.8	16.28	37.17	16.52
佛子岭	25.3	55.0	105	1.3	80.8	35.27	104.05	46.24
糯扎渡	29.0	77.7	100	8.28	12	43.50	192.63	85.61
两河口	28.7	66.7	100	18	5.6	43.05	153.20	68.09
黄金坪	28.8	67.3	75	23.2	3.2	66.51	276.05	122.69
猴子岩	29.2	68.7	80	33.5	2.4	61.21	250.23	111.21
白鹤滩	34.0	88.7	95	31	3.1	55.07	260.33	115.70
小湾	31.5	79.3	140	25.4	5.5	28.52	101.33	45.03
大岗山	30.8	73.7	60	22.2	2.7	99.40	494.30	219.68
孟底沟	29.1	68.7	85	17	5	55.70	221.66	98.51
双江口	28.3	70.0	70	37.82	1.85	72.48	336.15	149.40
叶巴滩	30.0	71.54	90	35.7	2.52	52.70	210.10	93.37
拉西瓦	30.0	73.8	120	29.7	4.04	34.23	123.82	55.03
功果桥	27.8	72.6	70	14.03	4.99	71.20	355.05	157.80
金桥	17.2	35.9	90	8	11.25	30.21	74.68	33.19
乌弄龙	26.7	70.25	70	10	7	68.38	337.96	150.20

但是,当围岩单轴抗压强度较低时,所得允许边墙变位过大,例如锦屏一级地下厂房

边墙允许变位达到 326. 3 mm,功果桥主厂房高度按 72. 6 m 计算时,边墙允许变位达到 355. 0 mm,明显高于工程允许值。考虑到经验公式(4-21)的边墙变位与实际地下厂房围岩变位控制标准存在显著差异,建议将经验公式(4-21)修正为:

$$\left.\begin{aligned}\delta_{顶允} &= 12.0B\Big/\left(\alpha\frac{R_c}{10}\right)^{\frac{3}{2}} \\ \delta_{侧允} &= 2.0H^{\frac{3}{2}}\Big/\left(\alpha\frac{R_c}{10}\right)^{2}\end{aligned}\right\}(\text{mm}) \tag{4-22}$$

由表 4-9 可见,锦屏一级地下厂房边墙允许变形量为 145. 03 mm,功果桥边墙允许变形量达到 157. 80 mm,明显高于工程允许值。

4. 3. 2 规范法

国家标准《锚杆喷射混凝土支护技术规范》(GB 50086—2002)第 5. 3 节现场监控量测的数据处理与反馈中规定:隧洞周边的实测位移相对值或用回归分析推算的最终位移值均应小于表 4-10 所列数据值。

表 4-10 隧洞周边允许位移相对值 (%)

围岩类别	隧洞埋深(m)		
	<50	50~300	300~500
Ⅲ	0. 1~0. 3	0. 2~0. 5	0. 4~1. 2
Ⅳ	0. 15~0. 5	0. 4~1. 2	0. 8~2. 0
Ⅴ	0. 2~0. 8	0. 6~1. 6	1. 0~3. 0

注:1. 周边位移相对值是指两测点间实测位移累计值与两测点间距离之比。两测点间位移值也称收敛值。
2. 脆性围岩取表中较小值,塑性围岩取表中较大值。
3. 本表适用于高跨比 0. 8~1. 2 的下列地下工程:Ⅲ级围岩跨度不大于 20 m;Ⅳ级围岩跨度不大于 15 m;Ⅴ级围岩跨度不大于 10 m。
4. Ⅰ、Ⅱ级围岩中进行量测的地下工程以及Ⅲ、Ⅳ、Ⅴ级围岩中在表注 3 范围之外的地下工程应根据实测数据的综合分析或工程类比方法确定允许值。

从表 4-10 中可以看出,很多水电站地下厂房的跨度以及高跨比较大,已经超出表 4-10 规定的范围,但该表对本工程洞周允许位移值的确定仍具有一定的参考意义。根据功果桥地下洞室的埋深以及围岩情况,参照表 4-10,厂房周边的允许变形量约为 120 mm。这一控制标准与式(4-22)的计算结果 157. 80 mm 相差不大。

根据规范法计算提出小浪底、琅琊山、大朝山的地下厂房围岩稳定允许变形控制量,见表 4-11~表 4-13。

表 4-11 小浪底围岩稳定允许变形控制量

部位	允许实测收敛值(mm)		
	主厂房	主变室	尾水洞
顶拱	20~40	9~15	14~25
边墙	30~50	5~10	16~25

表 4-12　琅琊山围岩稳定允许变形控制量

洞室跨度（m）	Ⅲ类围岩		Ⅳ类围岩	
	顶拱	边墙	顶拱	边墙
21~26	15~30	25~50	30~80	50~100

注：洞室顶拱部位、拱座部位及边墙上部采用表中的较小值，洞室交叉口附近及边墙中下部采用表中的较大值。

表 4-13　大朝山围岩稳定允许变形控制量

洞室跨度（m）	各类围岩允许变形值(mm)		
	Ⅱ	Ⅲ	Ⅳ
8	<5	5~20	20~50
16	<12	12~30	30~80
20	<15	25~40	40~90
26	<20	20~50	50~100

4.3.3　工程类比法

从工程类比角度，表 4-14 统计了我国西部部分与白鹤滩水电站地下厂房洞群工程地质条件类似或相近的已建和在建典型工程案例的围岩变形实测资料。

（1）二滩水电站地下厂房位于高地应力区，地应力在 20~25 MPa，局部达到了 35 MPa。二滩地下厂房尺寸为 280.29 m×25.5 m×65.78 m（长×宽×高），上覆岩体厚度 250~350 m，围岩为正长岩、玄武岩，岩石新鲜完整，但地应力较高，厂房边墙实测位移最大值为 86.60 mm。两次岩爆加上 65 m 的高边墙使得边墙位移达到了 20~55 mm。最大位移 125.37 mm 发生在拱座和吊车梁部位。顶拱的围岩变形只有 13.98 mm。

（2）龙滩水电站地下厂房 388.5 m×30.7 m×73.8 m（长×宽×高），上覆岩体厚度 300~350 m，围岩为厚层砂岩、粉砂岩、泥板岩互层，围岩新鲜，主要为Ⅲ类。龙滩水电站地下厂房边墙高 77.3 m。岩层倾角 55°~62°，主要软弱结构面为层错动和陡倾角断层。测得边墙最大位移达到 69.75 mm、99 mm。设计方提出的变形控制范围是顶拱在 21.3~22.2 mm，边墙在 50~70 mm。

（3）琅琊山地下厂房的倾角是 80°，监测结果显示边墙的变形要明显大于顶拱变形，Ⅲ类围岩顶拱围变形控制范围 15~30 mm，边墙的是 25~50 m。

（4）白鹤滩水电站地下洞室群规模宏大，地下洞室群单洞室尺度位居水电工程领域前列。地下厂房长 438 m，岩梁以上宽 34 m，岩梁以下宽 31 m，高 88.7 m，为世界上已建水电工程中跨度最大的地下厂房；8 个圆筒式尾水调压室直径为 43~48 m，直墙高度为 57.93~93 m，亦为世界上已建水电工程中跨度最大的调压室。

表 4-14 国内已建和在建地下厂房实测围岩变形统计

工程名称	基本地质条件	主厂房(吊车梁以上/下)跨度(m)	洞室高度(m)	单轴抗压强度 R_c(MPa)	最大主应力(MPa)	围岩变形模量 E(GPa)	顶拱位移(mm)	上游边墙位移(mm)	下游边墙位移(mm)
瀑布沟	花岗岩,最大地应力 27.3MPa,单轴强度 30~100 MPa	30.7/26.8	70.10	120	23.3	13.0	25~40	64.03(0+016)	78.03(0+049)/103.9
小湾	黑云花岗片麻岩和角闪斜长片麻岩	30.7/28.5	78.00	140	25.4	36.0	3.57~31.63	115.18	101.40
二滩		30.7/25.5	65.38	200	29.5	40.0	13.98	118.19	125.37
龙滩	砂岩、泥板岩	30.3/28.5	74.60	130	13.0	13.0	10.00	84.95	41.35
琅琊山		—/21.5	46.20				6.44	112.50	25.00
广州抽水蓄能		21.0	44.54				1.74	9.40	16.00
渔子溪一级		14.0	33.30				1.60~3.2	未埋设	4.06
大朝山		26.4/24.9	67.30	85	11.0	10.0	1.95	14.37	26.94
锦屏二级	条带状云母和中细晶大理岩,单轴强度 30~70 MPa	25.8	71.20	65	35.7	11.0	15~40	92.91	52.55
锦屏一级		28.9/25.6	68.80	70	35.7	11.0	15~40	30~60	50~100
白鹤滩水电站		34.0/31.0	88.70	95	31.0	18.5	92.92	103.06	120.90
黄金坪	闪长岩	28.8	67.3	75	23.2	9.0	15.34	48.7	27.05
猴子岩	白云质灰岩	29.2	68.7	80	33.5	9.0	18.71	108.45	161.8

综合上述工程实例,对于Ⅱ~Ⅲ级围岩,跨度在 20~30 m、高度在 50~70 m 的大中型地下厂房,顶拱的允许变形范围在 5~30 mm,边墙的允许变形范围在 50~70 mm。当有明显的软弱结构面时或者施工不慎造成了扩挖等不利条件时,应控制最大围岩变形不超过 80~120 mm。当围岩地质条件较好时,参考变形范围的下限;当围岩地质条件不好(断层,裂隙发育、局部高地应力),参考变形范围的上限。锦屏一级、二级水电站地下厂房在开挖过程中总体能够实现分步开挖分步支护的情况下,实测的最大变形可以超过 100 mm,未出现明显的变形稳定问题(导致锚索超限的原因主要是高应力,而非边墙变形)。因此,上述标准具有良好的实践可行性。就白鹤滩水电站而言针对百万装机 34 m 跨度长廊型主洞室建议的变形控制标准如表 4-15 所示。

表 4-15　白鹤滩水电站地下厂房围岩稳定允许变形控制量

围岩变形值(mm)	围岩稳定性评价	说明
<20	稳定	位移对岩体整体稳定不构成影响
20~50	基本稳定	位移对岩体整体稳定基本不构成影响
50~100	局部不稳定	岩体可以保持整体稳定性,局部需要注意
100~150	不稳定	岩体存在潜在变形稳定问题
>150	失稳	岩体存在变形稳定问题

从表 4-14 拟合得到了图 4-13~图 4-15,以及围岩顶拱、上游边墙、下游边墙变位经验公式:

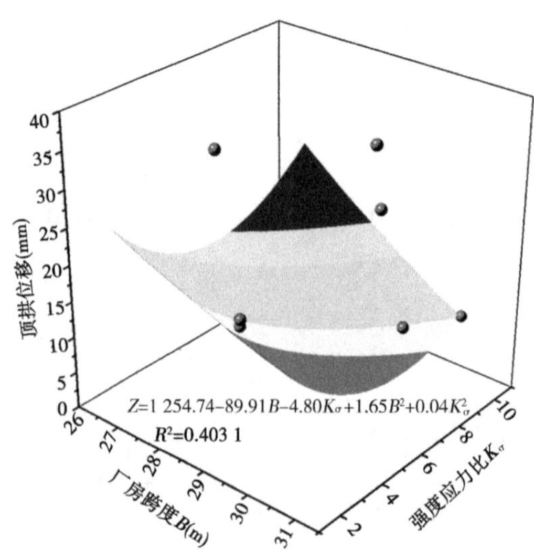

图 4-13　地下厂房实测顶拱变形回归统计结果

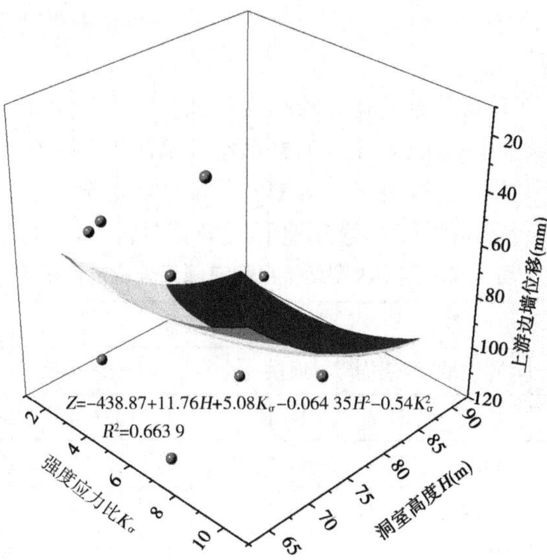

图 4-14 地下厂房实测上游边墙变形回归统计结果

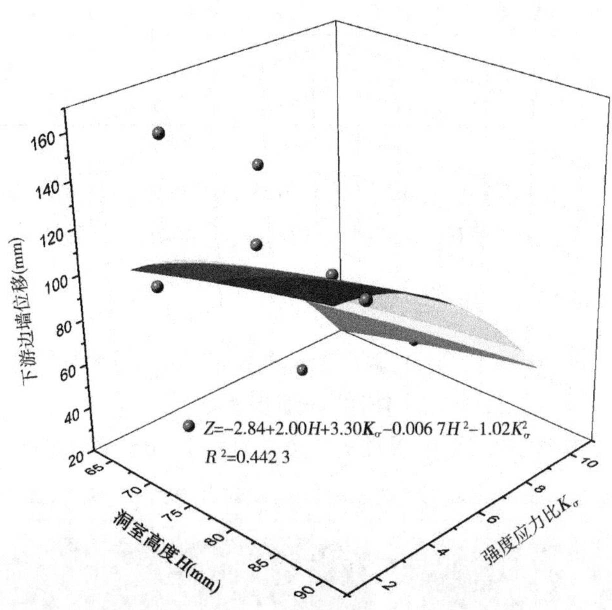

图 4-15 地下厂房实测下游边墙变形回归统计结果

$$\left.\begin{aligned}\delta_{顶} &= 1\,254.74 - 89.91B - 4.80K_\sigma + 1.65B^2 + 0.04K_\sigma^2 \\ \delta_{上游} &= -438.87 + 11.76H + 5.08K_\sigma - 0.064\,35H^2 - 0.54K_\sigma^2 \\ \delta_{下游} &= -2.84 + 2.00H + 3.30K_\sigma - 0.006\,7H^2 - 1.02K_\sigma^2\end{aligned}\right\} \tag{4-23}$$

式中：$\delta_{顶}$、$\delta_{上游}$、$\delta_{下游}$分别顶拱、上游边墙、下游边墙变位，mm；K_σ 为强度应力比；B 和 H 分别为地下厂房宽度和高度，m。

4.3.4　数值分析法

数值分析法目前尚不能对地下洞室的围岩稳定性给出直接评价，为进一步在地下厂房数值分析成果的基础上评价地下厂房围岩稳定性情况，表4-16给出了国内几个大型地下洞室数值计算位移成果。通过地下厂房围岩稳定性数值分析计算位移结果与这些工程数值分析结果的横向比较，可以间接论证地下厂房的围岩稳定性。

表4-16　国内大型地下厂房有限元分析位移成果　　(单位:mm)

工程	支护	主厂房			主变室			尾调室		
		顶拱	上游边墙	下游边墙	顶拱	上游边墙	下游边墙	顶拱	上游边墙	下游边墙
溪洛渡左岸	无	38.9	47.5	51.1	44.1	17.4	23.4	28.3	37.2	42.7
	有	38.8	30.0	27.6	44.0	15.1	22.0	18.7	37.0	42.0
溪洛渡右岸	无	34.1	45.4	49.9	33.1	20.0	26.4	35.0	32.3	33.7
	有	31.8	40.3	32.4	31.6	16.5	23.1	29.7	31.1	28.8
向家坝	无	—	—	—	—	—	—	—	—	—
	有	9.5	48.7	41.5	12.2	4.8	8.5	—	—	—
龙滩	无	—	—	—	—	—	—	—	—	—
	有	34.9	60.0	17.2	5.81	17.2	18.6	0.38	35.56	37.6

根据经验公式法、规范法、工程类比法和类似工程数值计算结果对比，功果桥地下厂房边墙围岩允许变形最大值确定在80~140 mm，允许收敛变形值在160~280 mm。

4.3.5　基于CAD的三维建模技术

基于地表线和岩层分界线，开发了三维网格建模技术，编制了相应的计算程序。下面简述由剖面的地表折线形成三维网格的详细步骤。

(1)按照同一方向(从左至右或者从右至左)使用Pline命令描绘地表线(见图4-16)。

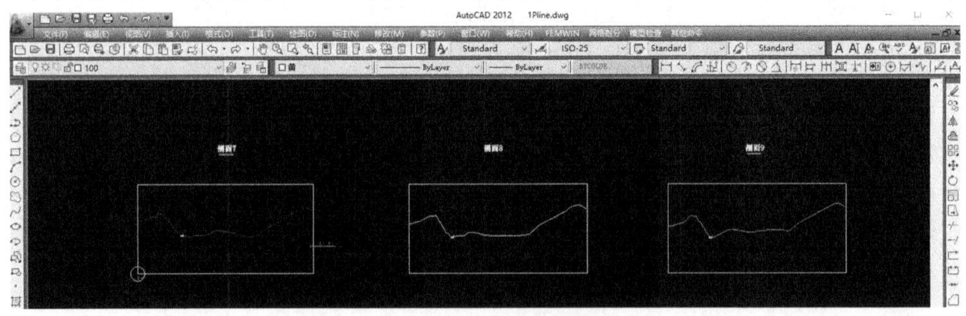

图4-16　不同剖面的地表折线图

(2)将多个剖面的地表折线图放在同一个CAD文件中(示例文件:1pline.dwg)。

(3)使用Loopma命令提取多段线坐标，存入PLINE.DAT数据文件中并修改数据格式。PLINE.DAT数据文件格式(itag非0的点强制对齐)，如图4-17所示。

(4)准备多剖面基点文件 PBASE. DAT(算例中基点统一为左下点)。PBASE. DAT 数据文件格式如图 4-18 所示。

PLINE.DAT

文件(F)　编辑(E)　格式(O)　查看(V)　帮助(

```
3      3     nline   维数
49     1     节点数  Pline序号     itag
2212.67      1086.23            0
2255.05      1098.89            0
2268.62      1100.12            0
2270.72      1105.89            0
2277.9       1107.69            0
2288.87      1105.38            0
2292.46      1099.89            0
2295.09      1099.89            0
2304.92      1084.89            0
2307.54      1084.89            0
2317.37      1069.89            0
2319.99      1069.89            0
2329.82      1054.89            0
2332.44      1054.89            0
2338.3       1047.84            0
2339.41      1048.01            1
2344.45      1048.81            2
2351.73      1049.96            0
2363.07      1044.28            0
```

图 4-17　PLINE. DAT 数据文件格式

PBASE.DAT

文件(F)　编辑(E)　格式(O)　查看(V)　帮助(H)

```
3    3  总数 维数
2212.6664        944.8925        125.0
2983.1539        944.8925        137.0
3708.5123        944.8925        149.0
```

Z坐标需修改为sect.dat

剖面实际Z坐标

图 4-18　PBASE. DAT 数据文件格式

(5)准备分区材料定义文件 LAYMAPAIR. DAT。LAYMAPAR. DAT 文件格式如图 4-19 所示。

LAYMAPAIR.DAT

文件(F)　编辑(E)　格式(O)　查看(V)　帮助(H)

```
2
LAY      ITAG1     IT2      MATYPE
1        0         0        3
1        1         2        4
```

说明：

第一层 标识为0的节点之间的单元　　材料编号为3

第一层 标识为1与2的节点之间的单元 材料编号为4

图 4-19　LAYMAPAIR. DAT 数据文件格式

(6)打开“NASGEWN 水工岩土工程分析系统”点击前处理数据准备→网格数据→建模辅助→由地表折线生成三维网格(见图 4-20)。

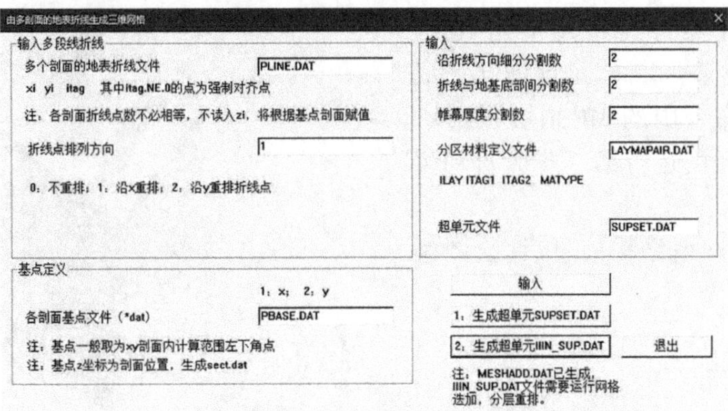

图 4-20　由多剖面的地表折线生成三维网格对话框

(7)输入折线排列方向。

(8)输入。①沿折线方向细分分割数(每两点之间的分割数);②折线与地基底部间分割数;③帷幕厚度分割数(严格对齐两点之间的分割数);④输入分区材料定义文件;⑤超单元文件(默认)。

(9)点击"输入"按钮,然后依次点击 1：生成超单元SUPSET.DAT　2：生成超单元IIIN_SUP.DAT 。

(10)生成 IIIN_SUP. DAT 后,点击"多个网格信息文件拼接为一个 iiin. dat 文件",如图 4-21 所示。

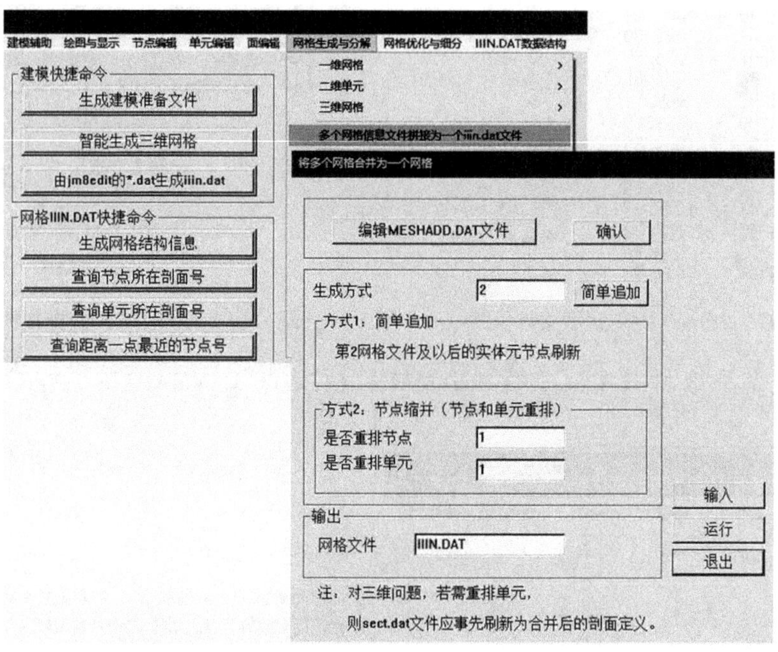

图 4-21　将多个网格合并为一个网格对话框

使用命令"多个网格信息文件拼接为一个 iiin. dat 文件",将超单元 IIIN_SUP. DAT 中的节点和单元重排并形成 IIIN. DAT(此命令中的 MESHADD. DAT 和 sect. dat 已经由运行第 9 步时自动生成)。

(11)生成网格结构信息后,绘图生成三维网格图(见图 4-22)。

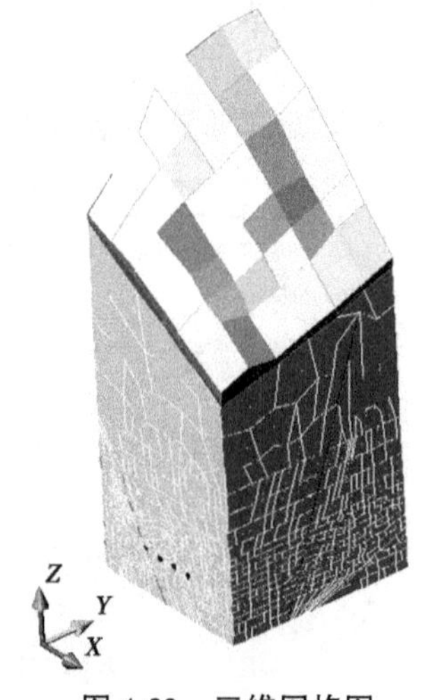

图 4-22　三维网格图

4.4 围岩变形速率控制标准

有学者认为,变形值或变形速率判据用于软弱围岩往往效果不佳,根据牛顿运动定律,物体从运动转变为静止状态的必要条件是加速度由负值渐趋为零。因此,围岩稳定性判据应以加速度为主,辅以变形值或变形速率,据此提出了变形速率比值判据。法国新奥法施工标准中规定:每天平均变形速率小于 0.23 mm/d,认为围岩已经达到稳定。奥地利 Arlberg 隧道以洞周位移速度为标准,见表 4-17。

表 4-17 奥地利 Arlberg 隧道洞周位移速度标准

经历时间	位移速度(mm/d)	稳定性
开挖后 10 d 以内	>10	需增加支护刚度
100~130 d 以内	<0.23	基本稳定

对于变形速率范围,《岩土锚杆与喷射混凝土支护工程技术规范》(GB 50086—2015)给出了明确规定,位移稳定判定标准见表 4-18。

表 4-18 规范规定的位移稳定判定标准

①	位移增长速率无明显下降
②	收敛量已达允许相对收敛值的 80%~90%
③	周边水平收敛速度小于 0.2 mm/d 或拱顶或底板垂直位移收敛速度小于 0.1 mm/d

根据多点位移计的位移监测记录,可求出地下厂房围岩每周的平均位移速度与围岩变形速率比,作出多点位移计的变形速率比与时间的关系曲线。

考虑到目前讨论围岩稳定性时多数是从围岩变形速率考虑,而变形速率受到开挖断面大小、形状和进尺、支护参数等不同因素影响,还不能做准确的定量描述。因此,本工程采用围岩变形速率、围岩变形速率比值、绝对位移允许值、围岩变形深度及梯度等多方面判别围岩稳定性情况,在此基础上确定支护时机及支护工程量。

4.5 围岩塑性强松弛区判定标准及支护深度

卸荷松弛区是由于强度劣化而丧失部分承载力的围岩。为了提高其承载力,采用合理的系统锚杆对其进行加固处理,只要锚杆有效长度能够控制卸荷松弛区的范围,且锚杆拉力不超过其最大设计拉拔力,卸荷松弛区在锚杆长度范围之内,则可以认为洞室围岩稳定。

图 4-23、图 4-24 给出了深埋地下工程脆性岩体条件下,隧洞开挖后的开挖卸荷松弛区(unloading loosening zone,简称 ULZ)分布概念图。隧洞开挖后围岩按照卸荷松弛破坏程度划分可以大致分五个分区(见表 4-19)。

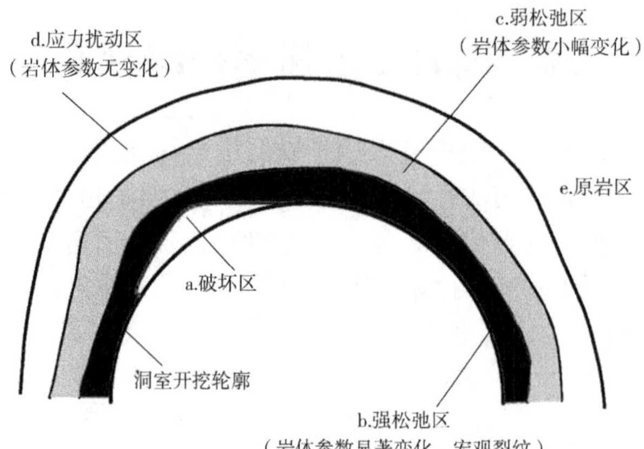

图 4-23　脆性岩体条件下隧洞开挖后的围岩响应概念图

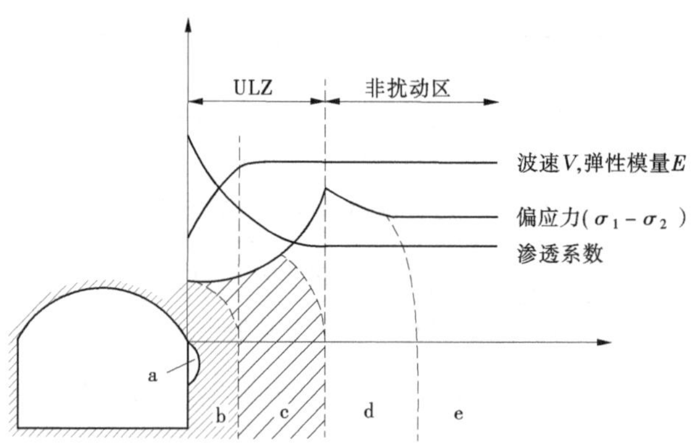

图 4-24　脆性岩体条件下隧洞开挖后周边围岩参数变化特征

表 4-19　围岩松弛破坏分区

代号	名称	特征	声波波速比 V/V_0	变形模量比 E/E_0
a	破坏区	围岩破裂严重,宏观裂缝发育	< 0.5	< 0.25
b	强松弛区	岩体的参数显著变化,产生宏观裂缝	[0.5,0.7)	[0.25,0.5)
c	弱松弛区	岩体的参数小幅变化	[0.7,0.9)	[0.5,0.8)
d	应力扰动区	受到隧洞开挖后的应力扰动,但岩体的参数变化微小	[0.9,0.99)	[0.8,0.98)
e	原岩区	围岩应力和参数均未发生明显变化	≥ 0.99	≥ 0.98

开挖卸荷松弛区 ULZ 包括了原岩区 e 之外的破坏区 a、强松弛区 b、弱松弛区 c 和应力扰动区 d。

根据 Martin 等学者(1999 年)的研究成果,地下洞室开挖完成后的破坏区深度可以通过以下经验公式进行估算:

$$\frac{d_f}{a} = 1.25\frac{\sigma_{max}}{\sigma_{ucs}} - 0.54 \pm 0.1 \tag{4-24}$$

式中：d_f 为隧洞周边最大的破损区深度；a 为隧洞的半径；σ_{max} 为弹性计算条件下隧洞周边最大的切向应力；σ_{ucs} 为室内试验岩石单轴抗压强度。

按照白鹤滩水电站地下厂房的开挖跨度，在地下厂房第Ⅲ层开挖完成后，上游侧拱肩—顶拱的最大切向应力约 50 MPa，玄武岩（角砾熔岩）单轴抗压强度（饱和）一般为 90~112 MPa，对于跨度为 34 m（岩梁以上）的白鹤滩右岸地下厂房而言按照经验公式估算的顶拱破坏深度为 2.08~4.20 m，实际监测到的顶拱松弛深度为 1.0~2.5 m。

对于脆性岩体，在地下洞室开挖轮廓线附近的浅表层岩体通常表现为岩体破裂松弛从而引起鼓胀变形。根据 Kaiser（2000 年）等学者的研究，鼓胀变形是由沿原生裂隙变形以及应力型破裂导致的，这两种力学机制条件下，围压对限制鼓胀变形而言非常有效。Kaiser 在 2000 年提出可以通过膨胀系数 BF 来估算隧洞的鼓胀变形（u_w）大小：

$$u_w = d_f \times BF$$

洞室开挖后的总变形可以通过在弹性变形的基础上增加径向的鼓胀变形获得。对于无侧限的围岩，BF 取值可以达到 30%~60%，研究表明在支护系统作用下，可以有效控制鼓胀变形，从而使得 BF 取值降低一个数量级。例如当支护系统提供的有效支护大于 0.2 MPa 时，可以使得鼓胀变形减小到 3%以下。根据有限的数据和工程实践，Kaiser 等给出了有无支护条件下的岩体鼓胀变形特征，如图 4-25 所示，其中，弱支护：机械锚杆+钢筋网片；较强支护：摩擦锚杆+钢筋网片（但没有注浆）；强支护：砂浆锚杆+钢筋网片。

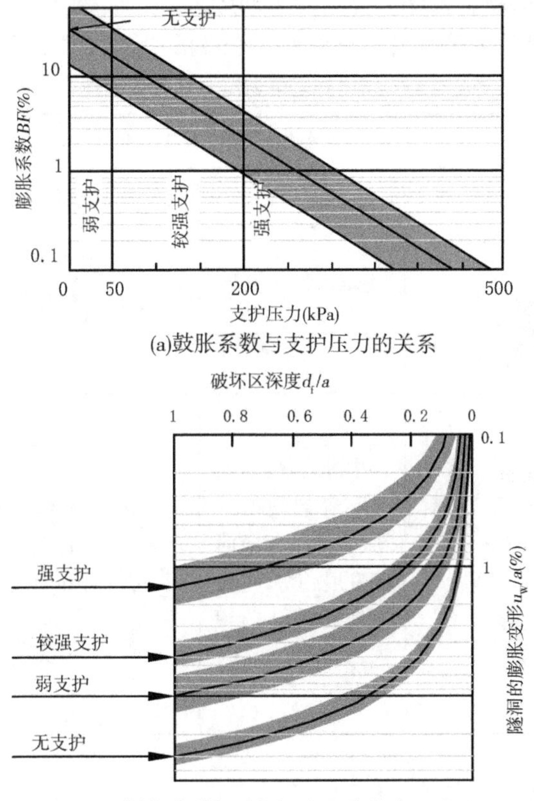

(a)鼓胀系数与支护压力的关系

(b)洞室变形与破坏深度和支护类型的关系

图 4-25　根据有限的数据和资料建立的建议的鼓胀变形特征（Kaiser，2000）

根据白鹤滩现场实际监测到的变形量级，右岸地下厂房顶拱(拱肩)的变形范围在20~60 mm，根据顶拱目前已经施加的支护有砂浆锚杆、喷层、挂网和锚索，属于强支护。按图4-25可以推测，截至开挖第Ⅲ层，白鹤滩顶拱的变形量在20~60 mm，顶拱围岩破坏深度在1.36~4.25 m，与前面根据Martin等学者提出的经验公式计算结果基本相当。白鹤滩右岸地下厂房系统支护锚杆长度为6 m、9 m，还有系统锚索等支护，因此顶拱锚杆就控制破损区深度而言锚固长度基本满足要求。

4.6 围岩岩爆判据

岩爆是在高地应力条件下，地下工程开挖工程中硬脆性围岩因开挖卸载导致应力分异，从而使储存于岩体中的弹性应变能突然释放，产生爆裂、松脱、剥落、弹射甚至抛掷现象的一种动力失稳地质灾害。它直接威胁施工人员、设备的安全，影响工程进度。

4.6.1 岩爆烈度分级

岩爆烈度，是岩爆发生时的强烈程度，可以用岩爆对地下工程围岩体的破坏程度来表征。目前主要依据岩爆的外部性状、应力应变及对围岩的破坏特性等因素进行烈度分级。迄今为止，国内外对岩爆烈度分级问题尚有不同的见解，主要依据与岩爆有关的单项或少数几项指标来划分。王兰生等总结了国内外代表性的岩爆烈度分级方案，见表4-20。

表4-20　国内外岩爆烈度分级方案对比

<table>
<tr><td>方案建议者</td><td colspan="5">岩爆烈度分级及主要依据</td></tr>
<tr><td rowspan="2">G. 布霍依诺(德国,1981)</td><td rowspan="2"></td><td rowspan="2"></td><td>轻微损害</td><td>中等损害</td><td>严重损害</td></tr>
<tr><td>不造成生产中断</td><td>支架部分损坏，一般要中断生产</td><td>工程被摧毁</td></tr>
<tr><td rowspan="2">拉森斯(B. F. Russense 挪威,1974)</td><td>0级</td><td>1级</td><td>2级</td><td colspan="2">3级</td></tr>
<tr><td>无岩爆</td><td>轻微岩爆，岩石有松脱和破裂现象，声响微弱</td><td>中等岩爆，岩石有不容忽视的片落、松脱，有随时间发展趋势，有发自岩石内部的强烈炸裂声</td><td colspan="2">严重岩爆，爆破之后，顶板、两帮岩石即严重崩落，底板隆起，周边大量超挖和变形，可以听到似发射子弹、炮弹的强烈声响</td></tr>
</table>

续表 4-20

方案建议者	岩爆烈度分级及主要依据			
谭以安（1998）	弱岩爆（Ⅰ）	中等岩爆（Ⅱ）	强烈岩爆（Ⅲ）	极强岩爆（Ⅳ）
	劈裂成板，剪断脱离母体，产生射落；洞壁表面局部轻微破坏，不损坏机械设备；可听到噼啪声响	“劈裂－剪断－弹射”重复交替发生，向洞壁内部发展，形成V形三角坑，洞壁有较大范围破坏；对生产威胁不大，个别情况损坏设备；有似子弹射击声	“劈裂－剪断－弹射”急速发生，并急剧向洞壁深处扩展；几乎全断面破坏，生产中断；有似炮声巨响	方式同强烈岩爆，持续时间长，震动强烈，有似闷雷强烈声响；人财损失严重，生产停顿
交通部第一设计院（1996）	微弱岩爆	中等岩爆		剧烈岩爆
	岩石个别松脱和破裂，有微弱声响	有相当数量的岩片弹射和松脱，洞内周边岩体变形，有随时间发展趋势，有的岩体有较强烈的爆裂活动		顶板、侧壁围岩发生严重岩片弹射，甚至有巨石抛射，其声响如炮弹爆炸；底板隆起，洞壁周边变形严重，可引起洞室坍塌
二郎山公路隧道高地应力与围岩稳定性课题组（RMS）（1998）	轻微岩爆（Ⅰ）	中等岩爆（Ⅱ）	强烈岩爆（Ⅲ）	剧烈岩爆（Ⅳ）
	围岩表层零星间断爆裂松动、剥落，有噼啪、撕裂声响，对施工影响甚微	爆裂脱落、剥离现象较严重，少量弹射；有清脆的爆裂声；持续时间较长，有随时间累进性向深部发展的特征，爆裂深度可达1 m左右；对工程施工有一定影响	强烈的爆裂弹射，有似机枪子弹射击声；岩爆具延续性，并迅速向围岩深部发展；影响深度可达2 m左右；对施工影响较大	剧烈的爆裂弹射甚至抛掷，有似炮声巨响；岩爆具突发性，并迅速向围岩深部扩展，影响深度可达3 m左右；严重影响甚至摧毁工程

4.6.2 岩爆判据

4.6.2.1 脆性准则

岩石的单轴抗压强度 R_c 与抗拉强度 R_t 之比称为脆性系数，它反映了岩石的脆性程度，在一定程度上也可以反映岩石发生岩爆的可能性：

$R_c/R_t \geq 40$　(无岩爆)

$26.7 \leq R_c/R_t < 40$　(弱岩爆)

$14.5 \leq R_c/R_t < 26.7$　(中等岩爆)

$R_c/R_t < 14.5$　(强岩爆)

4.6.2.2　Russense 判据

Russense 判据是挪威学者在 1974 年提出的，他根据洞室的最大切向应力 σ_θ 与岩石的点荷载强度 I_s 的关系，然后把点荷载强度 I_s 换算成岩石的单轴抗压强度 R_c，进而得到了最大切向应力 σ_θ 与单轴抗压强度 R_c 的关系。其判据如下：

$\sigma_\theta/R_c<0.20$　(无岩爆)

$0.20\leq\sigma_\theta/R_c<0.30$　(弱岩爆)

$0.30\leq\sigma_\theta/R_c<0.55$　(中岩爆)

$\sigma_\theta/R_c\geq0.55$　(强岩爆)

4.6.2.3　二郎山公路隧道判据

徐林生和王兰生根据二郎山公路隧道施工中记录的 200 多次岩爆资料，提出了改进的“σ_θ/R_c 判据法”(徐林生，王兰生. 二郎山公路隧道岩爆发生规律与岩爆预测研究[J]. 岩土工程学报，1999，21(5)：569-572)。R_c 的求取是先在现场采用点荷载仪测定岩石点荷载强度 $I_s(50)$，然后利用公式 $R_c= 22 I_{s(50)}$ 求得岩石单轴抗压强度 R_c。而 σ_θ 的求取是先在现场采用改进型现场应力恢复测试法，测定出洞壁浅表层钻孔岩芯应变恢复时点荷载仪压力表读数 F(MPa)，然后用下式求出 σ_θ：

$$\sigma_\theta = FS_P a/(LH) \tag{4-25}$$

式中：S_P 为点荷载仪千斤顶活塞面积(取 15.5 cm^2)；a 为等效系数(取 1.324)；L 为受力垫片的弦长(取 3.3 cm)；H 为岩芯试样长度，cm。

徐林生和王兰生根据测试结果与围岩实际的破裂情况，得到判据：

$\sigma_\theta/R_c<0.3$　(无岩爆)

$0.3\leq\sigma_\theta/R_c<0.5$　(轻微岩爆)

$0.5\leq\sigma_\theta/R_c<0.7$　(中等岩爆)

$0.7\leq\sigma_\theta/R_c<0.9$　(强烈岩爆)

$\sigma_\theta/R_c\geq0.9$　(剧烈岩爆)

4.6.2.4　Barton 判据

挪威学者 Barton 根据岩石的单轴抗压强度 R_c 与地应力 σ_1 的比值关系，提出了岩爆分级标准，其判据如下：

$R_c/\sigma_1\geq5$　(无岩爆)

$2.5\leq R_c/\sigma_1<5$　(轻微、中等岩爆)

$R_c/\sigma_1<2.5$　(严重岩爆)

4.6.2.5 陶振宇判据

陶振宇将岩石的单轴抗压强度 R_c 与最大主应力 σ_1 的比值作为一个衡量岩爆的重要指标,在前人(Barton,Russens 等)的基础上,结合国内的工程经验,更加细化了岩爆发生的等级,提出岩爆分级判据:

$R_c/\sigma_1 \geqslant 14.5$ (无岩爆发现,无声发射现象)

$5.5 \leqslant R_c/\sigma_1 < 14.5$ (低岩爆活动,有轻微的声发射现象)

$2.5 \leqslant R_c/\sigma_1 < 5.5$ (中等岩爆活动,有较强的声发射现象)

$R_c/\sigma_1 < 2.5$ (高岩爆活动,有很强的爆裂声)

4.6.2.6 秦岭隧道判据

谷明成通过对秦岭隧道的研究(谷明成,何发亮,陈成宗. 秦岭隧道岩爆的研究[J]. 岩石力学与工程学报,2002,21(9):1324-1329),提出了以下判据,他认为只要同时满足下式就会发生岩爆:

$$R_c \geqslant 15R_t$$
$$W_{ET} \geqslant 2.0$$
$$\sigma_\theta \geqslant 0.3R_c$$
$$K_v \geqslant 0.55$$

式中:R_t 为岩石的单轴抗拉强度;σ_θ 为隧道洞壁最大切向应力;K_v 为岩体完整性系数。

4.6.2.7 修正的谷-陶判据

由于谷明成提出的岩爆判据满足上述发生岩爆需要具备的诸项条件。但是,其 $\sigma_\theta \geqslant 0.3R_c$ 是根据秦岭隧道围岩片麻岩强度高的具体情况所得到的,其发生岩爆的条件偏高。陶振宇提出的 $R_c/\sigma_1 < 14.5$ 就发生岩爆,是很少有的情况,是偏低的,已被我国工程实例证实。为克服上述两判据发生岩爆的条件偏高和偏低,把两判据结合起来,去掉两者不足之处,形成修改后的谷-陶岩爆判据:

$\sigma_1 \geqslant 0.15R_c$ (力学要求)

$R_c \geqslant 15R_t$ (脆性要求)

$K_v \geqslant 0.55$ (完整性要求)

$W_{ET} \geqslant 2.0$ (储能要求)

4.7 围岩失稳的能量判据

岩体开挖过程中发生的物理、力学效应,一般都具有非线性和不可逆的性质。应力重分布达到一定程度后,不可逆过程就会产生各种形式的能量耗散,如岩体的塑性变形损耗的塑性能、黏性流动变形损耗的黏性能、岩石单元受拉破坏损耗的断裂能等。能量耗散产生的根本原因是热力学不可逆过程,每种不可逆过程都有对应的热力学力和流。只要选择适当的力和流的形式,便可定量地计算不可逆过程引起的能量耗散。朱维申、程峰等考虑能量耗散对岩石屈服本构方程的影响,并应用到工程中。对比不考虑能量耗散时的计算,其结果显示岩体损坏的应力有所减小,因此塑性屈服区减小;但围岩中能量耗散使得围岩的位移变大,靠近开挖边界处的位移增加尤其明显。李树忱等建立考虑能量耗散的弹性损伤屈服准则,并将其应用于求解大型地下洞室围岩稳定性的问题中。通过计算,可以给出洞室周围损伤演化区和损伤变量的大小。根据损伤变量的大小,可判断洞室围岩损伤破坏程度和发生断裂位置及其发展方向。

张建海等提出围岩稳定耗散能分析模型(energy dissipation model for surrounding rock stability analysis,简称 EDM)。

不同应力状态下耗散能与弹性能的关系见图 4-26。

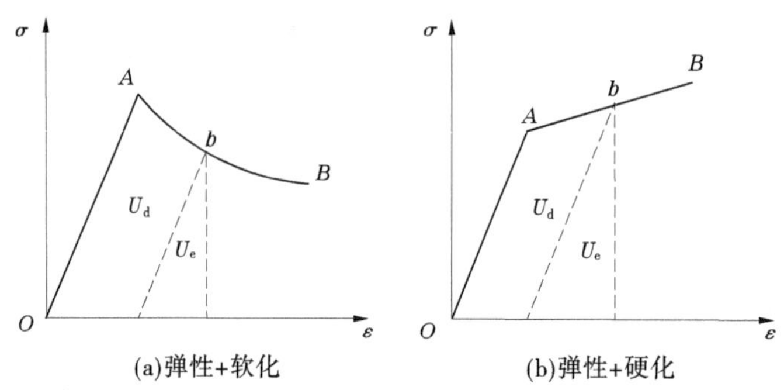

图 4-26　不同应力状态下耗散能与弹性能的关系

考虑支护作用后的岩体能量耗散比为:

$$R_d = U_d / U_{total} = U_d / (U_{rock} + U_{add}) \tag{4-26}$$

岩体能量耗散比 R_d 可以明确分辨围岩是处于弹性、软化或塑性硬化(部分破坏)、完全破坏状态。支护措施可以将能量耗散比降低,从而维持围岩的稳定性。这就从能量的角度解释了支护机制。

$$\left.\begin{array}{ll} \text{当 } R_d = 0 \text{ 时} & \text{弹性状态} \\ \text{当 } 0 < R_d < R_{cr} \text{ 时} & \text{软化或硬化状态(部分破坏)} \\ \text{当 } R_{cr} < R_d \leqslant 1.0 \text{ 时} & \text{完全破坏状态} \end{array}\right\} \tag{4-27}$$

相对于常用的单纯基于应力或单纯基于应变的破坏准则,能量耗散比准则综合了应力和应变的双重控制作用。

提出了支护结构的能量补给理论分析方法和围岩能量耗散比稳定判据。推导了支护结构自身、支护结构与围岩接触面以及围岩裂隙灌浆的抗能计算公式,建立了由锚杆(索)的附加侧向应力所增加的围岩总抗能计算方法;揭示了支护结构的能量作用机制,并提出了考虑支护措施的围岩能量耗散比稳定判据,给出了围岩破坏区、强松弛区、弱松弛区的能量耗散比指标。能量耗散比准则综合了应力和应变的双重控制作用。依据围岩能量耗散比分布与实测洞周松弛区的对应发育深度,给出了表 4-21 的围岩分区能量耗散比标准,克服了以往弹塑性分析不能定量确定破坏区,强、弱松弛区的技术难题(见图 4-27、图 4-28),显示出能量耗散模型良好的应用前景。

表 4-21 围岩分区的能量耗散比标准

代号	名称	特征	声波波速比 V/V_0	变形模量比 E/E_0	能量耗散比 R_d
a	破坏区	围岩破裂严重,宏观裂缝发育	<0.5	<0.25	>0.9
b	强松弛区	岩体的参数显著变化,产生宏观裂缝	[0.5,0.7)	[0.25,0.5)	(0.2,0.9]
c	弱松弛区	岩体的参数小幅变化	[0.7,0.9)	[0.5,0.8)	(0.1,0.2]
d	应力扰动区	受到隧洞开挖后的应力扰动,但岩体的参数变化微小	[0.9,0.99)	[0.8,0.98)	(0.0,0.1]
e	原岩区	围岩应力和参数均未发生明显变化	≥0.99	≥0.98	0

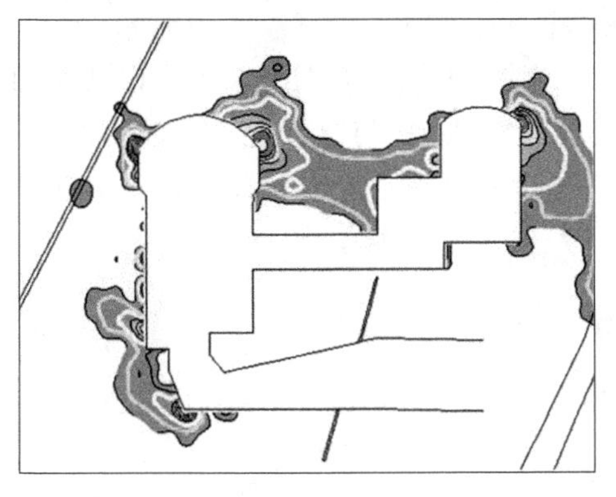

图 4-27 计算松弛分区

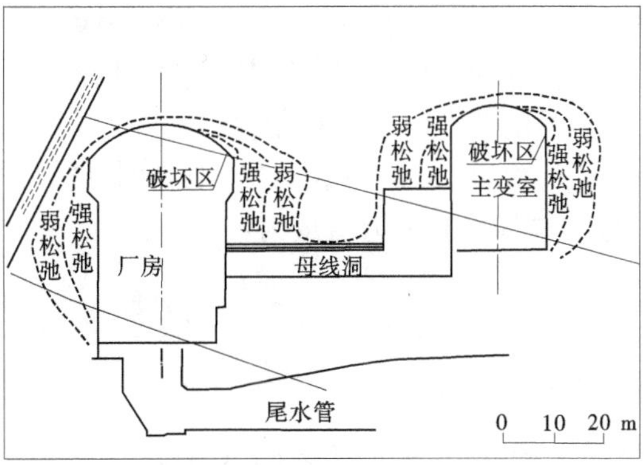

图 4-28 实测松弛分区

4.8 锚杆(锚索)合理支护强度

恰当的地下厂房支护设计是保证地下工程安全施工和运行的关键工程技术问题。地下厂房围岩支护结构一般包含喷射混凝土、普通锚杆、预应力锚杆和预应力锚索。由于地下厂房所处地应力环境不同,围岩的岩性和强度不同,维持围岩稳定所需的支护强度也随之变化。支护强度不足,可以导致围岩局部失稳、崩塌或产生过大变形,甚至产生整体性破坏,而支护强度过强,则造成不必要的浪费。然而,由于围岩介质自身的复杂性,人们还不能充分认识复杂应力条件下的围岩变形特征及加固机制,使得围岩加固相关理论和规范尚不成熟,地下厂房的支护在相当程度上还处于“经验设计、经验施工”的状态。另外,国内外大量的地下厂房成功案例为围岩支护设计提供了宝贵的范本。研究总结这些成功的地下厂房工程案例,对围岩支护结构措施和加固强度进行归纳总结,提取出内在的规律不失为一种可行的反向研究方法。

通过文献查阅和设计资料的搜集,本书对 20 个跨度范围在 19.2~32.5 m、地应力范围在 5.0~35.7 MPa 的国内水电工程地下厂房的边墙支护措施开展了系统归纳总结,分别提出了系统锚杆、预应力锚索支护强度与围岩强度应力比、厂房跨度的回归拟合关系。进而,基于回归拟合关系,定义了地下厂房围岩支护指数,从而可以定量评价围岩支护是否合理。

4.8.1　锚杆对围岩参数的影响

目前,数值计算中一般将锚杆(锚索)简化为杆单元加以模拟,锚杆的作用通过锚杆的“刚度”体现,由于系统锚杆的刚度相对于围岩的刚度非常小,许多计算成果表明,这种模拟方法不能完全反映锚杆的支护效应。实际上,锚杆的作用主要体现在参与围岩的协调变形过程中。锚杆的弹性恢复变形存在反向锁固力,对围岩形成锚固效应,换言之,加锚岩体的变形与强度参数可以提高,这一观点已得到室内和现场试验证实。

对于加锚后围岩强度,计算中施加锚杆后围岩的抗剪强度参数可取为:

$$\left.\begin{aligned} C_1 &= C_0 + \eta \frac{\tau_s S}{ab} \\ \varphi_1 &= \varphi_0 \end{aligned}\right\} \tag{4-28}$$

式中:C_0、φ_0 为加锚前围岩的黏聚力与内摩擦角;τ_s 为锚杆的抗剪强度;S 为锚杆截面面积;a、b 为锚杆纵横布置间距;群锚效应系数 η 为无量纲系数,与锚杆直径等因素有关。一般取 $\eta=2.0\sim5.0$。式(4-28)中表明,锚杆对围岩参数提高主要表现在黏聚力的提高上,施加锚杆后黏聚力增量为:

$$\Delta C_b = \eta \frac{\tau_s S}{ab} = \eta\tau_s \frac{\pi d^2}{4ab} \tag{4-29}$$

式中:d 为锚杆直径。

4.8.2　锚索对围岩参数的影响

传统的锚固加固机制认为锚索的加固作用是:

(1)悬吊作用,使分离的岩块不至脱落。

(2)使破坏岩体重新黏合而具有整体性,从而提高整体强度。

而预应力锚固措施不仅具有上述作用,还对岩体施加了沿锚固方向的正压力,这相当于加大了围岩的侧向围压,使原本近似处于单向应力状态的开挖面附近岩体重新处于三向应力状态,从而提高了围岩的强度。

如图 4-29 所示,洞壁临空面上一点处于单向受压状态,即 $\sigma_1>0$, $\sigma_3=0$,对应于图中摩尔圆 O 而施加预应力后,洞壁围压增大,将摩尔圆半径减小,从而导致应力切线点由 A 下降至 A',对应于剪应力 τ 轴产生截距差值 ΔC。该截距即为锚索提供的围岩黏聚力增量。

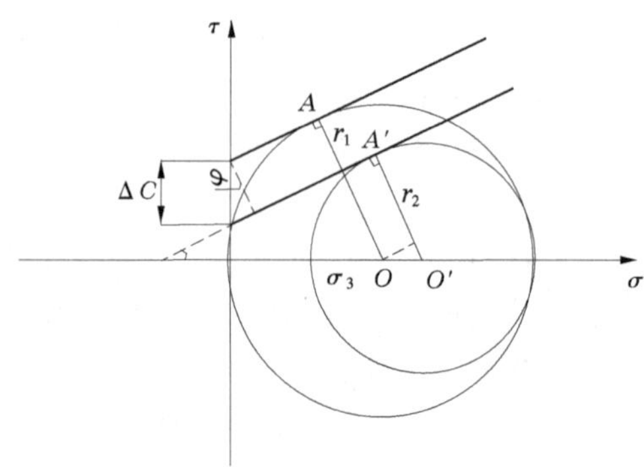

图 4-29　预应力锚杆(锚索)加固机制受力图

假设加固前后岩体摩擦系数 $f=\tan\varphi$ 不变,则由图 4-29 可推知,施加预应力 N (kN),间排距为 $a\times b$(m)时,岩体黏聚力可增加:

$$\Delta C_{p} = \eta \frac{NF}{2ab}\left(1 + \frac{1}{\sin\varphi}\right) \tag{4-30}$$

类似于式(4-28),群锚效应系数 $\eta = 2.0 \sim 5.0$。式中 φ 为加锚前围岩的内摩擦角。

4.8.3 锚杆作用下的围岩黏聚力增量

表4-22列出了锦屏一级、两河口、金桥等24个国内大型水电站地下厂房的围岩物理力学参数、最大主应力值,以及锚杆支护参数。表中地应力最大主应力取主厂房附近最大主应力值,根据“拱墙有别”的设计原则,在统计资料中都采用主厂房边墙上的系统锚杆做统计。

对于上下游边墙系统锚杆布置有变化的,均取平均值统计。围岩黏聚力增量 ΔC_{b} 由式(4-29)得到,其中取 $\eta = 3.5$, $\tau_{s} = 200$ MPa,表4-22中强度应力比 K_{σ} 为无量纲常数。

表4-22 各厂房相关资料及锚杆支护围岩黏聚力增量值

工程名称	开挖跨度(m)	单轴抗压强度 R_c(MPa)	最大主应力(MPa)	强度应力比 K_{σ}	锚杆直径(mm)	锚杆间排距 a、b(m)	单宽开挖综合能量释放指数 W_{σ}(MJ/m)	黏聚力增量计算值 ΔC_{b}(MPa)
江口	19.2	90	7.4	12.2	25.0	1.5	0.088 2	0.153
水布垭	21.5	90	5.6	16.0	28.5	1.5	0.048 1	0.202
泰安	24.5	160	11.0	14.5	28.0	1.5	0.190 9	0.192
小浪底	26.2	100	5.0	20.0	32.0	1.5	0.031 4	0.25
大朝山	26.4	85	11.0	7.7	32.0	1.5	0.397 3	0.407
瀑布沟	32.4	120	23.3	5.2	30.0	1.5	3.759 2	0.391
龙滩	30.7	130	13.0	10.0	30.0	1.5	0.703 0	0.221
锦屏一级	29.2	70	35.7	2.0	32.0	1.2	19.953 7	0.391
向家坝	31.0	100	8.9	11.3	28.0	1.5	0.340 3	0.192
三峡	32.5	130	11.7	11.1	28.0	3.0	0.634 3	0.048
溪洛渡	31.9	120	18.0	6.7	32.0	1.5	1.822 2	0.25
二滩	30.7	200	29.5	6.8	28.0	1.5	4.587 0	0.192
佛子岭	25.3	105	1.3	80.8	28.5	1.5	0.000 5	0.202
两河口	28.7	100	18.0	5.6	32.0	1.5	1.730 6	0.25
黄金坪	28.8	75	23.2	3.2	32.0	1.5	5.093 9	0.25
猴子岩	29.2	80	33.5	2.4	32.0	1.3	14.656 8	0.333
白鹤滩	34.0	95	31.0	3.1	32.0	1.2	14.607 8	0.391

续表 4-22

工程名称	开挖跨度(m)	单轴抗压强度 R_c(MPa)	最大主应力(MPa)	强度应力比 K_σ	锚杆直径(mm)	锚杆间排距 a、b(m)	单宽开挖综合能量释放指数 W_σ(MJ/m)	黏聚力增量计算值 ΔC_b(MPa)
小湾	31.5	140	25.4	5.5	32.0	2.5	4.578 3	0.055
大岗山	30.8	60	22.2	2.7	32.0	1.5	6.474 1	0.25
孟底沟	29.1	85	17.0	5.0	28.0	1.5	2.063 4	0.192
拉西瓦	30.0	120	29.7	4.04	32/28	1.5	10.742 3	0.2199
功果桥	27.8	70	14.03	4.99	32/28	1.5	2.341 6	0.219 9
金桥	17.2	90	8.0	11.25	32/28	1.5	0.135 1	0.219 9
乌弄龙	26.7	70	10.0	7.0	32/28	1.5	1.071 8	0.219 9

4.8.3.1 围岩黏聚力增量与强度应力比的关系

根据表 4-22 中 18 个地下厂房的围岩强度应力比与围岩黏聚力增量 ΔC_b 两列数据绘制 20 个数据点于图 4-30。

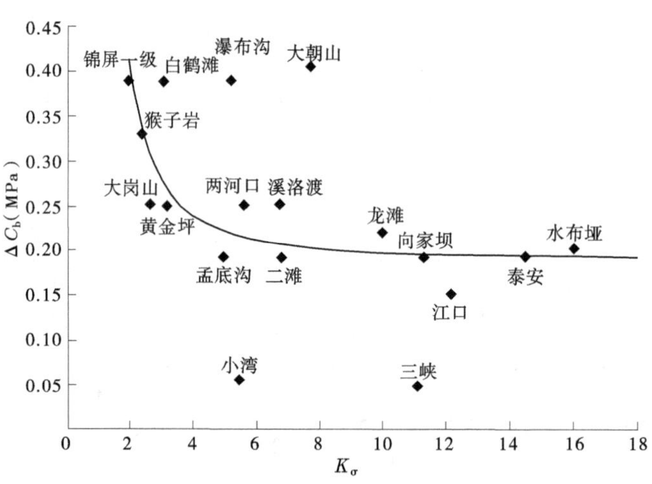

图 4-30 锚杆加固围岩黏聚力增量 ΔC_b 与强度应力比 K_σ 的关系

根据 20 个数据点作曲线拟合,可得公式如下:

$$[\Delta C_b] = 0.383(2K_\sigma^{-2} + K_\sigma^{-4}) + 0.19 \tag{4-31}$$

从图 4-30 可以看出 20 个数据点大多都分布在拟合曲线上下,从而形成了围绕曲线上下一定距离的数据带,并且围岩黏聚力增量 ΔC_b 随着强度应力比 K_σ 的减少而增大。图 4-30 中曲线的变化趋势表明,当强度应力比 $K_\sigma \geq 6.0$ 时,由围岩黏聚力增量反映的支护强度逐渐趋近于常值;而当强度应力比 $3.0 \leq K_\sigma < 6.0$ 时,曲线逐渐上扬,表明围岩随强度应力比减小,所需支护强度显著增加;当强度应力比 $K_\sigma < 3.0$ 时,地下厂房围岩处于高—极高地应力状态,所需支护强度迅速增加,锚杆支护强度 ΔC_b 与强度应力比 K_σ 呈现−2 次奇

异性。

式(4-31)说明地下厂房的围岩强度越小、地应力越高，所需要的支护强度随之增大，但增长速率与强度应力比呈现非线性关系。

4.8.3.2　围岩黏聚力增量与强度应力比和厂房跨度之间的关系

根据表4-22中24个地下厂房围岩黏聚力增量 ΔC_b 与厂房开挖跨度 B、强度应力比 K_σ 三列数据绘制于图4-31。

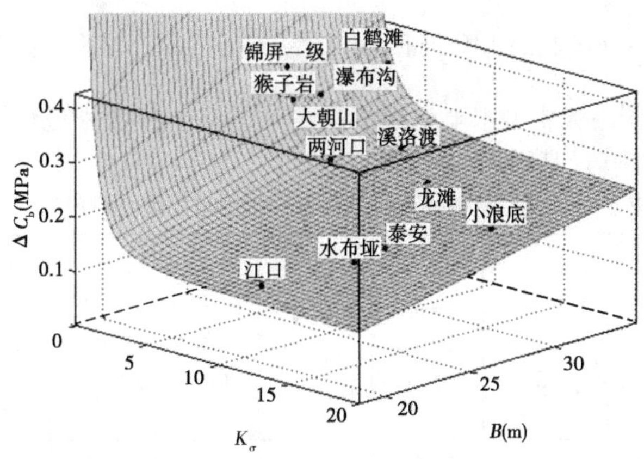

图4-31　锚杆加固，围岩黏聚力增量与强度应力比和厂房跨度之间的关系

根据数据点做曲面拟合，公式如下：

$$[\Delta C_b] = 0.011\ 75(2K_\sigma^{-2} + 0.596)B \tag{4-32}$$

从图4-31可以看出，围岩黏聚力增量 ΔC_b 与厂房开挖跨度 B 近似呈一次线性关系，并且随着厂房跨度的增加而增加。在强度应力比 $K_\sigma \le 3.0$ 时，支护强度 $[\Delta C_b]$ 与强度应力比仍然呈现-2次奇异性。

4.8.3.3　围岩黏聚力增量与能量释放指数的关系

根据表4-22中24个地下厂房的围岩黏聚力增量 ΔC_b 与围岩单宽开挖综合能量释放指数 W_σ 两列数据绘制数据点于图4-32。

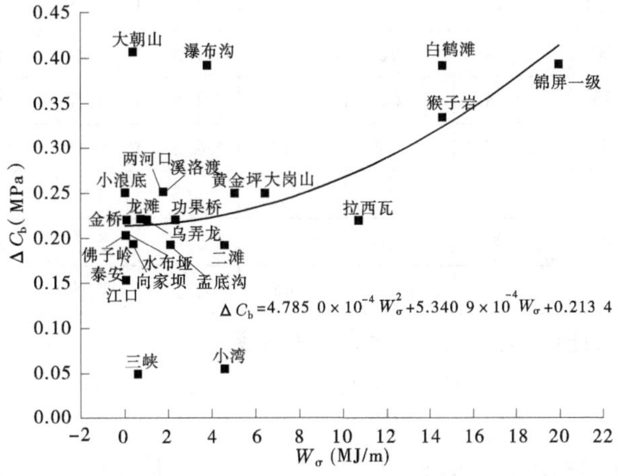

图4-32　锚杆加固围岩黏聚力增量 ΔC_b 与释能指数 W_σ 的关系

根据以上数据点做曲线拟合,可得公式如下:

$$[\Delta C_b] = 4.785\ 0\times10^{-4}W_\sigma^2 + 5.340\ 9\times10^{-4}W_\sigma + 0.213\ 4 \quad (4\text{-}33)$$

锚杆支护对围岩黏聚力增量 ΔC_b 随着单宽释能指数 W_σ 的增大而增大。图 4-32 中曲线的变化趋势表明,当单宽释能指数 $W_\sigma<4.0$ 时,由围岩黏聚力增量反映的支护强度逐渐趋近于常值;而当单宽释能指数 $4.0\leqslant W_\sigma<10$ 时,曲线逐渐上扬,表明围岩随单宽释能指数增加,所需支护强度显著增加;当单宽释能指数 $W_\sigma\geqslant10$ 时,地下厂房围岩处于极强能量释放状态,所需支护强度迅速增加,锚杆支护强度 ΔC_b 与单宽释能指数 W_σ 呈现 2 次关系。

4.8.4 锚索作用下的围岩黏聚力增量

表 4-23 为 16 个国内大中型水电站地下厂房锚索支护参数,以及采用式(4-30)计算所得的围岩黏聚力增量值,其中取 $\eta=3.5$。

表 4-23 各厂房相关资料及锚索支护围岩黏聚力增量值

工程名称	开挖跨度 B (m)	单轴抗压强度 R_c (MPa)	最大主应力 (MPa)	强度应力比 K_σ	锚索内力 (kN)	锚索间排距 a (m)	锚索间排距 b (m)	单宽开挖综合能量释放指数 W_σ (MJ/m)	黏聚力增量计算值 ΔC_p (MPa)
水布垭	21.5	90	5.62	16.00	1 500	4.2	4.5	0.048 1	0.335
大朝山	26.4	85	11.00	7.70	2 000	4.5	5.2	0.397 3	0.426
锦屏一级	29.2	70	35.70	1.96	1 750	4.5	4.5	19.953 7	0.370
向家坝	31.0	100	8.85	11.30	1 500	5.0	6.0	0.340 3	0.239
溪洛渡	31.9	120	18.00	6.70	1 750	4.5	4.5	1.822 2	0.370
二滩	30.7	200	29.54	6.80	1 500	3.0	2.0	4.587 0	0.544
黄金坪	28.8	75	23.23	3.20	1 750	4.0	4.0	5.093 9	0.479
猴子岩	29.2	80	33.45	2.40	2 500	4.0	4.0	14.656 8	0.592
小湾	31.5	140	25.40	5.51	1 000	5.0	5.0	4.578 3	0.209
瀑布沟	32.4	120	23.30	5.20	2 000	3.0	3.0	3.759 2	0.939
大岗山	30.8	60	22.90	2.70	1 800	4.5	4.5	6.474 1	0.845
孟底沟	29.1	85	17.00	5.00	2 000	4.5	4.5	2.063 4	0.508
拉西瓦	30.0	120	29.70	4.04	1 500	4.5	6.0	10.742 3	0.168 3
功果桥	27.8	70	14.03	4.99	1 500	4.5	4.5	2.341 6	0.224 5
金桥	17.2	90	8.00	11.25	1 000	6.0	5.0	0.135 1	0.151 5
乌弄龙	26.7	70	10.00	7.00	1 500	4.5	4.5	1.071 8	0.224 5

4.8.4.1 围岩黏聚力增量与强度应力比之间的关系

根据表 4-23 中 16 个地下厂房的围岩强度应力比 K_σ 与围岩黏聚力增量 ΔC_p 两列数据绘制图 4-33。

根据数据点做曲线拟合,得公式:

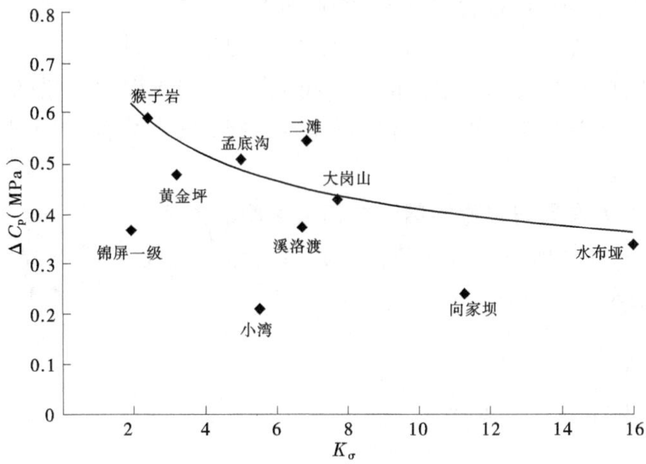

图 4-33 锚索加固围岩黏聚力增量与强度应力比之间的关系

$$[\Delta C_p] = 0.7375K_\sigma^{-0.2578} \tag{4-34}$$

从图 4-33 可以看出由锚索所提供的围岩黏聚力增量[ΔC_p]随强度应力比的增加而减小。当强度应力比 $K_\sigma \geq 4.0$ 时,支护强度减缓的速度慢慢减缓,支护强度最终趋近于零;而当强度应力比 $K_\sigma < 4.0$ 时,支护强度的增长速率有所加快。

对比图 4-30 锚杆和锚索的拟合曲线有如下区别:

(1)锚索的拟合曲线没有明显的过渡带。

(2)当 $K_\sigma < 6.0$ 时锚索拟合曲线上扬的趋势要小于锚杆拟合曲线的上扬趋势。

(3)当 $K_\sigma \geq 6.0$ 时锚索拟合曲线并未像锚杆拟合曲线一样逐渐趋近一个常数,而是仍然以一定的速率逐渐减小。

这些区别表明:锚索比锚杆提供更大的支护强度,并且当 $K_\sigma < 4.0$ 时锚索支护强度随强度应力比的变化速度要小于锚杆的。

4.8.4.2 围岩黏聚力增量与强度应力比和厂房跨度之间的关系

根据表 4-23 中 16 个地下厂房围岩黏聚力增量 ΔC_p 与厂房开挖跨度 B、强度应力比 K_σ 三列数据绘制于图 4-34。

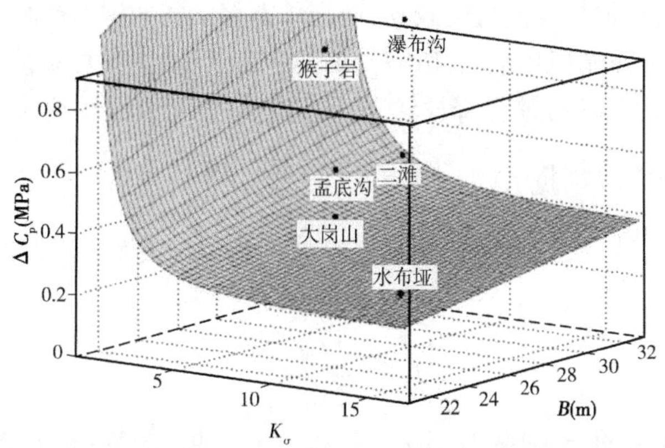

图 4-34 锚索加固围岩黏聚力增量与强度应力比和厂房跨度的关系

根据数据点做曲面拟合，拟合出曲面，公式如下：

$$[\Delta C_p] = 0.00247 \times (5.753 + 3K_\sigma^{-1} + 4K_\sigma^{-2})B \tag{4-35}$$

从图 4-34 可见数据点大致分布在拟合曲线上下，围岩黏聚力增量随着厂房跨度的增加而增加，这与工程实际是吻合的，并且当强度应力比大于一定值时围岩黏聚力增量与厂房跨度近似呈线性关系。

4.8.4.3　围岩黏聚力增量与单宽能量释放指数之间的关系

根据表 4-23 中 16 个地下厂房的围岩单宽能量释放指数 W_σ 与围岩黏聚力增量 ΔC_p 两列数据绘制图 4-35。

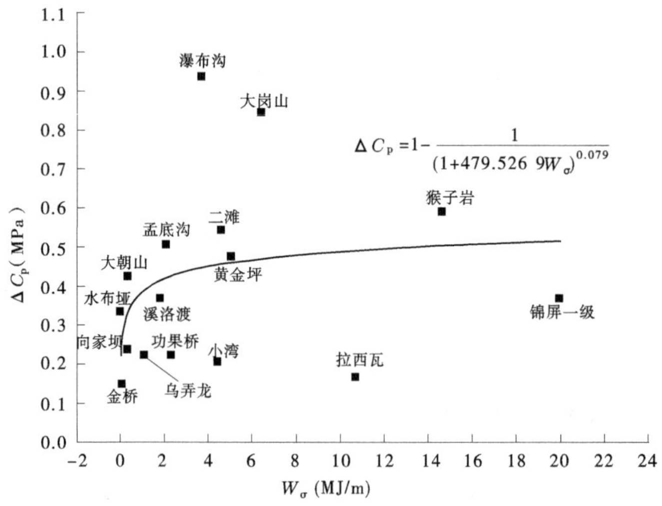

图 4-35　锚索加固围岩黏聚力增量与单宽能量释放指数 W_σ 的关系

根据数据点做曲线拟合，得公式：

$$[\Delta C_p] = 1 - \frac{1}{(1 + 479.5269W_\sigma)^{0.079}} \tag{4-36}$$

从图 4-35 可以看出，由锚索所提供的围岩黏聚力增量$[\Delta C_p]$随单宽释能指数 W_σ 的增加而增大。从图 4-35 中曲线的变化趋势表明，当单宽释能指数 $W_\sigma<4.0$ 时，由围岩黏聚力增量反映的锚索支护强度离散度较高；而当单宽释能指数 $4.0 \leqslant W_\sigma<10$ 时，曲线逐渐上扬，表明围岩随单宽释能指数增加，所需支护强度显著增加；当单宽能量释放指数 $W_\sigma \geqslant 10$ 时，地下厂房围岩处于极强能量释放状态，所需支护强度近似线性增大。

4.8.5　支护强度经验判据

为了更好地反映实际支护强度与经验公式之间的相对关系，定义无量纲的锚杆支护指数 I_b：

$$I_b = \frac{\Delta C_b}{[\Delta C_b]} \tag{4-37}$$

式中：分子代表设计锚杆支护强度计算值，据式(4-29)计算；分母为按照经验拟合式(4-31)、式(4-32)或式(4-33)计算所得的支护强度。

同理,可以定义无量纲的锚索支护指数 I_p:

$$I_p = \frac{\Delta C_p}{[\Delta C_p]} \tag{4-38}$$

式中:分子代表设计锚索支护强度计算值,据式(4-30)计算;分母为按照经验拟合式(4-34)、式(4-35)或式(4-36)计算所得的支护强度。

利用式(4-37)计算出各个工程的锚杆支护指数 I_b,可得表 4-24 和图 4-36。

表 4-24 各地下厂房锚杆支护指数

工程名称	黏聚力增量计算值 ΔC_b(MPa)	按式(4-31)计算的 $[\Delta C_b]$(MPa)	由式(4-31) $[\Delta C_b]$ 算得的 I_b	按式(4-32)计算的 $[\Delta C_b]$(MPa)	由式(4-32) $[\Delta C_b]$ 算得的 I_b
江口	0. 153	0. 195	0. 78	0. 137	1. 11
水布垭	0. 202	0. 193	1. 04	0. 153	1. 32
泰安	0. 192	0. 194	0. 99	0. 174	1. 10
小浪底	0. 250	0. 192	1. 30	0. 185	1. 35
大朝山	0. 407	0. 203	2. 00	0. 195	2. 08
瀑布沟	0. 391	0. 219	1. 79	0. 255	1. 53
龙滩	0. 221	0. 198	1. 12	0. 222	0. 99
锦屏一级	0. 391	0. 415	0. 94	0. 376	1. 04
向家坝	0. 192	0. 196	0. 98	0. 223	0. 86
三峡	0. 048	0. 196	0. 24	0. 234	0. 21
溪洛渡	0. 250	0. 207	1. 21	0. 240	1. 04
二滩	0. 192	0. 207	0. 93	0. 231	0. 83
佛子岭	0. 202	0. 190	1. 06	0. 177	1. 14
两河口	0. 250	0. 215	1. 17	0. 222	1. 12
黄金坪	0. 250	0. 268	0. 93	0. 268	0. 93
猴子岩	0. 333	0. 335	1. 00	0. 324	1. 03
白鹤滩	0. 391	0. 276	1. 42	0. 321	1. 22
小湾	0. 055	0. 216	0. 26	0. 245	0. 22
大岗山	0. 250	0. 302	0. 83	0. 315	0. 79
孟底沟	0. 192	0. 221	0. 87	0. 231	0. 83

由图 4-36 看出:

(1)锚杆支护指数 I_b 大多都分布在 1.0 上下,并且离 1.0 越远点越少。

(2)同一个工程按不同拟合公式计算的支护指数相近。这表明经验公式能够很好地反映锚杆支护强度。

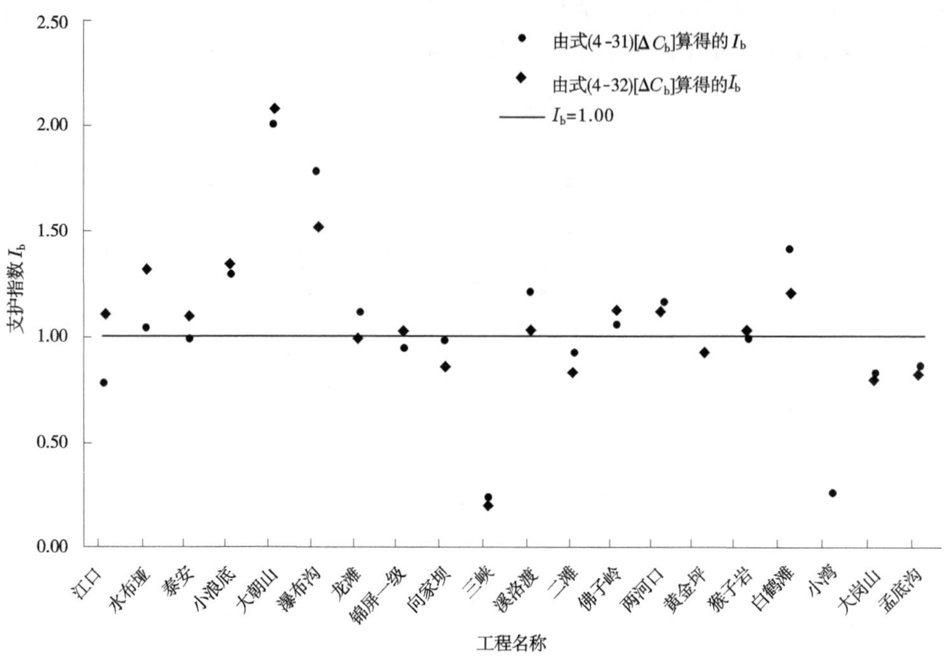

图 4-36　各地下厂房锚杆支护指数分布范围

利用式(4-38)计算出各个工程的锚索支护指数 I_p ,并得表 4-25 和图 4-37。

表 4-25　各地下厂房锚索支护指数

工程名称	黏聚力增量计算值 ΔC_p(MPa)	按式(4-34)计算的 $[\Delta C_p]$(MPa)	由式(4-34)的 $[\Delta C_p]$ 算得的 I_p	按式(4-35)计算的 $[\Delta C_p]$(MPa)	由式(4-35) $[\Delta C_p]$ 算得的 I_p
水布垭	0. 335	0. 361	0. 93	0. 307	1. 09
大朝山	0. 426	0. 436	0. 98	0. 393	1. 08
锦屏一级	0. 370	0. 620	0. 60	0. 583	0. 63
向家坝	0. 239	0. 395	0. 61	0. 450	0. 53
溪洛渡	0. 370	0. 452	0. 82	0. 482	0. 77
二滩	0. 544	0. 450	1. 21	0. 463	1. 18
黄金坪	0. 479	0. 546	0. 88	0. 489	0. 98
猴子岩	0. 592	0. 588	1. 01	0. 539	1. 10
小湾	0. 209	0. 475	0. 44	0. 486	0. 43
瀑布沟	0. 939	0. 482	1. 95	0. 504	1. 86
大岗山	0. 845	0. 571	1. 48	0. 548	1. 54
孟底沟	0. 508	0. 487	1. 04	0. 455	1. 12

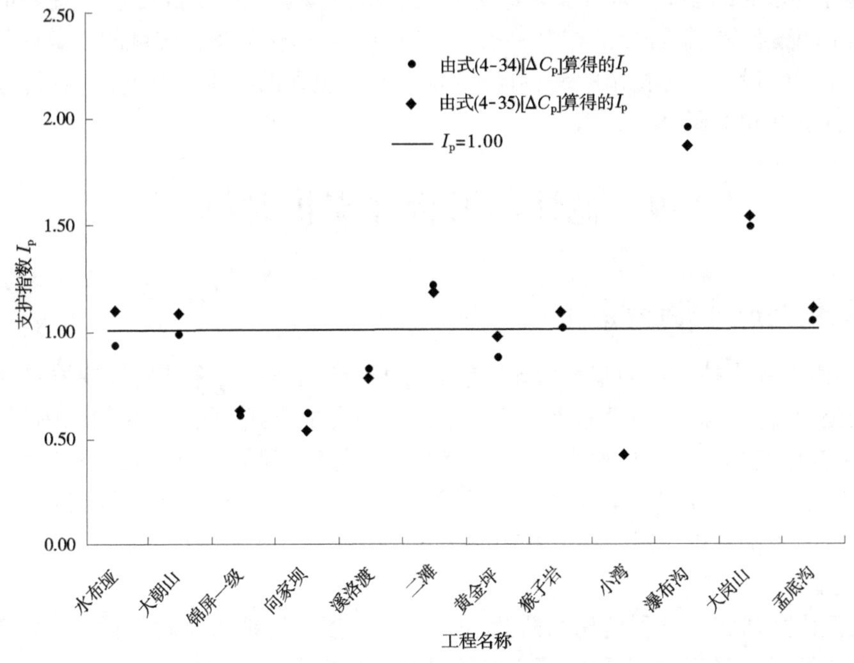

图 4-37　各地下厂房锚索支护指数分布范围

由图 4-37 可以看出：

(1)锚索支护指数 I_p 在 1.0 上下分布。

(2)同一个工程按不同的拟合公式计算出的支护指数相近。这表明经验公式能够反映锚索支护强度。

综上可见，结合工程实际与经验公式，可以将支护指数作为实际工程支护设计的参考依据，评判标准如下：

$$\left.\begin{array}{ll} I_b \text{ 或 } I_p < 1 & \text{支护强度偏低} \\ I_b \text{ 或 } I_p = 1 & \text{支护强度合理} \\ I_b \text{ 或 } I_p > 1 & \text{支护强度偏高} \end{array}\right\} \tag{4-39}$$

依据锦屏一级、溪洛渡、拉西瓦、江口、水布垭等 24 个国内水电站地下厂房的围岩参数、支护设计资料进行统计分析，可得以下结论：

(1)锚杆或锚索可以给围岩提供附加的黏聚力增量。该黏聚力增量反映的支护强度与强度应力比、厂房开挖跨度呈现出一定的函数关系。本书通过最小二乘拟合的统计方法，提出了锚杆、锚索支护强度与强度应力比 K_σ、开挖跨度 B、单宽能量释放指数 W_σ 的 6 个经验公式。

(2)无论是锚索支护还是锚杆支护，支护强度都有增加速度较快的区间：对于锚杆支护，当强度应力比 $K_\sigma \leqslant 3.0$ 或单宽能量释放指数 $W_\sigma > 10$ 时，地下厂房围岩处于高—极高地应力状态或极强能量释放状态，所需支护强度迅速增加；对于锚索支护，当强度应力比 $K_\sigma < 4.0$ 或单宽能量释放指数 $W_\sigma > 10$ 时，所需支护强度显著增加。

(3)基于经验拟合公式,提出了无量纲的支护指数概念。该指数可以直观表征设计支护强度和工程经验支护强度的相对关系。支护指数可以作为支护强度的定量评判标准指导锚杆、锚索的设计。应指出的是,由于经验公式中包含的样本个数有限,有待进一步搜集整理,并展开相关研究。

4.9 脆性围岩合理支护时机

4.9.1 最优支护时机研究现状

现代地下工程支护设计的基本指导思想是按照新奥法原理,充分发挥围岩自身承载能力,采用喷混凝土、锚杆、锚索等柔性结构作为主要支护形式,通过适时加固围岩,控制围岩变形来充分发挥围岩的自承能力。其关键在于通过合理的时机施加支护结构,使围岩与支护协同作用,形成统一承载体。所谓“适时加固围岩”,就是支护的时机要恰到好处。过早支护,支护结构要承受很大的变形压力,很不经济;支护过迟,围岩会过度变形而导致松弛失稳。

为此,国内外研究人员利用现场监测、理论推导、数值模拟等多种手段对“最佳支护时机”问题进行了大量研究,并取得了积极的进展。根据最佳支护时机的判据不同,可以分为变形量和应力释放系数两类。

通过现场监测、数值模拟等手段,可以获知围岩变形量和变形趋势,从而确定最佳支护时机。例如,Marcio 等采用三维数值模拟研究了新奥法开挖隧道的位移控制问题。Bizjak 计算隧道中的应力衰弱区和周围应力区,采用有限差分数值模型反演,得出基于使用反向传播神经网络的隧道位移和演化的预测模型。王祥秋等采用蠕变损伤模型,认为必须控制围岩蠕变不会发展到加速蠕变阶段,从而由蠕变参数反推合理支护时间。王小平采用 Bingham 硬化模型,揭示巷道围岩变形随时间的变化规律,确定了巷道的合理支护时间。Sungo Choih 等根据新奥法原理,通过理论分析研究和模拟计算,确定出软弱岩体中隧道开挖的最佳支护时机。刘志春等以乌鞘岭隧道为工程背景,通过现场量测数据相互关系综合分析,提出了以隧道极限位移为基础、现场量测日变形量和总位移为依托的工程可操作判别指标,对软岩大变形隧道二次衬砌施作时机进行了探讨。王中文等按照流变力学原理对考虑围岩蠕变特性的隧道变形进行解析,并利用现场实测数据对公式中的参数进行拟合并进而确定了流变参数,提出了用现场监测数据确定围岩流变参数的方法,以变形量为判据确定二衬的合理支护时机。吴梦军等基于现场测试,对位移历时曲线进行了拟合,研究以隧道位移释放比为基本指标的支护时机确定方法,选取内部应力最小为最佳施作时机。Guan 等、周先齐等分别基于实际工程,采用伯格斯黏弹塑性流变本构模型,以变形量和变形速率为判据,得到了日本长崎县嬉野隧道和向家坝大型地下厂房典型断面的最佳支护时间。陆银龙等在对破裂软岩注浆加固后的力学特性分析的基础上,利用 FLAC2D 软件的应变软化本构模型,对软岩巷道最佳锚固支护时机进行数值模拟优化分析,以巷道变形量为判据,提出一种定量的确定巷道最佳的锚注支护时机的方法。

另外,由应力释放系数,也可以用于确定最佳支护时机。例如,荣耀依据巷道掘进过程中各类围岩应变能的释放时间,定性地给出了围岩级别与围岩支护的合理时间;汪波等分析现场的监控量测资料后,通过数值模拟方法分析了不同应力释放系数时的洞周应力值,以应力释放系数为判据,对苍岭隧道的岩爆预测和初期支护时期进行了探讨。朱泽奇等基于坚硬围岩的应力释放特征研究,以应力释放系数为判据,对某水电站地下厂房洞室群的初期支护时间进行了二维数值分析研究。周勇等理论推导了考虑围岩流变特性时衬砌位移及围岩的位移的表达式,采用应力释放系数为判据,研究了广梧高速公路牛车顶隧道的合理支护时机。

尽管对于最优支护时机的确定,已有较多文献研究,但是对该问题的理论分析和机制研究仍然十分欠缺。所提出的判据往往难以直接给出最优支护时间,难以为工程人员使用。目前,如何合理准确地确定最优支护时机,做到"适时支护",还缺乏可靠的理论和公式的指导,只能根据现场监测信息或大量的数值模拟试验来确定。

4.9.2 围岩最优支护时机原理

传统忽略围岩时效作用的地下工程研究中,在给定的地应力荷载下,围岩变形是唯一的。这与实际地下工程开挖后,围岩变形在一定时间内随时间增长的实际情况不相符合。特别是高地应力环境和中等强度围岩的组合条件下,围岩变形常常需要数月甚至更长的时间才趋于收敛。例如,锦屏一级地下厂房主厂房在第 X 级开挖完成后,主厂房和主变室的多点位移计经过约 8 个月才完全收敛。

可见,对于高地应力地下厂房,围岩在开挖后,其围岩变位并非立即完成,而是需要一定的时间。一般来说,完整性好、围岩硬度大、强度高的围岩需要的地应力释放时间较短,而裂隙发育程度高,地应力又高的锦屏一级地下厂房、猴子岩地下厂房围岩在开挖后,将产生临近开挖面的围岩裂隙松弛张开现象,要经过一段时间的变形调整才能稳定收敛。

4.9.2.1 围岩松弛释放时效变形荷载

洞室开挖爆破完成后,总的地应力释放力 σ_0 中的一部分立即得到释放,但剩余时效部分则需要经过一定时间才能完全释放。从锦屏一级、猴子岩等地下厂房围岩变形发展时效响应来看,围岩变形发展及位移收敛有时效性,如图 4-38 所示多点位移计时效变形规律具有典型的指数函数特性。因此,不妨设剩余时效释放应力为总的地应力释放力的 α 倍($0 < \alpha < 1$),且为时间的指数函数:

$$\sigma_r(t) = \alpha(1 - e^{\beta t})\sigma_n \tag{4-40}$$

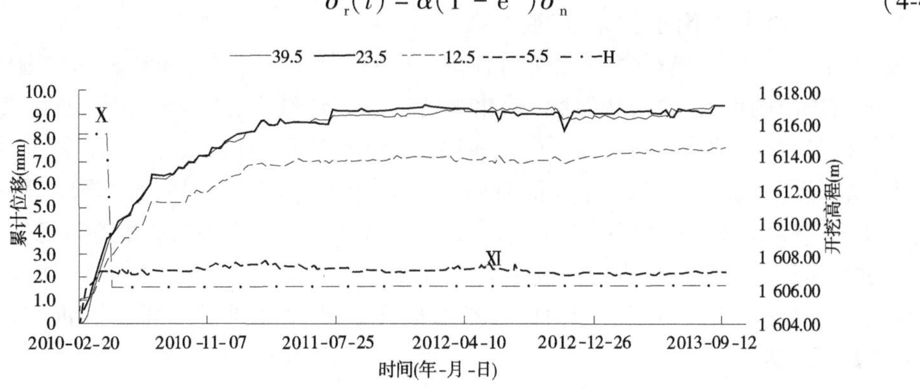

图 4-38 锦屏一级主厂房下游边墙多点位移计 M4ZCF-XZ4 时间位移过程曲线

式中：α 为时效变形荷载系数；β 为时效变形指数；$\sigma_r(t)$ 为时效释放应力；σ_n 为开挖面法向上的释放地应力荷载。

σ_n 可以通过该点地应力张量 σ_0 和开挖面法向 $\vec{n}$ 计算：

$$\sigma_n = -\vec{n}^t \sigma_0 \vec{n} \tag{4-41}$$

由图 4-39 可见，时效变形指数 β 的绝对值越小，时效释放荷载趋于稳定所需的时间越长。设时效释放荷载 $\sigma_r(t)$ 达到 99%最终值的时间为稳定收敛时间 T_c，则达到稳定收敛时有：

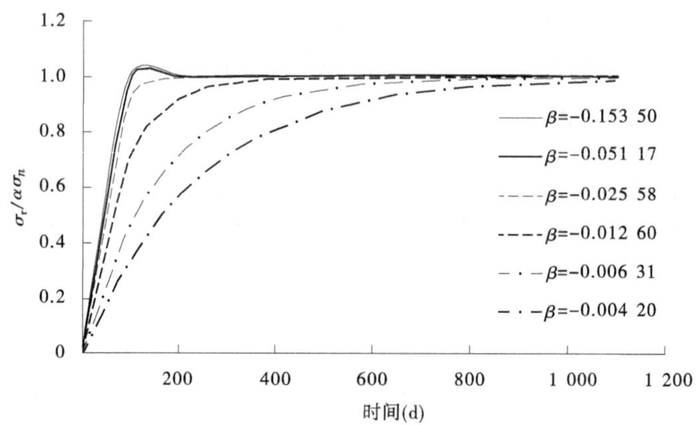

图 4-39　不同系数 β 对应的时效释放荷载历时曲线

$$\frac{\sigma_r}{\alpha\sigma_n} = 1 - e^{\beta T_c} = 0.99 \tag{4-42}$$

$$\beta = \frac{\ln 0.01}{T_c} = \frac{-4.605}{T_c} \tag{4-43}$$

由式(4-43)可以计算不同变形收敛时间 T_c 对应的时效变形指数 β 值。可见，式(4-40)中系数 α 控制着时效释放荷载 $\sigma_r(t)$ 相对于总地应力释放荷载 σ_0 的大小，而 β 控制着时效释放荷载随时间变化的快慢。

4.9.2.2　洞壁低围压下的应力—应变关系

图 4-40 所示岩石三轴应力应变全过程试验表明，岩石的应力应变和破坏与围压关系密切。随着围压的增大，岩石从弹性-软化为特征的脆性破坏，逐步演变成弹性-塑性硬化的塑性破坏特征，并且岩石所能承受的极限应变也随围压而增大。洞室开挖后，由于地应力释放，洞壁附近围岩近似处于解除侧向力的单轴受力状态，此时岩石本构关系一般表现为图 4-40 中无围压时的弹性-软化模式，在破坏模式上一般表现为弹脆性破坏。

通过对多种岩石全过程应力—应变关系的研究，发现峰值抗压强度 σ_c 与围压 P(或 σ_3)存在较好的线性相关关系。例如，由图 4-40 可以整理得到图 4-41 的强度与围压关系，可以如下表达：

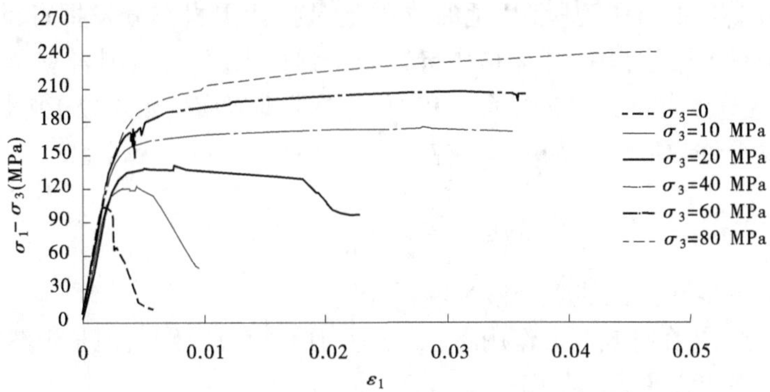

图 4-40 锦屏大理岩三轴应力应变全过程曲线。

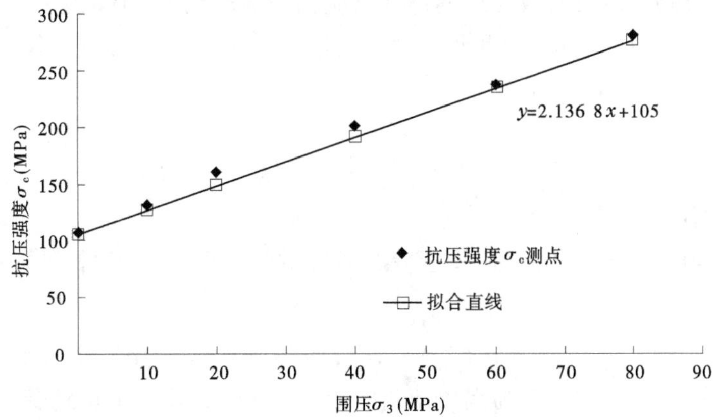

图 4-41 抗压强度与围压拟合关系曲线

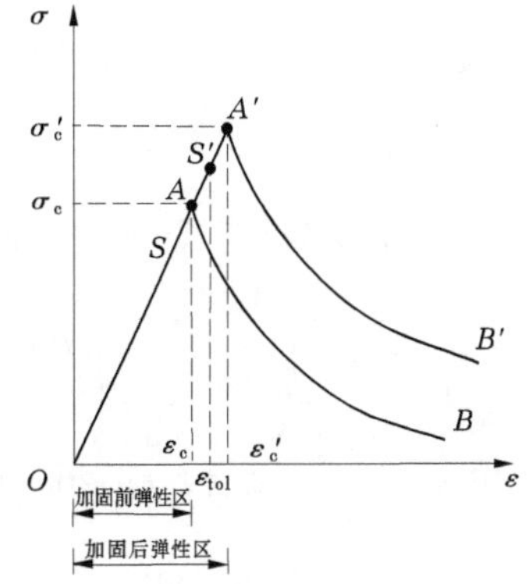

图 4-42 低围压下岩体应力—应变关系模型

$$\sigma'_{c} = \sigma_{c} + \lambda P \tag{4-44}$$

式中：σ_c 为单轴抗压强度；P 为围压；λ 为强度增长常数；σ'_c 为围压 P 作用下的抗压强度。

围压 P 的计算可以由锚杆或者锚索提供的侧向压力得到，例如对于锚杆、锚索支护：

$$P = \frac{\sigma_t A_g}{a_1 b_1} + \frac{N_s}{a_2 b_2} \tag{4-45}$$

式中：σ_t 为锚杆抗拉强度；A_g 为锚杆截面面积；N_s 为锚索吨位；a_1、b_1 为锚杆间排距；a_2、b_2 为锚索间排距。

由图 4-42 所示低围压下的弹性-软化模型可见，洞壁附近随着周向应变 ε 的增加，围岩应力在经历弹性阶段（OA 段）到达峰值应力后便进入应力急剧下降的非稳定软化区（AB 段）。显然，围岩应变一旦超过弹性区极限应变，围岩就处于失稳状态。而增加了锚杆、锚索后，对围岩产生了侧向压力，据式（4-44）可知，围岩抗压强度将在围压作用下有所提高，从而将弹性段延伸至 OA' 段，弹性极限应变也由单轴弹性极限应变 ε_c 增大至 ε'_c。

对于脆性围岩,本书认为所谓“适时支护”,是指让围岩充分发挥自承能力:在开挖后,以及围岩时效变形过程中,围岩应力最终处于弹性末端之前,围岩应变最多达到稳定和非稳定软化区分界应变 ε'_c。对实际工程而言,要求围岩应变始终处于弹性极限应变 ε'_c 以内,故而定义允许弹性应变为 ε_{tol},且有:

$$\varepsilon_{tol} = \frac{\varepsilon'_c}{K} \tag{4-46}$$

其中,应变裕度 $K > 1$。显然有:$\varepsilon_c < \varepsilon_{tol} < \varepsilon'_c$。

如图 4-42 所示,在时效变形作用下,一点应力由 S 移动至 S',但是仍然处于弹性稳定区,该点仍然处于可以承载的状态。

依据这一思想,假设开挖后围岩周向应力 σ_1 已经达到单轴抗压强度 σ_c 的 r 倍($0 \leqslant r \leqslant 1$),若无支护措施,后续时效变形使得该点应变最多达到 ε_c;但是考虑支护作用后,后续时效变形使得该点应变可以达到允许弹性极限应变 ε_{tol},故而,在支护作用下,时效松弛荷载所产生的最大侧向应变增量为:

$$\Delta\varepsilon_{rm} = \mu\left(\varepsilon_{tol} - r\frac{\sigma_c}{E}\right) = \mu\left(\frac{\varepsilon'_c}{K} - r\frac{\sigma_c}{E}\right) \tag{4-47}$$

式中:E 为岩体弹性模量。

根据式(4-40),支护完成后时间 t 至围岩稳定收敛时间 T_c,围岩松弛释放应力荷载增量为:

$$\Delta\sigma_r(t_i) = \sigma_r(T_c) - \sigma_r(t) = \alpha(e^{\beta t} - e^{\beta T_c})\sigma_n \tag{4-48}$$

本书定义最优支护时机 T_x 为围岩环向应变在时效荷载作用下达到变形收敛时,刚好达到允许弹性极限应变 ε_{tol},此时应力仍然处于弹性稳定变形段。这样,围岩应变已经处于稳定到非稳定的临界点,但是围岩仍然承担荷载。依据式(4-48),从最优支护时机 T_x 至围岩稳定收敛时间 T_c 对应的围岩松弛释放荷载增量导致侧向应变为:

$$\Delta\varepsilon_r = \alpha(e^{\beta T_x} - e^{\beta T_c})\frac{\sigma_n}{E} \tag{4-49}$$

考虑到(4-49)与式(4-47)等量,可得:

$$\alpha(e^{\beta T_x} - e^{\beta T_c})\frac{\sigma_n}{E} = \mu\left(\frac{\varepsilon'_c}{K} - r\frac{\sigma_c}{E}\right) \tag{4-50}$$

由 $\varepsilon'_c = \dfrac{\sigma'_c}{E}$,结合式(4-46),则上式化为:

$$e^{\beta T_x} - e^{\beta T_c} = \frac{\mu\sigma_c}{\alpha K\sigma_n}\left(1 + \lambda\frac{P}{\sigma_c} - rK\right) \tag{4-51}$$

引入强度应力比 $K_\sigma = \dfrac{\sigma_c}{\sigma_{1max}}$,其中 σ_{1max} 为洞室初始地应力极值。

定义释放力系数 γ 为释放应力 σ_n 与洞室地应力极值 σ_{1max} 之比,则有:

$$\sigma_n = \gamma\sigma_{1max} \tag{4-52}$$

则式(4-51)变化为:

$$e^{\beta T_x} = e^{\beta T_c} + \frac{\mu K_\sigma}{\alpha\gamma K}\left(1 + \lambda \frac{P}{\sigma_c} - rK\right) \tag{4-53}$$

从而,可知最优支护时机:

$$T_x = \frac{1}{|\beta|}\ln\left[e^{\beta T_c} + \frac{\mu K_\sigma}{\alpha\gamma K}\left(1 + \lambda \frac{P}{\sigma_c} - rK\right)\right] \text{且}(0 \leqslant T_x \leqslant T_c) \tag{4-54}$$

依据式(4-43),式(4-54)中 $e^{\beta T_c}$ 可取为0.01。考虑到 $e^{\beta T_c}$ 很小,可以略去该项。最优支护时机 T_x(单位为 d)可以进一步简化为:

$$T_x = \frac{T_c}{4.605}\left[\ln\left(\frac{\mu}{\alpha}\right) + \ln\left(\frac{k_\sigma}{\gamma K}\right) + \ln\left(1 + \lambda \frac{P}{\sigma_c} - rK\right)\right] \text{且}(0 \leqslant T_x \leqslant T_c) \tag{4-55}$$

式(4-55)表明,最优支护时机是围岩变形收敛时间 T_c、强度应力比 K_σ、应变裕度 K、开挖后围岩第一主应力 σ_1 与单轴抗压强度 σ_c 之比 r,支护围压 P,以及时效变形荷载系数 α 的函数。

由于式(4-54)的推导是基于脆性岩体开挖面附近无侧限单轴受力状态的一个点的应力应变状态而推导的,而实际上距离洞壁稍远,围岩便处于有围压状态。故而,式(4-55)是一个近似公式。可以通过对洞室围岩变位监测、破裂现象发生的情况,确定几个主要参数,如时效荷载系数 α、释放力系数 γ 等,得到符合具体工程的最优支护时机。

计算最优支护时机时,需要确定时效荷载系数 α、释放力系数 γ 等,下面给出各参数的确定方法。

(1)围岩稳定收敛时间 T_c 的确定:需要根据多点位移计时程曲线,拟合相应其随时间发展的关系。稳定收敛时间 T_c 是流变变形开始到变形恒定的时间间隔。

(2)时效荷载系数 α:如图4-43所示,开挖后,多点位移计先经历随时间快速增长的线性变形 u_1,而后经历一个短暂的平台期后进入时效变形阶段 u_t,由于时效变形由时效变形荷载引起,故而时效荷载系数 α 可以按下式近似计算:

$$\alpha = \frac{u_t}{u_1}$$

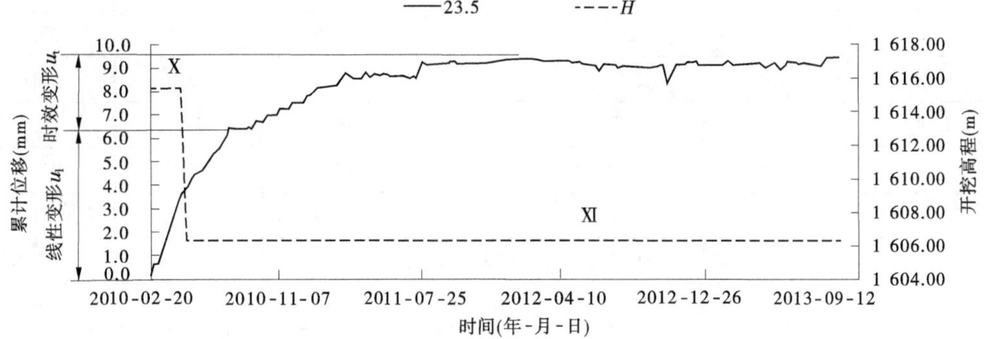

图4-43　低围压下岩体应力—应变关系模型

地下厂房各支多点位移计计算所得时效荷载系数 α 有一定离散性,可以取其算术平均值。

(3)围岩泊松比 μ 的确定:由三轴试验和现场试验综合获取。

(4)释放应力系数 γ 的确定:按照定义,释放应力系数 γ 为释放应力 σ_n 与洞室地应力极值 σ_{1max} 之比,即 $\gamma = \sigma_n/\sigma_{1max}$。在对地下工程进行地应力回归后,洞壁上各点应力分量都是已知的,法向释放应力就 σ_n 可以由式(4-42)计算,而洞室区地应力极值 σ_{1max} 也是已知的,这样洞壁上各点的释放应力系数 γ 就确定了。

(5)围岩强度应力比 K_σ 的确定:强度应力比 $K_\sigma = \dfrac{\sigma_c}{\sigma_{1max}}$,其中 σ_c 为单轴抗压强度;σ_{1max} 为初始地应力极值。

(6)围岩强度增长系数 λ 的确定:由室内三轴压缩试验获取,按照式(4-44)拟合得到。

(7)支护围岩 P 的确定:根据锚杆、锚索间排距、内力按照式(4-45)计算。

(8)应力比 r 的确定:由围岩开挖有限元计算,可以得到围岩洞周第一主应力 σ_1,进而可以得到应力比 $r = \sigma_1/\sigma_c$。由于洞周各点 σ_1 处处不同,应力比 r 是一个空间分布的函数。

(9)应变裕度 K 的确定:建议应变裕度 $K = 1.0 \sim 1.2$。

4.9.3 最优支护时机敏感性分析

参照锦屏一级水电站地下厂房参数反演计算成果,取时效荷载系数 $\alpha = 0.15$,泊松比 $\mu = 0.25$,释放应力系数 $\gamma = 1.0$,岩体单轴压缩强度 $\sigma_c = 70$ MPa。

应变裕度 $K = 1.0$,锚索支护参数 $N_s = 2\ 500$ kN,间排距 4.5 m×4.5 m,则由式(4-45)可得支护围岩 $P = 0.123$ MPa,由图 4-41 可推知强度增长常数为 $\lambda = 2.136\ 8$。分别假设开挖后围岩周向应力达到单轴抗压强度 σ_c 的 30%,即 $r = 0.3$,以及达到单轴抗压强度的 60%,即 $r = 0.6$,则对于稳定收敛时间 T_c 分别为 90 d、180 d、365 d 的最优支护时机可由式(4-55)得到表 4-26 和图 4-44。

表 4-26 最优支护时机 T_x(d)与强度应力比 K_σ 和稳定收敛时间 T_c 的关系

强度应力比 K_σ	T_c=90 d		T_c=180 d		T_c=365 d	
	r=0.3	r=0.6	r=0.3	r=0.6	r=0.3	r=0.6
1	3.12	0	6.2	0	12.6	0
2	16.6	5.8	33.3	11.6	67.5	23.5
3	24.5	13.7	49.1	27.4	99.7	55.6
4	30.2	19.3	60.4	38.7	122.5	78.4
5	34.5	23.7	69.1	47.4	140.2	96.1
6	38.1	27.2	76.2	54.5	154.6	110.6
7	41.1	30.2	82.3	60.5	166.8	122.8
8	43.7	32.9	87.5	65.8	177.4	133.4
9	46.0	35.2	92.1	70.4	186.8	142.7
10	48.1	37.2	96.2	74.5	195.1	151.1

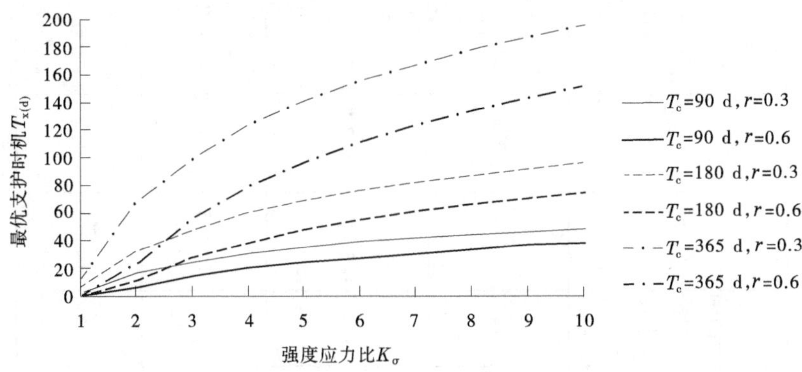

图 4-44 最优支护时机 T_x 与强度应力比 K_σ 和稳定收敛时间 T_c 的关系

(1)最优支护时机与强度应力比相关,强度应力比越大,围岩稳定性好,最优支护时机也越晚;强度应力比越小(围岩趋于不稳定),最优支护时机则越早。

(2)同一强度应力比下,若稳定收敛时间增大,围岩时效变形越明显,则最优支护时机也随之后延。

(3)开挖后应力越大,则强度应力比 r 越大,围岩稳定性变差,故而最优支护时机减小。

4.9.4 合理支护时机的确定判据

综上可知,如何合理准确地确定最优支护时机,做到"适时支护",还缺乏可靠的理论和公式的指导,目前较为可行的方法是根据现场监测信息或大量的数值模拟试验来确定。主要分为位移判据和应力判据。

4.9.4.1 位移判据

基于变形量和变形速率提出了大型地下洞室围岩最佳支护时间的 3 个判断依据:

(1)变形达到总变形的 80%。

(2)顶拱位移速率小于 0.1 mm/d 且变形速率大幅下降。

(3)位移加速度趋于零。

4.9.4.2 应力判据

对于脆性岩体地下厂房,最优支护时机可以按下式计算:

$$T_x = \frac{T_c}{4.605}\left[\ln\left(\frac{\mu}{\alpha}\right) + \ln\left(\frac{K_\sigma}{\gamma K}\right) + \ln\left(1 + \lambda\frac{P}{\sigma_c} - rK\right)\right] \text{且}(0 \leqslant T_x \leqslant T_c) \quad (4\text{-}56)$$

式中:各变量的确定见本节。

4.10 小 结

按照施工期地下洞室群围岩稳定性评价需求和工程实践经验,可将地下洞室群围岩稳定性预警指标分为绿色、黄色、橙色和红色 4 级。本书所建立的洞室群围岩稳定评价体系分级标准见表 4-27。

表 4-27　洞室群围岩稳定多维评价体系分级及分级标准

类别		整体稳定评价指标											局部稳定评价指标		
指标名称		直接指标			间接指标					验证指标			块体稳定安全系数 K_c		
		围岩位移收敛比 k	声波波速比 V/V_0	宏观裂缝开展情况	围岩位移收敛率 v(mm/d)		塑性区与洞室开挖区的比值 f_p、深跨比 d_p		锚索应力超限比率 r_c(%)	围岩位移收敛加速度 a(mm/d^2)	能量耗散比	二次应力的围岩强度应力比 r_s	滑移型	悬吊型	临时型
					边墙水平围岩	顶拱、底板垂直位移	f_p	d_p							
绿色	围岩稳定安全	<0.85 k_{max}	>0.9	无	<0.1	<0.07	<0.7	<0.3	0	a≤0	(0, 0.1]	>4	>1.8	>2.0	>1.5
黄色	围岩稳定性欠佳	0.85 k_{max} ~ 1.0 k_{max}	[0.7, 0.9]	少许	[0.1,0.2]	[0.07,0.15]	0.7~0.8	0.3	0~10	(0, 5]	(0.1, 0.2]	3~4	1.5~1.8	(1.6,2.0]	1.2~1.5
橙色	围岩稳定性差	1.0 k_{max} ~ 1.2 k_{max}	[0.5, 0.7)	一定范围	(0.2,20]	(0.15,10]	1.0	0.4	10~25	(5, 10]	(0.2, 0.9]	2~3	1~1.5	(1.4,1.6]	1.0~1.2
红色	围岩不稳定	>1.2 k_{max}	<0.5	较大范围	>20	>10	1.2	0.5	>25	a>10	>0.9	<2	<1	<1.4	<1.0

由于地下洞室群围岩稳定问题的复杂性和不确定性,只采用确定性的唯一评判标准来评价各种洞室围岩稳定实际上是不现实的。而采用多方法、多参数、多角度、多目标的综合评判体系来分析洞室群的稳定性,可能是比较可行的。这个评判体系可以包括:直接指标、间接指标和验证指标三个层次,以实现位移模式与位移量级的评价、洞室围岩应力空间变异性的评价、支护系统应力超限的评价和围岩损伤松动区动态演化的综合评价。

直接指标包括围岩位移收敛比,围岩声波波速比、宏观裂缝开展情况。这类指标具有直观、可测的特点。

间接指标包括围岩位移收敛率、塑性区发展程度、锚索应力超限比率等指标。间接指标需要在直接指标基础上进行进一步的偏分、积分或者有限元模拟计算分析才能得到。

验证指标包括围岩位移收敛加速度、能量耗散比、二次应力的围岩强度应力比,验证指标对于综合分析围岩稳定性具有复核作用。

洞室群围岩稳定性的 4 个安全级别对应的评判指标标准对于建立整个工程施工期围岩稳定综合评价体系至关重要,不同地下洞室群工程可能需要建立不同的评判标准体系,需要在施工前做出判断,在施工过程中根据开挖揭示情况、监测成果和稳定安全状况的判断,进行综合比对以确定相应的评价标准体系。

5 洞室群块体稳定分析及支护设计

5.1 块体支护标准

块体稳定计算分析不计地震惯性力、地应力等的影响，断裂面按全连通考虑。参照《水电站地下厂房设计规范》(NB/T 35090—2016)，并根据地下厂房建筑物等级及安全等级，拟定地下厂房块体稳定分析允许安全度见表 5-1。表 5-1 中的锚固力包括锚索和锚杆锚固力、喷混凝土抗力作用，锚索和锚杆力学效用以抗拉或抗剪的形式计入。

表 5-1 块体稳定最小安全系数

结构安全级别	悬吊型块体			滑移型块体		
	持久状况	短暂状况	偶然状况	持久状况	短暂状况	偶然状况
Ⅰ	2.00	1.90	1.70	1.80	1.65	1.50
Ⅱ	1.90	1.70	1.60	1.65	1.50	1.40
Ⅲ	1.70	1.60	1.50	1.50	1.35	1.25

5.2 块体稳定分析岩体结构面强度参数

表 5-2 和表 5-3 给出了功果桥地下厂房断层参数，在块体稳定计算分析过程中，取值要遵循以下原则：

表 5-2 功果桥地下厂房系统围岩断层面力学指标取值

序号	结构面性状	抗剪断		抗剪
		摩擦系数 f'	黏聚力 C' (MPa)	摩擦系数 f
1	岩块与岩屑型	0.45~0.50	0.10~0.20	0.35~0.40
2	岩屑夹泥型	0.35~0.40	0.05~0.08	0.30~0.35
3	少量夹泥型	0.30~0.35	0.02~0.03	0.25~0.30
4	充填纯泥结构面(次生泥)	0.25~0.30	0.01~0.02	0.20~0.25

(1)根据地质编录断裂面性状的描述和断裂面在围岩中的延伸深度以及开挖临空面分布情况取同一级参数的偏高值或偏低值。

(2)块体在围岩中延伸的最大深度小于卸荷松弛深度 4.0 m，岩体结构面强度参数值按表5-2和表5-3折减60%~80%,延伸小的取小值,延伸大的取大值。

表5-3　功果桥地下厂房洞群节理面力学指标取值

序号	结构面性状	抗剪断		抗剪
		摩擦系数f'	黏聚力C'(MPa)	摩擦系数f
1	闭合无充填裂隙,延伸短,或者起伏较大者	0.55~0.60	0.15~0.20	0.50~0.55
2	局部充填岩屑、碎屑型	0.50~0.55	0.10~0.15	0.45~0.50
3	岩屑型	0.40~0.45	0.08~0.10	0.35~0.40

5.3　喷锚固支护设计抗力

功果桥地下厂房支护设计:

(1)ϕ32锚杆设计抗拔力T=166 kN/根;设计抗剪力T=100 kN/根。

(2)3ϕ32锚筋桩设计锚固力T=498 kN/根;设计抗剪力T=299 kN/根。

(3)ϕ28锚杆设计锚固力T=127 kN/根;设计抗剪力T=76 kN/根。

(4)3ϕ28锚筋桩设计锚固力T=381 kN/根;设计抗剪力T=229 kN/根。

(5)1 500 kN级的预应力锚索设计锚固力T=1 500 kN/根,最大承载力2 604 kN/根。

(6)1 000 kN级的预应力锚索设计锚固力T=1 000 kN/根,最大承载力1 823 kN/根。

(7)喷混凝土的设计抗力按下式计算:

喷层内无钢筋网:

$$T = 0.6 f_t u_m h$$

喷层内有钢筋网:

$$T = 0.3 f_t u_m h + 0.8 f_{yv} A_{svu}$$

式中:T为喷混凝土的设计抗力,N;f_t为喷射混凝土抗拉强度设计值,1.1 MPa;f_{yv}为钢筋抗剪强度设计值,126 MPa;h为喷射混凝土厚度,mm,当h>100 mm时,仍以100 mm计算;u_m为不稳定块体出露面的周边长度,mm;A_{svu}为与冲切破坏锥体斜截面相交的全部钢筋截面面积,mm^2。

5.4　地下厂房典型块体支护设计

5.4.1　主厂房上游墙

位于厂右+18~厂右+32,高程1 275~1 261 m区域的断裂L_{123}(70°SE∠63°)、L_{160}组(345°NE∠42°)、L_{162}组(350°SW∠63°)、L_{121}组(283°NE∠27°)等可组成确定块体B06,

如图 5-1 所示。块体失稳模式为双面滑动(L_{123} 和 L_{160} 组),开挖面面积约 120 m^2,体积约为 238 m^3,围岩中最大延伸深度约 6.0 m。块体 B06 稳定分析及锚固设计见表 5-4。

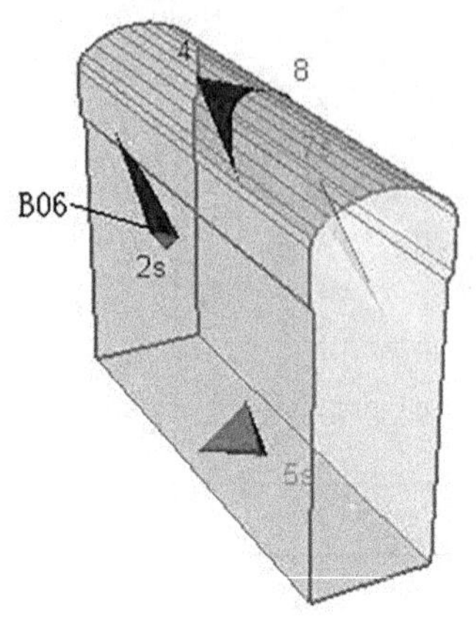

图 5-1 块体 B06 示意图

表 5-4 块体 B06 稳定分析及锚固设计

工况	自重(kN)	摩擦系数	黏聚力(MPa)	锚固力(kN)	计算安全系数 K	说明
1	6 444	0.50/0.50			0.67	双面滑动,滑动面 L_{123} 和 L_{160} 组
2	6 444	0.50/0.50			1.17	系统锚杆
3	6 444	0.50/0.50			1.92	系统锚杆+1 500 kN 的预应力锚索

5.4.2 主厂房顶拱

位于顶拱厂右+18~厂右+35 区域的断裂 f_{15}(55°NW∠81°)、f_2(350°SW∠87°)、L_{49}(13°NW∠80°)(280°NE∠80°)、L_{48} 组(340°NE∠65°)、L_8 组(338°SW∠59°)、L_{38} 组(EWN∠42°)等可组成确定块体 B07。块体失稳模式为单面滑动(f_{15}),开挖面面积约 57 m^2,体积约 390 m^3,围岩中最大延伸深度约 20 m。通过初步分析自然状态下不考虑黏聚力 C,安全系数为 0.06,此块体可按直接跨落型考虑(见表 5-5)。

表 5-5 块体 B07 稳定分析及锚固设计

工况	自重(kN)	摩擦系数	黏聚力(MPa)	锚固力(kN)	计算安全系数 K	说明
1	10 530	0.35			0.06	单面滑动,滑动面 f_{15}
2	10 530	0.35			1.86	系统锚杆

5.4.3 主厂房下游墙

位于厂右+10~厂右+30,高程 1 275~1 261 m 区域的断裂 f_1(20°SE∠80°)、L_{164} 组

(342°NE∠38°)、L_{139} 组(40°NE∠60°)、f_2(350°SW∠87°)等可组成确定块体 B01,如图 5-2 所示。块体失稳模式为双面滑动(f_1 和 L_{164} 组),开挖面面积约为 182 m^2,体积约为 407 m^3,围岩中最大延伸深度约 6.4 m。块体 B01 稳定分析及锚固设计见表 5-6。

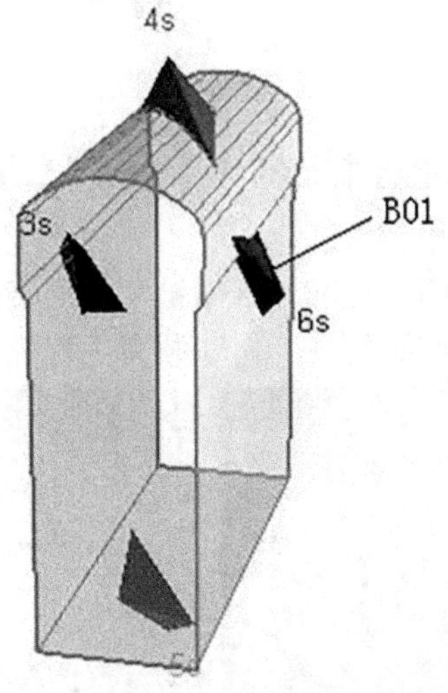

图 5-2 块体 B01 示意图

表 5-6 块体 B01 稳定分析及锚固设计

工况	自重(kN)	摩擦系数	黏聚力(MPa)	锚固力(kN)	计算安全系数 K	说明
1	10 997	0.35/0.50			1.53	双面滑动,滑动面 f_1 和 L_{164} 组
2	10 997	0.35/0.50			1.86	系统锚杆

5.5 小 结

根据块体稳定分析结果可得如下结论,功果桥地下厂房三大洞室上下游高边墙块体在系统锚固和补加锚固后,块体安全系数均满足允许安全系数。

6　层状围岩洞室动态施工控制关键技术研究

6.1　洞室精密工程测量关键技术

洞室的高质量施工,需要高质量的工程测量工作的支持(见图 6-1),其最重要的工作包括施工放样测量、围岩变形监测两项工作。洞室工程控制测量难点包括:

图 6-1　洞室工程施工测量控制

(1)对于地形、地质结构复杂洞室施工所处区域,其重力异常一般存在较大幅度波动,因此其大地水准面与标准椭球面存在较显著的不平行现象,不利于高精度数据归算。

(2)对于大规模的洞室,其洞室微气象环境显著区别于其他环境,光电仪器长距离坐标传递精度保证困难,需要研究适于洞室环境的大气折射、衍射抑制与改正方法。

(3)针对大规模洞室的工程测量投影归算参数确定方法缺失,需要研究建立最优化的参数确定方法。

洞室精密工程测量关键技术研究主要创新点:

(1)提出了加权尺度比及尺度比抗差计算方法,解决了由于精密测距边分布不均匀对尺度比精度影响的问题,及抑制了测量误差对尺度比计算结果的影响。

(2)提出了基于选定轴线投影变形最小、最大投影变形最小及综合投影变形最小 3 项标准的最优化抵偿投影面参数确定方法,分别解决了对工程选定轴线投影变形、工程最大投影变形及工程总体投影变形有较高要求的工程投影参数确定问题。

首次建立了尺度比关系与椭球参数的等价转换模型,在投影层面将尺度比关系统一为投影归算问题,减少了计算约束条件,利于洞外 GNSS 工程测量控制网精度的提升。

(3)提出了基于目标点空间坐标和正常高的工程椭球参数确定方法,及基于椭球模型的数据归算及高程拟合方法,减弱了因工程椭球参数选用不当对投影归算及高程拟合精度的影响。

(4)提出了任意带高斯正形投影参考位置、新中央子午线位置的最优化确定方法,解决了基于 3 项标准的任意带高斯正形投影最优化参数确定问题。

6. 1. 1　洞室工程测量参考椭球基准建立关键技术

6. 1. 1. 1　适于洞室工程测量的参考椭球基准确定原则

测量元素的归算必须依托于参考椭球模型,而洞室施工所处区域,一般地形起伏较大,导致其重力异常的较大幅度波动,因此其大地水准面一般与椭球面既不重合也不平行,不利于高精度数据归算。因此,我们研究建立了高精度的大地基准建立方法,使测区大地测量中的几何参考面和物理参考面更好地统一起来,易于实际计算,有效避免对测量精度的影响。

据此,本项研究拟基于空间坐标及正常高成果,研究与工程区域大地水准面更优吻合的工程椭球参数确定方法。同时针对可能存在的大角度空间坐标转换问题,建立一种适用于大角度的三维坐标转换方法,以改善简化模型的精度损失。本书提出了基于全球性坐标框架(如 WGS-84、ITRF)下的空间坐标,根据测区水准成果构建工程参考椭球的方法。依据在源椭球下控制点的高程异常关系,确定测区平均高程面所对应的大地水准面,并据此借助椭球方程通过最小二乘法确定工程参考椭球的参数。新的工程椭球参数确定包括对椭球的平移(旋转),以及对椭球长轴 a_{E1} 与扁率 e_{E1} 的重新确定。同时,针对工程参考椭球长、短轴可变及大角度坐标转换的问题,研究了椭球 a_{E1}、b_{E1} 可变大地正反算方法、适用于大角度的三维坐标转换方法、工程控制网投影归算与二维约束平差大角度旋转的平差转换方法。

用于椭球模型拟合所用数据的高程面选择遵循以下 2 项原则:

(1)基于工程椭球模型的高程拟合,则选择与测区平均高程接近的大地水准面作为椭球参数确定的依据。

(2)投影面转换方法首先需要确定测区抵偿投影面高程,然后通过平移和调整椭球参数将与该高程位置接近的大地水准面作为椭球参数确定的依据。

6. 1. 1. 2　基于标准椭球的洞室参考椭球确定方法

理想的工程参考椭球体是椭球面与测区平均大地水准面重合,但受椭球数学表达的限制,椭球面与测区平均大地水准面重合无法实现,但可以在一定规则下达到椭球面与大地水准面的最优吻合。工程参考椭球的构建必须首先确定测区平均高程面所对应的大地水准面,该大地水准面可以采用分布于测区的若干具有正常高成果的控制点近似表达出来。下边借助椭球方程进行求解,按照空间直角坐标系的定义,旋转椭球体在 X 和 Y 方向半径相等,故 $a=c$,得到:

$$\frac{X^2}{a^2}+\frac{Y^2}{a^2}+\frac{Z^2}{b^2}=1 \tag{6-1}$$

在式(6-1)的基础上引入平移 3 参数 ΔX_{E1}、ΔY_{E1}、ΔZ_{E1},形成了由 a_{E1}、b_{E1}、ΔX_{E1}、ΔY_{E1}、ΔZ_{E1} 构成的 5 个待定椭球参数,于是式(6-1)可表达为:

$$\frac{(X_{E1}+\Delta X_{E1})^2}{a_{E1}^2}+\frac{(Y_{E1}+\Delta Y_{E1})^2}{a_{E1}^2}+\frac{(Z_{E1}+\Delta Z_{E1})^2}{b_{E1}^2}=1 \tag{6-2}$$

式(6-2)中,X_{E1}、Y_{E1}、Z_{E1} 为在源椭球下测区椭球表面点空间直角坐标,待定参数有 5

个，分别为 ΔX_{E1}、ΔY_{E1}、ΔZ_{E1}、a_{E1}、b_{E1}，参数的解算，需要分布在测区的控制点不少于 5 组。如果在测区分布多个满足相应精度的控制点，就需要采用最小二乘原理求解该 5 个参数。需要注意一点，方程中所采用的 X_{E1}、Y_{E1}、Z_{E1} 坐标，是利用测区各个控制点高程异常数据，在测区平均高程面基础上，将各个控制点高程换算到测区平均高程面后所对应的测区平均大地水准面。

下边详细讨论坐标 X_{E1}、Y_{E1}、Z_{E1} 的确定方法。

6.1.1.3 源椭球下测区椭球表面点空间直角坐标的求解

式(6-2)中采用的坐标（X_{E1}、Y_{E1}、Z_{E1}）可以理解为控制点在所求工程椭球表面投影点的位置在源椭球下的空间直角坐标。如果测区中采用 GNSS 联测 IGS 站获取了较高精度的 ITRF 框架下的 $X_{i\,\mathrm{trf}}$、$Y_{i\,\mathrm{trf}}$、$Z_{i\,\mathrm{trf}}$ 坐标，则可以得到对应系统下控制点的相应精度的大地高；如果测区中没有获取该坐标，可以在 GNSS 网三维约束平差时采用近似坐标约束。得到空间直角坐标后，将各点空间直角坐标以 GNSS 测量所采用椭球为目标椭球，利用式(6-3)得到点各位在 WGS-84 或 ITRF 框架下的大地坐标（B,L,H）。

$$\left.\begin{aligned} L &= \arctan\left(\frac{Y}{X}\right) \\ B &= \arctan\left(\frac{Z + e'^2 b\sin^3\theta}{\sqrt{X^2 + Y^2} - e^2 a\cos^3\theta}\right) \\ H &= \frac{\sqrt{X^2 + Y^2}}{\cos B} - N \end{aligned}\right\} \tag{6-3}$$

其中：

$$e'^2 = \frac{a^2 - b^2}{b^2}\theta = \arctan\left(\frac{Za}{\sqrt{X^2 + Y^2}\,b}\right)$$

由此得到控制点的经纬度 B、L 和大地高 H_G。

设控制点相对源椭球的大地高为 H_G，正常高为 H_N，则该点的高程异常 ξ^{E1} 求解见式(6-4)。

$$\xi^{E1} = H_G - H_N \tag{6-4}$$

解算参考椭球参数的测区各点对应大地高的确定方法：

原则上用于求定参考椭球参数的测区各点的大地高宜采用测区的平均高程或者选定的某一高程面，但由于各点的高程异常不一致，宜在选定的高程基础上加上对应点位的高程异常值。

设选定的测区平均高程或者根据工程需求而指定的基准面为 H，工程椭球面拟合所对应的大地高为 $H_G = \begin{bmatrix} H_1^{E1} & H_2^{E1} & \cdots & H_i^{E1} & \cdots & H_{n-1}^{E1} & H_n^{E1} \end{bmatrix}^T$，高程异常：

$$\xi^{E1} = \begin{bmatrix} \xi_1^{E1} & \xi_2^{E1} & \cdots & \xi_i^{E1} & \cdots & \xi_{n-1}^{E1} & \xi_n^{E1} \end{bmatrix}^T \tag{6-5}$$

则工程椭球面拟合所对应的大地高：

$$H_G = H + \xi^{E1} \tag{6-6}$$

求出 H_G 后，将大地坐标 $\begin{bmatrix} B_i^{E1} & L_i^{E1} & H_i^{E1} \end{bmatrix}^T$ 按照式(6-7)转换成空间直角坐标

$[X_i^0 \quad Y_i^0 \quad Z_i^0]^T$,

$$\left.\begin{aligned} X_i^0 &= (N + H_i^{E1})\cos B_i^{E1}\cos L_i^{E1} \\ Y_i^0 &= (N + H_i^{E1})\cos B_i^{E1}\sin L_i^{E1} \\ Z_i^0 &= [N(1 - e^2) + H_i^{E1}]\sin B_i^{E1} \end{aligned}\right\} \tag{6-7}$$

其中:N 为卯酉圈的半径, $N = \dfrac{a}{\sqrt{1 - e^2\sin^2 B}}$, $e^2 = \dfrac{a^2 - b^2}{a^2}$。

将所解算坐标 $[X_i^0 \quad Y_i^0 \quad Z_i^0]^T$ 代入式(6-2),便可按照一定规则解算出新椭球相对于源椭球的5个转换参数 ΔX_{E1}、ΔY_{E1}、ΔZ_{E1}、a_{E1}、b_{E1}。下边具体讨论工程椭球5个参数的解算方法。

6.1.1.4 构建工程椭球参数的解算

式(6-2)中, $[X_i^0 \quad Y_i^0 \quad Z_i^0]^T$ 为已知量,待定量分别为 ΔX、ΔY、ΔZ、a、b,共有5个,要求解该方程,至少需要均匀分布于测区的5组代表性坐标。如果在测区分布多个满足相应精度的控制点,就需要采用最小二乘原理求解该5个参数。

由间接平差模型得知:

$$\bar{x} = \bar{X} - X^0, l = L - f(X^0) = L - L^0, V = B\bar{x} - l$$

非线性误差方程为:

$$V = f(\bar{X}) - L \tag{6-8}$$

式中:V 为观测值的改正数向量(残差向量);$\bar{X}$ 为包含5个未知向量的估值:$\bar{X} = [\hat{a} \quad \hat{b} \quad \Delta X \quad \Delta Y \quad \Delta Z]^T$。

由非线性误差方程式(6-8)知,式中至少有5个方程,而有5个未知数(3个坐标平移参数、1个椭球长轴参数、1个椭球短轴参数)。因此,非线性误差方程(6-8)是非线性不定方程组,有无穷组解。在这无穷组解中,必然有一组解能使

$$V^T PV = [f(\bar{X}) - L]Pf(\bar{X}) - L] = \min$$
$$\Rightarrow \bar{x} = (B^T PB)^{-1}B^T Pl \tag{6-9}$$

将非线性模型(6-8)在 X^0 处用泰勒级数展开,取至一次项,得:

$$V = \left.\frac{\partial f(X)}{\partial X}\right|_{X = X^0} \bar{x} - [L - f(X^0)] \tag{6-10}$$

$$B = \left\{\begin{matrix} \dfrac{2(X_1 + \Delta X_0)}{a_0^2}, \dfrac{2(Y_1 + \Delta Y_0)}{a_0^2}, \dfrac{2(Z_1 + \Delta Z_0)}{b_0^2}, -\dfrac{2(X_1 + \Delta X_0)^2 + 2(Y_1 + \Delta Y_0)^2}{a_0^3}, -\dfrac{2(Z_1 + \Delta Z_0)^2}{b_0^3} \\ \dfrac{2(X_2 + \Delta X_0)}{a_0^2}, \dfrac{2(Y_2 + \Delta Y_0)}{a_0^2}, \dfrac{2(Z_2 + \Delta Z_0)}{b_0^2}, -\dfrac{2(X_2 + \Delta X_0)^2 + 2(Y_2 + \Delta Y_0)^2}{a_0^3}, -\dfrac{2(Z_2 + \Delta Z_0)^2}{b_0^3} \\ \vdots \\ \dfrac{2(X_n + \Delta X_0)}{a_0^2}, \dfrac{2(Y_n + \Delta Y_0)}{a_0^2}, \dfrac{2(Z_n + \Delta Z_0)}{b_0^2}, -\dfrac{2(X_n + \Delta X_0)^2 + 2(Y_n + \Delta Y_0)^2}{a_0^3}, -\dfrac{2(Z_n + \Delta Z_0)^2}{b_0^3} \end{matrix}\right\}$$

由 X^0 为测区已知的5个控制点求得的第1初始值为:

$$X^0 = [a^0 \quad b^0 \quad \Delta X^0 \quad \Delta Y^0 \quad \Delta Z^0]^{\mathrm{T}} \tag{6-11}$$

l 为代入 X^0 后式子 $\dfrac{(X+\Delta X)^2}{a_0^2} + \dfrac{2(Y_1+\Delta Y_0)^2}{a_0^2} + \dfrac{2(Z_1+\Delta Z_0)^2}{b_0^2} - 1$ 的值，有 n 个。

P 为单位权矩阵，也可以自己确定 ΔX、ΔY、ΔZ、a、b 的权重，这样

$$\bar{x} = (B^{\mathrm{T}}PB)^{-1}B^{\mathrm{T}}Pl$$

通过解算就可以算出 $\bar{x}$。由此可得解为：

$$\overline{X} = X^0 + \bar{x} = [\hat{a} \quad \hat{b} \quad \Delta X \quad \Delta Y \quad \Delta Z]^{\mathrm{T}} \tag{6-12}$$

通过这样转换的参数对空间三维坐标进行 ΔX、ΔY、ΔZ 平移转换及对椭球参数进行变换，可以保证椭球面与测区平均大地水准面的较好吻合，可满足常见的工程精密坐标归算及高程拟合需求。

对于有更高要求的项目，可在 5 参数（ΔX、ΔY、ΔZ、a、b）的基础上纳入 3 个旋转参数 θ、φ、ψ，构成一个由 8 个待估参数 ΔX、ΔY、ΔZ、a、b、θ、φ、ψ 组成的方程进行求解。

6.1.1.5 工程参考椭球参数的使用

推算出 5 参数 ΔX_{E1}、ΔY_{E1}、ΔZ_{E1}、a_{E1}、b_{E1} 后，通过平移（ΔX_{E1}、ΔY_{E1}、ΔZ_{E1}）和调整椭球长轴 a_{E1}、短轴 b_{E1}，就可以构建出新的工程参考椭球，然后就需要求出目标椭球下的空间坐标 $[X_{E1} \quad Y_{E1} \quad Z_{E1}]^{\mathrm{T}}$。

$$\begin{bmatrix} X_{E1} \\ Y_{E1} \\ Z_{E1} \end{bmatrix} = \begin{bmatrix} \Delta X_{E1} \\ \Delta Y_{E1} \\ \Delta Z_{E1} \end{bmatrix} + \begin{bmatrix} X \\ Y \\ Z \end{bmatrix} \tag{6-13}$$

式中：$[X \ Y \ Z]^{\mathrm{T}}$ 表示源坐标系下（如 WGS-84 或 ITRF 框架）的坐标；$[X_{E1} \quad Y_{E1} \quad Z_{E1}]^{\mathrm{T}}$ 表示工程参考椭球对应坐标系下的坐标；$[\Delta X_{\mathrm{E1}} \ \Delta Y_{\mathrm{E1}} \ \Delta Z_{\mathrm{E1}}]^{\mathrm{T}}$ 为平移三参数。

如果按照 ΔX、ΔY、ΔZ、a、b、θ、φ、ψ 等 8 个参数进行解算，则转换公式如下：

$$\begin{bmatrix} X_{E1} \\ Y_{E1} \\ Z_{E1} \end{bmatrix} = \begin{bmatrix} \Delta X_{E1} \\ \Delta Y_{E1} \\ \Delta Z_{E1} \end{bmatrix} + R\begin{bmatrix} X \\ Y \\ Z \end{bmatrix} \tag{6-14}$$

式中：R 为旋转矩阵。

然后采用所推算的 a_{E1}、b_{E1} 调整椭球参数，在使用中需要转换成 a_{E1} 与扁率 e_{E1}，其中 $e_{E1} = \dfrac{a_{E1}}{b_{E1}}$。

将转换后的 $[X_{E1} \quad Y_{E1} \quad Z_{E1}]^{\mathrm{T}}$ 在新建的工程参考椭球 E_1 下进行归算。由于涉及坐标转换及椭球参数长、短轴可变等问题，其在转换过程中及转换后需要处理好三个方面的问题：①大角度空间坐标转换问题；②椭球长轴 a_{E1}、短轴 b_{E1} 可变的大地正、反算问题；③大角度旋转的控制网归算及二维约束平差问题。

6.1.1.6 大角度三维坐标转换参数求解算法

如果在空间变换中纳入旋转参数，可能存在大角度的空间坐标转换问题，在不同空间基准点坐标转换中，普遍使用 Bursa-wolf（布尔莎七参数）、Molodensky（莫洛金斯基）等模

型，但是，这几种简化的模型主要用于小角度的坐标转换参数的求取。目前，已有的适用于大角度空间坐标转换的模型在实际应用过程中都存在一定的缺陷。因此，有必要针对本书提出的大角度转换需求，寻找一种适用于大角度的三维坐标转换方法。

该方法在传统七参数坐标转换模型基础上，对参数估计方案进行改进，建立适用于大角度旋转的空间坐标转换参数求解方法。

由七参数坐标转换过程得到如下模型：

$$\begin{bmatrix} X \\ Y \\ Z \end{bmatrix}_T = \begin{bmatrix} \Delta X \\ \Delta Y \\ \Delta Z \end{bmatrix} + (1+m)R\begin{bmatrix} X \\ Y \\ Z \end{bmatrix}_S \tag{6-15}$$

式中：$[X\ Y\ Z]_S^{\mathrm{T}}$ 表示源坐标系下的坐标；$[X\ Y\ Z]_T^{\mathrm{T}}$ 表示目标坐标系下的坐标；$[\Delta X\ \Delta Y\ \Delta Z]^{\mathrm{T}}$ 为平移三参数；m 为尺度变化参数，本书中令尺度参数 $k=1+m$；R 为旋转矩阵。

将模型(6-15)在七参数初值 ΔX^0、ΔY^0、ΔZ^0、θ^0、φ^0、ψ^0、k^0 处按泰勒级数展开，且仅保留一阶项，通过迭代计算控制舍入误差，即：

$$\begin{bmatrix} X \\ Y \\ Z \end{bmatrix}_T = \begin{bmatrix} \Delta X^0 \\ \Delta Y^0 \\ \Delta Z^0 \end{bmatrix} + k^0R^0\begin{bmatrix} X \\ Y \\ Z \end{bmatrix}_S + \begin{bmatrix} \mathrm{d}\Delta X \\ \mathrm{d}\Delta Y \\ \mathrm{d}\Delta Z \end{bmatrix} + R^0\begin{bmatrix} X \\ Y \\ Z \end{bmatrix}\mathrm{d}k + k^0\mathrm{d}R\begin{bmatrix} X \\ Y \\ Z \end{bmatrix}_S \tag{6-16}$$

式中：

$$\mathrm{d}R = \begin{bmatrix} \begin{matrix} -(\cos\psi\sin\theta+\sin\psi\sin\varphi\cos\theta)\mathrm{d}\theta \\ -(\sin\psi\cos\theta+\cos\psi\sin\varphi\sin\theta)\mathrm{d}\psi \\ -\sin\psi\sin\varphi\sin\theta\mathrm{d}\varphi \end{matrix} & \begin{matrix} (\cos\psi\cos\theta-\sin\psi\sin\varphi\sin\theta)\mathrm{d}\theta \\ +(\cos\psi\sin\varphi\cos\theta-\sin\psi\sin\theta)\mathrm{d}\psi \\ +\sin\psi\cos\varphi\cos\theta\mathrm{d}\varphi \end{matrix} & \begin{matrix} -\cos\psi\cos\varphi\mathrm{d}\psi \\ +\sin\psi\sin\varphi\mathrm{d}\varphi \end{matrix} \\ \sin\varphi\sin\theta\mathrm{d}\varphi-\cos\varphi\cos\theta\mathrm{d}\theta & -\sin\varphi\cos\theta\mathrm{d}\varphi-\cos\varphi\sin\theta\mathrm{d}\theta & \cos\varphi\mathrm{d}\varphi \\ \begin{matrix} (\cos\psi\cos\theta-\sin\psi\sin\varphi\sin\theta)\mathrm{d}\psi \\ +(\cos\psi\sin\varphi\cos\theta-\sin\psi\sin\theta)\mathrm{d}\theta \\ +\cos\psi\cos\varphi\sin\theta\mathrm{d}\varphi \end{matrix} & \begin{matrix} (\cos\psi\sin\theta+\sin\psi\sin\varphi\cos\theta)\mathrm{d}\psi \\ +(\sin\psi\cos\theta+\cos\psi\sin\varphi\sin\theta)\mathrm{d}\theta \\ -\cos\psi\cos\varphi\cos\theta\mathrm{d}\varphi \end{matrix} & \begin{matrix} -\sin\psi\cos\varphi\mathrm{d}\psi \\ -\cos\psi\sin\varphi\mathrm{d}\varphi \end{matrix} \end{bmatrix}$$

对式(6-16)进行变换，可得：

$$X_T = R'x - l \tag{6-17}$$

式(6-17)中，$\underset{l}{X_T}=[X\ Y\ Z]_T^{\mathrm{T}}$，$\underset{3\times7}{R'}=[\underset{3\times3}{E}\quad \underset{3\times3}{mM}\quad \underset{3\times1}{N}]$

$$x=[\mathrm{d}\Delta X\quad \mathrm{d}\Delta Y\quad \mathrm{d}\Delta Z\quad \mathrm{d}\theta\quad \mathrm{d}\varphi\quad \mathrm{d}\psi\quad \mathrm{d}k]^{\mathrm{T}}$$

$$\underset{3\times1}{N}=\underset{3\times3}{R}\begin{bmatrix} X \\ Y \\ Z \end{bmatrix}_S,\ l=-\begin{bmatrix} \Delta X^0 \\ \Delta Y^0 \\ \Delta Z^0 \end{bmatrix}-k^0R^0\begin{bmatrix} X \\ Y \\ Z \end{bmatrix}_S$$

$$\underset{3\times3}{M}=\begin{bmatrix} \begin{matrix} \cos\psi(Y\cos\theta-X\sin\theta) \\ -\sin\psi\sin\varphi(X\cos\theta+Y\sin\theta) \\ -\cos\varphi(X\cos\theta+Y\sin\theta) \end{matrix} & \begin{matrix} \sin\psi\cos\varphi(Y\cos\theta-X\sin\theta) \\ +Z\sin\psi\sin\varphi \\ +\sin\varphi(X\sin\theta-Y\cos\theta)+Z\cos\varphi \end{matrix} & \begin{matrix} -\sin\psi(X\cos\theta+Y\sin\theta) \\ -\cos\psi\sin\varphi(X\sin\theta-Y\cos\theta) \\ 0 \end{matrix} \\ \begin{matrix} \sin\psi(Y\cos\theta-X\sin\theta) \\ +\cos\varphi\sin\varphi(X\cos\theta+Y\sin\theta) \end{matrix} & \begin{matrix} \cos\psi\cos\varphi(X\sin\theta-Y\cos\theta) \\ -Z\cos\psi\sin\theta \end{matrix} & \begin{matrix} \cos\psi(X\cos\theta+Y\sin\theta)-Z\sin\psi\cos\varphi \\ -\sin\psi\sin\varphi(X\sin\theta-Y\cos\theta) \end{matrix} \end{bmatrix}$$

由式(6-17)可得误差方程：

$$V = R'x - (l + X_T) \tag{6-18}$$

式(6-18)中 x 为七参数的改正数。利用 3 个及以上公共点,按照最小二乘法进行迭代计算,得到参数的最优估值。采用单位权中误差评定精度,单位权中误差 $\sigma_0 = \sqrt{V'PV/f}$,设公共点的个数为 n,则自由度 $f = 3n - 7$。迭代计算过程为:

①取七参数初值,首次计算可将 k 设为 1,其余参数均为 0。

②将参数初值代入式(6-18),计算矩阵 R' 、l ,组成误差方程式(6-18)。n 个公共点可组成 $3n$ 个误差方程。

③按照最小二乘原理求取七参数的改正数 $x^{(k+1)}$ (k 为迭代计算次数)。

④检核参数改正数是否小于给定的限差要求,若不满足要求,则将 $X^{(k)} = X^{(k-1)} + X^{(k)}$ 作为新的初值,重复步骤①~④。

⑤符合限差后结束计算,将 $X^{(k)}$ 作为参数最佳估值。

经典最小二乘平差认为系数矩阵是不包含误差的,但实际上系数矩阵不可避免地包含误差。在误差方程(6-18)系数矩阵中,就认为源坐标系下坐标不含误差。针对这种情况,可按照整体最小二乘的迭代解法解算。

6.1.1.7　基于工程参考椭球可变长、短半径的大地正反算

以上所确定的椭球参数是 a_{E1}、b_{E1},在不同项目是不同的,也就是所确定的椭球参数 a_{E1}、b_{E1} 是可变的,而 a_{E1}、b_{E1} 可变会导致参数 X 和 B_f 求解困难。工程网和城市网的特殊性,导致工程测量控制网总会涉及大地坐标到平面坐标及从平面坐标到大地坐标的变换问题,下面具体讨论 a_{E1}、b_{E1} 可变时参数 X 和 B_f 的通用计算模型,以适应工程椭球变换。

首先建立子午线弧长 X 模型:

$$X(B) = \int_0^B = \mathrm{d}X = \int_0^B M(X)\,\mathrm{d}X \tag{6-19}$$

式中:B 为大地纬度;$X(B)$ 为子午线弧长函数。$M(B)$ 为子午线曲率半径,$M(B)$ 为 B 值的函数:

$$M(B) = \frac{a^2b^2}{(a^2\cos^2B + b^2\sin^2B)^{3/2}} \tag{6-20}$$

由式(6-19)和式(6-20),可知:

$$X(B) = \int_0^B \frac{a^2b^2}{(a^2\cos^2B + b^2\sin^2B)^{3/2}}\mathrm{d}B \tag{6-21}$$

建立垂足纬度 B_f 模型:

过待算点 P 作中央子午线的垂线 PP',OP' 对应弧段为垂足纬度 B_f 。

$$X_{op} = \int_0^{B_f}\mathrm{d}X = \int_0^{B_f} M\mathrm{d}X \tag{6-22}$$

为了求 B_f 对式(6-22)两端微分,即

$$\mathrm{d}X_{op} = M\mathrm{d}B_f \tag{6-23}$$

M 移到等式的左边,并对移项后的式子两边积分,得:

$$B_f = \int_0^{X_{op}} \frac{1}{M}\mathrm{d}X_{op} = \frac{X_{op}}{M} \tag{6-24}$$

至此得到 B_f 的计算模型。将 X 和 B_f 代入计算模型就解决了研究中提出的 a、b 可变时，工程参考椭球的大地正、反算问题。

6.1.1.8　大角度旋转的控制网归算及二维约束平差方法

1. 大角度旋转数据转换基本思想

通过本书提出的方法对空间坐标进行大角度旋转而建立的工程坐标系，一般与GNSS所采用的坐标系或者国家坐标系相应坐标轴间存在较大的平移和旋转关系，在采用地面控制点进行二维约束平差时，常用的针对小旋转角的简化模型将不再适用，必须采用更严密的模型，此时，坐标系若直接按照一般方法进行约束平差计算会给结果带来不利影响，必须对其起始子午线及经纬度重新进行定义。

因此，有必要针对这种情况重新建立一种处理方法，以削弱大旋转角时直接采用三维简化平差模型计算带来不利影响，同时又能够获得平差后工程网中各点点位精度。具体方法如下：基于所建工程椭球，采用与工程坐标系统一的归算基准计算出高斯平面坐标，然后利用该坐标求出与已知点平面坐标之间近似的平移旋转参数，利用该参数把已知点的工程坐标系坐标进行平移及绕工程坐标系的原点的法线方向顺时针旋转 β，使得转换后的工程已知坐标采用坐标系的 X 轴与在所构建的工程椭球下的中央子午线北方向一致，也就是将已知坐标转换到与GNSS测量所采用坐标系具有微小旋转角的一定投影面上的高斯坐标，然后进行平差计算；将平差计算的结果转换到地方坐标系，方差、协方差阵同时进行旋转变换，最终获得工程坐标系的坐标。

2. 大角度旋转平差转换方法

1）计算旋转角 β

设定工程坐标系中已知的两控制点坐标为 $[x_1 \quad y_1]^T$ 和 $[x_2 \quad y_2]^T$，反算出两点方位角为 a_{12}，通过GNSS测量获取两点在构建工程椭球对应坐标系下的三维空间直角坐标系的坐标为 $[X_1^{E1} \quad Y_1^{E1} \quad Z_1^{E1}]^T$、$[X_2^{E1} \quad Y_2^{E1} \quad Z_2^{E1}]^T$，通过平移和膨胀椭球长、短轴，由各控制点空间直角坐标就可计算出对应椭球上的大地坐标 $[B_1^{E1} \quad L_1^{E1} \quad H_1^{E1}]^T$ 和 $[B_2^{E1} \quad L_2^{E1} \quad H_2^{E1}]^T$，然后以 L_1^{E1} 作为中央子午线进行投影归算，得到2点的平面坐标为 $[X_1^{E1} \quad Y_1^{E1}]^T$、$[X_2^{E1} \quad Y_2^{E1}]^T$，由此计算出2点方位角为 A_{12}^{E1}，设 $\Delta X_0^{E1} = X_1^{E1} - x_1$，$\Delta Y_0^{E1} = Y_1^{E1} - y_1$，$\beta' = A_{12}^{E1} - a_{12}$（$\beta'$ 为工程坐标系与 $E1$ 椭球坐标系的近似旋转角，仅为了求原点概略坐标）。以 ΔX_0^{E1}、ΔY_0^{E1} 和 β' 为转换参数，容易计算出工程坐标系所对应原点的高斯平面坐标 $[x_0^{E1} \quad y_0^{E1}]^T$，通过大地反算求出其在 $E1$ 椭球上的大地坐标（B_0^{E1}，L_0^{E1}，H_0^{E1}），最后以原点的大地经度 L_0 为中央子午线对 $E1$ 工程椭球上的空间坐标进行投影归算，得到两点新的工程平面坐标 $[X_1^{E1} \quad Y_1^{E1}]^T$、$[X_2^{E1} \quad Y_2^{E1}]^T$ 及方位角 A_{12}^{E1}。由此计算出新的最终的旋转角 $\beta = A_{12}^{E1} - a_{12}$，平移参数选取工程坐标原点在 $E1$ 椭球对应坐标系下的平面坐标 $[x_0^{E1} \quad y_0^{E1}]^T$。

2）坐标转换

求出工程坐标系与 $E1$ 椭球对应坐标系的旋转角 β 后，可列出工程坐标系下的工程面坐标到 $E1$ 椭球下的国家坐标系的高斯正形投影坐标，转换关系为：

$$\begin{bmatrix} x_i^{E1} \\ y_i^{E1} \end{bmatrix} = \begin{bmatrix} x_0^{E1} \\ y_0^{E1} \end{bmatrix} + \begin{bmatrix} \cos\beta & -\sin\beta \\ \sin\beta & \cos\beta \end{bmatrix} \begin{bmatrix} x \\ y \end{bmatrix} \tag{6-25}$$

式中：$[x \quad y]^{\mathrm{T}}$ 为工程坐标系中的坐标；$[x_i^{E1} \quad y_i^{E1}]^{\mathrm{T}}$ 为 $E1$ 对应平面坐标；$[x_0^{E1} \quad y_0^{E1}]^{\mathrm{T}}$ 为工程坐标系原点在 $E1$ 椭球基准下的平面坐标。

3)平差计算及精度评定

以上两步将工程已知坐标转换到与所建立 $E1$ 椭球对应坐标系一致的平面坐标系上,其仅存在小角度旋转的问题,可直接采用简化的小角度旋转 GNSS 网平差方法进行平差计算,平差后得到各待定的平面坐标及方差协方差阵。

工程测量坐标成果按照下式计算：

$$\begin{bmatrix} x \\ y \end{bmatrix} = \begin{bmatrix} \cos\beta & \sin\beta \\ -\sin\beta & \cos\beta \end{bmatrix} \begin{bmatrix} T_E \\ T_E \end{bmatrix} \tag{6-26}$$

式中：$T_E = x_i^{E1} - x_0^{E1}$，$T_E = x_i^{E1} - y_0^{E1}$，设平差后各待定点的高斯正形投影坐标的协方差阵为 Q'_i，i 点在工程坐标系中的协方差阵计算如下：

$$Q_i = \begin{bmatrix} \cos\beta & \sin\beta \\ -\sin\beta & \cos\beta \end{bmatrix} \begin{bmatrix} Q'_{X_iX_i} & Q'_{X_iY_i} \\ Q'_{Y_iX_i} & Q'_{Y_iY_i} \end{bmatrix} \begin{bmatrix} \cos\beta & -\sin\beta \\ \sin\beta & \cos\beta \end{bmatrix} \tag{6-27}$$

以上所介绍原理就是适用于大旋转角的工程网平差模型,研究了一种适用于大旋转角的控制网数据归算及二维约束平差方法。

6.1.2　精密工程测量最优化投影参数确定

为保证洞室内、外工程控制网点坐标成果满足工程放样等工程需求,需要采取措施限制投影所造成的边长变形。当边长变形不能满足工程要求时,则需要采取措施改善测区内边长的综合变形,已有方法在参数确定上没有提出最优方法,特别是对于如洞室贯通投影变形最小的最优化投影参数确定方法缺失。本节在探讨各个投影方法的基础上比较系统地提出了最优化投影参数确定的系列标准。

下面将分节讨论最优化高斯投影方法,标准分带高斯投影是国家统一平面直角坐标系及部分工程平面坐标系建立所常采用的投影方法,另外还有任意带高斯投影,尺度比计算等方法。下面分为三类进行讨论：

(1)标准分带高斯最优抵偿投影,包括三种：

①基于投影变形平方和$[\Delta S_i \Delta S_i] = \min$ 确定；

②最大投影变形最小化确定；

③选定方向(轴线)投影最小化确定。

(2)任意带高斯最优抵偿投影。这个方法在最优化参数确定中,采用了第 1 类,提出了最优化准则。

(3)尺度比计算方法：

①加权尺度比计算方法；

②GNSS 与精密测距尺度比差异估计；

③基于尺度比的抵偿投影高程面的确定。

(4)多种方法的组合使用。将几种方法中的2种或多种方法组合进行使用,以发挥各方法的优点。

下面分节讨论以上问题。

6.1.2.1　抵偿投影面的确定

实测边长归算至参考椭球面上的变形 ΔS_1,椭球面上的边长归算至高斯投影面上的变形 ΔS_2, H_m 为边长归算所选投影面高出参考椭球面的平均高程, $S_0 = S + \Delta S_1$, Y_m 为归算边两端点横坐标自然值的平均值, R_m 为参考椭球面平均曲率半径。

$$\Delta S_1 = -\frac{S}{R}H_m \tag{6-28}$$

$$\Delta S_2 = \frac{1}{2}\left(\frac{Y_m}{R_m}\right)^2 S_0 \tag{6-29}$$

R 与 R_m 一般皆取为6 371 km, S 与 S_0 数值接近,可视为相等。于是,边长投影综合变形为:

$$\Delta S = \Delta S_1 + \Delta S_2 = \frac{S}{2R^2}(Y_m^2 - 2RH_m) \tag{6-30}$$

令 Y_0 点处的 $\Delta S = 0$,得:

$$H'_m = \frac{{Y_0}^2}{2R} \tag{6-31}$$

H'_m 为归算边高出抵偿投影面的平均高程。则抵偿投影面的高程 H 为:

$$H = (H_m - H'_m) \tag{6-32}$$

6.1.2.2　选定轴投影变形最小抵偿投影面的确定

边长投影到高斯面上的计算公式为:

$$D_2 = D_1\left(1 + \frac{Y_m^2}{2R_m^2} + \frac{\Delta Y^2}{24R_m^2}\right) \tag{6-33}$$

式中: D_1 为测距边在参考椭球面的长度,m; ΔY 为测距边两端点近似横坐标之差,m; D_2 为测距边在高斯投影面上的长度,m; Y_m 为测距边两端点横坐标平均值,m; R_m 为参考椭球面上测距边中点的平均曲率半径,m。

式(6-33)中高斯投影变形曲线见图6-2。

高斯投影变形实际上是一个以距离中央子午线距离为自变量的二次曲线。通过取最小和最大距离中央子午线距离 Y_1 和 Y_2 算数平均值,不能使其两端间的边长综合变形量最小。有人根据最小二乘法原理提出:在使长度综合变形平方之和为最小的条件下,直接求得长度变形抵偿值和相应归算边高出抵偿高程面的平均高程,该方法对于测区整体边长投影变形的把握很好,但不能很好地解决类似长隧洞施工轴向的贯通边长整体投影变形问题。本节提出的推导公式,目的就是满足施工要求很高的长距离引水发电隧洞的准确贯通需要,其以隧洞或铁路选定轴线等整体的投影变形理论值等0为标准推导,实践证明,其在一定范围内要优于其他算法。下边就该公式推导过程予以介绍。

为了进一步减小测区边长综合变形,需要采用一定的算法求出最佳的距离中央子午线距离。

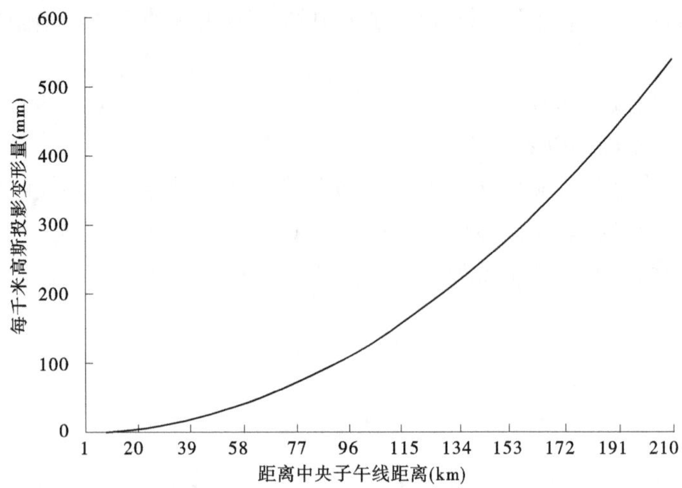

图 6-2　每千米高斯投影变形量效果图

为了求定最佳距离中央子午线距离 Y_0，在区间$[Y_1, Y_2]$对式(6-33)变量 Y_m 进行定积分，则：

$$\int_{Y_1}^{Y_2} D_1\left(\frac{Y_m^2}{2R_m^2} + \frac{\Delta Y^2}{24R_m^2}\right) = D_1\left(\frac{Y_m^3}{6R_m^2} + \frac{\Delta Y^2}{24R_m^2}Y_m\right)\Bigg|_{Y_1}^{Y_2} \tag{6-34}$$

设 Y_0 为最佳的距离中央子午线距离，要求以 Y_0 计算的抵偿高程可以保证选定区域两端边长投影值为 0，则存在关系式：

$$D_1\left(\frac{Y_m^3}{6R_m^2} + \frac{\Delta Y^2}{24R_m^2}Y_m\right)\Bigg|_{Y_1}^{Y_0} = \frac{1}{2}D_1\left(\frac{Y_m^3}{6R_m^2} + \frac{\Delta Y^2}{24R_m^2}Y_m\right)\Bigg|_{Y_1}^{Y_2} \tag{6-35}$$

转换得：

$$Y_0^3 + \frac{\Delta y^2}{4}Y_0 = \frac{1}{2}\left[\left(Y_1^3 + Y_2^3 + \frac{\Delta y^2}{4}Y_1 + \frac{\Delta y^2}{4}Y_2\right)\right] \tag{6-36}$$

选用盛金公式进行解算，则式(6-36)中：

$$a = 1$$

$$b = 0$$

$$c = \frac{\Delta y^2}{4}$$

$$d = -\frac{1}{2}\left[\left(Y_1^3 + Y_2^3 + \frac{\Delta y^2}{4}Y_1 + \frac{\Delta y^2}{4}Y_2\right)\right]$$

重根判别式
$$\begin{cases} A = -3\dfrac{\Delta y^2}{4} \\ B = \dfrac{9}{2}\left[\left(Y_1^3 + Y_2^3 + \dfrac{\Delta y^2}{4}Y_1 + \dfrac{\Delta y^2}{4}Y_2\right)\right] \\ C = \dfrac{\Delta y^4}{16} \end{cases}$$

总判别式：$\Delta = B^2 - 4AC = \left[\frac{9}{2}\left(Y_1^3 + Y_2^3 + \frac{\Delta y^2}{4}Y_1 + \frac{\Delta y^2}{4}Y_2\right)\right]^2 + \frac{3\Delta y^6}{16}$

很容易判断，判别式 $\Delta = B^2 - 4AC$ 恒大于 0，解算实根结果如下：

$$Y_0 = \frac{-\left(\sqrt[3]{Y_1} + \sqrt[3]{Y_2}\right)}{3} \tag{6-37}$$

式中：$Y_{1、2} = Ab + 3a\left(\frac{-B \pm \sqrt{B^2 - 4AC}}{2}\right) = 3a\left(\frac{-B \pm \sqrt{B^2 - 4AC}}{2}\right)$。

这样就可解算出 Y_0。下边分别采用集中计算方法进行验证。

将式(6-37)计算的最佳距离中央子午线的距离 Y_0 代入式(6-30)，所计算的 H_m 即为推算的归算边高出抵偿高程面的平均高程。

则抵偿投影面高程 H 为：

$$H = H_m - H'_m - \zeta_{异常} \tag{6-38}$$

式中：$\zeta_{异常}$ 为高程异常值。

当测区东、西走向范围较小时，可略去式(6-33)中的 $D_1\frac{\Delta Y^2}{24R_m^2}$，则公式可简化为：

$$Y_0 = \sqrt[3]{\frac{(Y_1^3 + Y_2^3)}{2}} \tag{6-39}$$

若 $Y_1 = 0$，则式(6-39)可简化为

$$Y_0 = \frac{Y_2}{\sqrt[3]{2}} \tag{6-40}$$

若 $Y_2 = 0$，则式(6-39)可简化为

$$Y_0 = \frac{Y_1}{\sqrt[3]{2}} \tag{6-41}$$

式(6-40)、式(6-41)两种情况下，前者只有一个正抵偿点，后者只有一个负抵偿点，其长度变形的抵偿效果较差。当 $|Y_1| \geqslant |Y_0|$ 且 $< Y_2$ 时，有两个对称抵偿点 $\pm Y_0$，此时抵偿效果较好。当 $|Y_1| = Y_2$ 时，即测区对称于中央子午线，这时抵偿长度综合变形呈对称分布，且综合变形小的边长占的比例最大，抵偿效果最佳。因此，在测区范围确定后，将中央子午线移动至测区中部，并采用抵偿投影面，是减小长度变形最有效的办法，特别是需要抵偿的带宽较大时，应采用此种方案建立坐标系统。

下边给出一个算例：

此方法可参阅文献《限制边长投影变形最佳抵偿投影面的确定》。

计算程序界面见图 6-3。

6.1.2.3 基于投影变形平方和最小确定抵偿投影面高程

以投影变形平方和 $[\Delta S_i \Delta S_i] = \min$ 确定，该方法的目标是实现测区内各点长度综合变形达到最小。

实量边长归算至参考椭球面上的变形 ΔS_1，椭球面上的边长归算至高斯投影面上的变形 ΔS_2。

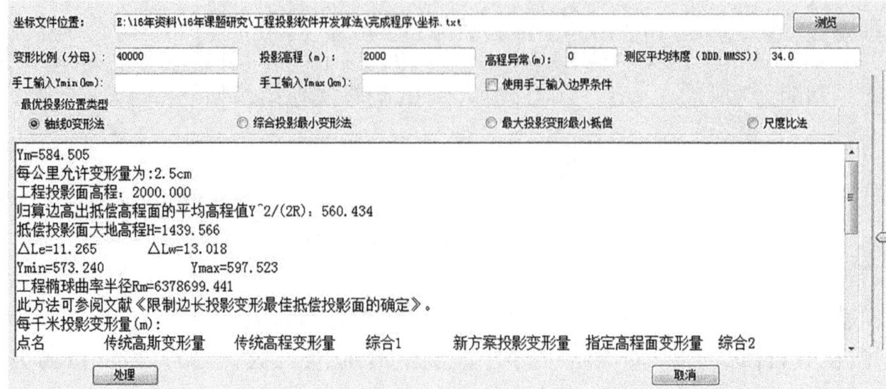

图 6-3　计算程序界面

$$\Delta S_1 = -\frac{H_{\mathrm{m}}}{R}S \tag{6-42}$$

$$\Delta S_2 = -\frac{Y_{\mathrm{m}}^2}{2R_{\mathrm{m}}^2}S_0 \tag{6-43}$$

一般取 $R=R_{\mathrm{m}}, S=-S_0$，则有

$$\Delta S = \Delta S_1 + \Delta S_2 = \left(\frac{Y_{\mathrm{m}}^2}{2R_{\mathrm{m}}^2} - \frac{H_{\mathrm{m}}}{R}\right)S \tag{6-44}$$

取 y_0 处的 $\Delta S=0$,则

$$H_0 = -\frac{Y_0^2}{2R} \tag{6-45}$$

H_0 为归算边高出抵偿投影面的平均高程,则抵偿投影面的高程为 $H_{\mathrm{m}}-H_0$。

测区内的

$$\Delta S_i = \left(\frac{Y_i^2}{2R^2} - \frac{Y_0^2}{2R^2}\right)S_i \tag{6-46}$$

取 $[\Delta S_i \Delta S_i]=\min$ 得

$$\left[\left(\frac{Y_i^2}{2R^2} - \frac{Y_0^2}{2R^2}\right)S_i\left(\frac{Y_i^2}{2R^2} - \frac{Y_0^2}{2R^2}\right)S_i\right] = \min \tag{6-47}$$

整理得

$$Y_0^4 - 2Y_i^2Y_0^2 + Y_i^4 = \min \tag{6-48}$$

展开得

$$Y_0^4 - \frac{2(Y_1^2 + Y_2^2 + \cdots + Y_n^2)}{n}Y_0^2 + \frac{(Y_1^4 + Y_2^4 + \cdots + Y_n^4)}{n} = \min \quad (Y_i \in [Y_{\min}, Y_{\max}], n \to \infty) \tag{6-49}$$

设

$$Y = Y_0^4 - \frac{2(Y_1^2 + Y_2^2 + \cdots + Y_n^2)}{n}Y_0^2 + \frac{(Y_1^4 + Y_2^4 + \cdots + Y_n^4)}{n}$$

对 Y 求导,导数为零时, 使上式得到最小值,得

$$Y_0^2 = \frac{Y_1^2 + Y_2^2 + \cdots + Y_n^2}{n} \quad (n \to \infty) \tag{6-50}$$

整理得

$$Y_0^2 = \frac{1}{Y_{max} - Y_{min}}\left[Y_1^2 \frac{Y_{max} - Y_{min}}{n} + Y_2^2 \frac{Y_{max} - Y_{min}}{n} + \cdots + Y_n^2 \frac{Y_{max} - Y_{min}}{n}\right] \tag{6-51}$$

$$Y_0^2 = \frac{1}{Y_{max} - Y_{min}}\int_{y_{min}}^{y_{max}} y^2 \mathrm{d}y \tag{6-52}$$

$$Y_0^2 = \frac{1}{3}(Y_{max}^2 + Y_{max}Y_{min} + Y_{min}^2) \tag{6-53}$$

$$Y_0 = \frac{1}{\sqrt{3}}\sqrt{(Y_{max}^2 + Y_{max}Y_{min} + Y_{min}^2)} \tag{6-54}$$

利用上边公式求得的 Y_0 值,代入公式:

$$H'_m = \frac{Y_0^2}{2R} \tag{6-55}$$

计算的 H'_m 即为推算的归算边高出投影面的平均高程。将 H'_m 代入式(6-38)即可求出抵偿投影面高程 H 。

这里提供一个计算算例:

$Y_{min}=573.114$,$Y_{max}=596.431$,据此所解算的 Y_m 结果如下:

$Y_m=584.392$;

每千米允许变形量:2.5 cm;

工程投影面高程:2 000.000;

归算边高出抵偿高程面的平均高程值 $Y^2/(2R)$:558.941;

抵偿投影面大地高程 $H=1\ 441.059$;

$\Delta L_e=11.278$,$\Delta L_w=13.039$;

工程椭球曲率半径 $R_m=6\ 378\ 696.942$。

此方法可参阅文献《限制 GPS 边长综合投影变形加权尺度比算法》。

程序输出关键部分内容见图 6-4。

6.1.2.4 基于最大投影变形最小确定抵偿投影面高程

对边长最大投影变形值有较高限制要求的工程,应当以最大投影变形值最小化为准则进行投影参数选择。

如果一个测区指定了范围, Y_{min} 与 Y_{max} 则已知,需要确定测区最大投影能否满足相关规范要求,首先需要选择计算抵偿投影值的 Y_m 值,方能确定该投影参数下的最大投影变形量,需要求出某点的坐标 Y_0,使得在 Y_0 点 $\Delta D = 0$,且测区中最大投影变形最小(下文将具备该条件的 Y_0 统称为"投影参考位置")。

保证测区投影到抵偿投影面后最大投影变形最小,也就是最大投影变形 $\max(\Delta S_i) = \max(\Delta D_E,\Delta D_W)$, 显然只有 $\Delta D_E = \Delta D_W$ 方可保证最大投影变形最小。

设定 Y_{min} 与 Y_{max} 位置变形量相等,即 $\Delta D_E = \Delta D_W$,得出:

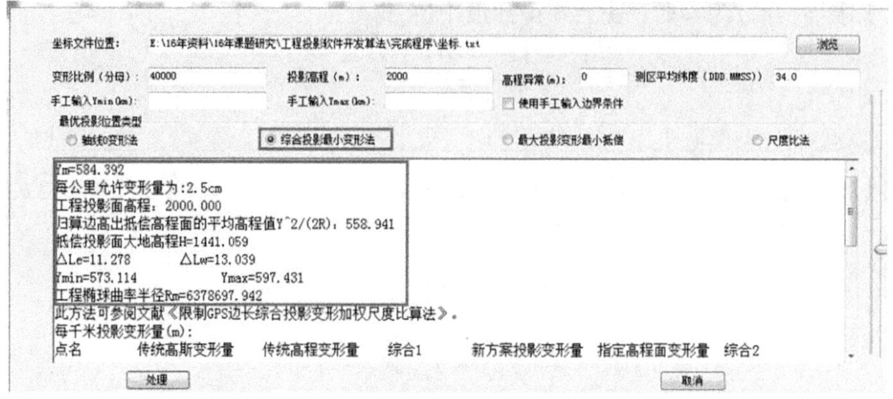

图 6-4　综合投影变形加权尺度比解算结果

$$D_1\left(\frac{Y_0^2}{2R_m^2}\right) - D_1\left(\frac{Y_{\min}^2}{2R_m^2}\right) = D_1\left(\frac{Y_{\max}^2}{2R_m^2}\right) - D_1\left(\frac{Y_0^{\ 2}}{2R_m^2}\right)$$

$$2D_1\left(\frac{Y_0^2}{2R_m^2}\right) = D_1\left(\frac{Y_{\max}^2 + Y_{\min}^2}{2R_m^2}\right) \tag{6-56}$$

则投影参考位置：

$$Y_0 = \sqrt{\frac{Y_{\max}^2 + Y_{\min}^2}{2}} \tag{6-57}$$

采用式(6-57)进行投影,测区两端最大最小变形绝对值相等,对测区最大投影变形有限制的项目可选择使用。确定 Y_0 后,需要判断该投影方案能否满足对最大投影变形的要求,计算采用如下公式：

$$\Delta D_{\mathrm{W}} = D_1\left(\frac{Y_0^2 - Y_{\min}^2}{2R_m^2}\right) \tag{6-58}$$

或者

$$\Delta D_{\mathrm{E}} = D_1\left(\frac{Y_{\max}^2 - Y_0^2}{2R_m^2}\right) \tag{6-59}$$

实质上 $\Delta D_{\mathrm{W}} = \Delta D_{\mathrm{E}}$ 。

以上所推出的 Y_0 就是测区投影重心位置,变形量 $\Delta D_{\mathrm{W}} = \Delta D_{\mathrm{E}}$ 就是测区最大投影判别公式。

利用上边公式求得的 Y_0 值,代入公式：

$$H'_{\mathrm{m}} = \frac{Y_0^2}{2R} \tag{6-60}$$

计算的 H'_{m} 即为推算的归算边高出投影面的平均高程。将 H'_{m} 代入下式：

$$H = H_{\mathrm{m}} - H'_{\mathrm{m}} - \zeta_{异常} \tag{6-61}$$

式中：$\zeta_{异常}$ 为高程异常值。

利用式(6-61)即可求出抵偿投影面高程 H。

算例：

$Y_{min}=573.165$，$Y_{max}=596.468$，据此所解算的 Y_m 结果如下：

$Y_m=584.437$；

每公里允许变形量为：2.5 cm；

工程投影面高程：2 000.000；

归算边高出抵偿高程面的平均高程值 $Y^2/(2R)$：559.539；

抵偿投影面大地高程 $H=1\ 440.461$；

$\Delta L_e=11.273$，$\Delta L_w=13.031$；

工程椭球曲率半径 $R_m=6\ 378\ 698.543$。

6.1.3 工程最优任意带高斯正形投影参数确定

6.1.3.1 轴线投影变形最小任意带高斯正形投影参数确定

对某一个方向或者轴线投影变形有较高要求的工程，如轨道铺设、隧洞及高标准的管道安装工程等，应当以选定方向或轴线投影变形最小为准则进行投影。任意带高斯正形投影方式，是通过测区所选定的投影高程面重新定义测区中央子午线位置，使得投影至高斯投影面上的变形刚好可以抵消边长归算至参考椭球面上的变形。其首先需要确定测区投影参考位置的确定方法，现有参数确定中一般将参考位置选择在测区中央，这是一个近似的处理方法，对于任意带高斯正形投影采用现有方法并不能使投影变形在该准则下达到最优，因此需要研究建立基于该标准要求的任意带高斯正形投影归算方法，以更好满足此类工程测量要求。课题组提出，对选定轴线投影变形有较高限制要求的工程应当以选定轴线投影变形最小准则进行投影参数确定，针对轨道铺设、隧洞及高标准的管道安装等以带状分布为特征的工程，其理想状况应该是其工程建设贯通后的投影变形为零。这就需要研究基于该标准的测区投影参考位置的确定方法，中央子午线至测区投影参考位置距离 Y'_m 的确定方法，以及该投影参数在满足每千米最大允许变形量限差条件下的测区最大可适用范围。

1. 确定中央子午线至测区投影参考位置 Y'_m 的距离

任意带高斯正形投影，首先需要确定出中央子午线至测区投影参考位置的距离。其确定方法如下：

设定测距边长水平距离为 D，水平距离归算至测区某一高程面 H_p 的边长变形值为 ΔD_0，水平距离归算至参考椭球面上的变形为 ΔD_1，椭球面上的边长归算至高斯投影面上的变形为 ΔD_2。水平距离归算到参考椭球面上的测距边长 $D_1=D+\Delta D_1$，参考椭球面上的测距边投影到高斯平面上的长度 $D_2=D_1+\Delta D_2$。

则边长综合投影变形为：

$$\Delta D=\Delta D_1+\Delta D_2=\frac{D}{2R^2}(Y_m^2-2RH_m) \tag{6-62}$$

式中：H_m 为边长归算所选投影面高出参考椭球面的平均高程；Y_m 为所选边端点自然横坐标平均值；R 为参考椭球面选定边长中点平均曲率半径。

下面推出边长高斯投影变形量抵偿值，令 Y_0 点处的 $\Delta D=0$，得：

$$H'_m = \frac{Y_0^2}{2R} \tag{6-63}$$

H'_m 就是边长高斯投影变形量抵偿值,则抵偿投影面的高程为 $H_m - H'_m$。

Y'_m 的选择需保证 $\Delta D = 0$,则存在如下关系:

$$D\frac{Y'^2_m}{2R^2} = D\frac{H_m}{R} \tag{6-64}$$

得出

$$Y'_m = \sqrt{H_m 2R} \tag{6-65}$$

由此确定任意带高斯正形投影中央子午线至测区投影参考位置的距离 Y'_m。依据 Y'_m 重新定义测区中央子午线位置,并对测区坐标进行换带计算。

一般认为 Y'_m 表达的是测区中央位置与所定义中央子午线的距离,当采用抵偿投影后,该位置变形量为0,测区其他位置的投影变形量均是相对 Y_m。

2. 测区投影参考位置 Y_g 的确定

在区间[Y'_{min} , Y'_{max}]对高斯投影变量进行定积分,则有

$$\int_{Y_{min}}^{Y_{max}} D_1\left(\frac{Y_m^2}{2R_m^2} + \frac{\Delta Y^2}{24R_m^2}\right) = D_1\left(\frac{Y_m^3}{6R_m^2} + \frac{\Delta Y^2}{24R_m^2}\mathrm{Y}_m\right)\Bigg|_{\mathrm{Y}_{min}}^{\mathrm{Y}_{max}} \tag{6-66}$$

由于要求以 Y'_m 计算的抵偿高程可以保证选定区域两端边长投影值为0,则存在关系式:

$$D_1\left(\frac{Y_m^3}{6R_m^2} + \frac{\Delta Y^2}{24R_m^2}Y_m\right)\Bigg|_{Y_{min}}^{Y'_m} = \frac{1}{2}D_1\left(\frac{Y_m^3}{6R_m^2} + \frac{\Delta Y^2}{24R_m^2}Y_m\right)\Bigg|_{Y_{min}}^{Y_{max}} \tag{6-67}$$

得到

$$Y'^3_m + \frac{\Delta y^2}{4}Y'_m = \frac{1}{2}\left[\left(Y_{min}^3 + Y_{max}^3 + \frac{\Delta y^2}{4}Y_{min} + \frac{\Delta y^2}{4}Y_{max}\right)\right] \tag{6-68}$$

设定投影参考位置 Y'_m 至测区最东侧及西侧边缘的距离分别为 Δl_E 、Δl_W。

由于 $Y'_{max} = Y'_m + \Delta l_E$, $Y'_{min} = Y'_m - L + \Delta l_E$,式(6-68)可表达为:

$$Y'^3_m + \frac{\Delta y^2}{4}Y'_m = \frac{1}{2}\left\{\left[(Y'_m - L + \Delta l_E)^3 + (Y'_m + \Delta l_E)^3 + \frac{\Delta y^2}{4}(Y'_m - L + \Delta l_E) + \frac{\Delta y^2}{4}(Y'_m + \Delta l_E)\right]\right\} \tag{6-69}$$

为了简化计算,可略去高斯投影变量公式中的 $D_1\dfrac{\Delta Y^2}{24R_m^2}$,忽略推导过程,直接给出公式为:

$$Y'^3_m = \frac{(Y_{min}^3 + Y_{max}^3)}{2} \tag{6-70}$$

$$Y'^3_m = \frac{(Y'_m - L + \Delta l_E)^3 + (Y'_m + \Delta l_E)^3}{2} \tag{6-71}$$

未知参数 Δl_E ,其他参数均是已知量,因此需要解算出 Δl_E 。

解:令 $Y'_m - L = m > 0$, $Y'_m = n > 0$, $\Delta l_E = x > 0$, $m < n$

即：$n^3 = \dfrac{(x+m)^3 + (x+n)^3}{2}$

$\Rightarrow 2x^3 + 3x^2(m+n) + 3x(m^2+n^2) + m^3 - n^3 = 0$

依据盛金公式，$a = 2$，$b = 3(m+n)$，$c = 3(m^2+n^2)$，$d = m^3 + n^3$

$$\Rightarrow A = b^2 - 3ac = -9(m-n)^2 = -9(Y'_m - L - Y'_m)^2 = -9L^2 < 0$$

$$B = bc - 9ad = 27n^3 - 9m^3 + 9mn^2 + 9m^2n$$

$$= 27Y'^3_m - 9(Y'_m - L)^3 + 9(Y'_m - L)Y'^2_m + 9(Y'_m - L)^2 Y'_m > 0$$

$$C = c^2 - 3bd = 9(2n^4 + 2m^2n^2 + mn^3 - m^3n)$$

$$= 9[2Y'^4_m + 2(Y'_m - L)^2 Y'^2_m + (Y'_m - L)Y'^3_m - (Y'_m - L)^3 Y'_m] > 0$$

因此，$\Delta = B^2 - 4AC > 0$，方程有一个实根和一对共轭虚根，这里只考虑实根：

$$X_1 = \frac{-b - (\sqrt[3]{Z_1} + \sqrt[3]{Z_2})}{3a} \tag{6-72}$$

其中，$Z_{1,2} = Ab + 3a\left(\dfrac{-B \pm \sqrt{B^2 - 4AC}}{2}\right)$

至此，解算出 $\Delta l_E = x = X_1$。

由于子午线移动前 Y_{min} 与 Y_{max} 已知，其东西跨度为：

$$L = Y_{max} - Y_{min} \tag{6-73}$$

将 Δl_E 代入式(6-74)求出 Δl_W：

$$\Delta l_W = L - \Delta l_E \tag{6-74}$$

将数值代入 $Y'_{max} = Y'_m + \Delta l_E$ 和 $Y'_{min} = Y'_m - \Delta l_W$，便可求出测区在新的投影带中的位置，及该方法的最大适用范围 Y'_{min} 及 Y'_{max}。新坐标与老坐标中横坐标变化值 $\Delta Y = Y'_{max} - Y_{max}$，或者

$$\Delta Y = \frac{Y'_{max} - Y_{max} + Y'_{min} - Y_{min}}{2} \tag{6-75}$$

由此可确定出测区参考位置横坐标 Y_g 在源平面坐标系中为：

$$Y_g = Y_m + \Delta Y - (Y_m - Y'_m) \tag{6-76}$$

即：

$$Y_g = Y'_m + \Delta Y \tag{6-77}$$

由此确定出投影参考位置，在使用中，所定义中央子午线至测区距离 Y'_m 是相对于原中央子午线对应平面坐标系下的投影参考位置 Y_g。

3. 测区新的中央子午线位置确定

根据以上确定好的投影参考位置 Y_g，就可确定出新的中央子午线至原子午线的距离为 $Y_g - Y'_m = \Delta Y$。

通过大地反算，便可确定出新中央子午线的大地经度 l。

由此确定的新的中央子午线经度为：

$$M = l + M_0 \tag{6-78}$$

式中：M_0 为原中央子午线经度，由此确定出测区新的中央子午线位置 M。

将中央子午线设置到 M,再将已知点坐标转换到该中央子午线下进行投影计算,实现选定轴线投影变形最小化准则下的任意带高斯正形投影。

4. 将原投影带平面坐标转换至新投影带

确定出新的中央子午线 M 后,由于原平面坐标是相对于原中央子午线 M_0 计算而来的,就需要将原投影带 M_0 下的平面坐标 (x_0、y_0) 转换成新的投影带 M 下的平面坐标 (x、y)。

方法是先根据原投影带的平面坐标 (x_0、y_0) 和中央子午线的经度 L_0。按高斯投影坐标反算公式求得大地坐标 (B、L) ,然后根据 (B、L) 和新投影带中的中央子午线经度 M ,按高斯投影坐标正算公式求得在新投影带中的平面坐标 (x、y) 。

至此完成了中央子午线至测区投影参考位置距离 Y'_m 的确定,测区投影参考位置的确定,测区新的中央子午线位置确定以及坐标换带计算,经过以上步骤,实现选定轴线投影变形最小化,可更好满足轨道、高标准管线、隧洞等以带状分布为特点的工程测量的需求。

采用任意带高斯正形投影方式抑制测区投影变形,满足如轨道铺设、隧洞及高标准的管道安装等以带状分布为特征的测量工程,其关键在投影参数的科学选择。本节基于选定轴线投影变形最小准则,提出了减小任意带高斯正形投影变形的参数确定方法。研究确定中央子午线至测区投影参考位置的距离 Y'_m ,依据子午线移动前已知的 Y_m 及 L 求解 Δl_W 及 Δl_E ,进而确定出投影参考位置 Y_g ;然后根据投影参考位置 Y_g ,得到新的中央子午线至原子午线的距离,再通过大地反算,得到新中央子午线的大地经度 M ;最后将中央子午线设置到 M ,将测区坐标转换到该中央子午线 M 下进行投影计算。该方法所确定的投影参数,可确保选定轴线的投影变性最小化,适宜于带状分布工程投影,或者对某个轴线有更高的投影变形限制要求的项目。

6.1.3.2 综合投影变形最小任意带高斯正形投影参数确定

受高斯正形投影的影响,在远离中央子午线的位置,会产生较大的高斯投影变形,而各种工程建设对投影变形均有不同限制要求,很多工程要求在整个测区投影变形尽可能的均匀,以兼顾各方面的需求,对于此类工程应当以最小二乘准则下的综合投影变形最小化进行投影。

其关键依然是中央子午线至测区参考位置的确定,本节提出了“利用最小二乘准则下的综合投影变形最小化标准”进行投影,需要研究建立基于该标准的任意带高斯正形投影中、测区投影参数计算所采用参考位置的确定方法,中央子午线至测区投影参考位置距离 Y'_m 的确定方法,以及该投影参数在满足每公里最大允许投影变形量限差条件下的测区最大可适用范围。

1. 中央子午线至测区投影参考位置距离 Y'_m 的确定

设定测距边长水平距离为 D,水平距离归算至测区某一高程面 H_p 的边长变形值为 ΔD_0,水平距离归算至参考椭球面上的变形 ΔD_1,椭球面上的边长归算至高斯投影面上的变形 ΔD_2。

根据上述介绍方法确定出新的中央子午线位置至测区投影参考位置的距离 Y'_m:

$$Y'_m = \sqrt{H_m 2R}$$

依据 Y'_{m} 重新定义测区中央子午线位置,并对测区坐标进行换代计算。

一般认为 Y'_{m} 表达的是测区中央位置与所定义中央子午线的距离,当采用抵偿投影后,该位置变形量为0,测区其他位置的投影变形量均是相对 Y_{m} 。

2. 测区投影参考位置 Y_{g} 的确定

首先以投影变形平方和 $[\Delta S_i \Delta S_i] = \min$ 确定 Y_{m} ,与 $Y_{\min}$ 及 $Y_{\max}$ 的关系。

测区综合投影变形:

$$\Delta D = \Delta D_1 + \Delta D_2 = \left(\frac{Y_{\mathrm{m}}^2}{2R_{\mathrm{m}}^2} - \frac{H_{\mathrm{m}}}{R}\right) S \tag{6-79}$$

取 Y_0 处的 $\Delta D = 0$,则:

$$H_0 = \frac{Y_0^2}{2R} \tag{6-80}$$

H_0 为归算边高出抵偿投影面的平均高程,则抵偿投影面的高程为 $H_{\mathrm{m}}-H_0$。

由于任意位置投影变形为 $\Delta D_i = \left(\frac{Y_i^2}{2R^2} - \frac{Y_0^2}{2R^2}\right) D_i$,取 $[\Delta D_i \Delta D_i] = \min$ 得:

$$\left[\left(\frac{Y_i^2}{2R^2} - \frac{Y_0^2}{2R^2}\right) D_i \left(\frac{Y_i^2}{2R^2} - \frac{Y_0^2}{2R^2}\right) D_i\right] = \min \tag{6-81}$$

整理:

$$Y_0^4 - 2Y_i^2 Y_0^2 + Y_i^4 = \min \tag{6-82}$$

对上式进行展开:

$$Y_0^4 - \frac{2(Y_1^2 + Y_2^2 + \cdots + Y_n^2)}{n} Y_0^2 + \frac{(Y_1^4 + Y_2^4 + \cdots + Y_n^4)}{n} = \min \tag{6-83}$$

$$(Y_i \in [Y_{\min}, Y_{\max}], n \to \infty)$$

设 $Y = Y_0^4 - \frac{2(Y_1^2 + Y_2^2 + \cdots + Y_n^2)}{n} Y_0^2 + \frac{(Y_1^4 + Y_2^4 + \cdots + Y_n^4)}{n}$, 对 Y 求导,导数为零时,使式(6-83)得到最小值:

$$Y_0^2 = \frac{Y_1^2 + Y_2^2 + \cdots + Y_n^2}{n} \quad (n \to \infty) \tag{6-84}$$

整理:

$$Y_0^2 = \frac{1}{Y_{\max} - Y_{\min}}\left[Y_1^2 \frac{Y_{\max} - Y_{\min}}{n} + Y_2^2 \frac{Y_{\max} - Y_{\min}}{n} + \cdots + Y_n^2 \frac{Y_{\max} - Y_{\min}}{n}\right] \tag{6-85}$$

$$Y_0^2 = \frac{1}{Y_{\max} - Y_{\min}} \int_{y_{\min}}^{y_{\max}} y^2 \mathrm{d}y$$

$$Y_0^2 = \frac{1}{3}(Y_{\max}^2 + Y_{\max} Y_{\min} + Y_{\min}^2)$$

$$Y_0 = \frac{1}{\sqrt{3}} \sqrt{(Y_{\max}^2 + Y_{\max} Y_{\min} + Y_{\min}^2)} \tag{6-86}$$

式(6-86)就是满足条件 $[\Delta D_i \Delta D_i] = \min$ 的 Y_0 求解公式,而在这里需要确定的是测

区的 $Y'_{\min}$ 及 $Y'_{\max}$。设定投影参考位置 Y'_m 至测区最东侧边缘的距离为 Δl_E，由于 $Y_0 = Y'_m$，$Y'_{\max} = Y'_m + \Delta l_E$，$Y'_{\min} = Y'_m - L + \Delta l_E$，令式中 $Y'_m - L = b$，$Y'_{\max} = \Delta l_E + Y'_m$，$Y'_{\min} = \Delta l_E + b$，则上式可表达为：

$$3Y'^2_m = (\Delta l_E + Y'_m)^2 + (\Delta l_E + Y'_m)(\Delta l_E + b) + (\Delta l_E + b)^2 \tag{6-87}$$

Y'_m、L 均已知，未知量是 Δl_E，需要解算出 Δl_E。

由式(6-87)得到

$$3\Delta l_E^2 + 3(Y'_m + b)\Delta l_E + Y'_m b + b^2 - 2Y'_m{}^2 = 0 \tag{6-88}$$

由于 $Y'_m - L = b$，代入式(6-88)，得到：

$$3\Delta l_E^2 + 3(2Y'_m - L)\Delta l_E - 3Y'_m L + L^2 = 0$$

据盛金公式：

$$\Delta = 9(2Y'_m - L)^2 - 12(L^2 - 3Y'_m L) = 6L^2 > 0 \tag{6-89}$$

Y'_m、Y_0、L 均已知，由于 $L \in (0, \infty)$，$Y'_m \in (0, \infty)$，同时，由 $Y'_m \geqslant \dfrac{L}{2}$ 知 $\Delta > 0$，所以方程有两个实根：

即
$$\Delta l_E = \frac{-3(2Y'_m - L) \pm \sqrt{36Y'_m{}^2 - 3L^2}}{6}$$

因 $\Delta l_E > 0$，则

$$\Delta l_E = \frac{-3(2Y'_m - L) + \sqrt{36Y'_m{}^2 - 3L^2}}{6} \tag{6-90}$$

至此，解算出 Δl_E。

在中央子午线重新定义前，最小和最大坐标 $Y_{\min}$ 与 $Y_{\max}$ 已知，其东西跨度为 $L = Y_{\max} - Y_{\min}$。

将 Δl_E 代入下式求出 Δl_W：

$$\Delta l_W = L - \Delta l_E \tag{6-91}$$

将 Δl_E 和 Δl_W 分别代入 $Y'_{\max} = Y'_m + \Delta l_E$ 和 $Y'_{\min} = Y'_m - \Delta l_W$，便可求出测区在新的投影带中的位置，新坐标与老坐标中横坐标变化值 $\Delta Y = Y'_{\max} - Y_{\max}$，或者 $\Delta Y = \dfrac{Y'_{\max} - Y_{\max} + Y'_{\min} - Y_{\min}}{2}$，那么测区参考位置横坐标 Y_g 在源平面坐标系中为 $Y_g = Y_m + \Delta Y - (Y_m - Y'_m)$，则

$$Y_g = Y'_m + \Delta Y \tag{6-92}$$

由此确定出投影参考位置。在使用中，所定义中央子午线至测区距离 Y'_m 是相对于原中央子午线对应平面坐标系下的投影参考位置 Y_g。

3. 确定测区新的中央子午线位置

根据以上确定好的投影参考位置 Y_g，就可确定出新的中央子午线至原子午线的距离为 $Y_g - Y'_m = \Delta Y$。

通过大地反算，便可确定出新中央子午线的大地经度 l。

由此确定的新的中央子午线经度为：

$$M = l + M_0 \tag{6-93}$$

式中：M_0 为原中央子午线经度，由此便可确定出测区新的中央子午线位置 M 。

将中央子午线设置到 M ，将测区坐标转换到该中央子午线对应的平面坐标系下进行投影计算，实现最小二乘准则下的任意带高斯正形投影。

确定出新的中央子午线 M 后，由于原平面坐标是相对于原中央子午线 M_0 计算而来，就需要将原投影带 M_0 下的平面坐标（x_0、y_0）转换成新的投影带 M 下的平面坐标（x、y）。

至此完成了中央子午线至测区投影参考位置距离 Y'_m 的确定，测区投影参考位置的确定，测区新的中央子午线位置确定以及坐标换带计算，此参数在理论上可满足对任意带高斯投影变形均匀性要求较高工程的需求。

采用任意带高斯正形投影方式抑制测区投影变形，关键在投影参数的科学选择。本节基于最小二乘准则下的综合投影变形最小化标准提出了减小任意带高斯正形投影变形的参数确定方法。研究确定了中央子午线至测区投影参考位置的距离 Y'_m ，依据子午线移动前已知的 Y_m 及测区最小横坐标值 Y_{min} 和测区最大横坐标值 Y_{max} 的关系求解 Δl_W 及 Δl_E，进而确定出投影参考位置 Y_g ；然后根据投影参考位置 Y_g ，得到新的中央子午线至原子午线的距离，再通过大地反算，得到新中央子午线的大地经度 M ；最后将中央子午线设置到 M ，将测区坐标转换到该中央子午线 M 下进行投影计算，便可减小任意带高斯正形投影变形。该方法所确定的投影参数，可更好满足对于投影变形均匀性要求较高的工程。

6.1.3.3　最大投影变形最小任意带高斯正形投影参数确定

对边长最大投影变形值有较高限制要求的工程，应当以最大投影变形值最小化为准则进行投影参数的科学选择，对于任意带高斯正形投影，其首先需要确定测区投影计算所对应的参考位置。与前两节类似，需要研究建立基于该标准要求的任意带高斯正形投影归算方法，以更好满足此类工程测量要求。对最大投影变形有较高要求的工程，应当以最大投影变形最小化准则进行投影参数确定，需要研究建立基于该标准的任意带高斯正形投影参考位置的确定方法，中央子午线至测区投影参考位置的距离 Y'_m 确定方法，以及该投影方法在满足每千米最大允许投影变形量限差条件下的测区最大可适用范围。

1. 中央子午线至测区投影参考位置距离 Y'_m 的确定

设定测距边长水平距离为 D，水平距离归算至测区某一高程面 H_p 的边长变形值为 ΔD_0，水平距离归算至参考椭球面上的变形为 ΔD_1，椭球面上的边长归算至高斯投影面上的变形为 ΔD_2。

根据 6.1.3.1 所介绍方法确定出新的中央子午线位置至测区投影参考位置距离 Y'_m ：

$$Y'_m = \sqrt{H_m 2R}$$

依据 Y'_m 重新定义测区中央子午线位置，并对测区坐标进行换代计算。

一般认为 Y'_m 表达的是测区中央位置与所定义中央子午线的距离，当采用抵偿投影后，该位置变形量为 0，测区其他位置的投影变形量均是相对 Y_m 。

2. 测区投影参考位置的确定

确定出中央子午线至测区投影参考位置的距离 Y'_m 后，就需要确定 Y'_m 值所对应的测区参考位置。由于在大多数工程项目投影中，其限差标准控制的是其最大投影变形，同时高斯投影后的边长变形量沿横向呈二次曲线变化,将测区参考位置定义在测区中央,一般不能保证最大投影变形最小化,因此依据投影后最大投影变形最小化标准确定投影参考位置。

最大投影变形最小化,也就是最大投影变形 $\max(\Delta S_i) = \max(\Delta D_E, \Delta D_W)$,$\Delta D_E$ 和 ΔD_W 表示测区东西两端最大高斯投影变形,显然只有 $\Delta D_E = \Delta D_W$ 方可保证最大投影变形最小,对于任意带投影,就需要依据所计算的 Y'_m 确定测区在满足 $\Delta D_E = \Delta D_W$ 前提下的测区参考位置。

由于子午线移动前 Y_{min} 与 Y_{max} 已知,其东西跨度为 $L = Y_{max} - Y_{min}$。下面依据已知的 Y_m 及 L 来确定 Δl_W 及 Δl_E。设定 Y_{min} 与 Y_{max} 位置变形量相等,即 $\Delta D_E = \Delta D_W$,得出:

$$D_1\left(\frac{Y'^2_m}{2R^2_m}\right) - D_1\left(\frac{Y^2_{min}}{2R^2_m}\right) = D_1\left(\frac{Y^2_{max}}{2R^2_m}\right) - D_1\left(\frac{Y'^2_m}{2R^2_m}\right) \tag{6-94}$$

则:

$$2D_1\left(\frac{Y'^2_m}{2R_m{}^2}\right) = D_1\left(\frac{Y'^2_{max} + Y'^2_{min}}{2R^2_m}\right) \tag{6-95}$$

设定投影参考位置 Y'_m 至测区最东侧边缘的距离为 Δl_E:

则 $Y'_{max} = Y'_m + \Delta l_E$,$Y'_{min} = Y'_m - L + \Delta l_E$,代入式(6-95):

$$2D_1\left(\frac{Y'^2_m}{2R^2_m}\right) = D_1\left(\frac{(Y'_m + \Delta l_E)^2 + (Y'_m - L + \Delta l_E)^2}{2R^2_m}\right)$$

$$2Y'^2_m = (Y'_m + \Delta l_E)^2 + (Y'_m - \mathrm{L} + \Delta l_E)^2 \tag{6-96}$$

由于 Y'_m 及 L 已知,容易求出 Δl_E。

设 $X = Y'_m - L$,则:

$$2Y'^2_m = Y'^2_m + 2Y'_m \Delta l_E + \Delta l^2_E + X^2 + 2X\Delta l_E + \Delta l^2_E$$

$$2\Delta l^2_E + 2\Delta l_E(Y'_m + X) = (Y'_m + X)(Y'_m - X) \tag{6-97}$$

将 $X = Y'_m - L$ 代入:

$$2\Delta l^2_E + 2(2Y'_m - L)\Delta l_E - (2Y'_m - L)L = 0 \tag{6-98}$$

解出 Δl_E 的值为:

$$\Delta l_E = \frac{-(2Y'_m - L) \pm \sqrt{(2Y'_m - L)^2 + 2(2Y'_m - L)L}}{2} \tag{6-99}$$

在这里 Δl_E 只取正值:

$$\Delta l_E = \frac{-(2Y'_m - L) + \sqrt{(2Y'_m - L)^2 + 2(2Y'_m - L)L}}{2} \tag{6-100}$$

将 Δl_E 代入下式求出 Δl_W:

$$\Delta l_W = L - \Delta l_E \tag{6-101}$$

将 Δl_E 和 Δl_W 分别代入 $Y'_{max} = Y'_m + \Delta l_E$ 和 $Y'_{min} = Y'_m - \Delta l_W$,便可求出测区在新的投影带中的位置,新坐标与老坐标中横坐标变化值 $\Delta Y = Y'_{max} - Y_{max}$,或者 $\Delta Y = \dfrac{Y'_{max} - Y_{max} + Y'_{min} - Y_{min}}{2}$,那么测区参考位置横坐标 Y_g 在源平面坐标系中为 $Y_g = Y_m + \Delta Y -$

$(Y_m - Y'_m)$，则

$$Y_g = Y'_m + \Delta Y \tag{6-102}$$

由此确定出投影参考位置，在使用中，所定义中央子午线至测距距离 Y'_m 是相对于原中央子午线对应平面坐标系下的投影参考位置 Y_g。

测区新的中央子午线位置确定及将原投影带平面坐标转换至新投影带方法与前文类似，方法不再赘述。

采用任意带高斯正形投影方式抑制测区投影变形，关键在投影参数的科学选择。书中基于最大投影变形最小准则提出了减小任意带高斯正形投影变形的参数确定方法。研究确定了中央子午线至测区投影参考位置的距离 Y'_m，依据子午线移动前已知的 Y_m 及 L 求解 Δl_W 及 Δl_E，进而确定出投影参考位置 Y_g；然后根据投影参考位置 Y_g，得到新的中央子午线至原子午线的距离，再通过大地反算，得到新中央子午线的大地经度 M；最后将中央子午线设置到 M，将测区坐标转换到该中央子午线 M 下进行投影计算。同时还确定了所确定投影参数的最大适用范围。基于最大投影最小化准则所确定的投影参数，相对现有方法，在同样的限制条件下，在保证最大投影变形最小化的同时，可在同一投影带具有更大的适用范围。

6.1.4　选定投影参数最大可适用范围确定

对于较大范围的洞室控制测量，采用抵偿投影减小投影变形，无论抵偿投影面高斯正形投影、任意带高斯正形投影，或者两者结合，都有必要确定该投影方法满足最大投影变形条件的最大可适用范围，还有必要对项目范围内最大投影变形进行判定，并进行投影参数的科学选择。这需要研究以下 3 个方面的内容：

(1) 已知投影参数，判定其在满足投影变形限差条件下的适用范围；

(2) 抵偿投影参数的选择，这部分内容在本章已经进行了系统讨论，这里不再论述；

(3) 计算在已确定抵偿投影方案下的任意位置投影变形量。

设测区计算抵偿投影所采用横坐标位置为 Y_m，该位置高斯投影计算公式：

$$\Delta D_M = D_1\left(\frac{Y_m^2}{2R_m^2}\right) \tag{6-103}$$

当采用抵偿投影后，该点位置变形量便为 0，也就是说，当采用抵偿投影后，测区其他位置的投影变形量均是相对 Y_m 的。基于 Y_m 列出 Y_m 以东任意位置的高斯投影计算公式：

$$\Delta D_l = D_1\left[\frac{(Y_m + \Delta l_E)^2}{2R_m^2}\right] \tag{6-104}$$

式中：Δl_E 为测区东侧偏离 Y_m 坐标距离，对式(6-103)、式(6-104)求差：

$$\Delta D_E = D_1\left[\frac{(Y_m + \Delta l_E)^2}{2R_m^2}\right] - D_1\left(\frac{Y_m^2}{2R_m^2}\right) = D_1\left(\frac{2\Delta l_E Y_m + \Delta l_E{}^2}{2R_m^2}\right) \tag{6-105}$$

按照规范规定限差要求为 ΔD_{lim}，将上式 ΔD_E 用 ΔD_{lim} 替代：

$$\Delta D_{lim} = D_1(\frac{2\Delta l_E Y_m + \Delta l_E{}^2}{2R_m^2}) \tag{6-106}$$

则 $\Delta l_E^2 + 2\Delta l_E Y_m = 2R_m^2 \frac{\Delta D_{lim}}{D_1}$，得到

$$\Delta l_E = \sqrt{2R_m^2 \frac{\Delta D_{lim}}{D_1} + Y_m^2} - Y_m \tag{6-107}$$

Δl_E 就是所求出的在 Y_m 做抵偿投影其东侧的最大可适用范围。设定西侧为 Δl_W，则

$$\Delta D_W = D_1\left(\frac{Y_m^2}{2R_m^2}\right) - D_1\left[\frac{(Y_m - \Delta l_W)^2}{2R_m^2}\right] = D_1\left[\frac{-(\Delta l_W{}^2 - 2\Delta l_W Y_m)}{2R_m^2}\right] \tag{6-108}$$

同样将式(6-108)中 ΔD_W 用 ΔD_{lim} 替代

$$\Delta l_W^2 - 2\Delta l_W Y_m = -2R_m^2 \frac{\Delta D_{lim}}{D_1}$$

则

$$\Delta l_W = -\sqrt{-2R_m^2 \frac{\Delta D_{lim}}{D_1} + Y_m^2} + Y_m \tag{6-109}$$

式(6-107)与式(6-109)分别为选定抵偿投影方案在测区东、西两侧允许的最大范围，因此为了满足规范对最大投影变形量 ΔD_{lim} 的限差要求，抵偿投影不宜超过如下横坐标范围：

$$Y_{min} = Y_m - \Delta l_W \text{ 至 } Y_{max} = Y_m - \Delta l_W$$

为了确定任意指定位置的投影变形量，设定任意位置为 Y_i，则 $\Delta l = Y_m - Y_i$，将 Δl 用 $Y_m - Y_i$ 替代，容易得出任意位置投影变形量计算公式为：

$$\Delta D_i = D_1\left[\frac{(Y_m - Y_i)^2 - 2(Y_m - Y_i)Y_m}{2R_m^2}\right] \tag{6-110}$$

当需要顾及控制点高程时的投影变形量评估方程如下：

$$\Delta D_{comi} = D_1\left[\frac{(Y_m - Y_i)^2 - 2(Y_m - Y_i)Y_m}{2R_m^2}\right] + D_1 \frac{H_i - H_{proj}}{R_m} \tag{6-111}$$

式中：H_{proj} 为测区所选定的投影面高程。

下边列出以 $Y_m = 96$ km 确定的参数抵偿投影后的变形情况。

在所选择的抵偿投影位置 96 km 处，其变形量为 0，参照每千米允许变形量最大值 $\Delta D_{lim} = 2.5$ cm，则

$$\Delta l_E = \sqrt{2R_m^2 \frac{\Delta D_{lim}}{D_1} + Y_m^2} - Y_m = 11\ 273(\text{m})$$

$$\Delta l_W = -\sqrt{-2R_m^2 \frac{\Delta D_{lim}}{D_1} + Y_m^2} + Y_m = 13\ 031(\text{m})$$

$$Y_{min} = Y_m - \Delta l'_W = 573\ 165(\text{m})$$

$$Y_{max} = Y_m + \Delta l'_E = 597\ 468(\text{m})$$

这个项目在满足投影变形限差条件的最大允许跨度为 $\Delta l'_E + \Delta l'_W = 24.30$ km。

以上三项参数确定方法，已集成到了如图 6-5 所示投影参数计算程序之中，有需要可 E-mail：lizufeng@126.com。

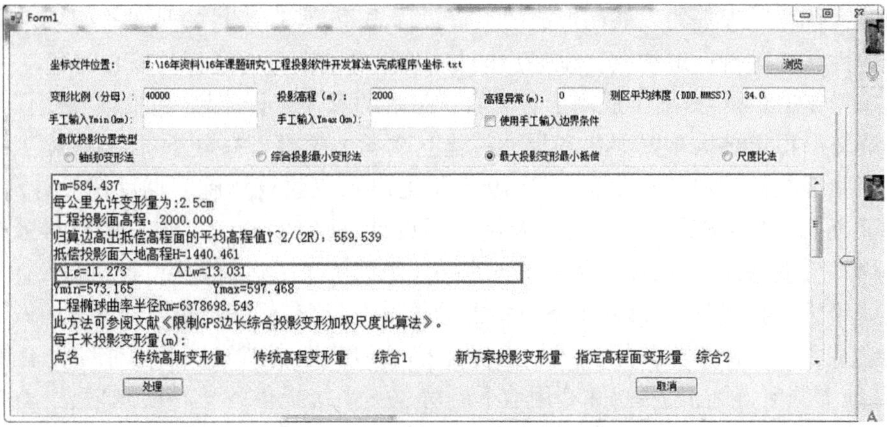

图 6-5 投影参数计算程序界面

6.2 洞室层状围岩动态施工控制原理

地下洞室施工过程中,围岩失稳导致的工程事故时有发生,有的是不同规模的围岩垮塌、掉块,不良地质段大变形亦或围岩支护结构断裂等失稳现象,有的甚至造成了较大的生命财产损失。随着地下洞室规模日趋巨大、复杂,一方面,场区地质条件越来越复杂且难以预测,洞室围岩稳定常因工程特点不同而出现新问题,特别对于大型地下洞室群而言,其设计与施工均是一个受多因素影响的复杂过程。另一方面,施工期内围岩稳定和施工进度往往是相互制约、相互影响的耦联关系,如何能够快速、安全施工,逐步成为大型地下洞室群工程建设领域的关键问题。

层状岩体是洞室施工过程中广泛分布的一种岩体结构形式,主要表现形式为层理面发育,并伴随有层间剪切错动形成的软弱夹层和节理裂隙等结构面。由于这些结构面的存在,以及层状结构使得此类岩体的性质与一般的岩体又有很大的区别,岩体的工程特性主要受层面控制,其变形和强度特征表现出明显的各向异性,从而导致岩体的稳定性和破坏条件更为复杂。此类围岩容易发生层间剥离、折断甚至整体失稳等破坏形式,造成地下洞室施工突发灾害。

鉴于地下洞室工程层状围岩施工过程中的安全稳定问题,研究大型地下洞室施工期层状围岩动态控制有着重要的现实意义。

洞室层状围岩动态施工控制,是研究适用于大型地下洞室群施工期层状围岩稳定动态反馈与控制分析方法,重点利用反分析方法,通过动态反馈分析,及时调整,优化支护设计。

6.2.1 地下洞室群施工期围岩稳定反馈与控制研究现状

施工过程的大型洞室群的很多因素是不确定甚至未知的,所以只能采用反馈的思想来控制其向人们所期望的方向发展。而动态反馈与控制分析方法是随着岩土力学理论及稳定性计算方法、参数反演理论及技术、计算机水平及数值模拟技术、监测和超前预报技术以及工程优化原理等的发展而形成的工程设计思想,其直接目的是对施工期地下洞室围岩稳定性状态进行动态掌控,"动态反馈与控制"是动态分析过程的核心内容。

潘家铮于1994年提出了适用于各类岩石工程的反馈分析流程,包括:"接受任务—取得基本资料—拟定结构布置形式和尺寸—建立数学力学模型—分析、试验—施工—运行及监测—验证校核"等环节;朱伯芳于1995年提出水工建筑物施工期反馈设计流程,包括:"地质勘探、材料试验—技术设计及施工图设计、建筑物施工—施工期资料采集—反分析—信息反馈、修改结构设计及施工方案—建筑物竣工—运行调控"等动态设计环节。

近些年,国内一些学者针对地下洞室群的建设,在动态反馈及控制分析方面做了一些有益的尝试,如:李仲奎等采用模式搜索优化技术和节理裂隙岩体模型非线性有限元方法,跟踪地下洞室群施工过程,并利用地下厂房监测系统提供的位移实测信息,动态反馈分析初始地应力以用于数值计算;蔡美峰等研究总结了非线性地下岩土结构与工程安全监控方面的新理论与技术;王阳雪等按照"设计—施工—监测—反馈—调整支护参数"的程序对琅琊山抽水蓄能电站地下厂房进行了信息化支护的研究和实践。

岩体力学参数的确定是岩土工程计算的前提条件,由于工程地形、地质的复杂性以及测量手段的局限性,岩体力学参数一般难以准确测量,因此伴随施工控制、结合现场实测数据反演围岩力学参数已成为地下工程信息化设计和施工的核心环节并日益受到重视。自1971年Kavanagh等提出反演变形模量的有限元法以来,岩土工程反演领域发展迅速。国内外很多学者进行了这方面的研究,并取得了相关成果。国外学者根据具体工程问题和实际应用情况,对岩体本构模型识别方法以及参数反演智能优化方法进行了深入的研究,提出了不同的理论与方法或进行了相关的改进。图6-2为常用反分析方法。

6.2.2 地下洞室群施工期围岩稳定性研究现状

施工期大型地下洞室群围岩的变形和破坏,主要是在开挖卸荷引起的回弹应力和重分布应力的作用下发生的,其稳定性特征包括阻碍工程施工或安全过大的围岩变形及破坏现象,比如拱顶塌落、边墙挤入、突发岩爆、支护断裂、底板隆起和围岩开裂等。地下洞室群的施工分析方法按照力学模型的确定性程度,可分为工程类比法、力学计算法、时程曲线法三种类型。但不可否认,三种方法各有其优越性及局限性。工程类比法分析结果不够精确,但是它对于先验的参数和模型要求甚少,能够综合反映工程状态。力学计算法可以获得精确定量的结果,按时要求模型和参数与实际工程吻合,这往往难以达到。时程曲线法要求有足够的历史数据,从中发现时程变化的规律,但是由于其放弃了内在机理的研究,因此对于突变性的诱因(比如开挖扰动)等造成的数据突变不太可能给出准确的预测。

随着岩石力学理论及计算机技术的发展,数值分析方法已成为解决地下工程问题的有效工具之一。常用的数值方法包括有限元法(FEM)、块体元法、有限差分法(FLAC,FDM)、边界元法(BEM)、离散元法(DEM)、不连续变形分析法(DDA)、无单元法(EFM)、流形元法等,这些方法均在地下工程的稳定分析中取得了较好的应用效果。

随着数值模拟技术的发展,层状岩体的数值模拟方法也取得了长足的进步。总的来说,可以分为三种,即基于连续介质理论的模拟方法、基于离散介质理论的模拟方法以及

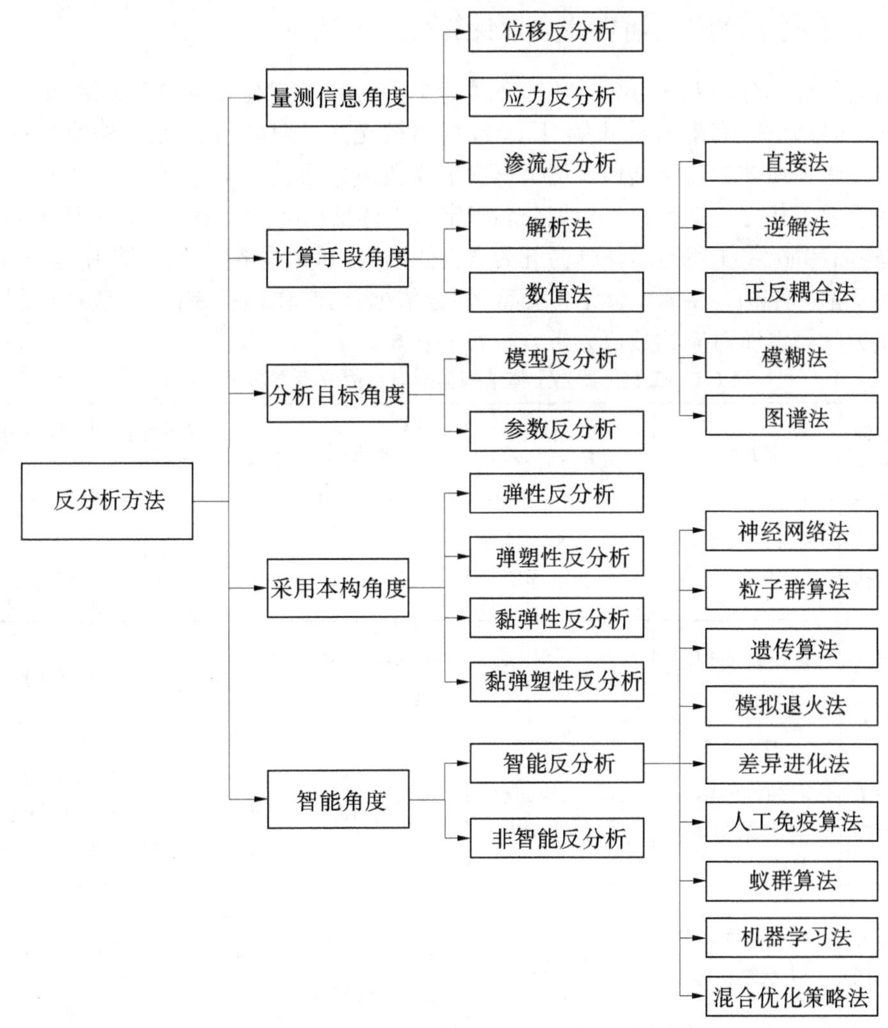

图 6-6 反分析方法

基于连续-离散耦合理论的模拟方法。对于连续介质模拟方法,其本构模型中,层理面的作用被弥散到每一个单独的连续介质单元体中。因此,对于每一个连续介质单元体而言,其包含了岩石基质体与层理面的力学特性,可以同时表征两者的破坏模式。

与连续介质模拟方法不同,基于离散元理论的数值模型具有以下两个特点:一是该模型只需要较为简单的本构就能表征岩土体复杂的非线性各项异性特征;二是层理面的影响可以显示的表征在模型中,可以直观地表征岩土体的非线性大变形特征。

作为连续介质模拟方法与离散元理论方法的补充,连续-离散耦合计算方法中,连续介质单元主要用于模拟岩土体材料的弹性变形,而离散介质单元主要用于描述材料的非线性变形。

6.2.3 地下洞室群施工期岩体力学计算分析方法

目前数值计算分析方法可分为连续介质力学方法和非连续介质力学方法,前者包括有限元法、边界元法、有限差分法等;后者包括离散元法、刚体元法、DDA 法及流行元法等。确定工程地质体的岩土结构类型是正确选择数值方法的基本保障,因此工程地质数值分析的重要工作之一就是科学地划分和确定岩土体结构类型。根据工程地质体的完整程度、结构面特征,将工程地质体分为五类岩土体结构,即完整结构、块状结构、层状结构、破碎结构和散体结构。将岩土体结构类型、划分依据、力学作用控制因素、破坏机制及其工程地质力学模型所对应的数值分析方法列于表 6-1。

表 6-1 工程地质岩土体结构类型与数值分析方法对应表

序号	结构类型	划分依据	力学作用控制因素	破坏机制	工程地质力学模型	数值分析方法
1	完整结构	坚硬连续面不连续切割或连续分布	岩性岩相及结构面切割程度	张破坏、剪破坏	连续介质模型	有限元法、有限差分法
2	块状结构	软弱结构面切割,块状结构体	软弱结构面	结构体滑移或夹层挤出	离散介质模型	离散元法
3	层状结构	软弱结构面切割,块状结构体	软弱结构面及板状结构体	倾倒溃曲	考虑不连续单元的连续介质模型或离散介质模型	有限差分法、有限元法、离散元法
4	碎裂结构	坚硬结构面切割,块状结构体	结构面组数、密度、产状	结构体破坏、结构面错动、结构体滚动	离散介质模型	离散元法
5	散体结构	松散状岩块或土体	密实度、结构面组数	剪破坏	连续介质模型、离散介质模型	有限差分法、有限元法、离散元法

6.2.4 围岩破坏评判方法

在大型地下洞室群工程施工中,洞室掘进对周边围岩的扰动往往会引发围岩本身性状的明显变化。在开挖卸荷引起的应力状态降低作用及扰动引起的应力重分布作用等影响下,围岩强度较低,易产生塑性屈服甚至破坏。其中,对于地下工程中围岩的稳定性判断依据主要分为两类:强度判据和变形判据。强度判据主要是根据围岩产生的应力与围岩的强度指标来进行对比判别;变形判据主要是判断洞室周边的变形是否在允许变形的范围之内。在本文的分析中,因对洞室的变形控制要求,因此采用强度与变形的双控标准相结合。围岩强度判据的理论基础是强度破坏准则,如 Mohr-Coulomb 破坏准则、Rama murthy-Rao 破坏准则及 Hoek-Brown 破坏准则等。

在实际工程中,围岩允许的最大收敛值往往是通过对现场测量的结果进行统计分析得到的。地下洞室围岩稳定是指洞室围岩与支护共同保持稳定状态的能力,其稳定状态体现为洞室围岩变形速率呈递减趋势并逐渐趋近于零,而失稳状态表现为围岩变形速率呈递增趋势,最终超过极限位移。目前,在地下洞室工程施工监测中以位移为判别依据主要有容许极限位移量、位移变化率、位移加速度和变形速率比值判别等。

6.2.5　地下洞室群施工期动态反馈优化设计方法

地下洞室群的反馈分析内涵为:以地下洞室安全性或经济性控制为目的,利用施工过程中的观测信息对施工系统模型和参数进行辨识,进而对施工系统进行调整干预使其向预期目标发展的分析。根据具体分析目的的不同,反馈分析分为力学参数反馈分析和施工反馈分析。从岩土力学角度,针对以围岩力学参数为输入、围岩监测信息为输出所构成的系统,通过反复进行的正算结果与监测位移进行对比,以辨识围岩力学参数为目的的反馈分析,称为力学参数反馈分析,又称为模型反馈分析,也即是所谓的正反分析;从岩土工程的角度,将施工期的地下洞室群看成系统,人为的施工参数作为输入、围岩监测信息作为输出,以调整施工参数、控制洞室稳定状态为目的的反馈分析,称为施工反馈分析,见图 6-7。力学参数反馈分析本质上是参数识别范畴,是反馈分析过程中的一个环节。

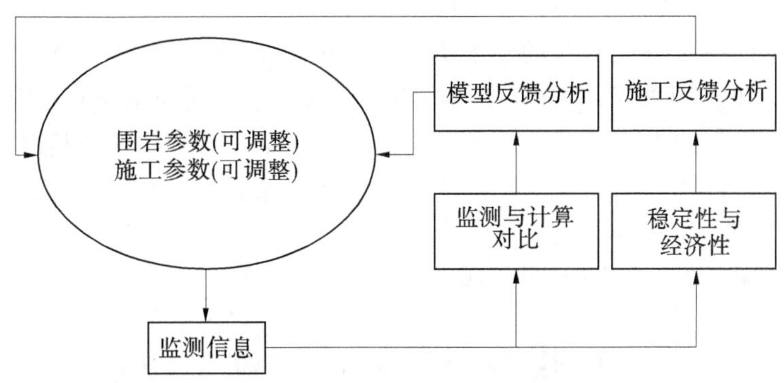

图 6-7　地下洞室群施工期动态反馈分析示意图

6.2.5.1　动态反馈优化设计的要点

为能够建立科学合理、实用方便的大型地下洞室群施工期围岩稳定动态反馈控制优化设计方法,需要遵循几下几条设计要点:

(1)将勘察、设计、施工及监测等各个过程环环相扣,融为一体,以施工期的围岩稳定性分析与控制作为整个动态反馈控制分析为目的。

(2)动态反馈控制分析的流程应尽量简洁、流畅、明了,易于操作,并具有闭环反馈控制和快速动态反馈的特点,计算模型、地形及地质条件、岩体力学参数与具体方法的适用性等均根据施工期围岩稳定动态反馈控制进行验证和校核。

(3)岩土力学理论和工程技术并重,重视力学模型、试验、监测、地质勘察与预测、反分析与设计优化等,并有明确的思路和具体的实施方法。

(4)研究围岩的破坏模式、稳定性分析评价及控制方法以增强施工期围岩稳定动态反馈控制优化设计方法的实用性。

(5)动态反馈控制优化设计内容应包括初始地应力场的获取、围岩力学参数的动态识别、不良地质段的施工技术体系、监测信息的动态反馈及围岩安全性实时评价及预测,需考虑可利用的优化理论和方法。

6.2.5.2 施工期动态反馈控制分析流程

要建立大型地下洞室群施工期的动态反馈优化设计流程,不仅需要考虑上述的一些设计要点,还需充分考虑大型地下洞室群的一些特殊性。比如:①大型地下洞室群具有自上而下分层开挖、支护的特点,各洞室同时开挖但进度不一,需要进行必要的分期,因此动态反馈优化设计流程中的参数反演、数值计算、稳定性评价和预测及设计优化等过程也都要分期开展;②地下洞室自上而下分层开挖、支护,只有在保证开挖层整体安全稳定的情况下才能进行后续开挖,因此整体稳定性评价十分重要;③一般来说,地下洞室开挖尺寸较大,不仅开挖过程复杂,而且要进行大量的支护和监测,因此施工期的动态反馈控制设计优化对象就涉及开挖、设计和监测等多个方面,而且优化参数较多,包括开挖顺序、分层高度、支护类型和参数、监测内容和布置等;④大型地下洞室群施工期围岩局部失稳现象非常多见且影响较大,失稳模式也十分复杂多样,在施工期设计人员的相当一部分精力都花在局部失稳问题的治理上,因此围岩局部失稳调控是一个重点。

综合上述动态反馈优化设计的要点及大型地下厂房洞室群的特点,施工期动态反馈控制优化设计流程包括如下步骤:初始地应力场获取→前一期开挖完成后围岩力学行为评价→当前期开挖完成后基础信息及围岩力学行为复核→当前期开挖过程中不良地质段动态调控→当前期开挖完成后围岩稳定性评价→当前期地下洞室群围岩力学参数识别→下一期开挖围岩力学行为预测与安全评价→闭环反馈,直至地下洞室群全部施工完成为止,地下洞室群施工期动态反馈控制结束。

6.3 层状围岩洞室动态施工技术

6.3.1 层状围岩洞室群动态施工技术

6.3.1.1 洞室围岩稳定的影响因素

地下洞室开挖后,改变了原来天然岩体中的应力平衡状态。在初始应力场的作用下,洞周围岩应力重新分布,围岩向洞内变形,甚至出现失稳破坏形态。地下洞室稳定性主要由围岩的应力、变形大小决定,而围岩的应力、变形主要受自然地质因素和工程因素的制约。

1. 影响围岩稳定的自然地质因素

影响围岩稳定的自然地质因素主要包括岩性与岩体结构特征、结构面性质和空间组合、岩体的物理力学性质、围岩的初始应力场、地下水状况等。

1)岩体结构特征及构造

水平互层状结构岩体属于强各向异性的地质体,位于大跨度洞室的顶拱其稳定性较差;稳定变形持续时间一般在一周至三个月,失稳变形数日至数十日,且其与跨度等因素关系密切;其破坏主要是层间脱开、岩层弯曲脱落,且逐步发展形成塌方。

2)地应力

地应力是岩体在天然条件下赋存的内应力,又称为天然应力、初始应力。地应力场与岩体自重、构造运动、成岩作用和温度等有关。当在岩体中开挖洞室后,岩体中原有的地应力平衡状态遭到破坏,经过应力调整,在围岩中形成新的应力场,称为二次应力场。在岩体结构及其力学性质一定的条件下,地应力状态常是决定地下洞室围岩稳定性的重要因素。

3)地下水

地下洞室在施工过程、运行期间遇到的塌方和破坏,往往与地下水活动有关。当在地下水位以下或有裂隙水的情况下开挖时,地下洞室将成为地下水的排泄通道。地下水沿裂隙面渗出的过程中,围岩受到动水压力作用,并降低了岩体及结构面的力学性能,易在不利的地质结构,如断层、风化破碎带等部位引起塌方。为此,洞室周围需设置排水廊道,并布置系统的内、外排水系统,排出洞外。

2. 影响围岩稳定的人为因素

人为因素主要包括洞址选择、洞室轴线方位、洞室群的布置、洞室形状和大小;施工中采用的开挖方法、步序;支护结构的类型、支护时机等。

天然条件下,岩体处于平衡状态,只有在开挖洞室后,破坏了这种平衡状态,才有可能出现洞室围岩的变形和破坏现象。因此,开挖洞室的工程活动是引起围岩变形、破坏的直接原因。一般需注意以下工程因素的影响:

1)洞址选择

洞址的选择对围岩稳定尤为重要。洞室群应位于相对完整的岩体内。

2)上覆岩体厚度及顶拱岩层

洞室顶部以上的岩体厚度或傍山洞室靠边坡一侧的岩体厚度,应根据岩体完整性程度、风化程度、地应力大小、地下水活动情况、洞室规模及施工条件等因素综合分析确定。

3)洞室轴线方向

在满足枢纽总布置要求的前提下,洞室纵轴线宜与岩层层面走向、主要构造断裂面及软弱带的走向保持较大夹角,与最大水平主地应力方向保持较小夹角。

4)洞室断面形状及尺寸

洞室断面形状不同引起围岩松弛的程度也不同,选择围岩应力分布比较均匀的洞形,可以避免过大的应力集中,如卵形、马蹄形。洞室断面尺寸对围岩稳定也有一定影响,高度、跨度大的洞室,在围岩中引起应力变化和出现变形的范围也较大。

5)洞室间距与布置

适当的洞室间距,可以使相邻洞室间的塑性区不连通,避免变形破坏。因此各洞室之间的岩体应保持足够的厚度,应根据地质条件、洞室规模及施工方法等因素综合分析确定厚度,不宜小于相邻洞室平均开挖跨度的1~1.5倍,上、下洞室间岩石厚度不宜小于小洞室开挖跨度的 1~2 倍。

6) 开挖步序

大型地下洞室大多采用分步开挖程序,实践证明,分步开挖过程中,洞室断面不断扩大,作业面沿洞轴线方向不断向前推进,在形成洞室过程中,围岩中的应力不断调整并出现相应的变形,不同的开挖步序,围岩中的应力与变形也不同。

7) 支护结构形式

不同的支护结构形式提供给围岩的支护抗力不同,对围岩变形的控制程度不同。需根据围岩和地下水状况、围岩分类、结构面性质和发育情况,并考虑支护结构形式的适应性、经济性、施工可能性等,综合确定支护结构形式。

8) 支护时机

现代支护结构原理的基本观点是充分发挥围岩自承载能力,支护应适时。支护过早,支护结构就要承受很大的"形变压力",将是不经济的;支护过迟,围岩会过度松弛而导致失稳,将是不安全的。一般说来,围岩稳定性较好时,可以在开挖完一段时间之后再做支护;围岩稳定性较差时,为防止塌滑,应在开挖前后及时支护。

6.3.1.2　洞室层状围岩动态施工技术

当洞室群位于层状碎裂结构岩体中时,围岩稳定性问题非常突出,由于受到岩体各项异性特征的影响,围岩变形体现出显著的非对称特征。为使洞室开挖过程中得到准确、及时、合理的支护,保证洞群的整体稳定性和局部稳定,保证洞室施工过程中的围岩稳定性以及运行过程中结构的长期安全性。依据洞室围岩稳定的主要影响因素,对洞室层状围岩采取动态施工技术是非常必要的。主要是通过整理分析现场量测的洞群监测资料,分析洞室群开挖施工过程中围岩的变形与结构面的分布规律,并应用位移反分析技术,分阶段开展洞室群施工期围岩力学参数的动态反馈分析及支护优化;同时应用工程块体结构三维构建方法及块体系统分析技术,针对洞室群块体分布分析、关键块体稳定性分析及锚固设计研究,提出针对性的支护措施,保证围岩的局部稳定。主要研究步骤如下。

1. 洞群监测资料分析

整理分析现场量测的数据,分析地下洞室群开挖施工过程中应力变形的空间及时间分布特征,分析围岩变形与结构面的分布规律,总结层状岩体变形机制。

2. 洞室群分阶段位移反分析与围岩稳定性评价

基于开挖过程的位移反分析方法,分阶段开展洞室群施工期围岩力学参数的动态反馈分析及支护优化。

3. 洞室群块体稳定性分析

应用工程块体结构三维构建方法及块体系统分析技术,进行大型地下洞室块体分布分析、关键块体稳定性分析及锚固设计研究。

4. 层状岩体中大跨度地下洞群关键问题剖析

针对洞室群开挖过程中围岩变形大、洞室上游拱脚开裂掉块,深入系统地分析破裂层状岩体中大跨度地下洞群变形机制及围岩稳定关键因素,根据薄层围岩的破坏特点,设置针对性构造支护措施。

6.3.2 支护动态调整过程

6.3.2.1 洞室层状围岩动态稳定调整流程

由于层状岩体是典型的非连续的介质,其物理力学指标和地应力是难以准确测定的,地下工程的信息化施工与动态支护优化调整的重要措施之一就是:首先,采用工程类比法确定支护结构形式,初步拟定支护参数;再根据工程实际情况,选择合适的理论模型进行洞室围岩稳定性分析,验算初拟的支护参数是否合理;施工开挖过程中在现场进行必要而有效的现场监测,根据施工期围岩变形监测和锚杆(索)应力监测以及开挖洞壁结构面分布等进行围岩动态反馈分析。根据动态反馈分析成果,分析洞室层状围岩在开挖卸荷作用下的变形规律及围岩变形的量级;确定在开挖卸荷作用下岩体力学参数变化规律及围岩开挖卸荷作用下围岩松弛区、承载区的范围,修正计算模型中采用的地质参数,并依据反分析结果进行后续开挖稳定性预测。据此与原始设计条件进行对比而后进行支护动态支护优化调整,保证洞室整体的稳定性与局部稳定。

根据洞室的施工阶段的特点,动态支护调整主要分为三个阶段,分别为洞室一层开挖完成后(洞室顶部开挖揭露)、洞室开挖至第三层、洞室开挖完成后。动态支护调整设计框图见图 6-8。

6.3.2.2 洞室层状围岩施工过程中的支护参数调整

1. 根据围岩变位等监测资料调整支护参数

(1)变形控制。在开挖支护过程中,尝试采用设计→施工→监测→反分析计算预测→调整设计→指导施工这样的设计施工程序,即根据工程的围岩特点和理论分析成果,对开挖过程中的允许变形最大值分级提出控制要求。根据监测成果,在每一层开挖后均进行了围岩稳定的正反分析,并对下层的开挖变形、应力等进行了预测。监测资料显示位移动值接近控制标准时增加支护措施,以便洞室的变形处在设计控制范围内。

(2)局部滑塌处理。洞室开挖后,局部由于支护不及时、层间结合力比较弱,水平层状岩体在顶拱形成类平行迭合梁结构,岩层在重力作用下下弯。首先,最下部一层岩层张裂,进而向中性面发展,而形成塌落体,根据这一规律,现场及时采用锁边预应力锚杆及(或)局部锚索加固。

(3)监测成果的应用及反馈。在开挖支护过程中,通过现场监测仪器的实时监测,及时预报险情,确保施工安全。

2. 根据块体平衡计算分析调整支护参数

根据地下洞室围岩的断层、软弱层面和节理裂隙情况,进行洞室块体的组合计算,找出可能的不稳定块体,对不稳定块体进行系统锚喷支护下的稳定核算,找出需要补充加固的不稳定块体,进行这些关键块体的加固支护设计。

3. 根据构造调整支护参数

(1)交叉洞口的加强支护。洞室交叉口的受力状态是十分恶劣的,一般有如下问题:①由于交叉口临空面多,在开挖过程中,超挖较严重,甚至出现塌块;②由于交叉口应力高度集中,在未及时进行锁口处理的情况下,会出现岩壁崩裂。

根据工程经验,交叉洞口需采取加强支护措施。

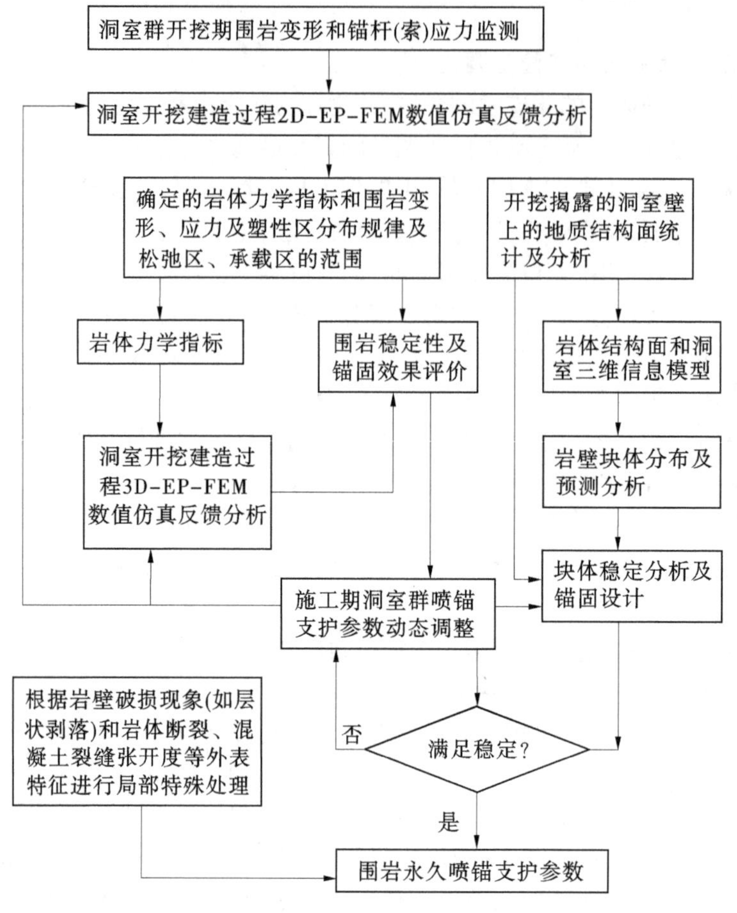

图 6-8　动态支护调整设计框图

(2)裂隙密集带的处理。在洞室顶拱开挖过程中,遇到比较发育的裂隙密集带时,为确保施工及运行安全,除重视临时支护时机外,在永久支护施工时,需进行重点加固。

(3)水平薄层灰岩岩层被开挖线切断处,增加锁口封闭锚杆。

6.3.3　层状围岩破坏特征条件下的适应支护方式

6.3.3.1　层状围岩的破坏形式

层状岩体,由于其岩石呈互层状,细层很薄,纹理发育,岩层产状平缓,在洞室开挖后,顶拱临空面失去约束,易于发生弯曲与折断,在洞室顶拱的开挖过程中,存在的主要工程地质问题也是顶拱围岩沿层面的开裂塌顶及结构体组合形成的块体滑塌。一般破坏面沿着层理发生破坏,位于洞顶的岩层常沿着层面产生脱顶。岩层中的细层、层系和层理均为标志性软弱面,它们和构造作用形成的裂隙与层间错动面等分划性结构面有着本质的差别,在洞室顶拱开挖后,如果对洞顶围岩不及时进行保护,则细层、层系、层理等标志性结构面长时间卸荷后也可能转变为分划性结构面,不利于顶拱的围岩稳定。常有以下两种破坏形式：

1. 沿岩层面的脱落

洞室开挖后，平缓层状岩体在顶拱形成类似平行组合梁结构，支点在两侧拱座；在拱角部位形成了类似组合悬臂梁结构，支点在边墙。

由于岩层层间结合力不强，岩层在重力作用下下弯，首先在拱角的组合悬臂梁结构处的下部岩层沿岩层面出现松弛张裂，与上部岩体脱离，进而逐步向中性面发展，在发展的过程中，悬臂梁越长，弯矩越大，则岩层越易发生弯曲或折断，从而逐渐形成具有一定规模的塌落，塌落成平顶。塌落后，无疑增加了位于顶拱平缓层状岩体的组合梁结构的跨度，梁中间的弯矩也将增大，这将对洞室顶拱的稳定造成了严重的不利影响。因此，在开挖的过程中，应注意对拱角部位的岩体进行锚固。

2. 结构面组合的块体滑塌

洞室顶拱岩体在裂隙、岩层面(开挖面)等结构面的组合下，形成不稳定块体，这也是洞室顶拱常见的破坏形式。因此，在开挖的过程中，应对揭露的结构面及时进行组合分析，采取工程措施，防止此类破坏的发生。

洞室顶拱围岩为"互层状"的层状岩体，层间的结合力不强，为防止其产生大范围的岩体脱顶、板裂、弯曲或折断，在洞室顶拱采取预应力锚索、锚杆预处理的措施；对于分布于顶拱、边墙及端墙上大小不同，且稳定性较差的结构体，采取加强随机喷锚处理的措施。同时加强对地下洞室围岩施工期和运行期的变形监测，及时了解围岩的变形特性，调整支护参数。

6.3.3.2 层状围岩的支护方式

据以往工程经验，大跨度地下洞室顶拱如为层状围岩，应采用刚性支护即钢筋混凝土顶拱衬砌，提供支护抗力，控制围岩变形。但此种支护形式需增加洞挖量和混凝土量，施工复杂，需搭设绞手架，支立模板，支护时机较晚，并且阻断洞室顶拱开挖的施工通道，占用直线工期，对施工进度有很大影响。为此，洞室顶拱可采取"喷混凝土+预应力锚杆+锚索"的组合锚固柔性支护方案，利用喷射混凝土的支护及时性与优良的抗拉、压、弯强度，结合预应力锚杆、锚索的约束顶拱变形，防止层状围岩层间脱开，以充分发挥围岩自身的作用，使其稳定。在复杂地质条件段，增设钢筋肋拱。该支护形式在顶拱上部布置锚洞，使锚索孔、对穿锚索敷设、部分监测仪器的埋设等工作可以在锚洞中进行，减小了与洞室顶拱开挖的矛盾，采用的支护方案避免钢筋混凝土顶拱衬砌施工对下层开挖的影响，方便施工，节省工期，节约工程直接投资。

6.4 层状围岩洞室动态施工在工程实际中的应用

功果桥水电站地下厂房洞室群位于层状碎裂结构岩体中，本研究依托功果桥水电站地下厂房洞室群的施工，开展洞室群层状围岩动态施工的研究。

6.4.1 工程概况

功果桥水电站地下厂房洞室群围岩主要由青灰色变质砂岩与灰白色变质石英砂岩组

成,间夹灰黑色砂质板岩,以中—厚层状结构为主,且软弱结构面大都以顺层方向为主;围岩总体以Ⅱ~$Ⅲ_1$类围岩为主,局部Ⅳ类,成洞条件较好。实测坝址区最大主应力 σ_1 = 10~14 MPa,方位 NE25°。

厂区三大洞室平行布置,沿水流向依次为电站厂房、主变洞、尾水调压室,洞室轴线方向均为 NE50°,间距分别为 40 m、39.5 m。地下厂房轮廓尺寸 195 m×27.8 m×72.6 m(长×宽×高),电站厂房内安装 4 台额定容量 225 MW 的立轴混流式水轮发电机组;主变洞尺寸 134.8 m×16.5 m×39 m(长×宽×高),布置 4×3 台容量 90 MVA 的单相变压器及 550 kV GIS 设备;尾调室开挖尺寸 130 m×25 m×70 m(长×宽×高),中部略偏右设隔墙分为两室。

6.4.2 第一阶段支护动态调整施工

第一阶段根据地下厂房顶拱开挖完成后揭露地质情况对围岩稳定及支护结构设计进行复核计算分析。根据计算分析成果,并结合现场实际情况,对相关地下厂房洞群支护措施进行优化调整。

6.4.2.1 三维非线性有限元分析

1. 三维数值分析模型

地下洞室群地层、断层和开挖分层数值模型如图 6-9 所示。地应力采用根据实测资料反演地应力场。

2. 围岩及断层物理力学参数取值

数值计算中采用的岩体及结构面物理力学参数取值分别见表 6-2 和表 6-3。

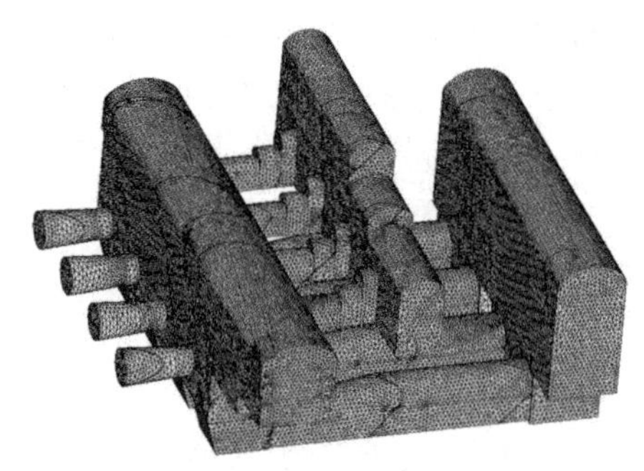

图 6-9 地下厂房洞室群三维数值网格图

表 6-2 地下厂房洞室群围岩岩体物理力学参数取值

岩体级别	岩性	饱和抗剪(断)强度(MPa)	岩石天然密度(g/cm^3)	泊松比	变形模量 E_0	岩体/岩体抗剪(断)强度	
					GPa	f'	C'(MPa)
Ⅱ	中厚层砂岩	110	2.80	0.20	21	1.2	2.0
$Ⅲ_1$	砂岩板岩互层	70	2.78	0.22	16	1.1	1.5
	板岩	60	2.76	0.24	11	1.0	1.0
$Ⅲ_2$	砂岩板岩互层	50	2.76	0.25	9	0.85	0.7
	板岩	35	2.76	0.26	6	0.70	0.6
Ⅳ	薄层砂板岩互层 断层及影响带	20	2.74	0.30	3	0.65	0.4

表 6-3　地下厂房洞室群围岩结构面物理力学参数取值

序号	分类	结构面性状	抗剪断		抗剪
1	断层	闭合无充填裂隙,延伸短,或者起伏较大者	0.55	0.15	0.50
2		局部充填岩屑、碎屑型	0.50	0.10	0.45
3		岩屑型	0.40	0.08	0.35
4	裂隙	岩块与岩屑型	0.45	0.1	0.35
		岩屑夹泥型	0.35	0.05	0.30
5		少量夹泥岩屑型	0.30	0.02	0.25
6		充填纯泥结构面(次生泥)	0.25	0.01	0.2

3. 围岩支护参数

本阶段围岩稳定数值计算的初拟支护参数见表 6-4。

表 6-4　功果桥地下厂房洞室群支护参数

部位	支护参数
厂房	顶拱:挂网喷聚丙烯纤维混凝土 $\delta=15$ cm;系统锚杆Φ 32/Φ 28@ 1.5 m×1.5 m,$L=9$ m/6 m,交错布置;边墙:喷聚丙烯纤维混凝土 $\delta=15$ cm;系统锚杆Φ 32/Φ 28@ 1.5 m×1.5 m,$L=6$ m/9 m,上下游侧岩锚梁位置布置两排 150 t 预应力锚索,间距 4.5,$L=20$ m,下游边墙母线洞间部位布置两排 150 t 对穿锚索,间距 4.5 m;永久建筑物高程 1 241.50 m 以下为钢筋混凝土实体结构
主变室	顶拱:挂网喷聚丙烯纤维混凝土 $\delta=15$ cm;系统锚杆Φ 32/Φ 28@ 1.5 m×1.5 m,$L=6$ m/9 m;边墙:喷聚丙烯纤维混凝土 $\delta=15$ cm;系统锚杆Φ 32/Φ 28@ 1.5 m×1.5 m,$L=6$ m/9 m
尾调室	顶拱:挂网喷聚丙烯纤维混凝土 $\delta=15$ cm ;系统锚杆Φ 32/Φ 28@ 1.5 m×1.5 m,$L=6$ m/9 m;100 t 锚索@ 4.5 m×4.5 m,$L=20$ m;边墙:喷聚丙烯纤维混凝土 $\delta=15$ cm;系统锚杆Φ 32/Φ 28 @ 1.5 m×1.5 m,$L=6$ m/9 m;150 t 锚索@ 4.5 m×4.5 m,$L=20$ m,上游墙布置 150 t 对穿锚索@ 4.5 m×4.5 m;永久建筑物高程 1 264.0 m 以下采用钢筋混凝土衬砌 $\delta=100\sim200$ cm
母线洞	喷聚丙烯纤维混凝土 $\delta=15$ cm ;系统锚杆Φ 25@ 1.5 m×1.5 m,$L=4.5$ m;锁口锚筋桩 3 Φ 28@ 1.0 m×1.0 m,$L=12$ m/9 m
尾水管及尾水连接洞	喷聚丙烯纤维混凝土 $\delta=15$ cm ;系统锚杆Φ 32/Φ 28@ 1.5 m×1.5 m,$L=9$ m/6 m;锁口锚筋桩 3 Φ 28@ 1.0 m×1.0 m,$L=12$ m/9 m;尾水管洞间布置 15 t 对穿预应力锚杆@ 1.5 m×1.5 m,$L=10\sim15$ m

4. 围岩稳定性分析

1) 毛洞开挖后围岩稳定性

(1) 位移。功果桥地下厂房洞室群在开挖后,其围岩位移等值线图见图 6-10。

(2) 应力分析。图 6-11、图 6-12 给出大小主应力等值线图。

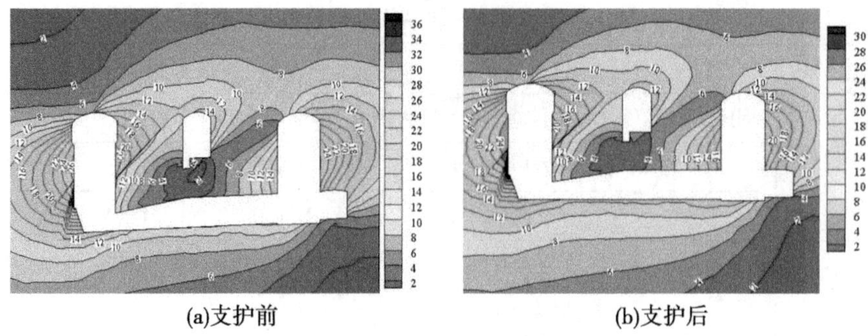
(a)支护前　(b)支护后

图 6-10　位移等值线图

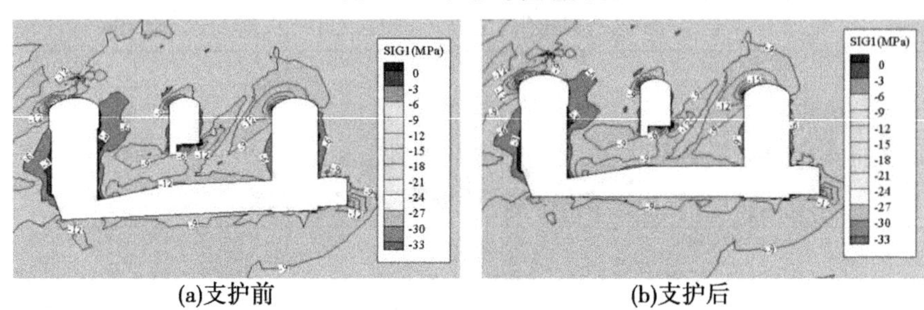
(a)支护前　(b)支护后

图 6-11　σ_1 应力等值线图

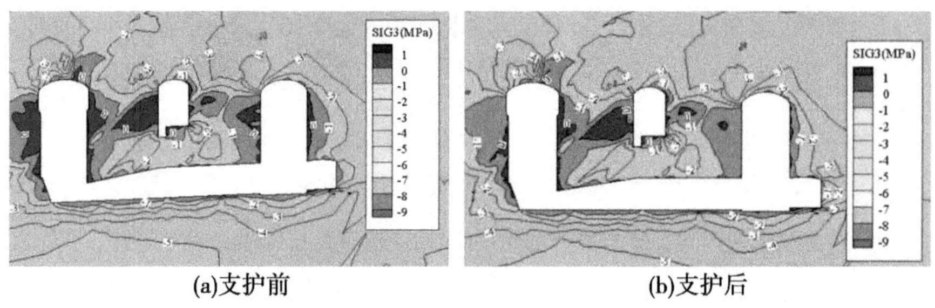
(a)支护前　(b)支护后

图 6-12　σ_3 应力等值线图

2)支护效果

(1)围岩位移的支护效应。整体上看,支护作用对洞室群周边围岩位移的减小百分率最大可达 28%左右。

(2)围岩应力的支护效应。支护作用使主厂房和尾调室顶拱部位围岩 σ_1 主压应力集中区的量值有所减小,同时使其上下游边墙部位的 σ_1 量值不同程度增加,缓解了顶拱部位围岩 σ_1 应力的集中程度,减小了上下游边墙部位围岩 σ_1 应力的卸荷强度。

(3)考虑支护时地下厂房洞室群围岩屈服区。

洞室群在施加支护措施后屈服区范围与分布深度均不同程度地明显减小(见图 6-13)。

6.4.2.2　块体稳定性分析

1. 主厂房块体稳定性分析

(1)计算工况。对主厂房洞室围岩块体稳定进行敏感性分析,计算工况如表 6-5 所示。

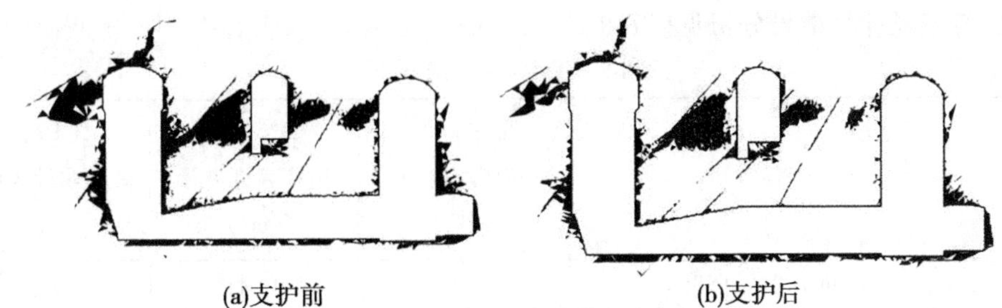

图 6-13 横剖面塑性区

表 6-5 计算分析工况

工况序号	荷 载	C 值折减系数
1	自重	0%
2	自重	50%
3	自重+地震	0%
4	自重+地震	50%
5	自重+地震	100%(不折减)

(2)各工况计算结果分析见表 6-6。

表 6-6 主厂房各工况计算结果分析

工况	第 1 批次破坏总块数(块)	第 1 批次破坏累计方量(m^3)	第 1 批次破坏累计表面积(m^2)
工况 1:只计自重,C 值取 0	64	2 102	935
工况 2:只计自重,C 值折减 50%	5	194	105
工况 3:自重+地震,C 值不计	41	2 192	1 102
工况 4:自重+地震,C 值折减 50%	7	438	211
工况 5:自重+地震,C 值不折减	4	55	74

2. 主变室块体稳定性分析

(1)计算工况。主变室计算工况见表 6-7。

表 6-7 主变室计算工况

工况序号	荷载	C 值折减系数
1	自重	0%
2	自重	50%
3	自重	100%(不折减)
4	自重+地震	0%
5	自重+地震	50%
6	自重+地震	100%(不折减)

(2)各工况计算结果分析见表 6-8。

表 6-8　工况计算结果分析

工况	第 1 批次破坏总块数(块)	第 1 批次破坏累计方量(m^3)	第 1 批次破坏累计表面积(m^2)
工况 1：C 值折减 0%，自重	52	2 041	975
工况 2：C 值折减 50%，自重	6	245	240
工况 3：C 值折减 100%，自重	3	108	120
工况 4：C 值折减 0%，自重+地震	42	2 594	927
工况 5：C 值折减 20%，自重+地震	9	425	261
工况 6：C 值折减 50%，自重+地震	4	113	139

3. 尾调室块体稳定性分析

(1)计算工况。功果桥调压室计算工况见表 6-9。

表 6-9　功果桥调压室计算工况

工况序号	荷载	C 值折减系数
1	自重	0
2	自重	50%
3	自重	100%
4	自重+地震	0%
5	自重+地震	50%
6	自重+地震	100%(不折减)

(2)各工况计算结果分析见表 6-10。

表 6-10　各工况计算结果分析

工况	第 1 批次破坏总块数(块)	第 1 批次破坏累计方量(m^3)	第 1 批次破坏累计表面积(m^2)
工况 1：C 值折减 0%，自重	40	912	854
工况 2：C 值折减 50%，自重	9	317	293
工况 3：C 值折减 100%，自重	2	110	113
工况 4：C 值折减 0%，自重+地震	64	1 559	878
工况 5：C 值折减 50%，自重+地震	9	249	266
工况 6：C 值折减 100%，自重+地震	2	35	68

6.4.2.3　支护调整

根据本阶段三维非线性有限元分析成果及洞群三维块体系统分析成果，对初拟支护进行调整。

(1)根据本阶段三维非线性有限元分析成果，在不考虑支护措施时，顶拱的最大位移也未超过 20 mm，但在 f_{15} 断层出露部位附近的 σ_3 出现拉应力区，屈服区一般也在该部位向围岩内部延伸较深。为此，对 f_{15} 断层自桩号厂左 0-013 至厂右 0+84，布置两排ϕ 32、L=9 m、T=150 kN 的预应力锚杆加固处理。

(2)根据洞群三维块体系统分析，块体主要集中在主厂房上游拱角范围内，据此并结合地质情况，对相关支护进行调整。

(3)根据洞群三维非线性有限元分析，尾调室上、下游边墙靠近端墙部位受端部约束的影响，洞室变形与应力状况较为良好。为此，结合尾调Ⅳ层及尾水管洞开挖揭示的地质情况，取消尾调上、下游边墙 1 246.50 m 高程以下靠近左右端墙的三列共 36 根锚索，取消右端墙 1 251.00 m 高程以下一列 3 根锚索，并将锚索间距调整为 6 m。

6.4.3　第二阶段支护动态调整施工

地下厂房洞室群在挖至第三层时，随着洞室逐渐下挖，在巡视检查以及对相关部位监测资料的分析表明，三大洞室局部出现变形较大以及喷层裂缝等情况。为此，针对工程地质、施工等现状，进行洞群围岩变形参数反演分析，在此基础上对洞群支护参数优化调整。

6.4.3.1　洞群围岩反演分析

1. *岩体力学参数初值*

根据洞室开挖围岩卸荷松弛深度分布情况，把岩体结构面强度参数按松弛区和原岩区两种情况取值，见表 6-11。

表 6-11　地下厂房系统围岩应力变形计算参数取值

围岩类别	围岩深度(m)	抗拉强度(MPa)	变形模量(GPa)	抗剪断强度	
				f'	C'(MPa)
Ⅱ	0~4.0(松弛区)	0.5	8.0~10.0	1.0	1.0
	4.0~8.0(过渡区)	1.0	10.0~15.0	1.0	1.2
	8.0~16.0(局部影响区)	1.2	12.0~15.0	1.0	1.5
	16.0 m 以上(原岩区)	1.5	15.0~20.0	1.2	2.0
Ⅲ	0~4.0(松弛区)	0.4	4.0~6.0	0.9	1.0
	4.0~8.0(过渡区)	0.8	6.0~8.0	1.0	1.1
	8.0~16.0(局部影响区)	1.0	8.0~10.0	1.0	1.2
	16.0 m 以上(原岩区)	1.2	10.0~15.0	1.1	1.5

2. *A1 断面(厂右 0+21.5)分析*

通过对开挖过程的反演分析，其位移值与实测值对比见表 6-12。

表 6-12　A1 断面反分析位移值与实测值对比(测值/计算值)

测点	多点变位计				
	M401-CFA1 (下拱肩)	M402-CFA1 (拱中)	M403-CFA1 (上拱肩)	M404-CFA1 (上游边墙)	M405-CFA1 (下游边墙)
1	0.81/-0.4	1.93/0.4	2.26/2.7	11.13/14	18.38/18.9
1-2	0.08/0.05	0.17/0.8	0.5/0	6.27/6.7	6.74/9.2
2-3	0.45/0.01	—/0.7	—/0.1	2.46/1.9	6.13/6.7
3-4	0.11/0.4	—/0.5	—/0.1	0.5/1.9	2.77/2.8

3. A2 断面(厂右 0+81.5)分析

通过对整个开挖过程的反演分析,其位移值与实测值对比见表 6-13。

表 6-13　A2 断面反分析位移值与实测值对比(测值/计算值)

测点	多点变位计				
	M401-CFA1 (下拱肩)	M402-CFA1 (拱中)	M403-CFA1 (上拱肩)	M404-CFA1 (上游边墙)	M405-CFA1 (下游边墙)
1	1.41/1.97	1.18/2.19	5.91/5.01	46.21/23.1	3.44/15.8
1-2	-0.4/0.6	0.7/0.2	-1.52/0.7	6.05/7.6	8.01/7.7
2-3	0.3/0.06	-0.4/0	-3.06/0.7	4.37/3.9	0/4.0
3-4	0.96/0.4	2.05/0	—/0.6	—/1.9	—/3.6

4. 反演分析结论

通过两个断面反演分析,洞室开挖使得洞周围岩的力学参数降低。两个断面顶拱的力学参数降低规律较为一致,顶拱实测与反演分析均表明顶拱位移较小,这与主要为中陡倾角裂隙为主的地下厂房应有变形规律较为一致。但两个断面在上、下游边墙有一定的不同,0+21.5 桩号实测下游墙变形较大,主要由于厂房左侧下游墙主要为薄层砂板岩与变质砂岩互层,总体力学参数不高;而 0+81.5 桩号实测变形是上游边墙变形大于下游边墙,这与厂房上游墙顺洞向陡倾裂隙发育有着较好的相关性。根据反演分析成果,功果桥地下厂房的变形规律与厂房的岩性及顺洞向裂隙倾向有着较为的相关性,洞室开挖后洞周力学参数降低显著,为此针对此特点对相应部位的支护做调整。

6.4.3.2　支护动态调整

1. 主厂房

1)上游墙

上游边墙变形规律呈现变形数值上大下小、变形深度上浅下深的特点,同时锚索测力计测值达到 1 835 kN(锁定吨位 1 350 kN)。

这种规律的主要原因是顺厂轴陡倾洞外的优势裂隙导致上游边墙具有倾倒变形趋势。因此,拟在上游墙厂右 0+50~0+120 桩号,1 260 m 高程增加一排 1 500 kN 预应力锚索,L=20 m,间距4.5 m,共计39根。

从引水下平段开挖揭露地质情况看,该部位上游墙的地质条件仍不理想,裂隙发育、地下水丰富,因此将原设计1 250.50 m、1 244.50 m高程两排锚索水平间距由6.0 m调整为4.5 m(共计增加锚索12根),同时将1 244.50 m高程预应力锚索抬高至1 246.00 m高程。

2)下游墙

下游边墙变形规律主要呈现变形数值上小下大的特点,锚索测力计测值达到1 807 kN(锁定吨位1 350 kN)。这种变形规律与上游墙相反,主要是由于厂房下层开挖导致下游边墙沿顺厂轴陡倾洞内的优势裂隙切脚,且总体看下游边墙地质条件比上游墙差,因此将厂房下游墙1 235.50 m、1 229.50 m高程的两排预应力锚索间距也由6 m调整为4.5 m(共计增加12根)。

2. 主变室

主变室左端墙岩体的层面裂隙发育,倾向洞内,开挖造成切脚,同时端墙中部布置有出线洞,存在与尾调左端墙类似问题。

拟在左端墙中部、出线洞周边增加10根1 500 kN预应力锚索,L=20 m。高程依次为1 276.00 m、1 270.00 m、1 265.50 m和1 261.00 m。

3. 母线洞

母线洞轴线与岩石层面夹角较小,为加强母线洞边墙稳定,将母线洞两端交口处拱腰以下洞内边墙径向锁口锚杆(ϕ32,L=9 m)更改为3ϕ25,L=6 m锚筋桩,并扩大加固段范围,再增加两排径向锚筋桩,排距1.0 m。

6.4.4 第三阶段支护动态调整施工

随着地下厂房继续下卧开挖,特别是母线洞、尾水管洞等开挖,厂区各大洞室纵横交错,岩体局部挖空率高达70%,与第二段反演参数正分析得到位移相比,岩体的变形均有了进一步发展,局部部位的变形远超出了正分析的结果,为此针对此情况对地下厂房开挖完成后的岩体变形参数做了进一步反演,并结合厂区结构面揭露情况进行了块体稳定分析,在此基础上对重点部位的支护做出及时调整。

6.4.4.1 围岩稳定反演分析

1. A1断面反演分析

通过对整个开挖过程的反演分析,A1断面主厂房顶拱变形在20~30 mm,上游墙变形在40~60 mm,下游墙变形在60~120 mm;主变室顶拱变形在15~20 mm,主变室上游墙变形在40~60 mm,下游墙变形在30~40 mm;尾调室顶拱变形在15~30 mm,尾调室上游墙变形在35~80 mm,下游墙变形在40~60 mm,整个变形两级均比初期设计计算大1~2倍,但围岩变形两级均在允许范围内,洞室整体稳定。

通过反演分析,其位移值与实测值对比见表6-14。

表 6-14　主厂房 A1 断面实测值与反分析计算值对比(测值/计算值)

多点变位计	测点			
	1	1-2	2-3	3-4
M404-CFA1(上游边墙)	29.0/32.6	12.6/4.2	4.0/3.8	0/2.1
M405-CFA1(下游边墙)	38.4/41.7	9.7/9.3	10.8/16.4	13.8/1.9
M406-CFA1(上游边墙)	56.3/43.5	16.5/5.6	27.7/6.5	0/3.9
M407-CFA1(下游边墙)	80.8/89.5	29.5/25.6	36.1/40.7	2.0/9.2
M408-CFA1(上游边墙)	27.9/46.8	14.3/5.4	0/6.7	10.1/4.4
M409-CFA1(下游边墙)	89.2/100.0	21.6/25.9	45.8/42.8	15.9/16.1
M410-CFA1(上游边墙)	6.5/47.8	—/5.5	—/7.0	—/4.5
M411-CFA1(下游边墙)	88.6/98.3	37.3/25.1	37.7/37.9	8.7/13
M412-CFA1(下游边墙)	53.4/54.1	11.1/11.4	27.7/11.9	11.8/8.0
M414-CFA1(上游边墙)	8.2/45.1	—/5.7	—/6.8	8.2/3.9
M301-CFA1(下游边墙)	14.3/32.2	8.4/4.7	3.0/3.9	—

2. A2 断面反演分析

通过对整个开挖过程的反演分析,A2 断面主厂房顶拱变形在 15~25 mm,上游墙变形在 40~90 mm,下游墙变形在 30~40 mm;主变室顶拱变形在 15~20 mm,主变室上游墙变形在 40~60 mm,下游墙变形在 30~40 mm;尾调室顶拱变形在 15~30 mm,尾调室上游墙变形在 35~80 mm,下游墙变形在 40~60 mm,整个变形两级均比初期设计计算大 1~2 倍,但围岩变形两级均在允许范围内,洞室整体稳定。

通过反演分析,其位移值与实测值对比见表 6-15。

表 6-15　A2 断面反分析位移值与实测值对比(测值/计算值)

多点变位计	测点			
	1	1-2	2-3	3-4
M404-CFA2(上游边墙)	94/45	2.8/10	1.7/4	0.1/2
M405-CFA2(下游边墙)	16.5/21	8/6.8	3.8/4.1	—/1.9
M406-CFA2(上游边墙)	52.9/62	23.9/17	4.1/6	—/4
M407-CFA2(下游边墙)	35.5/34	8.0/10	8.0/10	9.8/6
M408-CFA2(上游边墙)	100/77	67.8/24	6.2/12	8.2/5
M409-CFA2(下游边墙)	19.8/54.3	7.0/8.1	10.2/7.8	10.8/8.4
M410-CFA2(上游边墙)	66.9/80	44.5/24	19/13	—/5.0
M411-CFA2(下游边墙)	24.8/41	6/9	4.1/9	10.8/7
M412-CFA2(下游边墙)	44.2/42	6.3/10	8.0/9	10.6/6
M414-CFA2(上游边墙)	—/74.3	—/23.4	—/11.1	—/3.9
M301-CFA2(下游边墙)	15.4/37	2.6/10	5.3/7	—

3. 反演分析小结

随着洞室的继续开挖,地下厂房相应的参数进一步降低,下游墙 16 m 范围内岩体变形模量由第三层开挖结束后的 4~6 GPa 降为 1.5 GPa;上游墙 8 m 范围内岩体沿反倾裂隙松弛,岩体力学参数由第三层开挖完的 4~9 GPa 降为 1.5 GPa。由于洞室开挖后洞周力学参数有进一步降低,为此针对此特点对相应部位的支护做调整。

6.4.4.2　地下洞室支护措施动态调整

1. 主厂房支护动态主要调整

(1)上游边墙桩号厂右 0+070.25~厂右 0+091.25,自高程 1 269.45 m 向上增加 6 排 Φ32、L=9 m、T=150 kN 预应力锚杆,间排距 3 m×2 m,锚固方向垂直开挖面,共计增加预应力锚杆 48 根。

(2)上游墙厂右 0+50~0+120 桩号 1 260 m 高程增加一排 2 000 kN 预应力锚索,间距 4.5 m,深度 L=20 m 和 25 m,相间布置,共计 15 根,锁定吨位 1 600 kN。厂房下游墙 1#、2#、3#、4#母线洞口以上 1 262.50 m 高程,增加 L=20 m、T=1 500 kN 单边锚索,共计增加预应力锚索 9 根。

(3)引水隧洞下平段高程上游墙,将原设计 1 250.50 m、1 244.50 m 高程增加预应力锚索 12 根,同时将 1 244.50 m 高程预应力锚索抬高至 1 246.00 m 高程。将该两排锚索设计吨位增加到 2 000 kN,锁定吨位设定为 1 600 kN,深度 L=20 m 和 25 m,相间布置。

(4)将厂房下游墙 1 235.50 m、1 229.50 m 高程的两排预应力锚索间距由 6 m 调整为 4.5 m(共计增加 12 根,Φ28 锚杆 6 根,减少 Φ32 锚杆 6 根),锚索设计吨位增加到 2 000 kN,锁定吨位为 1 600 kN,深度 L=20 m 和 25 m,相间布置。

(5)将机坑中隔墙桩号厂 0+000.00 至厂下 0+015.00、高程 1 224.00~1 223.20 m 范围内的岩体挖除后以 C20W6F100 混凝土回填,并在中隔墙左右两侧布置竖向锁口锚筋桩 3Φ28、L=9 m(入岩 8.3 m),间排距 1 m×1 m。

(6)各机坑开挖后尾水管洞近厂侧 60 cm 厚钢筋混凝土锁口支护段,在围岩卸荷作用下,沿锁口混凝土结构中出现了裂缝,在该部位增加如下加固措施:

①在厂下 0+19.70、厂下 0+24.1 处分别增加 4 根 L=20 m、T=1 000 kN 的预应力锚索,各断面锚索均对称于尾水管洞中心线布置,锚固方向为铅直向。

②在厂下 0+16、厂下 0+17、厂下 0+18 处,距各混凝土裂缝 50~80 cm(靠近洞壁侧)分别布置一根 L=9 m@100 cm、T=150 kN 预应力锚杆。

(7)受 F_2 断层及主厂房下挖岩体卸荷影响,左端墙靠近下游侧 1 252.20 m 高程以上喷混凝土有竖向裂缝出现,故对该部位增加 4 根 2 000 kN 无黏结预应力锚索,深度 20 m 和 25 m 间隔布置,锚索锁定吨位 1 600 kN。

(8)主厂房上下游边墙、左右端墙岩体破碎部位将部分普通砂浆锚杆调整为 L=9 m @100 cm、T=150 kN 预应力锚杆,或 3Φ28、L=9 m 的锚筋桩。

2. 主变室动态支护主要调整

(1)在上、下游边墙需加强支护:①在上游墙厂右 0+015.00~厂右 0+035.00,1 281.45 m、1 278.45 m 高程增加 Φ32、L=9 m、T=150 kN 预应力锚杆,间距为 1.5 m。总计增加 26 根。②在上游墙厂右 0+015.00~厂右 0+035.00 之间,1 276.95 m、1 272.45 m

高程各增加一排 1 000 kN 预应力锚索,L=20 m,间距 6 m,增加锚索共计 8 根。③将上游墙厂右 0+015.00~厂右 0+035.00,1 271.70 m、1 270.20 m 两高程的ϕ32 、L=9 m 的砂浆锚杆替换成ϕ32、L=9 m、T=150 kN 的预应力锚杆。增加ϕ32、L=9 m、T=150 kN 预应力锚杆 14 根。将下游墙厂右 0+001.50~厂右 0+020.00 与厂右 0+035.00~厂右 0+045.00,1 272.00 m、1 270.50 m、1 269.00 m 高程中的ϕ32、L=9 m 的砂浆锚杆替换成 3ϕ28、L=9 m 的锚筋桩,增加 3ϕ28、L=9 m 的锚筋桩 29 根。

(2)主变室桩号厂右 0+68.50 端墙除原设计系统锚杆、锁口锚筋桩外,增加两排ϕ32、L=9 m、T=150 kN 的预应力锚杆,布置高程分别为 1 286.50 m、1 285.00 m,锚杆间距 3.0 m。

(3)在主变上游墙 1 282.20 m 高程、厂右 0+015.00~厂右 0+035.00,按照间距 4.5 m 增加 L=20 m、T=1 000 kN 的锚索 5 根。

(4)在上游墙厂右 0+004.00~厂右 0+011.00,1 272.45 m、1 276.95 m、1 282.20 m 高程增加 6 根 1 500 kN、L = 25 m 预应力锚索;在厂右 0+040.00 ~ 厂右 0+065.00,1 272.45 m、1 276.95 m 高程增加 10 根 1 500 kN、L = 25 m 锚索。锚索锁定吨位均为 1 350 kN。

(5)在左端墙中部、出线洞周边增加 10 根 1 500 kN 预应力锚索,L=20 m。高程依次为 1 276.00 m、1 270.00 m、1 265.50 m 和 1 261.00 m,锁定吨位 1 350 kN。

3. 尾调室动态支护主要调整

(1)对尾调室顶拱系统锚索布置范围调整如下:桩号厂右 0+21~厂右 0+66 段(11×7 根)、厂右 0+110~厂右 0+128 段(5×7 根)布置 1 000 kN 预应力锚索(L=20 m,间、排距 4.5 m),其他段顶拱预应力锚索取消。

(2)尾调室与主变洞间的对穿锚索调整为尾调室上游墙的 L=20 m、T=1 500 kN 单边锚索。

(3)将尾调室 1 251.00 m 高程以下锚索深度调整为 20 m 和 25 m 间隔布置。

(4)尾调室下游厂右 0+050.00~0+065.00、高程 1 260.3~1 252.3 m 范围内原设计的ϕ28,L=6 m 的系统锚杆调整为ϕ32、L=9 m、T=150 kN 预应力锚杆。该部位 1 256.00 m 高程以上布置ϕ6.5@15 cm×15 cm 钢筋网,喷聚丙烯纤维混凝土封闭。尾调室下游厂右 0+085.00~0+105.00、高程 1 260.3~1 252.3 m 范围内原设计的ϕ28、L=6 m 的系统锚杆调整为ϕ32、L=9 m、T=150 kN 预应力锚杆。尾调室下游厂右 0+120.00~0+132.00、高程 1 256.00~1 260.00 m 范围内,掉块部位三角区两侧结构面各增加 3 根 3ϕ28、L=9 m 锚筋桩加强支护,锚筋桩间距 3 m,与层面大角度相交。该部位补加系统锚杆与锚筋桩斜交,确保层面缝合。尾调室上游厂右 0+105.00~0+110.00、高程 1 258.00~1 260.00 m 范围内,掉块部位两侧各增加 2 根 3ϕ28、L=9 m 锚筋桩,锚筋桩间距 3 m,与层面大角度相交,增加锚筋桩共 4 根。

(5)尾调室上游厂右 0+030.00~0+035.00,F_2 断层部位下盘沿断层走向布置 2 排 3ϕ28、L=9 m 锚筋桩。锚筋桩间距 2 m,排距 1 m。第一排距断层结构面 2 m。锚筋桩与断层层面大角度相交,断层上盘附近的一排系统锚杆与层面也大角度相交,确保断层面缝合。高程 1 260.3~1 252.3 m 范围内沿断层走向两侧 2.5 m 跨断层布置ϕ6.5@15×

15 cm 钢筋网,喷聚丙烯纤维混凝土封闭。

(6)左端墙加强支护方案如下:①在 1 265. 30 m 高程、厂下 0+130. 40 和厂下 0+125. 90 两点各增加一根 $L=30$ m、$T=2\ 000$ kN 锚索;在 1 260. 70 m 高程、厂下 0+130. 40、厂下 0+125. 90 及厂下 0+121. 40 三点各增加一根 $L=30$ m、$T=2\ 000$ kN 锚索。以上共计增加 $L=30$ m、$T=2\ 000$ kN 锚索 5 根。②1 261. 50 m、1 260. 00 m 高程的系统锚杆支护全部替换成 ϕ 32、$L=9$ m、$T=150$ kN 预应力锚杆。1 257. 00 m、1 255. 50 m 高程的 ϕ 28、$L=6$ m 系统锚杆调整为 3 ϕ 28、$L=9$ m 锚筋桩。③1 258. 50 m、1 254. 00 m 高程锚索由原设计的 $L=20$ m 全部调整为 25 m。

(7)尾调室上游拱角加强支护方案如下:①尾调上游边墙厂右 0+006. 50~厂右 0+040. 00,1 270. 00 m、1 271. 00 m、1 272. 50 m 高程各增加一排 ϕ 32、$L=9$ m、$T=150$ kN 预应力锚杆,共增加预应力锚杆 66 根。②1 268. 50 m 高程、厂右 0+006. 50~厂右 0+035. 00 增加一排 3 ϕ 28、$L=9$ m 锚筋桩,间距 3 m,共增加锚筋桩 10 根。

4. 母线洞动态支护主要调整

在母线洞两端交岔口处(厂房下游以及主变上游锁口)拱腰以下布置 4 排 3 ϕ 25、$L=9$ m 的径向锚筋桩,排距 1. 0~1. 2 m,间距 1. 5 m,相应位置原锁口、系统锚杆取消。以上共减少 ϕ 28、$L=6$ m 锚杆 464 根,共减少 ϕ 28、$L=4.5$ m 锚杆 416 根。

5. 动态支护调整分析

从地下厂房洞群支护主要调整可以看出,整个洞群主要支护与原设计基本一致,工程量总体变化不大,只是支护的区域及手段有较大针对性调整。洞群支护主要调整是针对横跨厂区 F_2 断层及其影响带、厂房顶拱 f_{15} 断层、局部岩体较为破碎部位。支护措施:对较大的断层 F_2 及其影响带,采用预应力锚索($T=150\sim200$ t,$L=20\sim30$ m)重点加强锚固;对顺厂轴的厂房顶拱 f_{15} 断层采用预应力缝合预应力锚杆($L=9$ m,$T=15$ t);对局部岩体较为破碎部位,需限制卸荷变形的,采用 $L=9$ m,$T=15$ t 的预应力锚杆进行主动加强支护,需提高岩体抗剪刚度部位,采用 $L=9$ m,3 ϕ 28 锚筋桩进行加强支护。从支护调整空间分布看,发电机层以上调整主要针对三大洞室上游拱脚及上游边墙,对于发电机层以下部位主要调整则是针对下游边墙及其交叉洞室(母线洞、尾水管洞),三大洞室左端墙各部位均有较大加强支护措施。支护措施及支护部位均有一定的针对性,有效地限制了层状岩体中大跨度洞室的变形和破坏,确保地下厂房洞室围岩稳定。同时从加强支护措施初步也可以看出,整个地下厂房围岩稳定性特点是发电机层以上,三大洞室的上游部分稳定性比下游部分稳定性差,三大洞室左端墙稳定性也较差。

6.4.5 小结

功果桥水电站针对地下厂房分期施工及围岩稳定特点,将地下厂房动态支护调整分为一层开挖揭露后、发电机层开挖完成后、地下厂房开挖完成三个阶段。地下厂房基于开挖过程的位移反分析方法,分阶段开展功果桥地下厂房施工期围岩力学参数的动态反馈分析及支护优化,正确动态指导施工。

通过动态分析控制施工,功果桥地下洞室围岩变位主要是受砂板岩条带、F_2 断层,及顺洞向裂隙影响,由于厂区顺层裂隙(与厂轴大角度相交)、顺厂房(与厂轴小角度相交)

均较发育,受开挖卸荷的影响,地下厂房各开挖面均存在顺开挖面的张开裂隙,局部裂隙张开微小变形均能导致锚杆的应力的剧增。

功果桥水电站洞室群围岩变形机制主要有以下几点:

(1)从实测变形情况分析看,地下厂房总体变形特点是三大洞室左侧洞段变形大于右侧洞段的变形,厂房左端墙的变形大于右端墙的变形,各监测断面上下游边墙变形有一定的差异。从岩性特点看,厂区主要划分为左侧的薄条状砂岩及砂质板岩互层区、右侧为厚条状砂岩及砂质板岩互层区,开挖扰动对左侧的扰动明显大于右侧。

(2)由于厂区顺洞向裂隙十分发育,除0+21.5桩号薄条状砂岩及砂质板岩互层区受母线洞开挖影响较大外,各监测断面总体变形规律是厂房上游边墙大于下游边墙变形。

(3)此外,F_2 断层及其影响带导致岩体较差,F_2 断层穿越尾水管洞,岩体变位相对较大。

从功果桥水电站地下厂房监测资料分析及反演分析,可以看出地下厂房的变形趋势主要由三个主导因素构成:①砂板岩互层;②顺洞向优势裂隙;③F_2 断层。

6.5 洞室拱脚开裂典型问题分析

6.5.1 上游拱角裂缝

2009年6月,功果桥水电站开挖至发电机层时,三大洞室(主厂房、主变室、尾调室)上游拱角部位的喷层均出现了平行于厂轴方向的裂缝。

实测坝址区最大主应力 σ_1=10~13 MPa,方位NE28°~30°,倾角2°~18°;中间主应力7~10 MPa,SE108°~120°,倾角20°~31°,最小主应力5~8 MPa,方位SW192°~269°,倾角59°~67°,应力量值不高,属于中低应力。图6-14给出了第一主应力与厂轴小角度相交,对地下厂房围岩稳定性影响较小。通过厂区实测地应力反演,得到厂房横剖面内主应力矢量图见图6-15,可见,第二、第三主应力在厂房平面内构成一定的偏压应力场。根据厂区结构面开挖揭露裂隙进行统计分析,总体上可分为三组:①330°~355°SW∠55°~77°;②70°~88°NW∠70°~85°;③270°~305°NE∠22°~35°。其中①组为顺层结构面,优势方位为NW350°SW∠60°,与地下厂房轴线夹角65°,主要为层面裂隙。②组为陡倾结构面,属硬性结构面,是除层面裂隙外最为优势的一组结构面。③组为缓倾结构面,多为硬性结构面,总体数量较少。

由功果桥地下厂房各监测断面多点变位计累计变形图可以看出,除0+21.5剖面外各部位的变形外,功果桥地下厂房总体变形特点是上游边墙大多数测点测值相对下游边墙大。上游边墙上部变形大,下部相对较小;下游边墙上部变形小,下部大。地下厂房实测资料顶拱变形均比边墙小。拱角部位的多点变位计测值显示,各测点围岩变位大都发生在0~15 m范围内,占各测点总变位的90%左右,2 m范围内变形相对较为明显,基本属于浅表层卸荷变形。从实测厂房变形特征来看,洞室的变形规律与顺洞向中陡倾角裂隙有着较好的关联性,反倾一侧上部变形大,顺层一侧下部变形大。

从厂区地应力及结构面特征方面可以看出,地应力偏压及中陡倾角顺厂轴裂隙发育

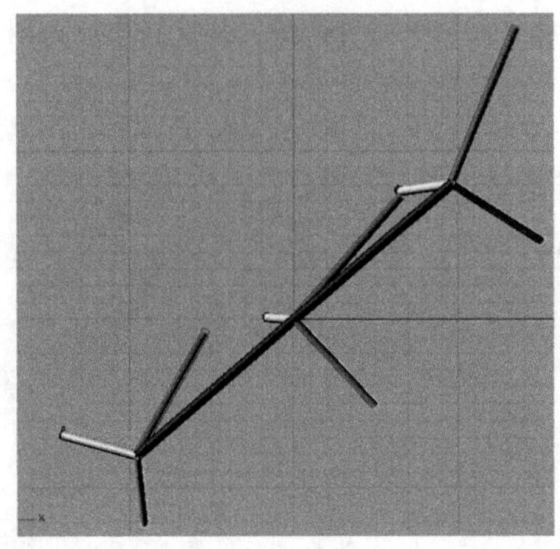

图 6-14 厂区实测地应力与厂房轴线关系示意图

图 6-15 厂房横剖面反演得到主应力矢量图

是工程的显著特点；从洞室变形规律特征可以看出，顺洞向裂隙对厂房变形起着主导作用。因此，初步分析认为地应力偏压、顺洞向裂隙发育、层状岩体各向异性可能是导致拱角裂缝的主要原因。

6.5.2 裂缝机制及处理措施

根据前述分析，地下厂房开挖过程中主厂房局部上游拱脚出现喷层剥落掉块等现象可能与地应力偏压、顺洞向裂隙、开挖导致拱脚部位的应力集中及应力状态变化有关系。现利用数值分析手段，对影响下游拱脚喷层裂缝影响因素进行量化分析，以期为加固支护处理提供参考依据。

6.5.2.1 开挖对洞周应力的影响

通过厂区实测地应力可知，假定厂区实测竖向大应力为 7~10 MPa、侧向应力为 5~8 MPa，取平面内 σ_1 = 9 MPa、σ_3 = 6 MPa 进行计算分析，均匀地应力条件下，地下厂房开挖后，由于开挖卸荷的作用，上下游拱脚均出现明显的应力集中现象，大主应力增加，小主应力减小，σ_1 达到 32.64 MPa、σ_3 降为 0.28 MPa，洞室周边应力明显偏转，沿拱脚切向大主应力下倾 50°~60°，与厂房下游拱脚相切，与顺洞向反倾裂隙方向一致。图 6-16~图 6-18 分别为均匀地应力场下开挖后的大主应力、小主应力、洞周应力矢量图。

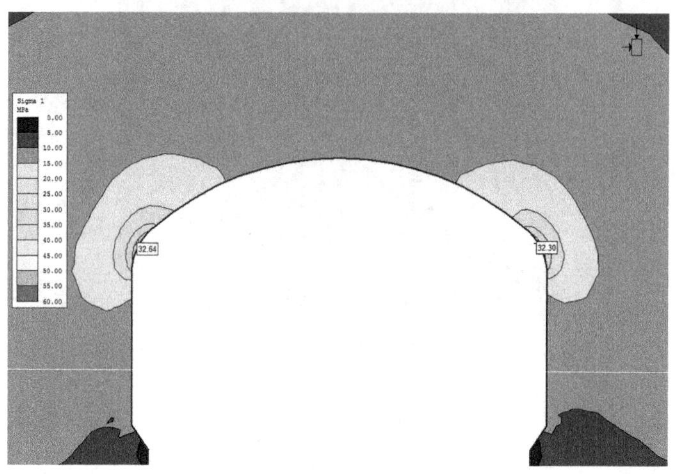

图 6-16　均匀地应力场下开挖后大主应力云图　（单位：MPa）

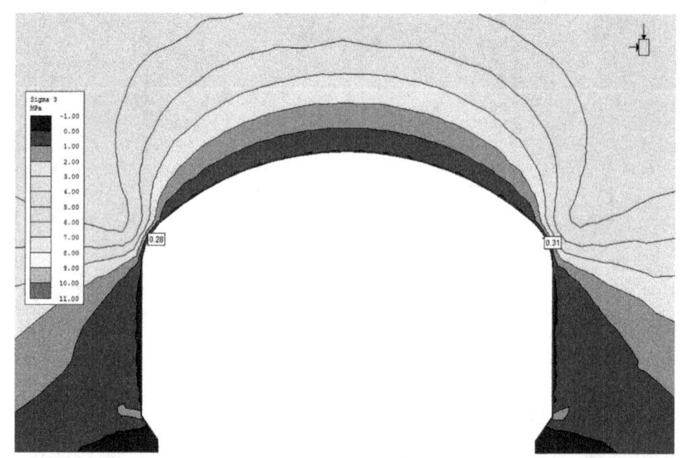

图 6-17　均匀地应力场下开挖后小主应力等值线云图　（单位：MPa）

6.5.2.2　非均匀应力场对拱脚应力集中的影响

考虑地下厂房大主应力逆时针偏转 40°（实测地应力场），开挖完成后，上、下游拱脚应力集中状况则明显不同。上游拱脚的应力集中较均匀，应力场情况进一步加剧，切向压主应力 σ_1 增加达到了 41.65 MPa，σ_3 降为 0.18 MPa；而下游拱脚的应力集中明显削弱，大主应力有所降低，降为 18.06 MPa。初始偏压地应力场条件下，开挖完成后，上、下游拱脚应力状态与均匀地应力场开挖完成后的规律基本一致，大主应力沿拱脚切向主应力下倾 50°~60°，大主应力集中程度进一步加剧，下游基本与厂房下游拱脚顺洞向反倾裂隙一致。图 6-19~图 6-21 分别为偏压地应力场下开挖后的大主应力、小主应力、洞周应力矢量图。

6.5.2.3　层状岩体各向异性对拱脚应力集中的影响

在偏压地应力场的基础上，采用横观各向同性模型分析顺洞向裂隙导致岩体各向异

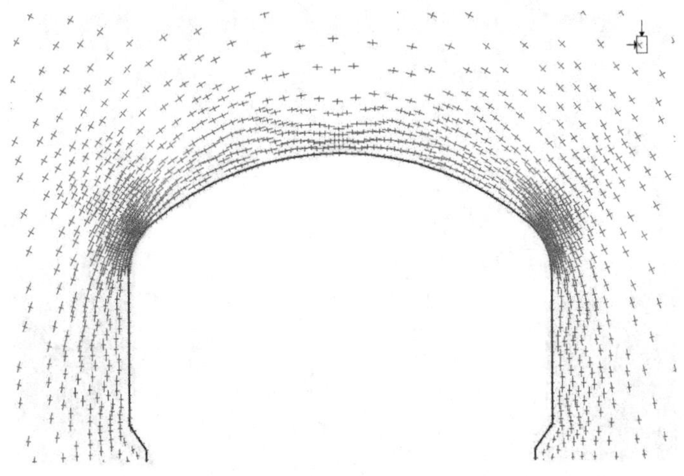

图 6-18 均匀地应力场下开挖后应力矢量图

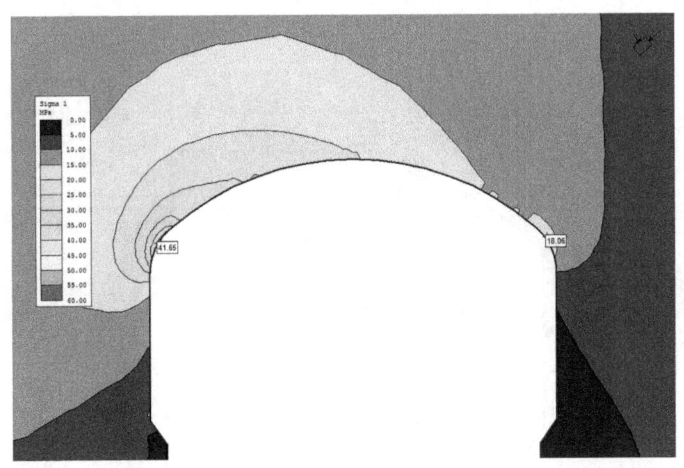

图 6-19 偏压地应力场下开挖后大主应力云图 （单位:MPa）

性的影响,开挖完成后,上、下游拱脚应力集中状况则明显不同,上游拱脚的应力集中较均匀应力场情况进一步加剧,切向压主应力 σ_1 增加达到了 47.57 MPa, σ_3 降为 0.06 MPa,而下游拱脚应力集中进一步削弱。在偏压应力场的基础上考虑顺洞向裂隙切割导致岩体各向异性,开挖完成后,上、下游拱脚应力方向与正向应力场及偏压应力场下情况一致,上游大主应力沿拱脚切向主应力下倾 50°~60°,而大主应力集中程度进一步加剧,上游基本与厂房下游拱脚顺洞向反倾裂隙一致。图 6-22~图 6-24 分别为考虑各向异性影响开挖后的大主应力、小主应力、洞周应力矢量图。

6.5.2.4 顺洞向裂隙对拱角岩体变形的影响

现场发现,由于洞群开挖卸荷,洞室周边顺洞向裂隙明显张开,地下厂房实测资料分析表明,地下厂房围岩的变形主要由控制性结构面的“张开位移”构成,“张开位移”占全部变形的 84%~92%。因此,传统的基于连续介质力学的数值方法在反映层状岩体中地下厂房洞室围岩变形规律方面有一定的局限性。为分析顺层裂隙对拱角变形的影响,验证对拱脚裂缝成因机制分析,通过采用特殊界面单元模拟不连续结构面,考虑节理法向卸

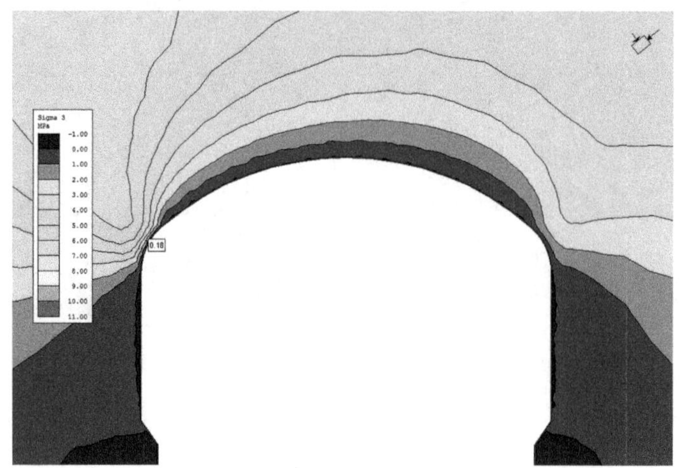

图 6-20　偏压地应力场下开挖后小主应力云图　（单位：MPa）

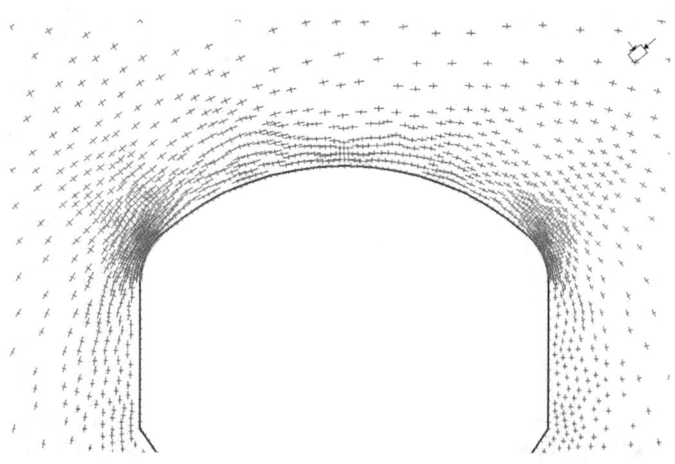

图 6-21　偏压地应力场下开挖后洞周应力矢量场图

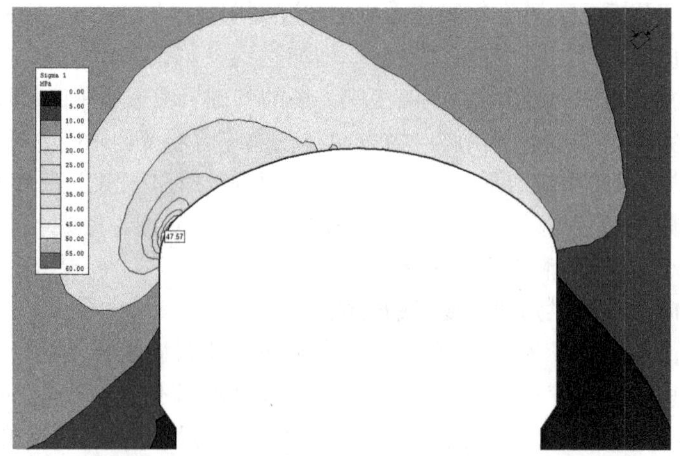

图 6-22　考虑各向异性影响开挖后大主应力等值线云图　（单位：MPa）

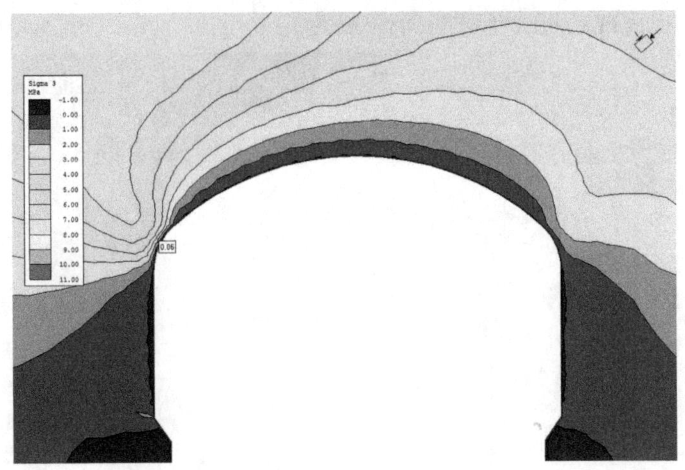

图 6-23 考虑各向异性影响开挖后小主应力等值线云图 (单位:MPa)

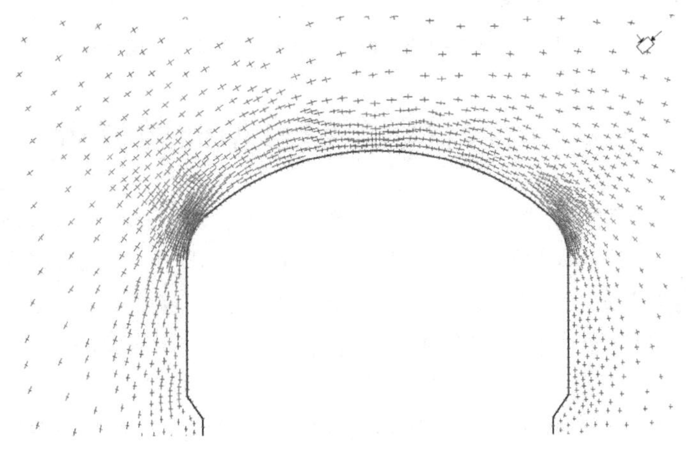

图 6-24 考虑各向异性影响开挖后洞周应力矢量场图

载条件下结构面张开特性,精细模拟分析地下厂房洞周不同区域的结构面因应力状态不同而不同的变形特性,得到的洞室开挖后周边变形等值线(见图 6-25)。从图中可以看出考虑厂房下游拱角顺洞向裂隙法向卸载张开变形后,计算分析得到整体变形趋势与 0+81.5 m 监测断面反映出的实测变形规律一致,在上游拱脚区域围岩有明显压弯挠曲的变形趋势。

根据上述分析,认为厂房上游拱角喷层产生裂缝的原因是:①洞室开挖后洞室周边形成二次应力场,拱角应力集中。②初始偏压应力加剧上游拱角应力集中。③岩体各向异性进一步加剧了上游侧拱角应力集中。④拱角岩体被顺洞向裂隙割成薄层状,在侧向卸荷的情况下薄层岩体发生压弯挠曲变形。

层状岩体的各向异性、地应力偏压、顺洞向裂隙发育等因素都对洞室拱角围岩的应力释放调整有明显影响,还可能使局部部位的应力集中程度加剧,导致薄层岩体在这种特殊应力状态下发生压弯溃曲变形破坏,这是造成三大洞室局部拱角开裂的主要原因。

根据对地质条件、监测资料、数值计算成果等的综合分析,认为拱角喷层开裂属于围岩浅表层局部变形稳定性问题。据此对两个工程进行了相应的支护处理,目前两个地下厂房开挖支护均已完成超过一年时间,洞室稳定。

图 6-25 考虑上游拱脚裂隙压弯挠曲洞室开挖至第八层网格变形图

6.6 尾水管洞裂缝典型问题分析

由于功果桥尾水管与厂房下游墙相交处挖空率大,为确保地下洞室该部位施工期围岩稳定及施工安全,对尾水管洞锁口段(厂下 0+015.00~厂下 0+027.00 段)混凝土衬砌进行优化。将尾水管洞锁口段混凝土衬砌划分为两期进行实施,即在锁口段开挖支护完成后,先进行一期混凝土浇筑方式对锁口段进行支护衬砌厚度 60 cm,待混凝土达到强度后再进行锁口段下游部分的尾水管洞的开挖;洞室开挖支护完成后,锁口段在一期混凝土基础再按原体形进行二期衬砌。尾水管洞锁口段结构优化,在施工期保证了该部位的围岩稳定,并保证了施工期安全。施工期此段一期衬砌出现以下裂缝:

(1)4#尾水管洞。地下厂房尾水管洞靠近厂房侧 60 cm 的衬砌加强段均出现一系列的裂缝问题:2009 年 11 月 10 日,4#尾水管洞左右侧拱腰出现两条对称水平裂缝,裂缝沿洞轴线贯穿整个衬砌段,裂缝处钢筋弯曲,无次生裂缝。

地质情况:无显著地质构造。

(2)2#尾水管洞。2009 年 11 月 25 日,2#尾水管洞过程中出现近水平裂缝一条,裂缝沿洞轴线延伸 7~8 m,无次生裂缝。

施工情况:该处顶拱张拉预应力锚索 7 根,锁定吨位 70 t;附近无开挖爆破施工。

地质情况:无显著地质构造。

(3)1#尾水管洞。2009 年 11 月 29 日 1#尾水管洞左侧顶拱衬砌加强段大桩号 5~7 m 范围内拱脚压裂剥落,拱腰出现拉裂缝若干,表层裂缝深度 0.1~0.2 m。

施工情况:此前,该处顶拱锚索灌浆,一锚索孔灌浆穿浆,灌浆量达 18 t,据现场人员介绍,浆液集在左侧拱腰部位,次日出现裂缝;附近无开挖爆破。

地质情况:F_2 断层在裂缝顶拱附近穿过。

导致混凝土裂缝的潜在因素:即岩体、地质构造变形;施工活动。为此,从以下三方面分析:衬砌段设计承载力;施工活动、施工控制对衬砌的影响;岩体可能的变形情况。

①衬砌设计承载力。

影响衬砌设计承载力关键因素是衬砌与围岩接触状况,为保证衬砌加固围岩效果,通过系统锚杆外露一定长度(50 cm)埋入衬砌段、顶拱回填灌浆,以期加强衬砌与围岩接触面强度。现分析衬砌与围岩接触良好状态下衬砌段设计承载力。图 6-26 给出了衬砌与围岩接触良好状态下衬砌极限状况下最大压应力云图,从图中可以看出,此种情况下衬砌破坏形态为:拱脚压裂、拱腰压剪破坏。

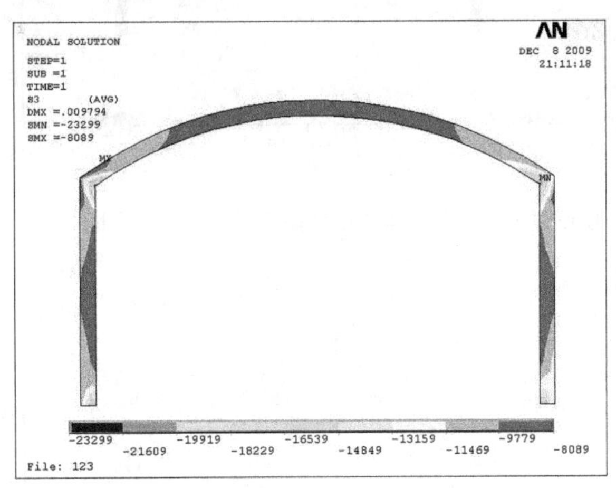

图 6-26　设计工况衬砌极限状态最大压应力等值线　(单位:kPa)

从图 6-27 可以看出,设计工况下衬砌极限状态相当于尾水管洞围岩下沉 10 mm。

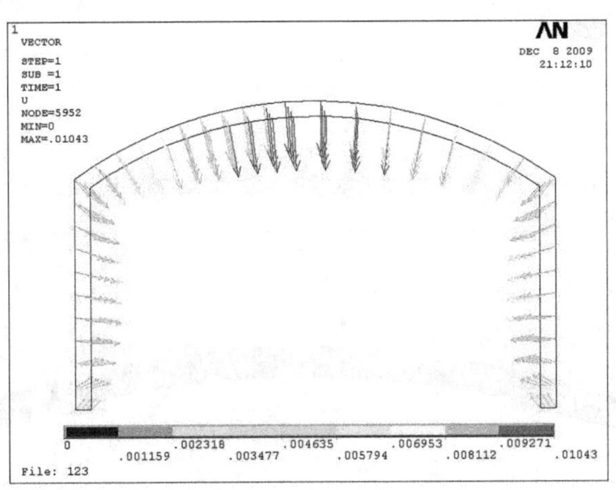

图 6-27　设计工况下衬砌极限状态衬砌最大位移等值线　(单位:m)

②施工控制对衬砌设计承载力的影响。

a. 如图 6-28～图 6-30 所示预设裂缝对衬砌结构承载力的影响。

b. 如图 6-31 所示顶拱回填不密实对衬砌结构的影响。

c. 如图 6-32、图 6-33 所示灌浆对衬砌结构的影响。

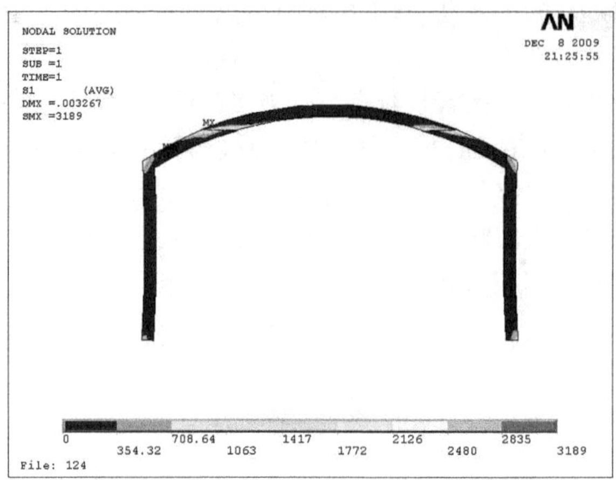

图 6-28 预设裂缝工况下衬砌极限状态下最大拉应力云图 （单位：kPa）

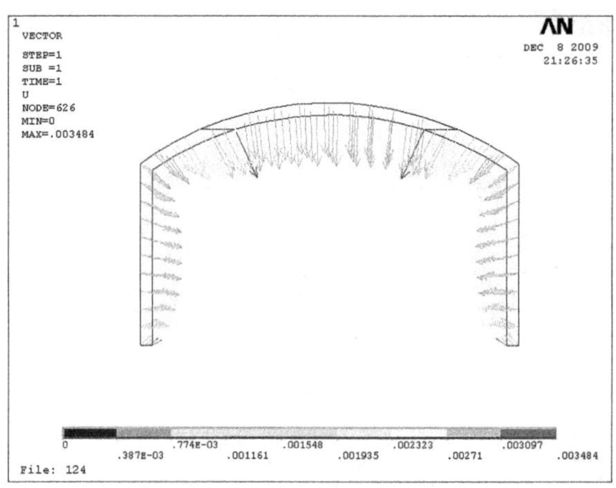

图 6-29 预设裂缝工况下衬砌极限状态衬砌最大位移等值线 （单位：m）

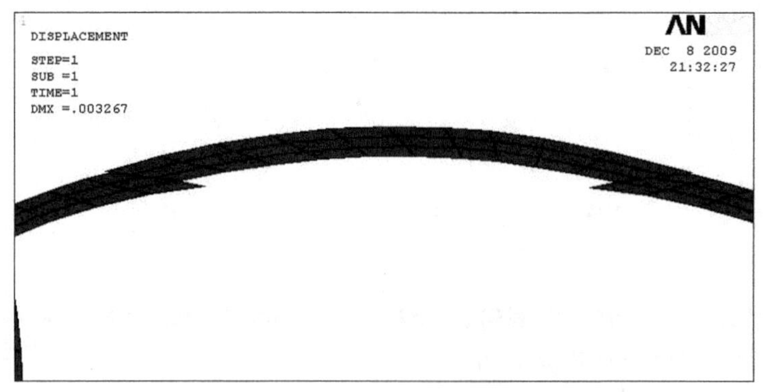

图 6-30 预设裂缝工况下顶拱网格变形图 （单位：m）

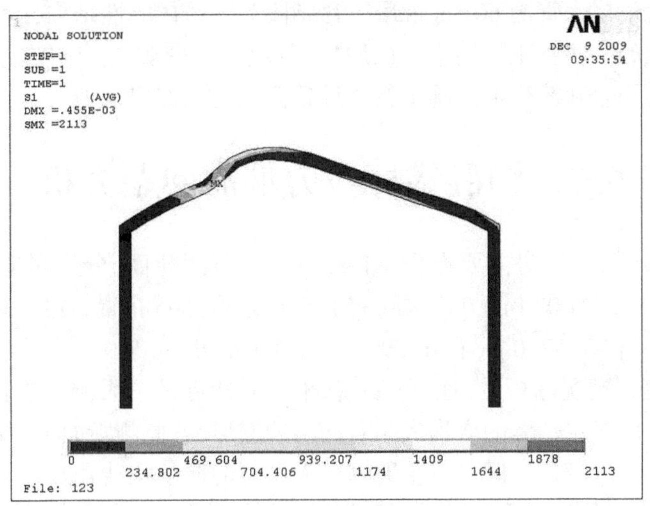

图 6-31　顶拱灌浆不密实情况下顶拱张拉预应力锚索时衬砌拉应力等值线图　（单位:m）

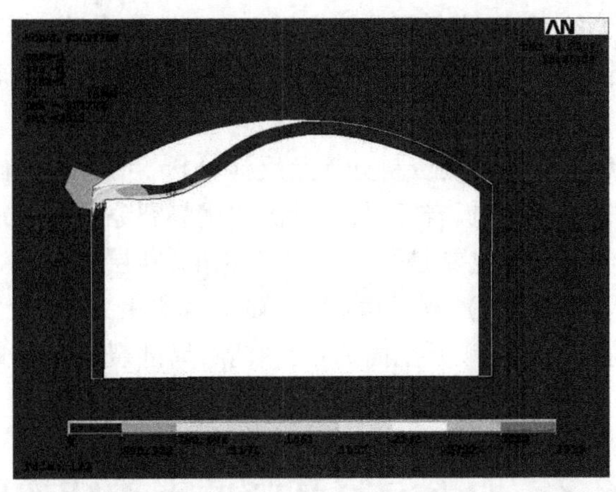

图 6-32　顶拱灌浆不密实情况下局部灌浆压力作用下时衬砌拉应力等值线图

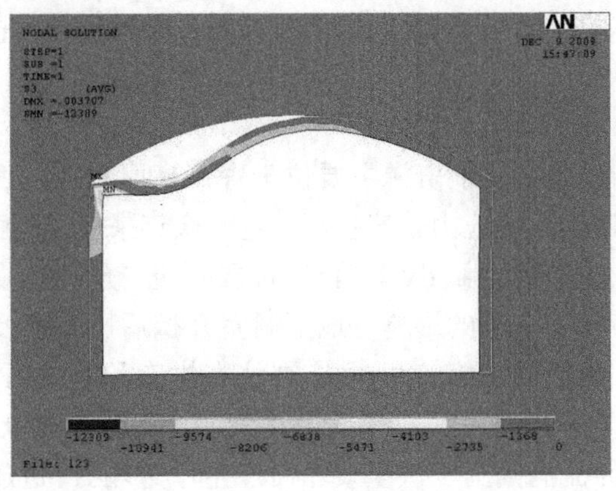

图 6-33　顶拱灌浆不密实情况下局部灌浆压力作用下时衬砌压应力等值线图

综上分析,由于尾水管洞 60 cm 混凝土衬砌段为一薄体刚性结构,抵抗围岩变形能力有限,再加上可能的一些施工控制不当(顶拱局部灌浆不密实、施工冷缝),进一步降低了其承载能力,最终围岩卸荷变形或施工行为导致混凝土局部出现裂缝。

6.7 洞群锚杆应力偏高问题分析

功果桥水电站地下厂房主要布设 A1~A4 四个监测断面,分别对应桩号为厂右 0+21.5、厂右 0+81.5、厂右 0+140.0、厂右 0+51.5;尾水调压室布置 A1~A3 三个监测断面,分别对应桩号为厂右 0+37.0、厂右 0+59.5、厂右 0+98.0。

(1)从实测变形情况分析看,地下厂房总体变形特点是三大洞室左侧洞段变形大于右侧洞段的变形,厂房左端墙的变形大于右端墙的变形,各监测断面上下游边墙变形有一定的差异。从岩性特点看,厂区可以主要划分为左侧的薄条状砂岩及砂质板岩互层区、右侧厚条状砂岩及砂质板岩互层区,开挖扰动对左侧的扰动明显大于右侧。

(2)由于厂区顺洞向裂隙十分发育, 除 0+21.5 桩号薄条状砂岩及砂质板岩互层区受母线洞开挖影响较大外,各监测断面总体变形规律是厂房上游边墙大于下游边墙变形。

(3)此外,F_2 断层及其影响带导致岩体较差,F_2 断层穿越尾水管洞,岩体变位相对较大。

从功果桥水电站地下厂房监测资料分析及反演分析,可以看出地下厂房的变形趋势主要由三个主导因素构成:①砂板岩互层;②顺洞向优势裂隙;③F_2 断层。

功果桥地下洞室围岩变位主要是受砂板岩条带、F_2 断层及顺洞向裂隙影响,由于厂区顺层裂隙(与厂轴大角度相交)、顺厂房(与厂轴小角度相交)均较发育,受开挖卸荷的影响,地下厂房各开挖面均存在顺开挖面的张开裂隙,局部裂隙张开微小变形均能导致锚杆的应力的剧增。

6.8 地下洞室高强度支护结构

本发明涉及水利水电工程技术领域,特别是涉及一种地下洞室高强度支护结构。

6.8.1 背景技术

我国正在开发或待开发的水能资源主要位于青藏高原东缘的西南高山峡谷地区,由于新构造运动的影响,该地区地应力普遍较高。近十余年来修建的大型地下厂房中,最大地应力超过 30 MPa 的先后有二滩、小湾、官地、锦屏一级、猴子岩、白鹤滩等,给施工期安全和厂房的长期稳定带来了不利的影响。地下洞室开挖后围岩所受围压急剧变化,主应力的方向以及大小会出现剧烈的旋转和调整,往往在拱座和起拱区出现强烈的应力集中现象。例如,锦屏一级地下厂房下游拱座应力达到 42 MPa,导致该处产生向内弯折鼓出的现象而破坏,而锦屏导流洞则由于拱座破坏而产生严重塌方,造成人员和财产的损失,影响了工程工期。

可见,对地下洞室拱座应力集中区进行加固,确保拱座围岩稳定性是保证地下洞室整体稳定的关键技术。目前地下洞室多采用挂网、喷混凝土、锚杆等被动支护方式，或者采用预应力锚索的主动支护手段进行支护加固。对于具有高地应力的地下厂房，锚索支护对控制围岩变形和破坏效果最为显著，但是由于锚索锚固力一般在 1 500~2 000 kN，间排距一般在 3~4 m，布置间距较大，平均支护面力仅 0. 16~0. 22 MPa，量值相对于地应力很小，常常难以充分控制围岩的变形，无法保证拱座的整体变形稳定性。

6. 8. 2　地下洞室高强度支护结构发明内容

针对现有技术中的上述问题，本发明提供了一种地下洞室高强度支护结构，解决了现有地下洞室施工中由于应力集中导致的拱座变形塌方的问题。

为了达到上述发明目的，本发明采用的技术方案如下：提供一种地下洞室高强度支护结构，其包括与主洞室内被加固面法向垂直的洞内压板以及一端固定连接于洞内压板上的锚索，锚索的另一端固定于辅助洞内的施力设备上，施力设备对锚索产生可调节拉力，辅助洞的位置与主洞室内的被加固面的位置对应，锚索垂直于洞内压板。

施力设备包括与洞内压板平行的下顶板和上顶板，下顶板固定于辅助洞的内壁上，下顶板和上顶板之间固定连接有千斤顶，锚索穿过下顶板且固定于上顶板上。通过千斤顶顶升上顶板来对锚索施加拉力，从而将洞内压板牢固压于主洞室内壁上达到稳固主洞室的目的。

下顶板和上顶板之间间隔均匀分布有若干千斤顶，且千斤顶的数量大于 15。若干千斤顶组成千斤顶组，通过千斤顶组同时对上顶板施压，大大增加了锚索的张拉力，从而使洞内压板施加于主洞室内壁的平均支护力得到量级的提升。

千斤顶为液压千斤顶，若干千斤顶通过液压系统控制其同步加压。液压千斤顶结构简单、携带方便，非常适合野外作业。同步加压实现施力设备均匀施力的目的，从而避免受力不均导致设备损毁。

洞内压板与主洞室内壁之间以及下顶板与辅助洞内壁之间均设置有混凝土找平层。混凝土找平层为作用于其上的洞内压板和下顶板提供足够的平整度，为作用力提供尽可能多的作用点，从而减少单位面积上的受力强度。

洞内压板、下顶板和上顶板均为厚度不低于 8 cm 的钢板，以保证足够的受力强度，避免因受力过度导致整个设备损毁造成安全事故。

洞内压板与上顶板之间连接有若干均匀分布的锚索。锚索的数量越多，所能够承受的总张拉力越大，同样的总张拉力分担到单根锚索上的张拉力就越小，从而能够提高锚索的使用寿命，防止锚索受力过度损毁。

主洞室和辅助洞之间设置有供锚索穿过的孔道。孔道通过地下钻孔机加工而成，其内壁较光滑，内壁成型稳定，无需另外设置支撑孔道的机构，简化了加工工序。

本发明的有益效果为：将本方案中的支护结构用于固定地下洞室内壁的应力集中区域，通过施力设备给锚索施力，锚索拉动洞内压板产生垂直于地下洞室内壁的压力，达到恢复地下洞室周围围压的目的，提高了围岩的强度，控制住了围岩的变形，给地下洞室围岩的稳定性提供了有力保障，避免了安全事故的发生。

施力设备由若干液压千斤顶组成，千斤顶由液压系统控制，通过锚索和洞内压板将力转化为施向地下洞室内壁的压力，该压力平稳且可调节。如果需要更高的压力，只需要增加千斤顶和锚索的数量即可,增加了本支护结构的适用范围。千斤顶的工作由技术成熟的液压系统去控制,成本低,易于实现,且操作简单,大大降低了劳动强度,提高了工作效率。

本支护结构中的辅助洞和孔道均为地下作业的常见结构,其加工工序成熟,工人操作熟练,制作效率高,大大提升了本支护结构的适用性。

6.8.3　地下洞室高强度支护结构说明

图 6-34 为地下洞室高强度支护结构的结构示意图。

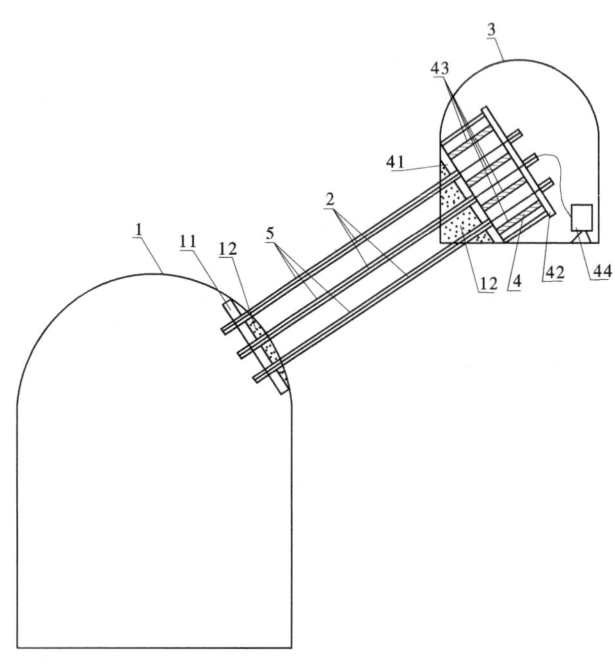

图 6-34　地下洞室高强度支护结构的结构示意图

图 6-35 为图 6-34 中施力设备的结构示意图。图 6-36 为图 6-34 中上顶板上千斤顶和锚索的分布示意图。其中,1—主洞室;11—洞内压板;12—混凝土找平层;2—锚索;3—辅助洞;4—施力设备;41—下顶板;42—上顶板;43—千斤顶;44—液压系统;5—孔道。

6.8.4　具体实施方式

下面对本发明的具体实施方式进行描述,以便于本技术领域的技术人员理解本发明,但应该清楚,本发明不限于具体实施方式的范围,对本技术领域的普通技术人员来讲,只要各种变化在所附的权利要求限定和确定的本发明的精神和范围内,这些变化是显而易见的,一切利用本发明构思的发明创造均在保护之列。

如图 6-34～图 6-36 所示,该地下洞室高强度支护结构包括与主洞室 1 内被加固面法向垂直的洞内压板 11 和锚索 2。洞内压板 11 采用不低于 8 cm 厚度的钢板,其大小根据被加固面积确定,洞内压板 11 的大小需大于被加固面的面积。

由于地下洞室通常是在拱座和起拱区出现强烈的应力集中现象,如果为了适应弧形的被加固面而将洞内压板 11 制作成弧形板,其加工过于复杂,成本较高,所以在被加固面上制作出一个混凝土找平层 12,即用混凝土在圆弧面上堆砌出一个平面出来,使洞内压板 11 与混凝土找平层 12 充分接触。

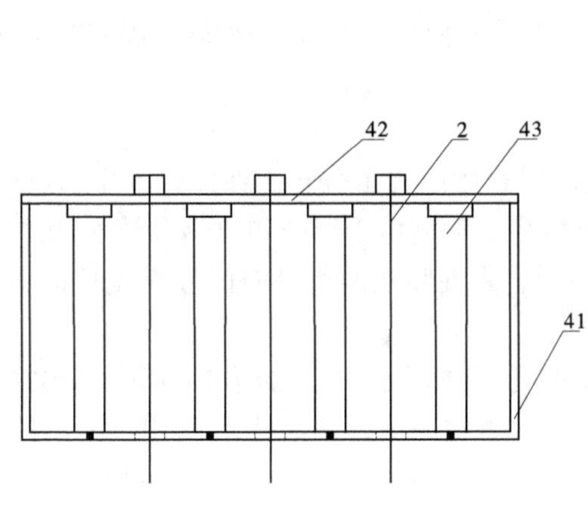

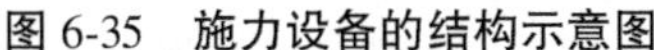

图 6-35 施力设备的结构示意图

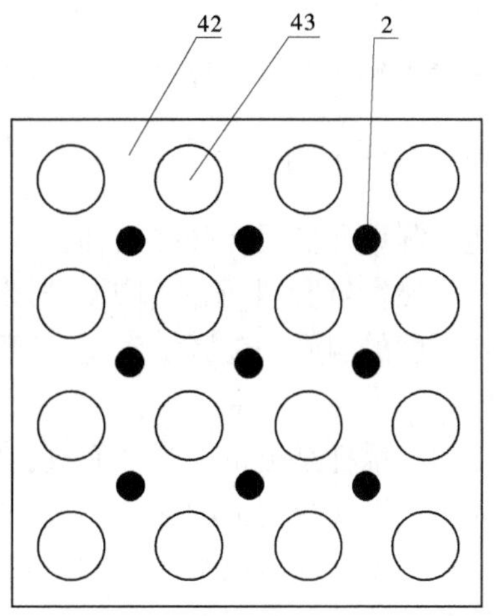

图 6-36 千斤顶和锚索的分布示意图

锚索 2 为钢绞线,其一端通过外锚头固定连接于洞内压板 11 上,另一端固定于辅助洞 3 内的施力设备 4 上。辅助洞 3 为一个常规地下洞室,其主要用于存放施力设备。辅助洞 3 的位置与主洞室 1 内的被加固面的位置对应,需保证锚索 2 始终垂直于洞内压板 11。所以,锚索 2 需穿过地下土层才能进入辅助洞 3 中。

为了不给锚索 2 增加额外的摩擦阻力,影响其工作,在主洞室 1 和辅助洞 3 之间设置有供锚索 2 穿过的孔道 5。孔道 5 通过地下施工常用的地下钻孔机加工而成,孔道 5 的内径需大于锚索 2 的外径,保证锚索 2 在工作中不会与孔道 5 的内壁接触。

施力设备 4 包括与洞内压板 11 平行的下顶板 41 和上顶板 42,下顶板 41 固定于辅助洞 3 的内壁上,9 根锚索 2 穿过下顶板 41 且通过内锚头固定于上顶板 42 上。下顶板 41 和上顶板 42 之间间隔均匀分布有 16 个千斤顶 43。千斤顶 43 和锚索 2 的分布如图 6-36 所示。

下顶板 41 为 U 形结构,由底板和固定于底板四周的围板组成。底板固定于辅助洞 3 的内壁上,为了保证锚索 2 始终与洞内压板 11 垂直,所以下顶板 41 通常与辅助洞 3 的内壁有一定角度,同样,为了保证与下顶板 41 作用面的平整度,会在辅助洞 3 的内壁上用混凝土制作出一个混凝土找平层 12。下顶板 41 便固定于混凝土找平层 12 上。上顶板 42 置于围板顶端。下顶板 41 和上顶板 42 均为厚度不低于 8 cm 的钢板。

千斤顶 43 为液压千斤顶,通过液压泵在电动机的带动下吸入油液,形成压力油排出,压力油驱动液压缸的活塞移动,液压缸上的活塞与上顶板 42 固定连接,使上顶板 42 随着液压缸活塞的移动而移动。

液压系统 44 通过压力控制阀、流量控制阀和方向控制阀等阀门去控制油液的压力、流量和流动方向,从而达到控制千斤顶 43 的顶升力。液压系统 44 采用海特尔的 PLC 液压千斤顶同步顶升系统来控制 16 个液压千斤顶的同步顶升以及产生的顶升力大小,并且能够在达到预先设置的顶升力大小后自动停机。

6.9　散射固灌式创新锚杆

本发明涉及地下工程和岩石边坡建筑材料技术领域,具体涉及一种散射固灌式锚杆。

6.9.1　背景技术

地下洞室开挖后,洞壁围岩向洞内变形,洞周岩体应力重分布。在此过程中,洞壁围岩常常可能发生劈裂、剥落、垮塌、岩爆等破坏现象。洞周由于爆破和地应力释放,往往形成一定深度的洞周松弛区。对此,工程上采用围岩表面喷混凝土、锚杆、锚索支护措施进行加固。

通常的锚杆是由钢筋加工而成,在围岩上打孔后,插入锚杆,并向孔内注浆,使锚杆和围岩成为可以联合受力的整体。另外,目前用的一种注浆锚杆的锚杆体采用中空设计,杆体中孔作为钻进高压风水通道和注浆通道,锚杆体外表面全长标准大螺距螺纹结构。

这两种锚杆对围岩的加固作用主要通过锚杆与围岩接触面摩擦而发生作用,但是对围岩松弛破裂区则不能达到有效加固的效果,在洞周松弛区不得不增加灌浆孔,将洞周松弛区灌浆,提高围岩整体性和围岩强度。

6.9.2　发明内容

本发明针对现有技术中的上述不足,提供了一种能够解决现有技术中锚杆无法同时实现围岩松弛区灌浆加固、锚固功能的问题的散射固灌式锚杆。

为解决上述技术问题,本发明采用了下列技术方案:

提供了一种散射固灌式锚杆,其包括灌浆管,灌浆管的侧壁上均匀设置有灌浆孔,灌浆管的前端与连接头连接并封闭,连接头的前端与钢筋通过螺纹连接;灌浆管的后端通过螺纹套接有密封盖;灌浆管的后端设置有注浆口,灌浆管后端邻近注浆口的位置处均匀设置有若干排气孔。

上述技术方案中,优选的密封盖和连接头的直径相同且大于灌浆管和钢筋的直径。

上述技术方案中,优选的钢筋的前端呈锥形。

上述技术方案中,优选的注浆管为钢管。

本发明提供的上述散射固灌式锚杆的主要有益效果在于:

本发明提供的散射固灌式锚杆通过设置钢筋,将钢筋插入洞壁钻孔中便于对锚杆进行固定;通过在灌浆管的侧壁上均匀开设灌浆孔,并设置注浆口,便于通过锚杆的灌浆管上均布的灌浆孔向灌浆管周围的围岩中散射水泥浆液。通过设置连接头,使连接头与洞壁外侧抵接,便于固定;通过设置密封盖,使密封盖与围岩洞口形成封闭空间, 以便灌注水泥浆液。

在压力作用下,水泥浆液通过灌浆管上的灌浆孔向围岩内部散射,从而填充围岩松弛区的裂隙,加强了浅表松弛岩体的整体性,增大了整体抗变形能力。当周围裂缝被完全填满后,锚杆和围岩即黏合成为整体,通过锚杆与围岩的黏结,增大了围岩抗拉、抗剪强度。

由于注浆的压力,使得围岩围压得到提高,也使得围压强度得到提高。从而达到了对松弛区灌浆和锚固的双重作用效果。

图 6-37 为散射固灌式锚杆的结构示意图,图 6-38 为散射固灌式锚杆的侧视图,图 6-39 为散射固灌式锚杆与围岩的位置关系图。

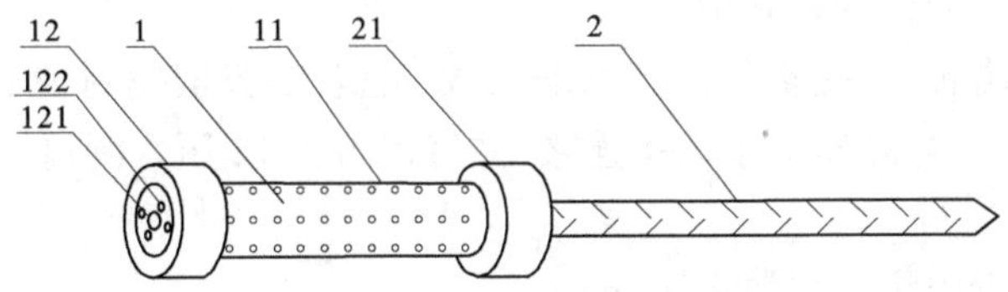

图 6-37　散射固灌式锚杆的结构示意图

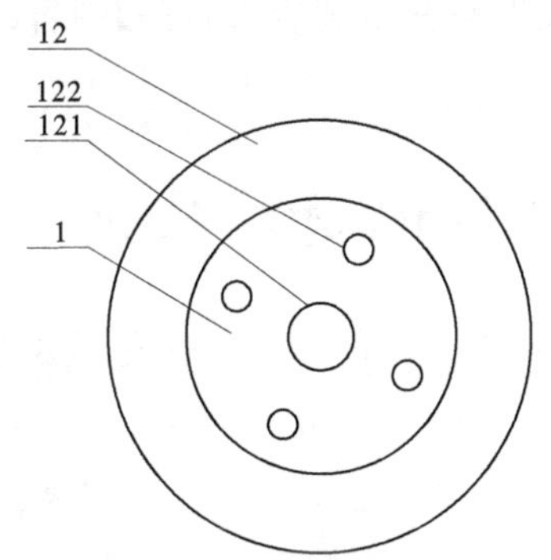

图 6-38　散射固灌式锚杆的侧视图

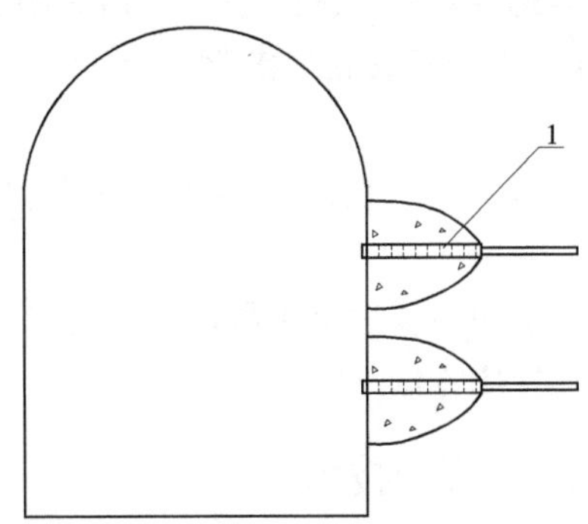

图 6-39　散射固灌式锚杆与围岩的位置关系图

其中,1—灌浆管;11—灌浆孔;12—密封盖;121—注浆口;122—排气孔; 2—钢筋;21—连接头。

6.9.3　散射固灌式锚杆实施方式

对本发明做进一步说明:如图 6-37 所示,其为散射固灌式锚杆的结构示意图。本发明的散射固灌式锚杆包括灌浆管 1,灌浆管 1 的侧壁上均布设置有灌浆孔 11,灌浆管 1 的前端与连接头 21 连接并封闭,连接头 21 的前端与钢筋 2 通过螺纹连接;灌浆管 1 的后端通过螺纹套接有密封盖 12;灌浆管 1 的后端设置有注浆口 121,灌浆管 1 后端邻近注浆口 121 的位置处均布设置有若干排气孔 122,如图 6-38 所示,排气孔 122 为四个或更多。

其中,密封盖 12 和连接头 21 的直径相同且大于灌浆管 1 和钢筋 2 的直径,以便连接头与洞壁外侧抵接,进而对锚杆有效定位和固定;通过将密封盖 12 设置为大于灌浆管 1 和钢筋 2 的直径的结构,以便通过设置密封盖 12,使密封盖 12 与围岩洞口形成封闭空间, 从而灌注水泥浆液;通过将密封盖 12 和连接头 21 的直径设置为相同直径,便于加工生产,且能有效保证封闭和固定效果。

钢筋 2 的前端呈锥形,以便于有效钉入岩洞的侧壁内,同时,不需要再打灌浆孔,加快了工程进度,降低了建设和施工成本;钢筋 2 上开设有若干花纹,便于增加与岩洞的侧壁的接触面积,进而增大钢筋 2 与岩洞的侧壁的摩擦力,从而提高锚杆的锚固效果。

灌浆管 1 设置为钢管,有效保证结构的使用寿命,并控制成本。

在实际使用中,本装置的使用方法包括如下步骤:

(1)在围岩区预先钻设钻孔。

(2)将灌浆管 1 与连接头 21、钢筋 2 依次连接,形成锚杆结构。

(3)将锚杆插入洞壁的钻孔中。

(4)在锚杆的端部,即灌浆管 1 的后端安装密封盖 12,此时密封盖 12 位于洞口位置处。

(5)将密封盖 12 与高压灌浆设备连接,并将密封盖 12 压入洞口,使密封盖 12 堵住洞口位置。

(6)向灌浆管 1 内注入水泥浆液。

在压力作用下,水泥浆液通过灌浆管 1 上的均布开设的灌浆孔 11 向围岩内部散射,从而填充围岩松弛区的裂隙。当周围裂缝被水泥浆液完全填满后,锚杆和围岩即黏合成为整体,从而完成灌浆作业。

6.10 直贴式岩壁变形激光扫描新型系统

本发明涉及地下工程围岩变形监测领域,具体涉及一种直贴式岩壁变形激光扫描系统及其使用方法。

6.10.1 背景技术

随着我国国民经济的快速发展和西部大开发的深入推进,地下空间的开发和利用进入新的发展阶段。地下工程主要指在岩体或土层中修建的通道和各种类型的地下建筑物,包括交通运输方面的铁路、道路、运河隧道,以及地下铁道和水底隧道等;工业和民用方面的市政、防空、采矿、储存和生产等用途的地下工程;军用方面的各种国防坑道;水利发电工程方面的地下洞室、发电厂房以及其他各种水工隧洞等。

大型地下洞室因其跨度大、埋深大、变形大而导致施工难、运营维护难,对其的变形监测也因此变得极为重要。目前,地下洞室围岩变形监测要么采用传统测量仪器进行表观位移监测,要么埋设仪器进行深部位移监测,要么人工巡视,这些方法普遍受人工、仪器、时间影响较大。

目前的地下洞室围岩变形监测手段主要包括:①采用全站仪、经纬仪、水准仪等仪器进行表观位移监测,这种方法的缺点是受人为误差、环境、人员素养的影响较大,且耗时耗力;②通过安装钻孔多点位移计、锚杆应力计、锚索应力计等进行深部应变、应力监测,这种方法的缺点是安装时间长,可能在安装仪器的过程中围岩已经发生了较大的变形,而这部分变形却没有监测到;③通过人工巡视进行监测,这种方法只能发现非常明显的变形和破坏。

6.10.2 直贴式岩壁变形激光扫描系统发明内容

针对现有技术中的上述不足,本发明提供的一种直贴式岩壁变形激光扫描系统及其使用方法解决了地下洞室围岩变形测量不准确的问题。

为了达到上述发明的目的,本发明采用的技术方案为:一种直贴式岩壁变形激光扫描系统,包括两个激光距离传感器和一个直贴式检测仪,一个激光距离传感器设置在固定点上,另一个激光距离传感器设置在发射点上。直贴式检测仪的形状为一长条,直贴式检测仪的一面为检测带,检测带上等距离设有若干监测点,每个监测点上设有反光片;直贴式检测仪的另一面为粘贴面,粘贴面上设有粘贴胶,直贴式粘贴仪通过粘贴胶粘贴在岩壁上,固定点位于岩壁下方。发射点位于直贴式检测仪的一端处,两个激光距离传感器均与电脑连接。两个激光距离传感器均用膨胀螺栓固定。

一种直贴式岩壁变形激光扫描系统的使用方法,包括以下步骤:

(1)将直贴式检测仪粘贴于监测断面的围岩上。

(2)将固定点设置在直贴式粘贴仪下方,将发射点设置在直贴式检测仪的一端,并在固定点和发射点分别设置一个激光距离传感器。

(3)通过固定点上的激光距离传感器扫描发射点,并计算发射点的位移。

(4)通过电脑控制发射点的激光距离传感器扫描直贴式粘贴仪监测点上的反光片,并计算监测点的位移。

(5)将发射点的位移数据和监测点的位移数据存储在电脑中,并通过对位移数据进行分析得到围岩的稳定性评价及预警。

本发明的有益效果为:本发明通过在已开挖的地下洞室岩壁上直接粘贴或用膨胀螺栓固定激光距离传感器和反光片,通过微电脑控制,自动扫描位移监测点,存储变形数据,最后将变形数据传输到电脑,通过软件分析,可以快速准确地得出监测点的位移—时间变化曲线,为围岩稳定性分析评价、监测预警和施工、设计、运营等提供最直观有力的依据。

由于安装便捷,不需要进行深部钻孔,所以该设备可以在洞室完成开挖后立即进行变形监测,显著减小了变形损失;另外由于采用自动扫描位移监测点,自动采集存储位移数据,因而受人员影响小,本发明较好地解决了目前位移变形监测技术所面临的难题,且经济实惠,易于操作。

图 6-40 为直贴式岩壁变形激光扫描系统结构图,图 6-41 为直贴式岩壁变形激光扫描系统流程图;图 6-42 为直贴式岩壁变形激光扫描系统使用示意图。

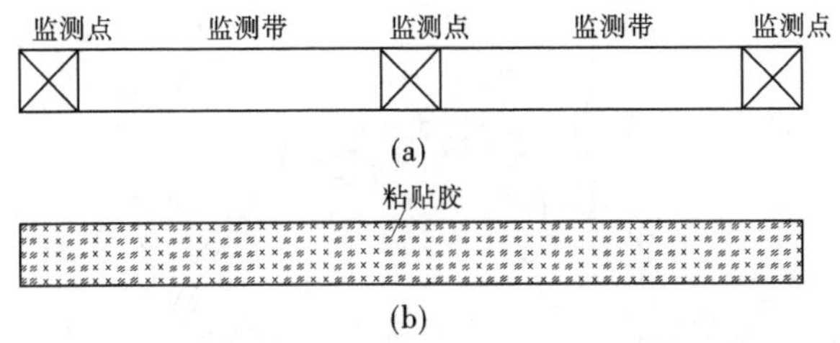

图 6-40 直贴式岩壁变形激光扫描系统结构图

6.10.3 直贴式岩壁变形激光扫描系统实施方式

下面对本发明的具体实施方式进行描述,以便于本技术领域的技术人员理解本发明,但应该清楚,本发明不限于具体实施方式的范围,对本技术领域的普通技术人员来讲,只要各种变化在所附的权利要求限定和确定的本发明的精神和范围内,这些变化是显而易见的,一切利用本发明构思的发明创造均在保护之列。

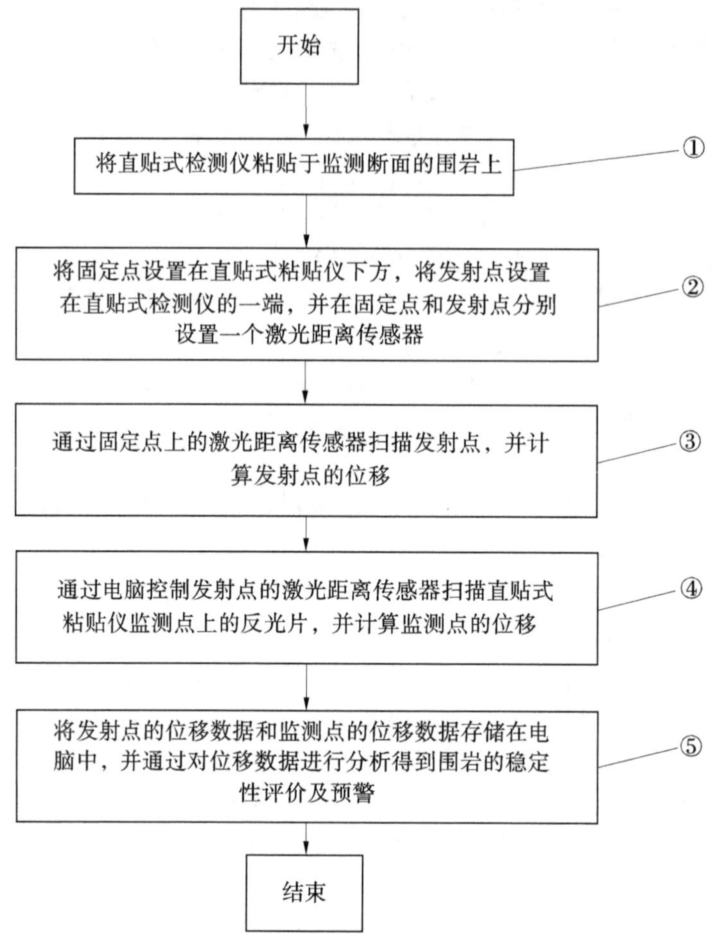

图 6-41　直贴式岩壁变形激光扫描系统流程图

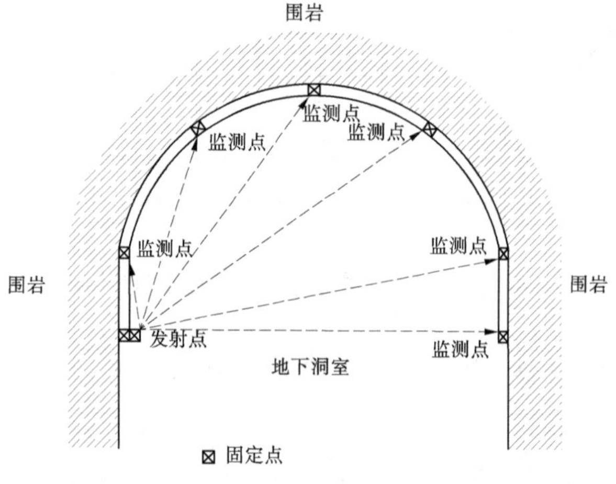

图 6-42　直贴式岩壁变形激光扫描系统使用示意图

如图 6-40 所示，一种直贴式岩壁变形激光扫描系统，包括两个激光距离传感器和一个直贴式检测仪,一个激光距离传感器设置在固定点上,另一个激光距离传感器设置在发射点上,直贴式检测仪的形状为一长条,如图 6-40(a)所示,直贴式检测仪的一面为检测带,检测带上等距离设有若干监测点,每个监测点上设有反光片,如图 6-40(b)所示;直贴式检测仪的另一面为粘贴面,粘贴面上设有粘贴胶,直贴式粘贴仪通过粘贴胶粘贴在岩壁上,固定点位于岩壁下方。发射点位于直贴式检测仪的一端,两个激光距离传感器均与电脑连接。两个激光距离传感器均用膨胀螺栓固定。

如图 6-41 所示,一种直贴式岩壁变形激光扫描系统的使用方法,包括以下步骤:①如图 6-42 所示,将直贴式检测仪粘贴于监测断面的围岩上;②将固定点设置在直贴式粘贴仪下方,将发射点设置在直贴式检测仪的一端,并在固定点和发射点分别设置一个激光距离传感器;③通过固定点上的激光距离传感器扫描发射点,并计算发射点的位移;④通过电脑控制发射点的激光距离传感器扫描直贴式粘贴仪监测点上的反光片,并计算监测点的位移;⑤将发射点的位移数据和监测点的位移数据存储在电脑中,并通过对位移数据进行分析得到围岩的稳定性评价及预警。

6.11　围岩变形破坏模式预判及支护对策

依托大型地下洞室工程,分部位总结出大型洞室围岩变形破坏模式与有效的工程处理措施,并形成地下洞室围岩失稳模式及处理对策见图 6-43~图 6-45 和表 6-16。

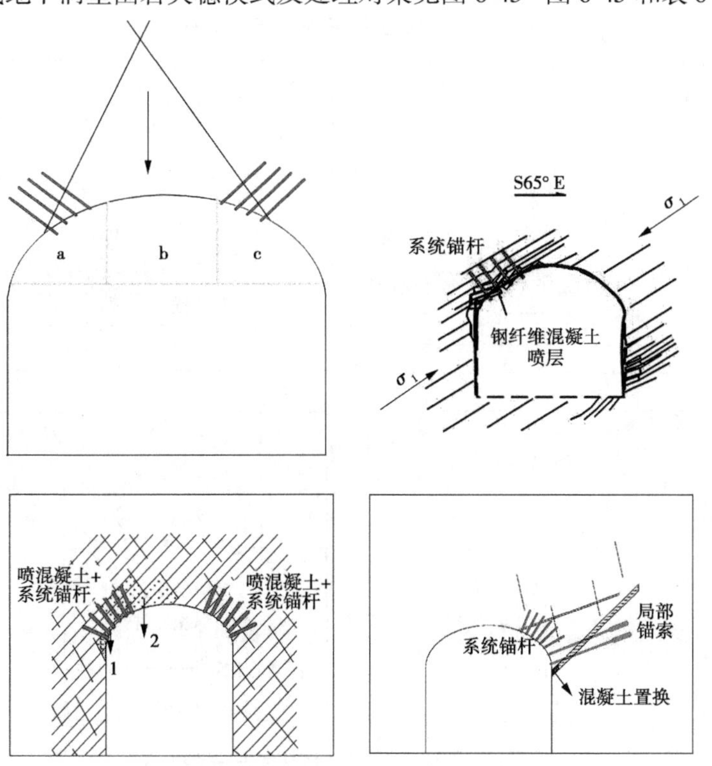

图 6-43　顶拱区破坏模式与支护对策

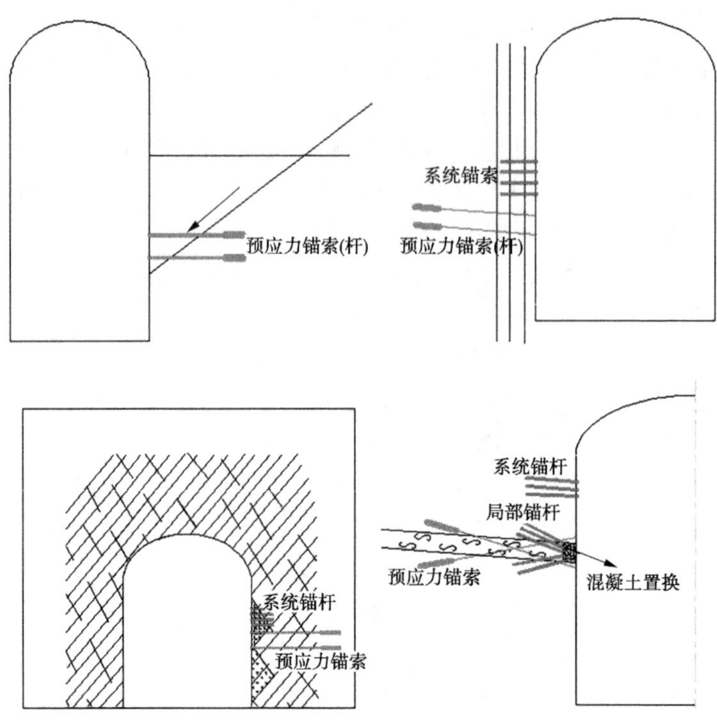

图 6-44　边墙区破坏模式与支护对策

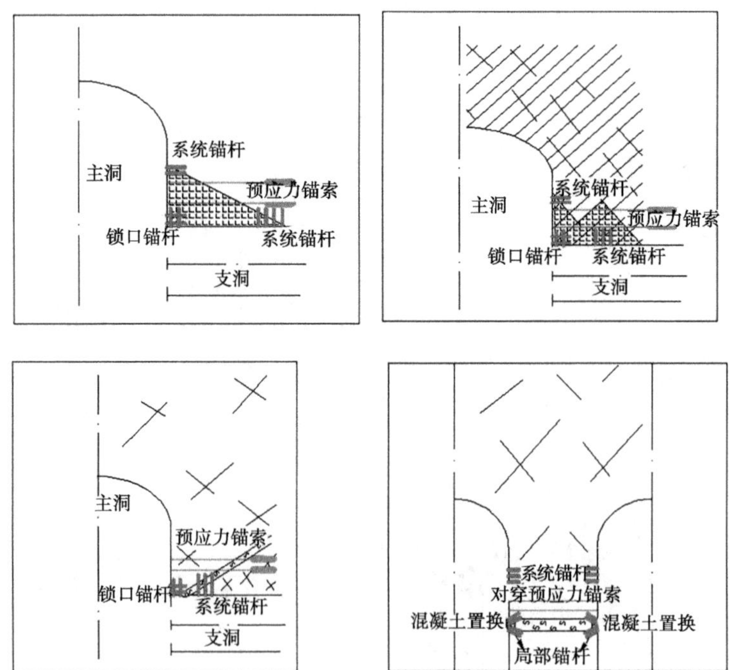

图 6-45　洞室交叉区破坏模式与支护对策

表 6-16 围岩变形破坏模式与支护对策

灾害类型	工程项目	原因	处理办法	来源
脆性岩体的高应力破坏	白鹤滩水电站	白鹤滩地下洞室规模宏大,然而深切河谷地区地质条件较为复杂,发育大型软弱层间错动带、密集柱状节理等不利构造。 地下厂房洞室群的埋深达 500 m 以上,最大实测地应力达 33.39 MPa。 柱状节理玄武岩作为特殊结构岩体,在白鹤滩分布广泛,影响较为突出	脆性岩体的高应力破坏强调支护的及时性和系统性,即紧跟掌子面的喷锚支护,并采用喷纳米钢纤维混凝土。 工程实施了“喷层+系统锚杆+系统预应力锚索”的支护结构	白鹤滩水电站巨型地下洞室群关键岩石力学问题与工程对策研究
软弱层间带导致的深层变形	白鹤滩水电站	软弱层间带导致的深层变形	1. 针对顶拱受层间带切割导致剪出口局部岩体非连续变形显著问题,清除松弛岩体后,加强表面支护,同时考虑增加端锚形成有效支护体系。 2. 针对顶拱上方受层间带的影响,应在层间带下盘围岩变形较大的洞段进行锚索深层支护。 3. 针对层间带切割高边墙导致的错动变形问题,制订了混凝土置换洞方案,以形成一个“混凝土塞(洞)+锚固圈”的锚固区	
柱状节理玄武岩的破裂松弛	白鹤滩水电站	柱状节理玄武岩的破裂松弛	1. 针对洞室顶拱部位的柱状节理围岩,需强调表面支护强度,如增大初喷钢纤维混凝土厚度,同时考虑采用大垫板和钢筋网形成有效支护面力,从而有效抑制松弛范围的扩张与加深。 2. 针对洞室边墙部位的柱状节理围岩松弛,在系统支护基础上,加强的表面支护可以是混凝土板、混凝土框架、钢筋拱肋等结构形式,并且可以通过适当增加的锚杆和锚索与深部围岩及系统支护连成整体	
围岩变形	猴子岩水电站	主要是地应力偏压导致拱肩应力集中和边墙的水平卸荷与竖向加载所致。(尾调室上游拱肩出现了沿尾调室轴线方向扩展的混凝土喷层裂缝,而 1 号尾调室端墙和上游边墙则出现了高地应力条件下的岩体剥落、片帮现象)	1. 拱肩仅有混凝土喷层和锚杆支护,喷层已经开裂、锚杆也超限,二者所起的支护作用打了折扣,岩体强度也随之降低,因此考虑在上游拱肩增加预应力锚索,为岩体提供足够的围压。 2. 应适当增加长锚索支护,一方面增加高边墙的约束点,提高整体性,另一方面提供围压,提高破坏强度	尾水调压室围岩变形原因分析及加固措施研究

续表 6-16

灾害类型	工程项目	原因	处理办法	来源
主厂房和主变室下游拱部大规模变形开裂破坏、总体变形量值大、锚杆和锚索应力超限、持续时效变形及开挖面局部错动、片帮、掉块等现象	锦屏一级水电站	地下厂房洞室群处于高—极高应力区，最大主应力在上游拱部与岩层面之间呈挤压状态，而在下游拱部出现压弯效应，加之小主应力的量值相对较大，使围岩沿着层面产生劈裂，压弯和劈裂效应组合使得下游拱容易出现开裂破坏。 Ⅱ、Ⅲ级结构面总体上与主厂房纵轴线夹角较大，且倾角比较陡，对围岩稳定的影响是局部的，对上下游侧的影响差异性不明显。Ⅳ、Ⅴ级结构面中的层面裂隙比较发育，在主厂房横断面上的视倾角为35°~40°，倾向下游，在上游拱部表现为顺倾向，下游拱部表现为反倾向，对洞室上下游拱部的差异性变形影响显著。 主应力在主厂房横剖面上的较大分量在上游拱部位与岩层的视倾角成大角度相交，而在下游拱部位与岩层的视倾角夹角比较小，近乎平行。结合洞室圆拱开挖后的受力特点，可判断下游拱部容易发生岩体的劈裂破坏现象。随着洞室开挖高度的不断增加，多次剧烈的应力调整引起围岩的卸荷松弛深度不断向深部发展，劈裂效应的范围也逐步扩大，给主厂房下游拱部的围岩稳定带来潜在隐患。 地下厂房下游拱部位喷层混凝土开裂主要是由于在高地应力作用下，开挖卸荷，形成上下游不对称变形，在下游拱脚应力过于集中所致；同时，受到岩层产状与主应力方向的不利组合，导致下游拱部产生劈裂破坏，并存在局部压碎现象。 本质上是由高地应力和相对较低的岩体强度形成的不利组合所造成的，而不良的地质构造和岩体结构起到了助推作用	1. 洞室群在施工开挖过程中采用分薄层多次应力释放，减小每层开挖的应力释放量和围岩应力集中程度。 2. 在下游拱部增加预应力锚杆Φ 32，$L=9$ m，$T=120$ kN。 3. 在下游拱部增设系统锚索和框格梁。 4. 在下游拱脚部位对围岩进行系统固结灌浆	锦屏一级水电站地下厂房围岩开裂变形机制研究 锦屏一级水电站地下厂房下游拱围岩变形开裂破坏成因分析与加固措施研究

续表 6-16

灾害类型	工程项目	原因	处理办法	来源
岩爆	齐热哈塔尔水电站	1. 引水隧洞开挖，洞壁围岩积聚能量释放，潜表部围岩在二次应力调整时发生劈裂破坏，进而成层剥落，呈薄片或板状，单层厚度 5~10 cm，破裂面大多较为平直，并最终影响洞室形状。 2. 洞壁浅部围岩后壁较深部位在应力及应变能的持续释放及自重应力作用下，产生鼓胀层裂，并发生弯曲折断现象。破裂面中部较为平直，表现为拉裂面，端部则呈参差阶梯状。 3. 片、板状剥落，弯曲鼓折破裂	1. 对在两侧边墙及顶拱部位发生轻微岩爆情况下，采取控制爆破参数措施，对局部岩爆段可以通过初喷 5 cm 厚的 C25 素混凝土来防止洞壁表面岩体的剥离。 2. 对岩爆频繁段，采用随机锚杆（L= 2. 5 m）+挂网（Φ 8@ 200×200）+喷混凝土（C25，厚 10 cm）的方式进行处理，支护效果良好。 3. 对于两侧边墙及顶拱部位发生中等岩爆，对应力集中部位要提前采取措施，如应力释放孔和锚杆加固，首先喷射 5 cm 厚 C25 混凝土封闭围岩，围岩封闭后挂 20 cm×20 cm Φ 8 单层双向钢筋网，锚杆间距为 1 m×1 m，锚杆直径为Φ 25，挂网后喷射 C25 混凝土 8~10 cm，喷 C25 素混凝土厚度 5 cm 封闭掌子面，如在施工中 5 cm 厚素混凝土无法封闭掌子面，则采用喷射 5 cm 的改性聚酯合成纤维混凝土封闭掌子面，锚杆施工中可根据围岩情况局部适当加密。 4. 低等级岩爆（片帮和剥落区）采用锚杆或灌浆螺纹钢筋+金属网（喷射混凝土）支护系统，对较大范围或等级较高的岩爆，可适当加密锚杆间距	深埋长隧洞岩爆灾害机制及判据研究——以齐热哈塔尔水电站引水隧洞为例
	锦屏二级电站引水隧洞	1. 由回归分析可知属于高地应力环境地质特点：埋藏深，洞线长，洞径大，高应力，高外水压力等地质条件（高地应力，高外水压力）。 2. 锦屏山硬质岩的弹性模量、剪切强度、抗压强度很高，其弹性应变能高于软质岩，且施工时岩石应力环境改变。 3. 围岩最大主应力集中在洞顶和洞底一带并呈基本水平状，这一带可能存在的与洞轴线交角较小的缓倾刚性结构面最有可能发生断裂构造破坏	1. 应用水胀式锚杆、涨壳式中空预应力锚杆（替代普通砂浆锚杆）和防冲抗暴恒阻大锚杆。 2. 采用以钢筋拱肋为主体的安全快速支护技术。（利用钢筋拱肋、水胀锚杆和新型纳米外加剂、有机纤维喷射混凝土配套组成联合支护体系）	锦屏二级水电站洞室群开挖岩爆防治措施探讨

续表 6-16

灾害类型	工程项目	原因	处理办法	来源
围岩变形开裂	乌东德水电站	右岸主厂房 7#、8#机组段上游边墙围岩变形快速增长并出现开裂现象的内在原因是不利的陡倾顺层岩体结构，外因是施工不当（开挖速度过快、开挖规模过大及支护不及时），使得较大范围的侧向约束突然解除和边墙未经支护的临空高度突然大幅增加，从而导致陡倾小夹角层面卸荷张开，层面强度降低，进而导致层面拉裂，并伴有顺层滑移。（支洞顶拱在桩号 1+255.0～1+290.0 范围内开挖后，现场发现在 7#、8#机组段。机组补气廊道内出现多条环向、顺层面裂缝，局部最大张开约 0.6 mm，并伴随层面错动）	1. 在后续施工过程中，要严格控制支洞顶拱岩体开挖长度，同时控制爆破规模，尽可能减小开挖扰动对主厂房整体稳定性的影响，从而确保地下厂房系统的安全施工及运行稳定。 2. 根据对上游边墙变形分析，对变形部位采取增加预应力锚索及填缝灌浆等加固处理措施。 3. 采取分段开挖+及时支护的施工方案可以显著降低围岩的变形和破坏程度	陡倾角层状岩层大型地下厂房施工期围岩变形开裂机制研究
岩壁吊车梁裂缝	官地水电站	随着主厂房向下开挖，吊车梁产生了水平方向和铅直方向的不协调变形（不均匀变形）。 官地水电站岩壁吊车梁在厂房第四层开挖完成后浇筑，在其下部厂房边墙开挖及机组段大体积混凝土浇筑初期，梁体出现了水平向和铅直向裂缝，局部区域梁体与围岩出现了脱开的纵向裂缝。岩壁吊车梁混凝土裂缝的出现，会大大削弱其整体性，对结构安全较为不利	1. 对宽度小于 0.2 mm 的一般浅表性裂缝，利用混凝土表层微细独立裂缝或网状裂缝的毛细作用吸收具有良好渗透性的潮湿型改性环氧树脂（注射剂），进行表面封闭。 2. 对宽度大于 0.2 mm 的浅表型裂缝及所有贯穿性裂缝，采用潮湿型改性环氧树脂进行压力注浆处理。压力注浆前，对裂缝周边进行密封，可在构件表面沿裂缝走向骑缝凿出槽深和槽宽分别不小于 20 mm 和 15 mm+5t（t 为裂缝最大宽度）的 U 形槽，然后用改性环氧树脂充填并粘贴复合材料封闭其表面。 3. 岩壁吊车梁与围岩的铅直接触面进行潮湿型改性环氧树脂注浆处理	官地水电站地下厂房岩壁吊车梁裂缝成因分析及处理

续表 6-16

灾害类型	工程项目	原因	处理办法	来源
软岩大变形	色尔古水电站引水隧道	（拱顶和基脚同时大变形，喷混凝土开裂，掉块，钢支架变形断裂）岩层产状不利，该地区位于两个地层分界点，岩层走向与洞轴线基本平行。 围岩节理发育，完整性很差，遇水有软化现象（大量变质千枚岩）。 围岩强度比小（为 0.08~0.28）。 开挖方法不够妥当，采用台阶法开挖。 由于岩石产状和岩石产状的各向异性而造成隧道结构有一定的偏压（变形部位主要集中在线路右侧拱顶和拱腰位置），有较高的地应力	在施工中采取二次补强支护（在变形严重处安设二次钢支撑），在部分区域变形仍未控制处安设了第三层型钢支撑，进行了三次补强	色尔古水电站引水隧道软岩大变形控制技术研究

6.12 小　结

6.12.1　层状围岩洞室破坏特征

6.12.1.1　沿岩层面的脱落

层状围岩洞室开挖后由于岩层层间结合力不强,岩层在重力作用下下弯,岩层易发生弯曲或折断,从而逐渐形成具有一定规模的塌落。塌落后,将对洞室顶拱的稳定造成严重的不利影响。

6.12.1.2　结构面组合的块体滑塌

洞室顶拱岩体在裂隙、岩层面(开挖面)等结构面的组合下,形成不稳定块体,这也是洞室顶拱常见的破坏形式。

6.12.2　层状围岩的支护方式

层状围岩洞室顶拱可采取"喷混凝土+预应力锚杆+锚索"的组合锚固柔性支护方案,利用喷射混凝土的支护及时性与优良的抗拉、压、弯强度,结合预应力锚杆、锚索的约束顶拱变形,防止层状围岩层间脱开,以充分发挥围岩自身的作用,使其稳定。

6.12.3　层状围岩变形规律

洞室开挖均使得洞周围岩的力学参数明显降低,层状岩体部位总体力学参数更低,岩体变形相对较大。

6.12.4　层状围岩动态施工控制技术

层状围岩洞室动态施工控制技术,是把大洞室作为动态系统,利用动态反演分析,根据反演分析得到的力学参数,随施工开挖步骤和加固支护措施进行数值模拟计算,研究每个阶段大洞室分层开挖围岩的动态影响,研究分层开挖、施工顺序、围岩稳定之间的关系,研究洞室分层开挖围岩动态响应规律,对开挖完成后洞室围岩稳定性进行分析,提出每个阶段优化支护方案,确定合理的开挖顺序、开挖支护方案,保障工程安全、减少二次支护、保证工程工期。

7　围岩稳定控制技术在大型地下洞室群中的应用

7.1　挖前阶段围岩稳定分析及支护研究

7.1.1　围岩稳定分析方法及成果

在招标及施工详图设计阶段,需要采用工程类比法、有限元数值分析法、块体理论分析法分别对地下厂房洞室群设计中的关键技术问题进行研究。取得第一阶段(挖前期)的成果:①依据地应力实测资料,分析确定厂区地应力场;②确定地下厂房的位置和轴线方位;③确定厂区洞室群的布置格局;④完成厂区洞室群围岩稳定性评价;⑤初步确定厂区洞室群的支护设计参数。

7.1.1.1　厂区初始应力场反演分析结论

通过反演计算分析,功果桥地下厂房区初始地应力场具有以下特点:

(1)地形地貌对初始应力场的影响较明显。地应力场的主应力等值线随山体地形变化而变化,第一、二、三主应力等值线的梯度变化都较均匀,但在局部区域,等值线的起伏变化较大,说明整个初始应力场的大部分区域分布较均匀,但受地质构造运动影响,局部区域的应力分布有突变。

(2)三个主应力矢量的方向在浅层受山体剥蚀影响,矢量方向随着地形变化而有所变化,在深部主应力的方向变化不大,影响范围为 30~50 m。说明山体深部主应力矢量受地形影响较小,应力矢量分布规律较均匀。整个地应力场矢量的主要变化范围为:

第一主应力 σ_1: 方位角 19.0°~43.0°,倾角 7.0°~27.0°;

第二主应力 σ_2: 方位角 103.0°~175.0°,倾角 13.0°~57.0°;

第三主应力 σ_3: 方位角 250.0°~292.0°,倾角 26.0°~69.8°。

(3)从整个厂房区的地应力场侧压力系数变化规律看,在岩体内部,侧压力系数分布变化较小,侧压系数大致分布在:

$$k_x = \frac{\sigma_x}{rH} = 0.50 \sim 1.3,\quad k_y = \frac{\sigma_y}{rH} = 1.0 \sim 1.75,\quad k_z = \frac{\sigma_z}{rH} = 0.70 \sim 1.10$$

在浅层受山体地形变化影响,主应力的倾角和方位变化要大一些,随着山体地形变化,其倾角和方位角都不断变化,侧压力系数分布范围相对也较大,分布规律也较离散,影响范围为 30~70 m。浅层的侧压力系数大致分布在:

$$k_x = \frac{\sigma_x}{rH} = 0.462 \sim 1.982,\quad k_y = \frac{\sigma_y}{rH} = 0.505 \sim 2.586,\quad k_z = \frac{\sigma_z}{rH} = 0.308 \sim 1.750$$

由此看出,整个初始地应力场的侧压系数值分布较为离散,说明构造应力对初始应力场有一定影响。

(4)厂房洞室范围内初始应力场分布规律。4#机组段和3#机组段厂房横剖面的各种初始应力的等值线和应力矢量分布见图7-1~图7-6。可见沿地下厂房横剖面在主厂房、主变洞、调压井处的第一、二和第三主应力等值线分布较均匀平缓，在主厂房上游侧50~60 m处受地形起伏变化，应力等值线的坡度变化较大。主应力的值基本上是从上到下逐渐加大，第三主应力的方向与厂房纵轴线有较大的交角，第一、二主应力的方向与厂房纵轴线交角较小。在主厂房洞室处主应力的大小分布值见表7-1。由此看出，沿4#、3#机组中心线的初始地应力随着位置变化，初始地应力值也有所变化。

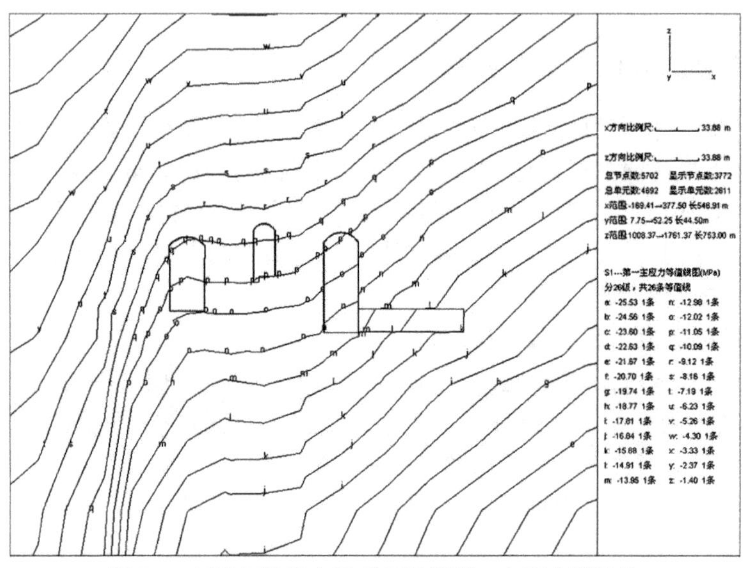

图7-1 三维初始应力场4#机组段第一主应力等值线

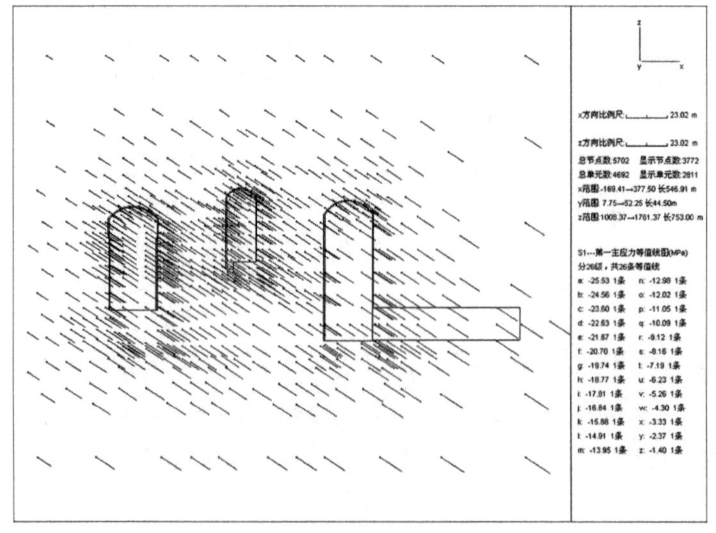

图7-2 三维初始应力场4#机组段第一主应力矢量

综合分析,整个地下厂房区域初始地应力场的垂直向地应力值接近 rH 值,地应力场是一个自重为主体、受构造影响的中低地应力场。

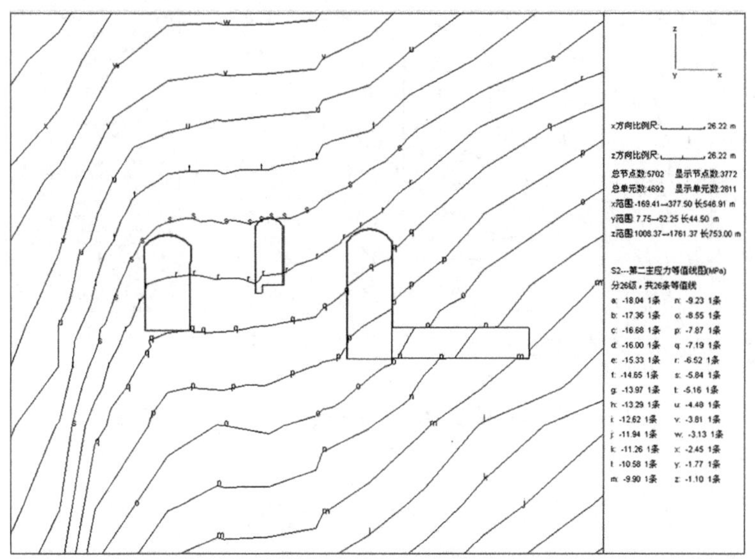

图 7-3　三维初始应力场 4#机组段第二主应力等值线

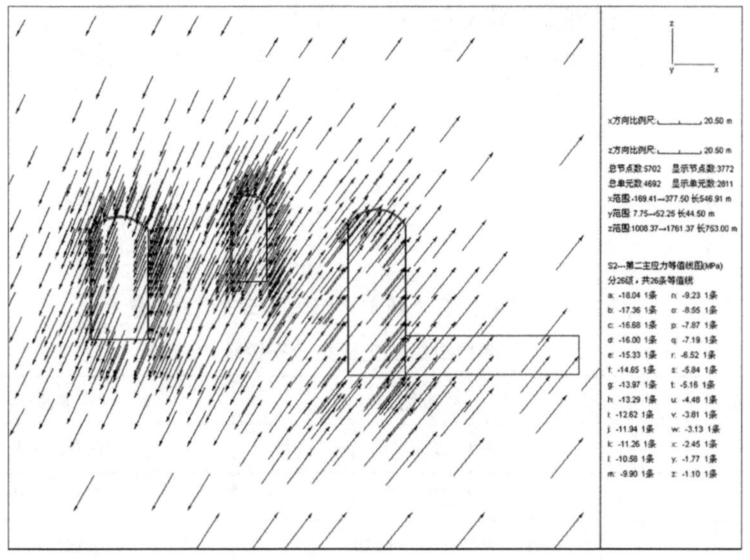

图 7-4　三维初始应力场 4#机组段第二主应力矢量

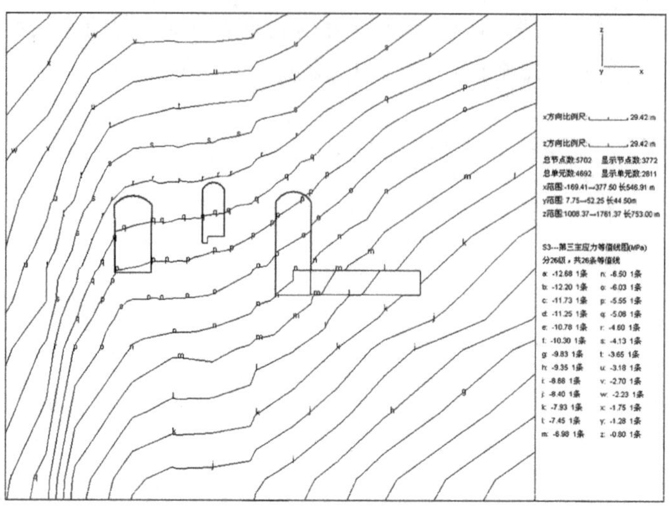

图 7-5　三维初始应力场 4#机组段第三主应力等值线

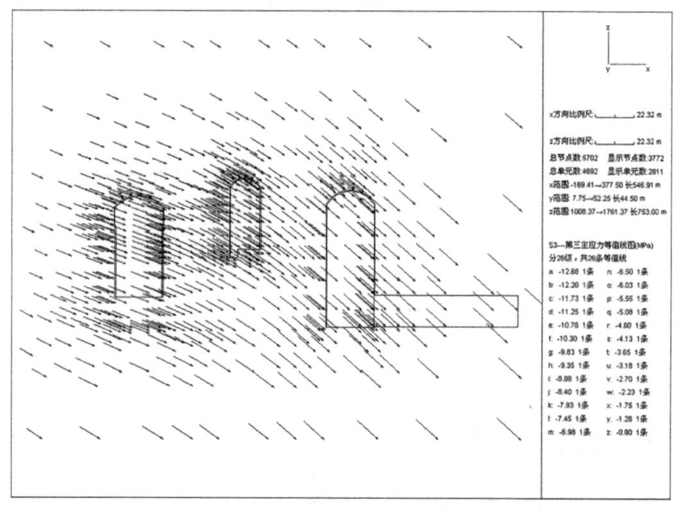

图 7-6　三维初始应力场 4#机组段第三主应力矢量

表 7-1　典型机组段主应力分布值统计表　　(单位:MPa)

项目	3#机组段	4#机组段
σ_1	-10.10~-13.96	-10.09~-15.88
σ_2	-6.53~-9.24	-5.84~-9.90
σ_3	-4.60~-6.98	-4.60~-7.93

7.1.1.2　洞群围岩稳定性分析

1. 有限元分析

根据推荐方案的地下厂房所处围岩条件，继续对洞室围岩稳定性及加固处理方案进行了详细、深入的计算和研究。其中，平面有限元分析中，选择了 1#机组和 3#机组两断面进行无支护和有支护工况的对比计算；三维非线性弹塑性有限元计算中，首先用 2#、3#机组段模型,进行无支护和有支护分期开挖的对比计算,以初步确定洞室群开挖、支护方案,在此基础上再建立地下洞群整体三维模型进行计算分析,对洞室群的稳定性、支护方案的合理性进行了评价。主要成果简述如下。

(1)通过对三大洞室不同地质条件的两剖面二维弹塑性有限元计算分析,得出以下结论:在无支护条件下,2 剖面开挖完成后塑性区未贯通,且还保留有至少 43%洞室间距的岩柱,位移的最大值也不到 4 cm,应力分布均匀,符合一般规律,但应力集中达到了 30.84 MPa,总体来说 2 剖面围岩稳定性较好。1 剖面开挖完成后,主变室与尾调室塑性区在开挖后期贯通,位移最大值达到了近 10 cm,应力分布也不均匀。1、2 剖面在塑性区、位移和应力分布等的分期开挖计算结果上差异均较大,是因为 1、2 剖面所处的位置不同,1 剖面基本位于围岩最差的部位,地下洞群围岩稳定性较差,要加强支护。由 1 剖面计算结果分析,目前采用的主变室滞后的施工方案,对于受断层影响的调压室的稳定起到了一定的作用,本阶段采用此施工方案可行。采用锚固支护进行分期开挖,1、2 剖面塑性区均有不同程度的回缩,1 剖面塑性区不再贯通,位移值也有所减小,应力分布更均匀,锚固的作用是相当明显的,支护增加了围岩的稳定性。分析认为采用初拟的锚固支护方案,围岩稳定是可以保证的,但对于砂质板岩的$Ⅲ_2$类条带和断层影响带要加强支护。

(2)通过三维弹塑性损伤有限元机组段有、无支护工况,以及地下洞群整体锚固工况的计算分析得出以下结论:在无支护条件下,对 40 m 洞室间距布置进行分期开挖计算,前几期开挖对洞室围岩稳定影响不大,但在高边墙形成后的开挖对围岩稳定影响较大。洞室整体开挖完毕,围岩的破坏特性以塑性破坏为主,开裂破坏范围较小,除了洞室交口、拱座处、尾调室下游边墙有局部应力集中现象外,整个洞室群开挖后围岩应力分布规律正常,说明采用从上到下的开挖方式是可行的。采用锚固支护进行分期开挖,各期围岩的破坏指标变化、洞周变形分布、围岩应力分布规律都较均匀正常,锚杆和锚索的应力基本都在合理范围,说明采用系统锚固支护是可行的。但在母线洞、尾水洞、引水管和主厂房、主变洞的交口处锚杆应力偏大,在断层穿过的部位,主厂房和主变洞之间的岩体仍被塑性区贯穿,在这些部位锚杆和锚索支护应适量加强。

(3)通过平面及三维弹塑性有限元计算成果的分析比较,两种方法结论基本相同,说明计算结果是合理、可信的。

(4)由平面 1、2 剖面对比分析以及三维模型中不同部位计算结果分析,岩体的参数对计算结果的影响非常明显,是围岩稳定的决定因素,在满足枢纽布置要求的前提下,地下厂房要尽可能布置于变质砂岩与变质石英砂岩中。

(5)根据计算分析,主变室滞后的施工方案和同时开挖的施工方案均能够满足本阶段围岩稳定的要求,根据工程经验和多个工程类比,采用主变室滞后的施工顺序,能够缓解由于各洞室同时开挖带来的洞室间岩柱的扰动,作为本阶段推荐的洞室群施工顺序。

(6)由数值分析计算结果可判断,功果桥地下洞室群在采用适当的支护后,洞群的围岩稳定和安全运行要求能够保证。地下洞室群 70%以上位于$Ⅱ \sim Ⅲ_1$类变质砂岩与变质石英砂岩中,这部分围岩中的地下洞群是稳定的,常规支护可满足要求;地下洞群中 20%的$Ⅲ_2$类围岩,主要是岩层中夹的板岩条带,这部分洞群采用增加随机锚索的方式,也能够保证围岩的稳定;断层影响带有局部的Ⅳ类围岩,需加强支护处理;调压室由于顶拱局部有 F_2 大断层穿过,且边墙较高,本阶段支护采用增加系统锚索的方式是合理可行的。

2. 块体稳定性分析

根据厂区 PD204、PD208 洞的结构面统计资料分析预测地下厂房、主变洞和尾调室中块体的稳定性，进而初步拟定局部易失稳块体的加固措施。表 7-2～表 7-4 分别为功果桥三大洞室拱顶、下游墙、左端墙块体统计及分布，图 7-7～图 7-11 为不同部位的块体三维示意图。

表 7-2　各洞室拱顶塌落型块体统计表

分布部位	结构面组合	L=max			L=30 m			L=15 m		
		V(m³)	A(m²)	H(m)	V(m³)	A(m²)	H(m)	V(m³)	A(m²)	H(m)
厂房	J_1、J_3、J_5	36.47	24.57	5.12	34.59	23.63	5.03	10.22	10.32	3.27
	J_1、J_3、J_4	16.76	24.87	2.23	16.76	24.87	2.23	16.76	24.87	2.23
	J_1、J_4、J_5	9.38	19.15	1.63	9.38	19.15	1.63	9.10	18.67	1.62
	J_1、J_2、J_5	3.66	11.79	1.04	3.66	11.79	1.04	3.66	11.79	1.04
	J_1、J_2、J_3	3.33	10.21	1.08	3.33	10.21	1.08	3.33	10.21	1.08
	J_2、J_4、J_5	0.33	2.71	0.40	0.33	2.71	0.40	0.33	2.71	0.40
	J_3、J_4、J_5	0.11	0.91	0.41	0.11	0.91	0.41	0.11	0.91	0.41
	J_1、J_2、J_4	0.03	0.70	0.16	0.03	0.70	0.16	0.03	0.70	0.16
主变洞	J_1、J_2、J_3	0.44	2.84	0.52	0.44	2.84	0.52	0.44	2.84	0.52
	J_1、J_2、J_4	0.17	1.49	0.40	0.17	1.49	0.40	0.17	1.49	0.40
	J_1、J_2、J_5	0.91	4.42	0.70	0.91	4.42	0.70	0.91	4.42	0.70
	J_1、J_3、J_4	7.44	12.08	2.07	7.44	12.08	2.07	7.44	12.08	2.07
	J_1、J_3、J_5	2.73	6.23	1.52	2.73	6.23	1.52	2.73	6.23	1.52
	J_1、J_4、J_5	1.61	5.24	1.03	1.61	5.24	1.03	1.61	5.24	1.03
	J_2、J_3、J_5	0.01	0.26	0.14	0.01	0.26	0.14	0.01	0.26	0.14
	J_2、J_4、J_5	0.80	4.03	0.68	0.80	4.03	0.68	0.80	4.03	0.68
	J_3、J_4、J_5	2.81	6.46	1.52	2.81	6.46	1.52	2.81	6.46	1.52
尾调室	J_1、J_2、J_3	1.65	6.57	0.83	1.65	6.57	0.83	1.65	6.57	0.83
	J_1、J_2、J_4	0.92	4.39	0.70	0.92	4.39	0.70	0.92	4.39	0.70
	J_1、J_2、J_5	5.16	14.00	1.25	5.16	14.00	1.25	5.01	13.63	1.24
	J_1、J_3、J_4	37.31	34.35	3.59	37.31	34.35	3.59	33.59	31.69	3.46
	J_1、J_3、J_5	13.10	16.95	2.58	13.10	16.95	2.58	8.00	11.99	2.16
	J_1、J_4、J_5	7.14	13.46	1.75	7.14	13.46	1.75	7.14	13.46	1.75
	J_2、J_3、J_5	0.06	0.78	0.26	0.06	0.78	0.26	0.06	0.78	0.26
	J_2、J_4、J_5	3.25	9.91	1.07	3.25	9.91	1.07	3.25	9.91	1.07
	J_3、J_4、J_5	13.48	17.53	2.58	13.48	17.53	2.58	8.12	12.31	2.15

表 7-3 各洞室下游墙不稳定块体分布

部位	结构面组合	L=max			L=30 m			L=15 m			滑动方向
		FS	V(m³)	H(m)	FS	V(m³)	H(m)	FS	V(m³)	H(m)	
厂房	J_1、J_2、J_3	0.95	1 407.07	27.43	1.80	1 072.92	11.65	3.34	134.12	5.96	281°∠58°
尾调室	J_1、J_2、J_5	1.00	308.47	4.26	1.78	45.74	2.17	1.11	8.85	1.99	257°∠60°
	J_1、J_3、J_5	0.89	374.84	7.45	1.77	43.62	2.26	0.74	20.83	4.10	257°∠60°

表 7-4 各洞室左端墙不稳定块体分布

部位	结构面组合	L=max			L=30 m			L=15 m			滑动方向
		FS	V(m³)	H(m)	FS	V(m³)	H(m)	FS	V(m³)	H(m)	
厂房	J_1、J_3、J_4	0.84	633.29	7.28	0.96	400.24	6.25	1.75	50.03	3.13	255°∠61°
	J_1、J_4、J_5	0.72	904.43	8.71	0.79	631.99	7.73	1.40	79.00	3.87	255°∠61°
主变洞	J_1、J_3、J_4	0.90	266.46	5.61	0.90	142.40	5.61	1.29	71.84	3.63	257°∠60°
	J_1、J_3、J_5	0.62	1 067.68	13.94	0.73	147.36	11.17	1.29	68.57	5.58	257°∠60°
尾调室	J_1、J_3、J_4	0.65	926.95	8.51	0.73	574.75	7.25	1.29	71.84	3.63	257°∠60°
	J_1、J_3、J_5	0.48	3 481.37	20.67	0.73	548.52	11.17	1.29	68.57	5.58	257°∠60°

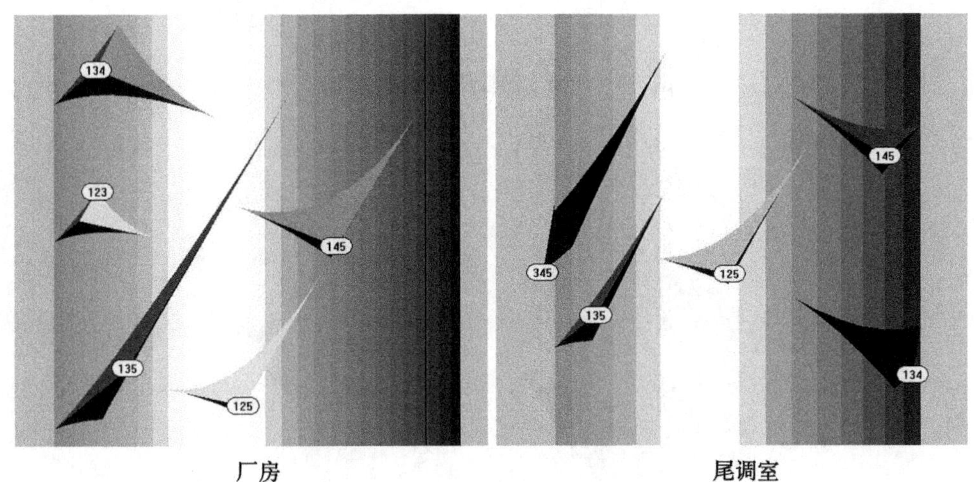

图 7-7 洞室顶拱塌落型块体示意图

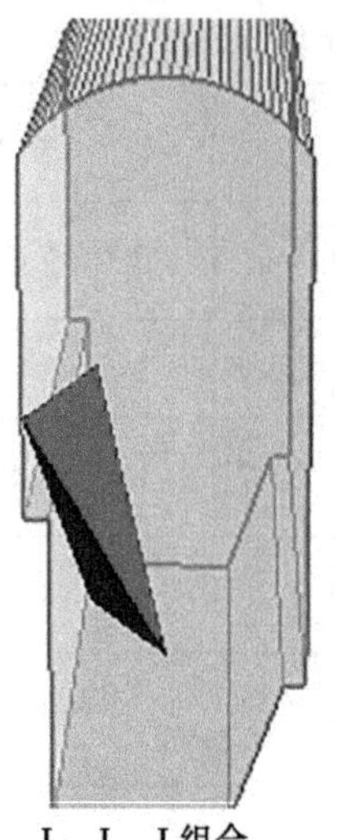

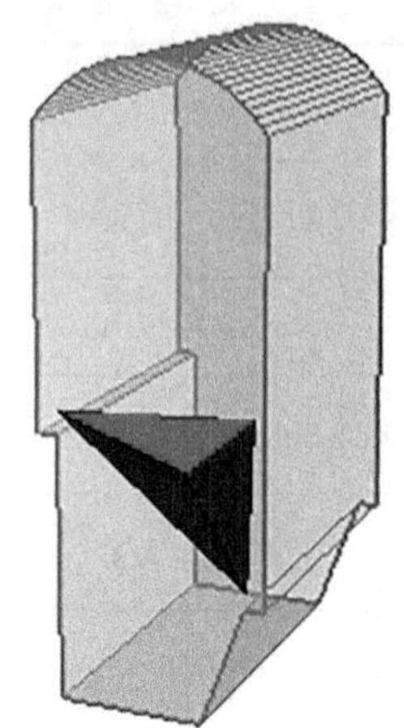

J_1、J_3、J_4组合　　J_1、J_4、J_5组合

图 7-8　地下厂房左端墙块体示意图

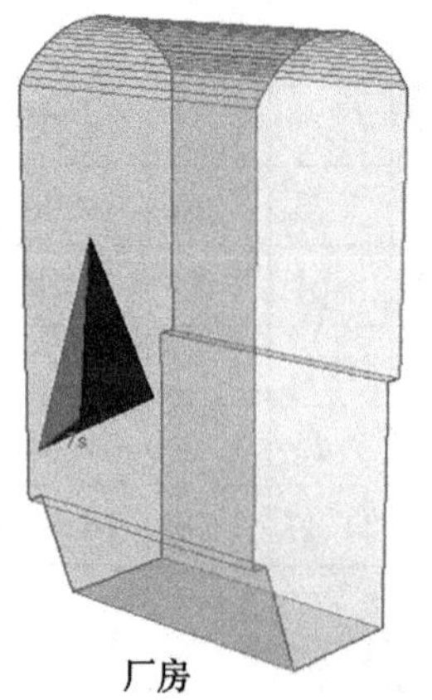

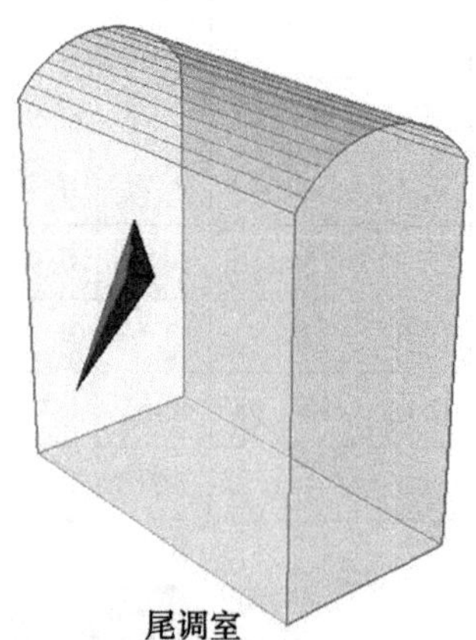

厂房　　尾调室

图 7-9　洞室上游墙稳定块体示意图

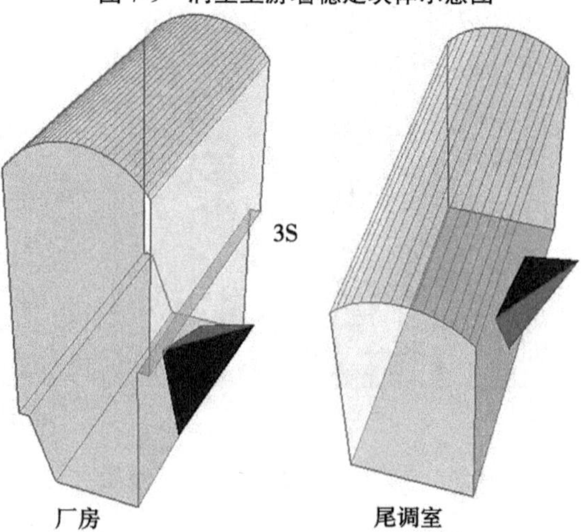

厂房　　尾调室

图 7-10　洞室下游墙稳定块体示意图

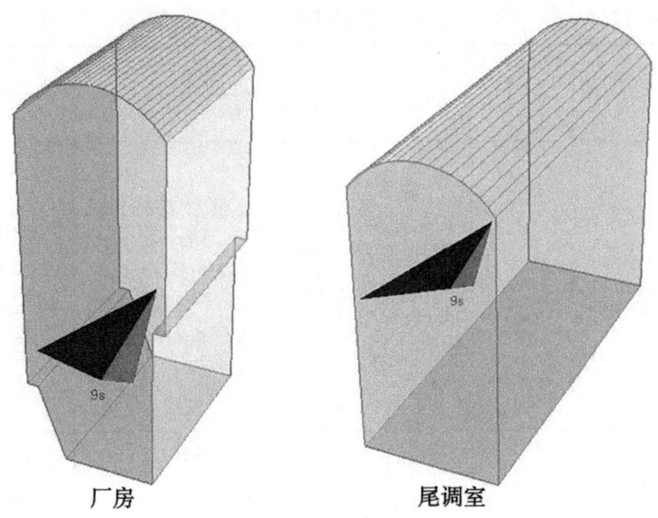

图 7-11 洞室右端墙稳定块体示意图

7.1.2 三大洞室支护参数

7.1.2.1 支护设计原则和方法

洞室群围岩支护采用以锚喷支护为主、钢筋混凝土衬砌为辅;以系统支护为主、局部加强支护为辅,并与随机支护相结合的设计原则。

地下厂房洞室群围岩稳定分析与支护措施设计,首先根据厂区地质条件、洞室布置格局,结合相关规程、规范,类比已建、在建工程,并在无支护条件下洞室群围岩整体稳定数值分析和块体稳定分析成果的基础上,初拟三大洞室支护参数;然后采用有限元数值计算方法分析初拟支护方案下围岩的稳定性,验证支护效果,并根据数值计算分析结果调整支护参数,最终确定安全可靠、经济合理的支护设计方案。

7.1.2.2 支护参数工程类比

在广泛收集国内已建、在建、拟建的大中型地下工程资料基础上,筛选出工程规模相当、地质条件相近的工程与本工程进行工程类比,参照确定基本支护类型和参数。现阶段参考的工程主要有:小浪底水利枢纽、大朝山、广蓄一期等工程。现将收集的上述工程所选取的地下洞室支护设计参数列于表 7-5。

表 7-5 国内部分地下厂房洞室支护表

序号	电站名称	厂房埋深(m)	厂房开挖尺寸(m×m×m)	围岩地质条件	支护类型	支护参数		备注
						顶拱	边墙	
1	二滩	300~350	280. 3×30. 7×65. 7	正长岩、玄武岩,岩石新鲜完整,高地应力区	锚网喷加预应力锚索	ϕ 30@ 1. 5 m×1. 5 m,L=6~8 m;δ=15 cm	ϕ 25@ 1. 5 m×1. 5 m,L=5~7 m;δ=8~10 cm;锚索 1 750 kN,@ 3 m×3 m,L=15~20 m	已建

续表 7-5

序号	电站名称	厂房埋深(m)	厂房开挖尺寸(m×m×m)	围岩地质条件	支护类型	支护参数		备注
						顶拱	边墙	
2	小浪底	70~100	251.1×26.2×61.4	砂岩、T14岩组，厂房顶部三层泥化夹层，厚度0.5~2.0 cm	锚网喷加预应力锚索	张拉锚杆Φ32@1.5 m×1.5 m,L=6~8 m;δ=20 cm;锚索1 500 kN@4.5 m×6 m,L=25 m	张拉锚杆Φ32@1.5 m×1.5 m,L=10 m;局部两排锚索500 kN,L=12 m	已建
3	广蓄一期	330~400	146.5×22×44.5	斑状黑云母花岗岩、Ⅱ类为主	锚喷网	Φ25@2.0 m×1.5 m,L=3.7~4.7 m, L=5.3~7.0 m;Φ8@15 cm×15 cm,L=6~8 m;δ=15 cm	Φ25@2.0 m×1.5 m,L=4.3~7 m;Φ8@15 cm×15 cm,δ=15 cm	已建
4	大朝山	60~200	234×26.4×63	玄武岩、夹有薄层凝灰岩	锚网喷加预应力锚索	Φ32@1.5 m×1.5 m,L=6.2~8.2 m;δ=20 cm,Φ8@20,锚索1 600 kN@4.5 m×4.5 m,L=15~20 m	Φ32@1.5 m×1.5 m,L=6.2~8.2 m;δ=20 cm,Φ8@20;锚索2 000 kN@5 m×5 m,L=20 m	已建
5	龙滩	300~350	388.5×30.7×73.8	厚层砂岩、粉砂岩、泥板岩互层，围岩新鲜，主要为Ⅲ类	锚网喷加预应力锚索	Φ28/32@1.5 m×1.5 m,L=6~8 m,其中8 m为150 kN张拉锚杆，喷聚丙烯纤维混凝土,δ=20 cm	Φ28/32@1.5 m×1.5 m,L=6~9.5 m,其中9.5 m为150 kN张拉锚杆;锚索2 000 kN,@4.5 m×4.5 m,L=20 m,喷钢纤维混凝土	已建
6	小湾	350~500	326×29.5×65.5	黑云花岗片麻岩，岩性致密坚硬	锚网喷加预应力锚索	Φ25@2 m×2 m,L=6~8 m;δ=15 cm	Φ25@4 m×4 m,δ=15 cm;锚索2 500 kN@4 cm×4 cm,L=20~25 m	已建

续表 7-5

序号	电站名称	厂房埋深(m)	厂房开挖尺寸(m×m×m)	围岩地质条件	支护类型	支护参数		备注
						顶拱	边墙	
7	三峡		301×31×84	前震旦系闪云斜长花岗岩和长岩	锚喷网	ϕ25@1.5 m×1.5 m,L=5 m;喷射混凝土,δ=15 cm	ϕ25@1.5 m×1.5 m,L=5 m;喷射混凝土,δ=15 cm	已建
8	拉西瓦	60~200	316.8×29×74.9	花岗岩,Ⅰ、Ⅱ类岩体为主	锚网喷加预应力锚索	ϕ32@1.5 m×1.5m,L=6~8 m;钢纤维混凝土,δ=15 cm;锚索两排1 500 kN,L=20 m	ϕ32@2 m×2 m,L=6~8 m;δ=20 cm ϕ8@20;锚索1 750/1 500 KN @5 m×5 m,L=20 m, 2 000 kN @4.5 m×4.5 m,L=50 m 对穿锚索	已建
9	糯扎渡	180~220	418×31×77.8	花岗岩,块状和整体结构岩体	锚网喷加预应力锚索	ϕ25@1.5 m×1.5 m,L=6~9 m,δ=15~20 cm 挂网;局部锚索1 000 kN@3 m×3 m,L=15 m	ϕ25@3 m×3 m,L=5 m,δ=15~20 cm 挂网;锚索1 000~2 500 kN,@3 m×3 m,L=15~30 m	在建
10	白鹤滩	约300	437×29×76	玄武岩,主要为Ⅱ类围岩	锚网喷加预应力锚索	ϕ32@1.5 m×1.5 m,L=6~8 m,喷钢纤维混凝土,δ=20 cm;锚索两排1 750 kN@4.5 m×4.5 m	ϕ28/32@2 m×2 m,L=6~9 m,其中9 m为50 kN张拉锚杆,δ=15 cm,喷钢纤维混凝土15 cm;锚索1 750 kN@4.5 cm×4.5 cm	在建
11	向家坝		245×33.4×85.5	中厚、巨厚层细至中细粒新鲜砂岩,倾角较平缓。岩层较完整	锚网喷加预应力锚索	ϕ32/36@1.5 m×1.5 m,L=6~8 m;ϕ8@15 cm×15 cm,锚索1 800 kN@4.5 m×4.5 m;喷钢纤维混凝土,δ=20 cm	ϕ32/36@1.5 m×1.5 m,L=6~8 m;喷钢纤维混凝土,δ=20 cm	已建

续表 7-5

序号	电站名称	厂房埋深(m)	厂房开挖尺寸(m×m×m)	围岩地质条件	支护类型	支护参数		备注
						顶拱	边墙	
12	溪洛渡	60~200	430×31.9×75.1	峨眉山玄武岩,地层产状平缓	锚网喷加预应力锚索	ϕ32@1.5 m×1.5 m,L=6~8 m,挂网喷射混凝土,δ=15 cm;锚索1 750 kN,L=20 m	ϕ32@1.7 m×1.7 m,L=6~8 m,挂网喷射混凝土,δ=15 cm;锚索1 750@3 m×3 m,L=20 m	已建

根据厂房地质条件的差异,二维弹塑性有限元选择了进行计算分析。由洞周围岩塑性区、变形、应力分布规律成果分析,洞周各部位围岩的稳定性与厂区层状岩体、岩性交替变化的特点密切相关。在无支护条件下,2 剖面开挖完成后塑性区未贯通,且还保留有至少 43%洞室间距的岩柱,位移的最大值也不到 4 cm。1 剖面开挖完成后,主变室与尾调室塑性区在开挖后期贯通,位移最大值达到了近 10 cm,应力分布也不均匀。1、2 剖面在塑性区、位移和应力分布等的分期开挖计算结果上差异均较大。采用锚固支护进行分期开挖,1、2 剖面塑性区均有不同程度的回缩,1 剖面塑性区不再贯通,位移值也有所减小,应力分布更均匀,锚固的作用是相当明显的,支护增加了围岩的稳定性。分析认为采用初拟的锚固支护方案,围岩稳定是可以保证的,但对于砂质板岩的III_2类条带和断层影响带要加强支护。

通过三维弹塑性损伤有限元机组段有、无支护工况,以及地下洞群整体锚固工况的计算分析得出以下结论:在无支护条件下,前几期开挖对洞室围岩稳定影响不大,但在高边墙形成后的开挖对围岩稳定影响较大。采用锚固支护后,各期围岩的破坏指标变化、洞周变形分布、围岩应力分布规律都较均匀正常,锚杆和锚索的应力基本在合理范围内,说明采用系统锚固支护是可行的。但在母线洞、尾水洞、引水管和主厂房、主变洞的交口处锚杆应力偏大,在断层穿过的部位,主厂房和主变洞之间的岩体仍被塑性区贯穿,在这些部位锚杆和锚索支护应适量加强。

通过平面及三维弹塑性有限元计算成果的分析比较,两种方法结论基本相同。地下洞室群 70%以上位于Ⅱ~III_1类变质砂岩与变质石英砂岩中,这部分围岩中的地下洞群是稳定的,常规支护可满足要求;地下洞群中 20%的III_2类围岩,主要是岩层中夹的板岩条带,这部分洞群采用增加随机锚索的方式;断层影响带有局部的Ⅳ类围岩,需强支护处理;母线洞、尾水洞、引水管和主厂房、主变洞的交口处在施工期采取增加锁口长锚杆的措施;调压室由于顶拱局部有 F_2 大断层穿过,且边墙较高,本阶段支护采用增加系统锚索的方式。由计算结果分析,高边墙的形成对围岩稳定影响较大,在施工过程中要注意及时支护。

根据计算结果和工程类比结论,确定三大洞室系统支护参数见表 7-6。

表 7-6 功果桥地下厂房各主要洞室支护参数表

部位	永久支护参数
厂房	顶拱:喷混凝土 δ=15 cm;系统锚杆ϕ 32/ϕ 25@ 1.5 m×1.5 m,L=6 m/9 m,相间布置。 边墙:喷混凝土 δ=15 cm;系统锚杆ϕ 32/ϕ 25@ 1.5 m×1.5 m,L=6 m/9 m; 永久建筑物高程 1 241.50 m 以下为钢筋混凝土实体结构
主变室	顶拱:喷混凝土 δ=15 cm ;系统锚杆ϕ 32/ϕ 25@ 1.5 m×1.5 m,L=6 m/9 m。 边墙:喷混凝土 δ=15 cm ;系统锚杆ϕ 32/ϕ 25@ 1.5 m×1.5 m,L=6 m/9 m
尾调室	顶拱:喷混凝土 δ=15 cm ;系统锚杆ϕ 32/ϕ 25@ 1.5 m×1.5 m,L=6 m/9 m; 100 t 锚索@ 4.5 m×4.5 m,L=20 m。 边墙:喷混凝土 δ=15 cm ;系统锚杆ϕ 32/ϕ 25@ 1.5 m×1.5 m,L=6 m/9 m; 上游墙 100 t 锚索@ 4.5 m×4.5 m,L=20 m; 永久建筑物高程 1 264.0 m 以下采用钢筋混凝土衬砌 δ=100~200 cm

根据表 7-6,可由公式(4-29)计算得到施加锚杆后黏聚力增量 ΔC_b = 0.22 MPa。

按照经验公式(4-31)和式(4-32)所得推荐支护强度分别为 $[\Delta C_b]$ = 0.221 4 MPa 和 $[\Delta C_b]$ = 0.220 9 MPa 。故而,根据式(4-37),功果桥地下厂房系统锚杆支护指数为:

$$I_{b1} = \frac{\Delta C_b}{[\Delta C_b]} = 0.993\ 8$$

$$I_{b2} = \frac{\Delta C_b}{[\Delta C_b]} = 0.995\ 8$$

可见,功果桥系统锚杆支护强度合理。

7.2 第一阶段(顶拱形成期)支护动态调整研究

本阶段根据地下厂房顶拱开挖完成后揭露地质情况对围岩稳定及支护结构设计进行了复核计算分析,主要工作有:①完成了地下厂房围岩稳定性分析三维非线性有限元分析,重点分析顶拱 f_{15} 断层对洞群稳定性影响;②结合厂房顶拱揭露地质结构面,完成地下厂房块体系统分析。根据上述分析成果,并结合现场实际情况,对相关地下厂房洞群支护措施进行优化调整。

7.2.1 三维非线性有限元分析

7.2.1.1 三维数值分析模型

数值模型的计算坐标为:x 轴由西向东,y 轴由南向北,z 轴铅直向上。数值模型模拟范围为:顺河向从大地坐标 x = 533 107. 543 1 模拟至 x = 533 957. 543 1 共 850 m,横河向从大地坐标 y = 2 830 353. 947 7 模拟至 y = 2 831 103. 947 7 共 750 m,竖直方向从高程 908 m 模拟至山顶。考虑断层时建立的数值模型共分为 1 515 826 个单元,262 483 个结点。数值模型中模拟的断层包括 F_2,F_6,F_{26},f_4,f_5,f_6,f_7,f_8,f_9,f_{10},f_{11},f_{12},f_{13},f_{15}。所模拟右岸地下厂房区山体的数值模型与网格见图 7-12、图 7-13。地下洞室群的三维数值模型消隐图及地层、断层和开挖分层数值模型如图 7-14 和图 7-15 所示。三维数值网格如图 7-12 所示,模拟范围包括主厂房、主变室、母线洞、调压室、进水管、尾水管。地应力采用根据实测资料反演的地应力场。

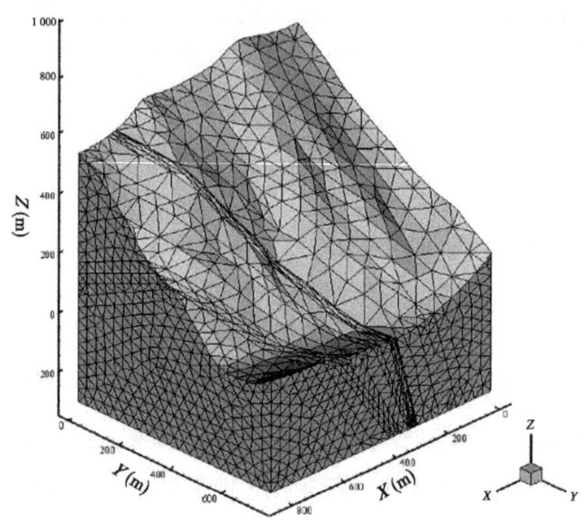

图 7-12 地下厂房区山体三维数值网格图

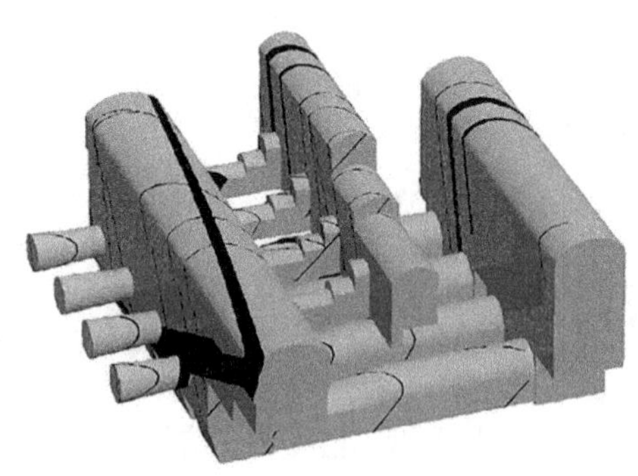

图 7-13 地下厂房洞室群三维数值模型消隐图(含断层)

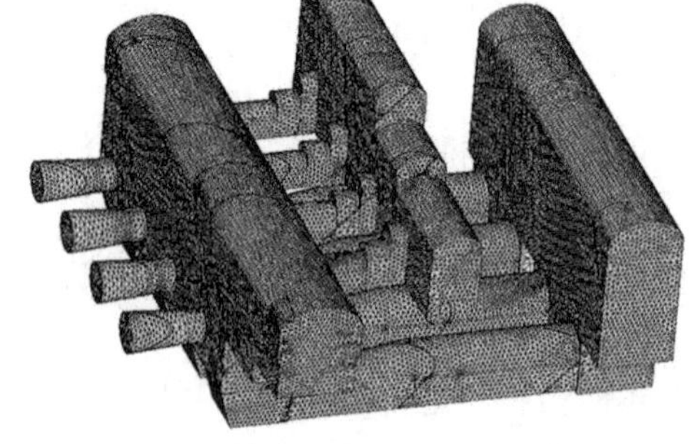

图 7-14 地下厂房洞室群三维数值网格图

7.2.1.2 围岩及断层物理力学参数取值

数值计算中采用的岩体及结构面物理力学参数取值分别见表7-7和表7-8。

表7-7 地下厂房洞室群围岩物理力学参数取值

岩体级别	岩性	饱和抗剪(断)强度(MPa)	岩石天然密度(g/cm^3)	泊松比	变形模量 E_0(GPa)	岩体/岩体抗剪(断)强度	
						f'	C'(MPa)
Ⅱ	中厚层砂岩	110	2.80	0.20	21	1.2	2.0
Ⅲ$_1$	砂岩板岩互层	70	2.78	0.22	16	1.1	1.5
	板岩	60	2.76	0.24	11	1.0	1.0
Ⅲ$_2$	砂岩板岩互层	50	2.76	0.25	9	0.85	0.7
	板岩	35	2.76	0.26	6	0.70	0.6
Ⅳ	薄层砂板岩互层断层及影响带	20	2.74	0.30	3	0.65	0.4

表7-8 地下厂房洞室群围岩结构面力学参数取值

序号	分类	结构面性状	抗剪断		抗剪
1	断层	闭合无充填裂隙，延伸短，或者起伏较大者	0.55	0.15	0.50
2		局部充填岩屑、碎屑型	0.50	0.10	0.45
3		岩屑型	0.40	0.08	0.35
4	裂隙	岩块与岩屑型	0.45	0.10	0.35
		岩屑夹泥型	0.35	0.05	0.30
5		少量夹泥岩屑型	0.30	0.02	0.25
6		充填纯泥结构面(次生泥)	0.25	0.01	0.20

7.2.1.3　围岩支护参数

本阶段围岩稳定数值计算的初拟支护参数见表 7-9。

表 7-9　功果桥地下厂房洞室群支护方案与支护参数

部位	支护参数
厂房	顶拱:挂网喷聚丙烯纤维混凝土 δ=15 cm ;系统锚杆φ 32/φ 28@ 1.5 m×1.5 m,L=9 m/6 m,交错布置; 边墙:喷聚丙烯纤维混凝土 δ = 15 cm;系统锚杆φ 32/φ 28@ 1.5 m×1.5 m,L=6 m/9 m,上下游侧岩锚梁位置布置两排 150 t 预应力锚索,间距 4.5 m,L=20 m,下游边墙母线洞间部位布置两排 150 t 对穿锚索,间距 4.5 m; 永久建筑物高程 1 241.50 m 以下为钢筋混凝土实体结构
主变室	顶拱:挂网喷聚丙烯纤维混凝土 δ=15 cm ;系统锚杆φ 32/φ 28@ 1.5 m×1.5 m,L=6 m/9 m; 边墙:喷聚丙烯纤维混凝土 δ = 15 cm ;系统锚杆φ 32/φ 28@ 1.5 m×1.5 m,L=6 m/9 m
尾调室	顶拱:挂网喷聚丙烯纤维混凝土 δ=15 cm ;系统锚杆φ 32/φ 28@ 1.5 m×1.5 m,L=6 m/9 m;100 t 锚索@ 4.5 m×4.5 m,L=20 m。 边墙:喷聚丙烯纤维混凝土 δ = 15 cm ;系统锚杆φ 32/φ 28@ 1.5 m×1.5 m,L=6 m/9 m;150 t 锚索@ 4.5 m×4.5 m,L=20 m,上游墙布置 150 t 对穿锚索@ 4.5 m×4.5 m; 永久建筑物高程 1 264.0 m 以下采用钢筋混凝土衬砌 δ=100~200 cm
母线洞	喷聚丙烯纤维混凝土 δ=15 cm ;系统锚杆φ 25@ 1.5 m×1.5 m,L=4.5 m; 锁口锚筋桩 3 φ 28@ 1.0 m×1.0 m,L=12 m/9 m
尾水管及尾水连接洞	喷聚丙烯纤维混凝土 δ=15 cm ;系统锚杆φ 32/φ 28@ 1.5 m×1.5 m,L=9 m/6 m; 锁口锚筋桩 3 φ 28@ 1.0 m×1.0 m,L=12 m/9 m; 尾水管洞洞间布置 15 t 对穿预应力锚杆@ 1.5 m×1.5 m,L=10~15 m

7.2.1.4　围岩稳定性分析

1. 毛洞开挖后围岩稳定性分析

取图 7-15 所示关键点进行位移分析。图 7-16 为 0+81.5 桩号断面支护前后位移等值线图,图 7-17 为 0+81.5 桩号断面支护前后位移矢量图,图 7-18 为三大洞室关键点位移随洞轴变化曲线图。

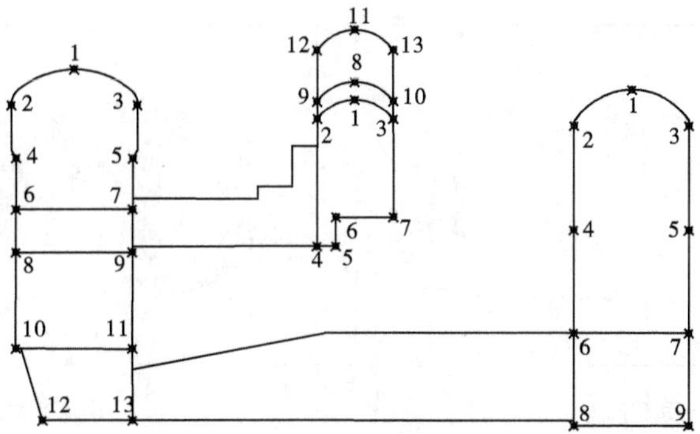

图 7-15　洞室群周边关键点及编号示意图

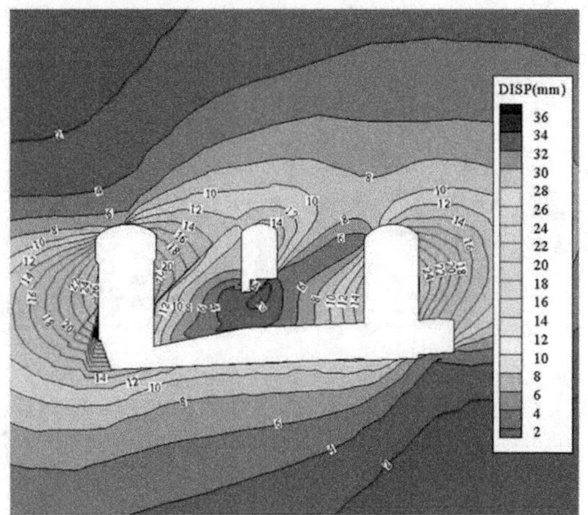

(a)支护前

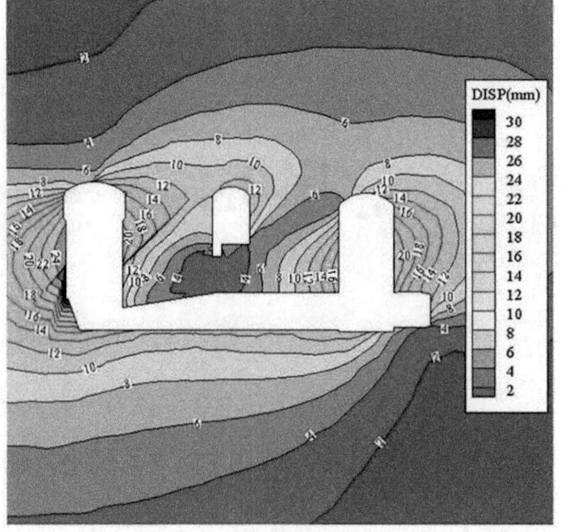

(b)支护后

图 7-16　0+81.5 桩号位移等值线图

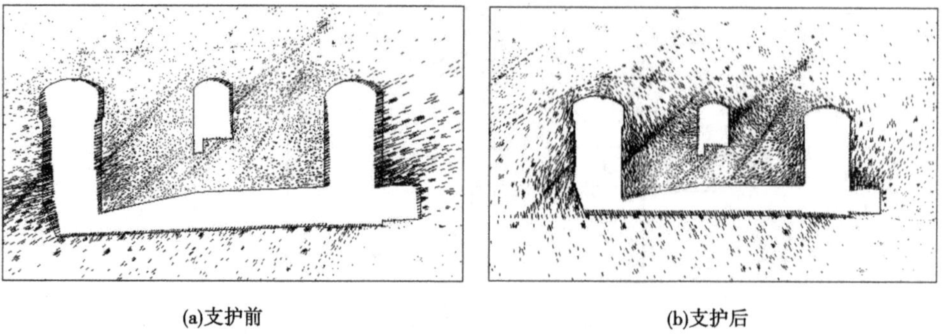

(a)支护前　　(b)支护后

图 7-17　0+81.5 桩号位移矢量图

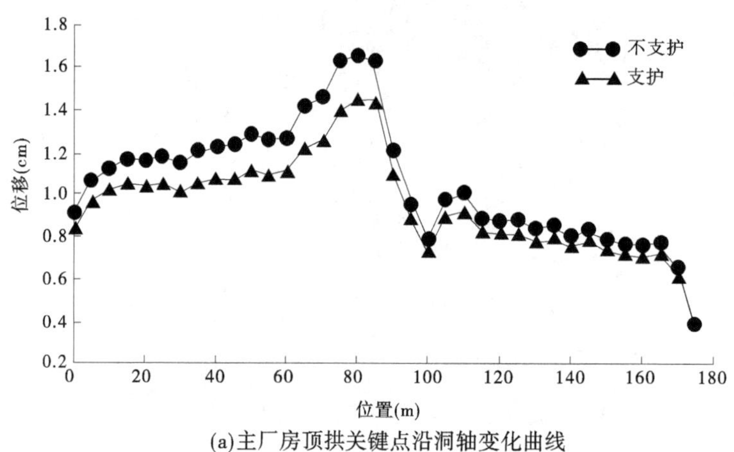

(a)主厂房顶拱关键点沿洞轴变化曲线

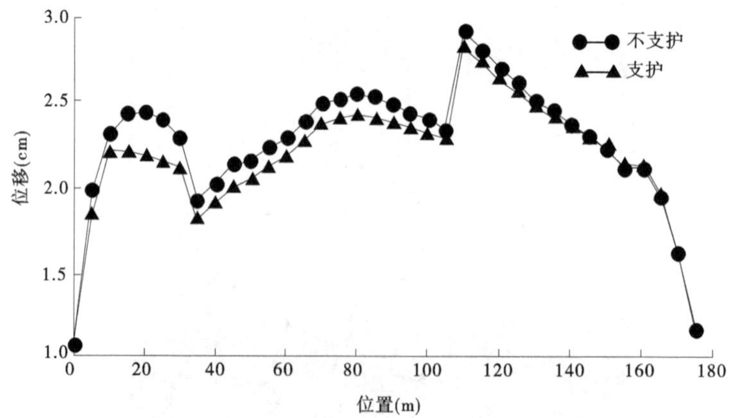

(b)主厂房上游墙岩锚梁部位关键点沿洞轴变化曲线

图 7-18　三大洞室关键点位移随洞轴变化曲线

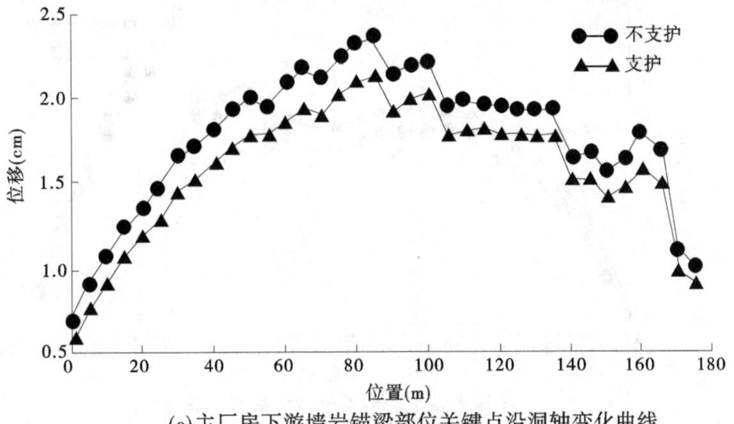

(c)主厂房下游墙岩锚梁部位关键点沿洞轴变化曲线

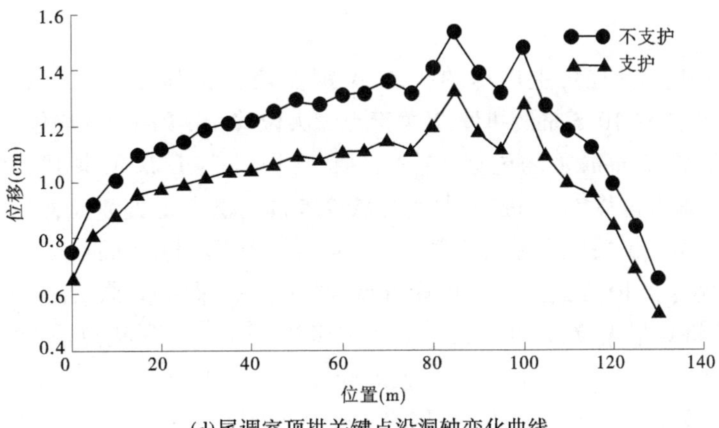

(d)尾调室顶拱关键点沿洞轴变化曲线

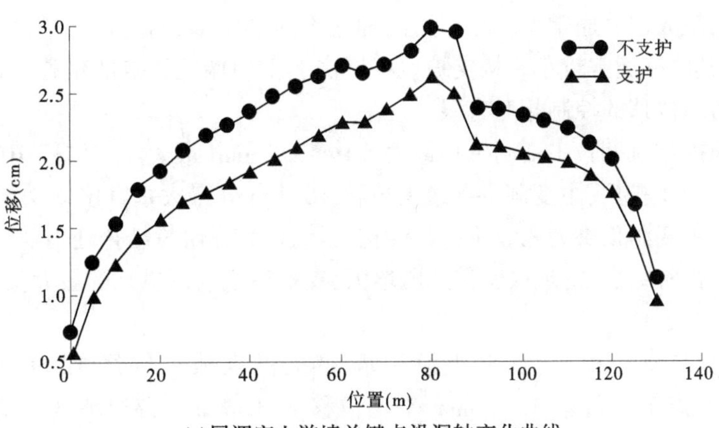

(e)尾调室上游墙关键点沿洞轴变化曲线

续图 7-18

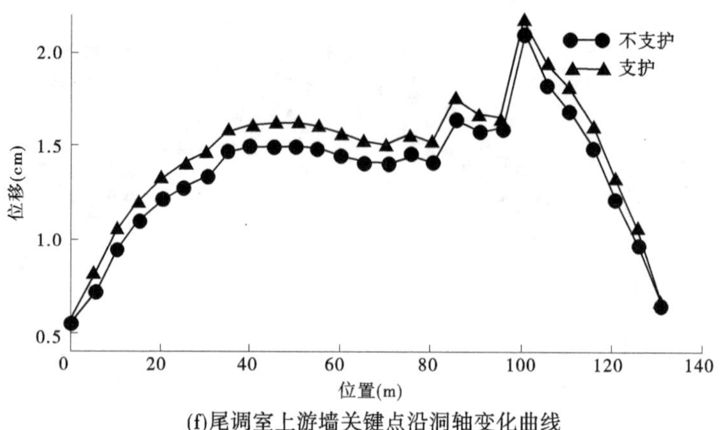

(f)尾调室上游墙关键点沿洞轴变化曲线

续图 7-18

1)位移分析

主厂房顶拱:支护前,主厂房顶拱 1#关键点最大位移 16.5 mm(最大垂直位移 14.0 mm),平均位移 10.5 mm;拱座 2#关键点最大位移 15.4 mm,平均位移 13.0 m,3#关键点最大位移 19.2 mm,平均位移 15.3 mm。支护后,主厂房顶拱 1#关键点最大位移 14.4 mm(最大垂直位移 11.7 mm),平均位移 9.5 mm;拱座 2#关键点最大位移 15.8 mm,平均位移 13.1 mm;3#关键点最大位移 17.5 mm,平均位移 13.7 mm。

主厂房边墙:支护前,主厂房上游边墙 4#关键点最大位移 29.1 mm,平均位移 22.6 mm;6#关键点最大位移 30.5 mm,平均位移 23.6 mm;8#关键点最大位移 30.4 mm,平均位移 26.3 mm;主厂房下游边墙 5#关键点最大位移 23.6 mm,平均位移 17.6 mm;9#关键点最大位移 22.1 mm,平均位移 17.3 mm。支护后,主厂房上游边墙 4#关键点最大位移 28.3 mm,平均位移 21.8 mm;6#关键点最大位移 30.3 mm,平均位移 23.2 mm;8#关键点最大位移 30.1 mm,平均位移 26.0 mm;主厂房下游边墙 5#关键点最大位移 21.3 mm,平均位移 15.9 mm;9#关键点最大位移 20.1 mm,平均位移 15.7 mm。主厂房上下游边墙关键点的最大位移通常出现在厂房沿轴线方向的中部,而厂房两端由于受到未开挖岩体的约束,其位移通常较小。从支护后主厂房上游边墙关键点的位移可以看出支护对主厂房上游边墙位移的控制相对有限。

主变洞顶拱:支护前,主变洞拱顶最大位移 17.9 mm(最大垂直位移 10.2 mm),平均位移 15.0 mm。支护后,主变洞拱顶最大位移 16.7 mm(最大垂直位移 9.7 mm),平均位移 13.7 mm。主变洞顶拱为三级阶梯状结构设计,位移在阶梯结合处出现跳跃,特别在第二级和第三级台阶结合处,顶拱位移急剧增大,支护后主变洞拱顶的最大位移和平均位移都有所下降。

主变洞边墙:支护前,主变洞上游边墙 2#关键点最大位移 12.9 mm,平均位移 9.1 mm;9#关键点最大位移 13.1 mm,平均位移 8.3 mm;下游边墙 3#关键点最大位移 22.2 mm,平均位移 15.1 mm;10#关键点最大位移 21.5 mm,平均位移 16.5 mm。支护后,主变洞上游边墙 2#关键点最大位移 13 mm,平均位移 8.9 mm;9#关键点最大位移 12.6

mm，平均位移 8.2 mm；下游边墙 3#关键点最大位移 18.4 mm，平均位移 13.0 mm；10#关键点最大位移 17.7 mm，平均位移 14.2 mm。主变洞下游边墙的位移比上游边墙大，支护对其上游边墙位移的控制有限，下游边墙的支护效果比上游边墙明显。

尾调室顶拱：支护前，尾调室顶拱 1#关键点最大位移 15.4 mm（最大垂直位移 9.35 mm），平均位移 11.9 mm；拱座 2#关键点最大位移 6.2 mm，平均位移 5.0 mm；3#关键点最大位移 24.0 mm，平均位移 17.4 mm。支护后，1#关键点最大位移 13.3 mm（最大垂直位移 8.04 mm），平均位移 10.1 mm；2#关键点最大位移 6.1 mm，平均位移 5.4 mm；3#关键点最大位移 20.6 mm，平均位移 14.9 mm。尾调室顶拱的支护对其变形起到了较好的约束作用，顶拱位移有明显下降，由于断层作用，尾调室拱顶位移出现两次突变，但最大位移未超过 16 mm，最大垂直位移也未超过 10 mm。

尾调室边墙：支护前，尾调室上游边墙 4#关键点最大位移 21.0 mm，平均位移 13.5 mm；6#关键点最大位移 21.6 mm，平均位移 12.1 mm。支护后，4#关键点最大位移 21.9 mm，平均位移 14.6 mm；6#关键点最大位移 21.3 mm，平均位移 13.1 mm。支护前，尾调室下游边墙 5#关键点最大位移 29.7 mm，平均位移 21.9 mm；7#关键点最大位移 22.2 mm，平均位移 14.7 mm。支护后，5#关键点最大位移 26.2 mm，平均位移 18.6 mm；7#关键点最大位移 19.1 mm，平均位移 12.1 mm。尾调室上游边墙支护效应相对有限，而尾调室下游边墙支护效应相对显著。

由位移矢量图 7-17 可见：

（1）主厂房、主变洞、尾调室三大洞室顶拱下游大半部的位移矢量方向均指向洞内临空面并向上游偏转，其位移量值都明显大于相应洞室顶拱上游部位的变形，说明顶拱部位表现出偏心受压情况下的开挖卸荷位移特点。

（2）主厂房和尾调室上、下游边墙的位移矢量均指向洞内临空面，产生向洞内的变形。

（3）主厂房上游边墙位移量值大于主厂房下游边墙，尾调室下游边墙位移量值大于尾调室上游边墙。

上述位移计算成果表明，功果桥地下厂房洞室群在开挖后，其围岩位移分布具有如下基本特征：

（1）由于功果桥地下厂房区以Ⅱ～Ⅲ_1类围岩为主，计算中其Ⅱ类围岩变形模量按 21 GPa 取值、Ⅲ_1类围岩按 16 GPa 取值，围岩变形性能为中等偏高；另一方面，地应力反演结果表明，主厂房、尾调室、主变洞岩体地应力 σ_1 一般小于 10 MPa，σ_1 小于 7 MPa 属中等偏低地应力场。岩体的变形性能和地应力场大小直接影响到地下洞室周边围岩的位移量值，功果桥洞室群围岩位移一般在 30 mm 以下，仅主厂房上游边墙受 f_{15} 断层出露的影响可超过 30 mm，该相应部位的最大位移值约为 34 mm。

（2）由于功果桥主厂房和尾调室设计为城门洞形式，且高跨比大，其主厂房上、下游边墙位移普遍大于主厂房顶拱位移，尾调室下游边墙位移普遍大于尾调室顶拱位移，洞室群围岩开挖后的总体位移分布反映出受高边墙位移及断层控制的变形特征。

（3）主厂房、主变洞、尾调室三大洞室顶拱靠下游部位的位移矢量均指向洞内临空面并向上游偏转，且位移量值明显大于相应洞室顶拱靠上游部位的变形，顶拱位移表现出偏心受压情况下的卸荷特点。此外,从位移场的总体分布特征来看,各洞室间因开挖而产生的相互影响与干扰不明显。

(4)从功果桥工程主厂房、主变洞和尾调室开挖后洞周关键点位移沿洞轴线方向的分布情况来看,均呈现出各洞室的中部位移明显大于其端部位移且向端部逐渐减小的规律,这显然是由于两端不开挖岩体的端部约束所致。

(5)由于功果桥地下厂房洞室群围岩地层与各洞室轴线呈大角度横交,这就基本避免了洞室边墙沿岩层层面出现顺层失稳的可能性。

2) 应力分析

图 7-19、图 7-20 给出了 0+81.5 桩号支护前后大小主应力等值线图,主厂房顶拱上游拱角部位 σ_1 出现压应力集中现象,其 σ_1 最大值约为-27.0 MPa;主厂房上、下游边墙 σ_1 表现为卸荷,卸荷后的 σ_1 最小值为-3.0 MPa 左右。尾调室顶拱上游拱角部位 σ_1 出现压应力集中,最大值约为-24 MPa;尾调室上、下游边墙的 σ_1 值为-6.0 MPa 左右。主变洞顶拱上游拱角和底板下游脚点部位 σ_1 出现压应力集中,最大值分别为-18.0 MPa 和-24 MPa;主变洞上游边墙围岩 σ_1 值为-9.0~-6.0 MPa,下游边墙围岩中 σ_1 值为-6.0 MPa。在主厂房顶拱部位 σ_3 沿 f_{15} 出露部位存在拉应力区,其值为 0~1.0 MPa;主厂房上、下游边墙围岩中的 σ_3 均出现 0~1.0 MPa 的拉应力区,且拉应力区的范围与深度均较大。尾调室顶拱部位 σ_3 未出现拉应力,其值为-2.0~-1.0 MPa,尾调室上、下游边墙 σ_3 均出现 0~1.0 MPa 的拉应力区,且上游边墙中的拉应力区范围与深度略大于下游边墙。主变洞顶拱 σ_3 为 -2.0~0 MPa 压应力,主变洞上、下游边墙和底板中 σ_3 均存在 0~1.0 MPa 的拉应力区,其上游边墙围岩中拉应力区深度较大、延伸较长。主厂房与主变洞之间和尾调室与主变洞之间岩体中 σ_3 的拉应力区尚未连通。

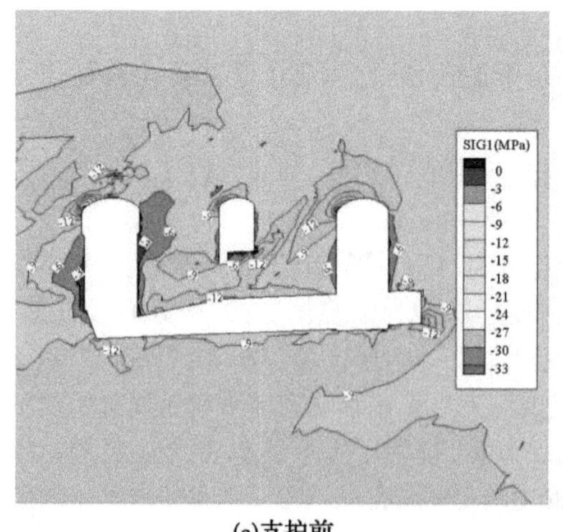

(a)支护前

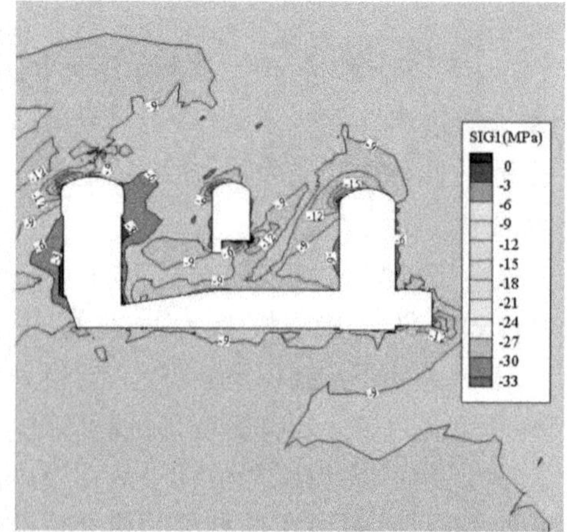

(b)支护后

图 7-19　0+81.5 桩号 σ_1 应力等值线图

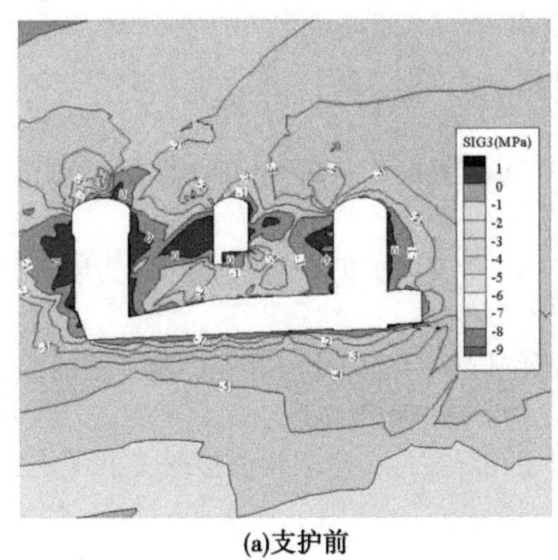

(a)支护前

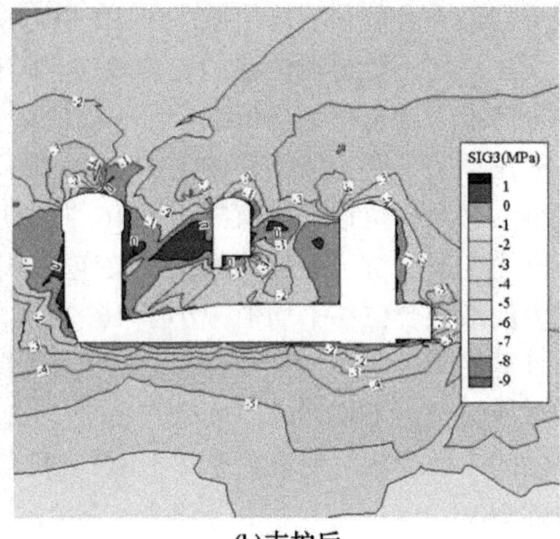

(b)支护后

图 7-20 0+81.5 桩号 σ_3 应力等值线图

上述应力计算成果表明,功果桥地下厂房洞室群在不考虑支护进行毛洞开挖后,其围岩中的应力分布具有如下基本特征:

(1)功果桥主厂房、尾调室和主变洞三大洞室在其顶拱上游拱角以及底板下游脚点部位的 σ_1 均出现不同程度的压应力集中现象;各大洞室上、下游边墙中围岩 σ_1 开挖后一般小于初始地应力值,说明存在不同程度的卸荷现象。

(2)主厂房顶拱围岩中 σ_3 沿 f_{15} 断层出露部位会出现一定深度的拉应力区,但主厂房、尾调室和主变洞顶拱其他部位围岩中的 σ_3 一般不存在拉应力区。

(3)主厂房上、下游边墙围岩中 σ_3 普遍出现量值为 0~1.0 MPa 的拉应力区。

(4)尾调室上、下游边墙围岩中 σ_3 普遍出现量值为 0~1.0 MPa 的拉应力区。

(5)主变洞上、下游边墙和底板围岩中 σ_3 普遍出现 0~1.0 MPa 的拉应力区。

(6)尾调室与主变洞之间的岩体中 σ_3 的拉应力区均未连通;主厂房与主变洞之间岩体中 σ_3 的拉应力区在局部有连通情况发生,其他断面上则存在连通趋势。

2. 支护效果分析

(1)围岩位移的支护效应大致具有如下基本特征:

①主厂房拱顶位移的支护效应:按开挖步序及时支护后,主厂房拱顶沿厂房轴线方向的最大合位移平均值减小了 14.2%。

②尾调室拱顶位移的支护效应:按开挖步序及时支护后,主变洞拱顶沿洞室轴线方向的最大合位移平均值减小了 13.7%。

③主变洞拱顶位移的支护效应:按开挖步序及时支护后,主变洞拱顶沿洞室轴线方向的最大合位移平均值减小了 10.4%左右。

④主厂房上游边墙位移的支护效应:按开挖步序及时支护后,主厂房上游边墙沿洞室轴线方向最大合位移平均值减小了 7%左右。

⑤尾调室上游边墙位移的支护效应:按开挖步序及时支护后,尾调室上游边墙沿洞室轴线方向最大合位移平均值仅减小了 0.76%。

⑥主变洞上游边墙位移的支护效应:按开挖步序及时支护后,主变洞上游边墙沿洞室

轴线方向最大合位移平均值减小了 10.8%。

⑦主厂房下游边墙位移的支护效应：按开挖步序及时支护后，主厂房下游边墙沿洞室轴线方向最大合位移平均值减小了 11.71%。

⑧尾调室下游边墙位移的支护效应：按开挖步序及时支护后，尾调室上游边墙沿洞室轴线方向最大合位移平均值减小了 16.73%。

⑨主变洞下游边墙位移的支护效应：按开挖步序及时支护后，主变洞下游边墙沿洞室轴线方向最大合位移平均值减小了 16.24%。

计算结果表明，对各个洞室来说，其不同部位位移的支护效应存在一定程度的差异，支护效应呈现出不均匀的空间分布特征。如支护对尾调室下游边墙比对尾调室上游边墙位移的约束效应相对明显。整体上看，支护作用对洞室群周边围岩位移的减小百分率最大可达 28%。

(2)围岩应力的支护效应的基本特征。

从支护后的 σ_1、σ_3 等值线及主应力矢量图对比可以看出，地下厂房洞室群应力场的支护效应具有如下明显特点或规律：①施加支护后，功果桥地下厂房洞室群围岩中最大主压应力集中区、主拉应力区出现部位、主应力矢量方向与不考虑支护情况基本一致。②支护作用对地下厂房洞室群围岩应力场的改善效应较为明显，支护作用使洞室群围岩的 σ_3 主拉应力区范围明显减小甚至消失，从而使围岩因拉剪屈服或破坏的可能性和范围大为改善。比较支护前后 σ_3 等值线区域，可发现主厂房上下游边墙和尾调室上下游边墙的主拉应力范围大为减小或消失，其他各个剖面亦出现类似情况，说明围岩应力场的上述支护效应是较为明显的。

支护作用使主厂房和尾调室顶拱部位围岩 σ_1 主压应力集中区的量值有所减小，同时使其上下游边墙部位的 σ_1 量值不同程度增大，从而在某种程度上缓解了顶拱部位围岩 σ_1 应力的集中程度、减小了上下游边墙部位围岩 σ_1 应力的卸荷强度。

(3)考虑支护时地下厂房洞室群围岩屈服区分析。

可发现功果桥地下厂房洞室群在施加支护措施后屈服区范围与分布深度均不同程度地明显减小。施加支护措施后，洞室群围岩中最终的全部屈服区总体积从 44.506 万 m^3 减小为 33.802 万 m^3，减小百分率为 24.05%。施加支护措施后，洞室群围岩中最终的全部拉屈服区体积从 4 437.8 m^3 减小为 1 635.5 m^3，减小百分率为 63.15%。

图 7-21～图 7-23 分别为不同桩号横剖面支护前后塑性区分布图。

(a)支护前　(b)支护后

图 7-21　0+81.5 桩号横剖面塑性区图

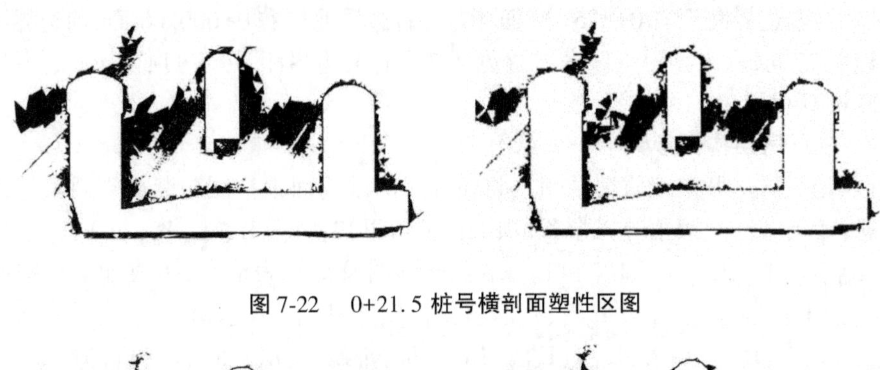

图 7-22 0+21.5 桩号横剖面塑性区图

图 7-23 0+51.5 桩号横剖面塑性区图

7.2.2 主厂房块体稳定分析

计算模型见图 7-24。坐标系:X、Y 坐标原点在厂纵 0+000.00 与厂下 0+002.40 交点处,X 正轴向平行于主厂房洞轴方向指向右岸山里,即主厂房 1#机组中心线桩号厂右 0+021.50 相当于 X 坐标的+21.50;Y 正轴向垂直于主厂房洞轴方向水平指向下游,厂房的上游墙壁厂上 0+010.20 相当于 Y 坐标的-12.60,下游墙壁厂下 0+015.00 相当于 Y 坐标的+12.60;Z 正轴向垂直向上,其原点对应于黄海海面 0.000 高程处,如主厂房的顶拱高程为 1 283.05 m,其 Z 坐标对应为 1 283.05。

图 7-24 主厂房开挖后模型

计算范围为:左边界距厂右 0+175.00 面 10 m,右边界取厂右 0+000.00 面,前边界距主厂房上游边墙 27 m,后边界距主厂房下游边墙 27 m,上边界距主厂房顶拱 40 m,下边界取 1 246.20 m 高程面。

7.2.2.1 主厂房结构面参数

根据《地下厂房开挖地质编录图》,将主厂房的结构面素描图与断层裂隙汇总表就结构面信息(走向、倾向、倾角等)进行逐项对比分析可知:对于 L_{45}、L_{50}、L_{57}、L_{65}、L_{66}、L_{73}、L_{84}、L_{86}、L_{87}、L_{91}、L_{93}、L_{95}、L_{100}、L_{58}、L_{69} 和 L_{81},结合投影图及汇总表信息,扩成如下结构面来考虑,即 L_{45-1}、L_{45-2}、L_{50-1}、L_{50-2}、L_{57-1}、L_{57-2}、L_{65-1}、L_{65-2}、L_{66-1}、L_{66-2}、L_{73-1}、L_{73-2}、L_{84-1}、L_{84-2}、L_{86-1}、L_{86-2}、L_{87-1}、L_{87-2}、L_{87-3}、L_{91-1}、L_{91-2}、L_{93-1}、L_{93-2}、L_{95-1}、L_{95-2}、L_{100-1}、L_{100-2}、L_{58-1}、L_{58-2}、L_{69-1}、L_{69-2} 和 L_{81-1-1}、L_{81-1-2}、L_{81-2}。经过筛选,计算采用的结构面信息见表 7-10。上下游及顶拱的结构面素描图与模拟图见图 7-25～图 7-30。各结构面在模型中的相互关系见图 7-31～图 7-38;由此而形成的块体系统中的部分块体见图 7-39、图 7-40。

表 7-10 主厂房结构面信息(计算采用)

编号	结构面上一点 X 坐标	结构面上一点 Y 坐标	结构面上一点 Z 坐标	倾向 (°)	倾角 (°)	黏聚力 C′(MPa)	摩擦系数 f
F_2	0	-15	1 245.9	153	52	0.05	0.30
L_{44}	0	-3.244	1 283.05	155	83	0.15	0.50
L_{45-1}	-46.452	-15	1 250	125	53	0.10	0.45
L_{45-2}	-45.152	-15	1 250	125	53	0.10	0.45
f_8	0	-16.1	1 275.45	154	62	0.05	0.30
L_{50-1}	-2.031	0	1 283.05	165	63	0.08	0.35
L_{50-2}	-4.831	0	1 283.05	165	63	0.08	0.35
f_9	-17.19	0	1 283.05	145	77	0.10	0.45
L_{52}	-28.802	0	1 283.05	3	55	0.08	0.35
L_{53}	-30.634	0	1 283.05	338	71	0.15	0.50
L_{54}	-56.814	0	1 283.05	350	34	0.15	0.50
L_{55}	-48.468	0	1 283.05	31	42	0.15	0.50
L_{56}	-56.284	0	1 283.05	337	43	0.15	0.50
L_{57-1}	-76.854	0	1 283.05	50	39	0.08	0.35
L_{57-2}	-78.354	0	1 283.05	50	39	0.08	0.35

续表 7-10

编号	结构面上一点 X 坐标	结构面上一点 Y 坐标	结构面上一点 Z 坐标	倾向 (°)	倾角 (°)	黏聚力 C′(MPa)	摩擦系数 f
L_{61}	-94.846	0	1 283.05	45	25	0.08	0.35
L_{65-1}	-66.812	0	1 283.05	330	56	0.08	0.35
L_{65-2}	-67.312	0	1 283.05	330	56	0.08	0.35
L_{66-1}	-95.466	0	1 283.05	37	29	0.08	0.35
L_{66-2}	-96.766	0	1 283.05	37	29	0.08	0.35
L_{73-1}	-54.049	0	1 283.05	180	76	0.08	0.35
L_{73-2}	-57.749	0	1 283.05	180	76	0.08	0.35
L_{78}	-32.26	-16.1	1 270	335	22	0.10	0.45
L_{79}	-67.964	0	1 283.05	77	81	0.08	0.35
L_{80}	-58.656	0	1 283.05	160	60	0.08	0.35
J_7	-62.866	0	1 283.05	165	64	0.10	0.35
f_{10}	-65.739	0	1 283.05	140	62	0.05	0.08
J_8	-72.153	0	1 283.05	148	71	0.10	0.35
L_{84-1}	-169.306	0	1 283.05	42	18	0.08	0.35
L_{84-2}	-171.306	0	1 283.05	42	18	0.08	0.35
L_{85}	-69.244	0	1 283.05	148	58	0.08	0.35
L_{86-1}	-132.309	0	1 283.05	354	25	0.08	0.35
L_{86-2}	-133.709	0	1 283.05	354	25	0.08	0.35
L_{87-1}	-144.347	0	1 283.05	346	22	0.08	0.35
L_{87-2}	-144.747	0	1 283.05	346	22	0.08	0.35
L_{87-3}	-143.947	0	1 283.05	346	22	0.08	0.35
J_9	-79.531	0	1 283.05	157	58	0.05	0.30
L_{91-1}	-57.092	0	1 283.05	126	40	0.08	0.35

续表 7-10

编号	结构面上一点 X 坐标	结构面上一点 Y 坐标	结构面上一点 Z 坐标	倾向 (°)	倾角 (°)	黏聚力 C′(MPa)	摩擦系数 f
L_{91-2}	-58.092	0	1 283.05	126	40	0.08	0.35
f_{11}	-87.06	0	1 283.05	160	60	0.05	0.08
L_{93-1}	-104.614	0	1 283.05	54	84	0.08	0.35
L_{93-2}	-106.114	0	1 283.05	54	84	0.08	0.35
J_{10}	-105.053	0	1 283.05	167	65	0.05	0.30
L_{95-1}	-103.615	0	1 283.05	165	66	0.15	0.50
L_{95-2}	-105.115	0	1 283.05	165	66	0.15	0.50
J_{12}	-137.986	0	1 283.05	140	63	0.10	0.35
J_{13}	-145.75	0	1 283.05	160	66	0.05	0.30
J_{11}	-136.936	0	1 283.05	153	73	0.05	0.30
l_{100-1}	-168.308	-16.1	1 283.05	58	30	0.08	0.35
l_{100-2}	-168.858	-16.1	1 283.05	58	30	0.08	0.35
L_{46}	-4.469	0	1 283.05	145	85	0.08	0.35
L_{58-1}	-33.921	11.3	1 276.2	248	84	0.15	0.50
L_{58-2}	-35.271	11.3	1 276.2	248	84	0.15	0.50
L_{60}	-87.36	0	1 283.05	67	37	0.08	0.35
L_{69-2}	-83.091	0	1 283.05	320	55	0.15	0.50
L_{68}	-46.143	0	1 283.05	183	71	0.08	0.35
L_{81-2}	-61.111	0	1 283.05	233	85	0.08	0.35
L_{69-1}	-82.591	0	1 283.05	320	55	0.15	0.50
L_{81-1-1}	-106.875	0	1 283.05	40	28	0.08	0.35
L_{81-1-2}	-108.442	0	1 283.05	40	28	0.08	0.35
f_{15}	-73	0	1 283.05	83	77.5	0.05	0.30

图 7-25 主厂房下游墙面地质素描图

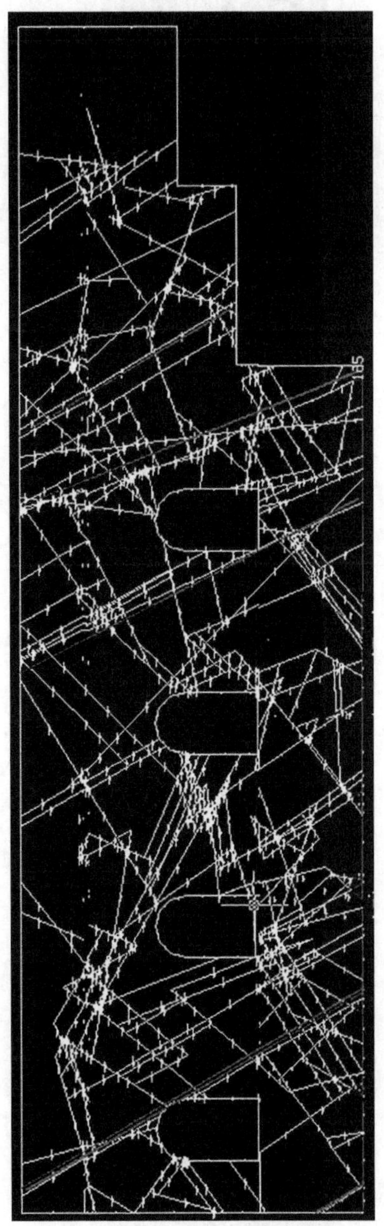

图 7-26 主厂房下游墙面模拟的结构面迹线

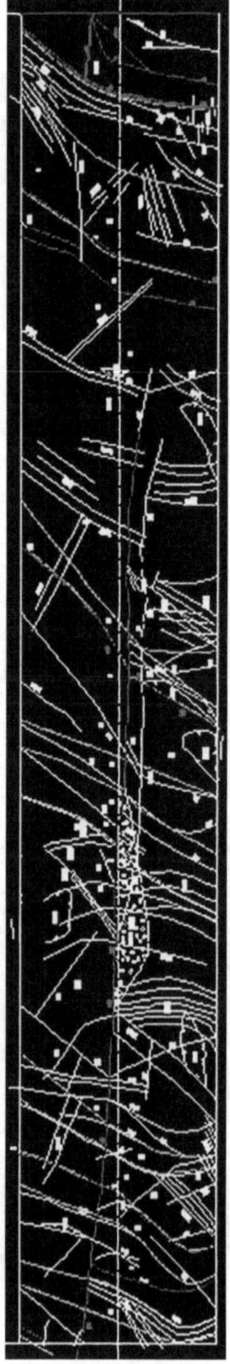

图 7-27　主厂房顶拱地质素描图

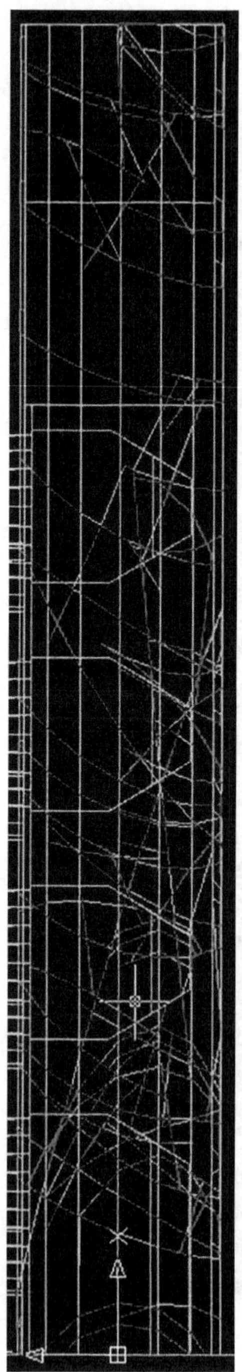

图 7-28　主厂房顶拱模拟的结构面迹线

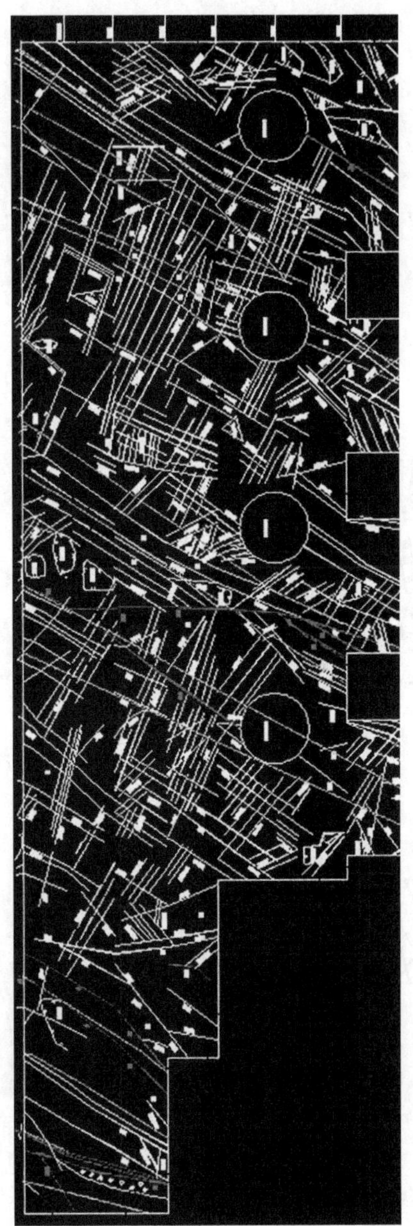

图 7-29 主厂房上游地质素描图

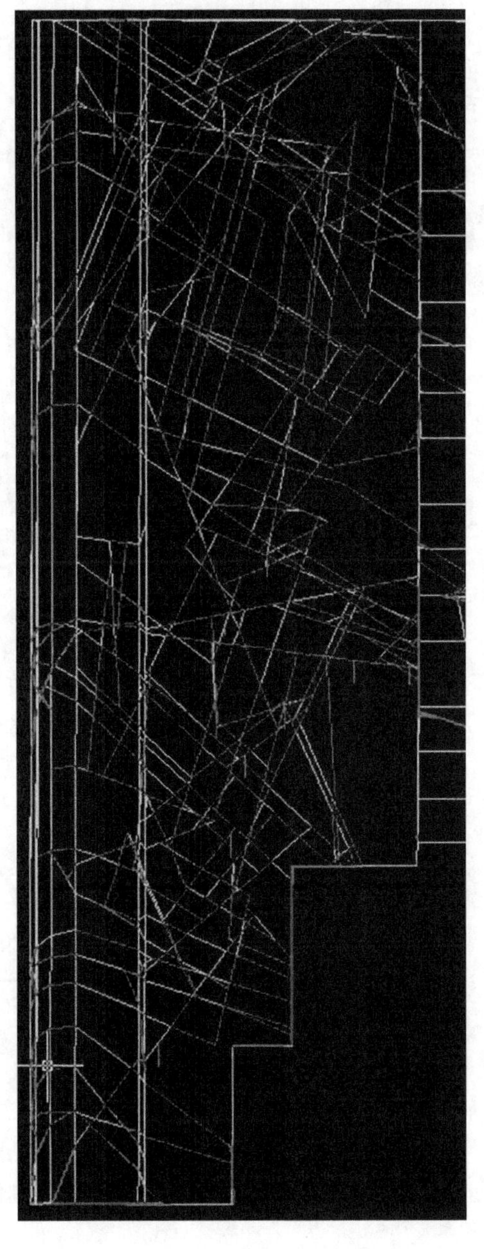

图 7-30 主厂房上游模拟的结构面迹线

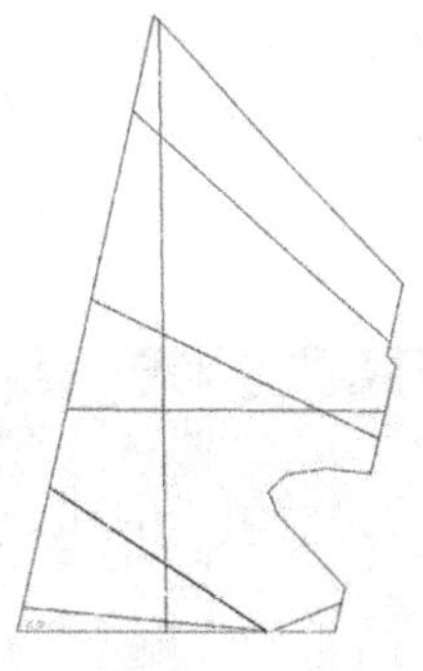

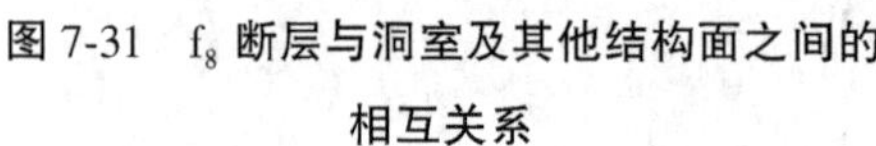

图 7-31　f_8 断层与洞室及其他结构面之间的相互关系

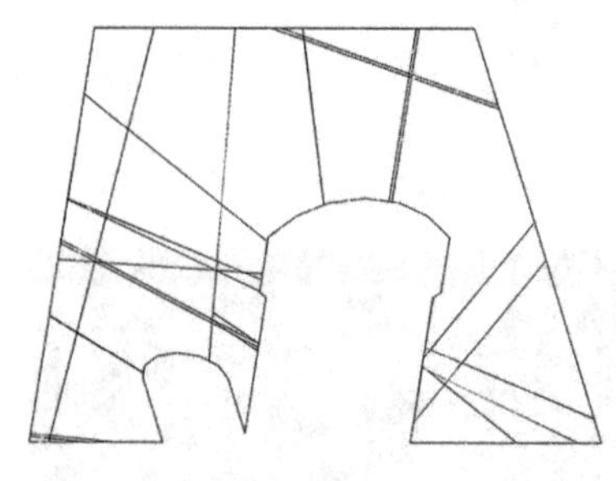

图 7-32　f_9 断层与洞室及其他结构面之间的相互关系

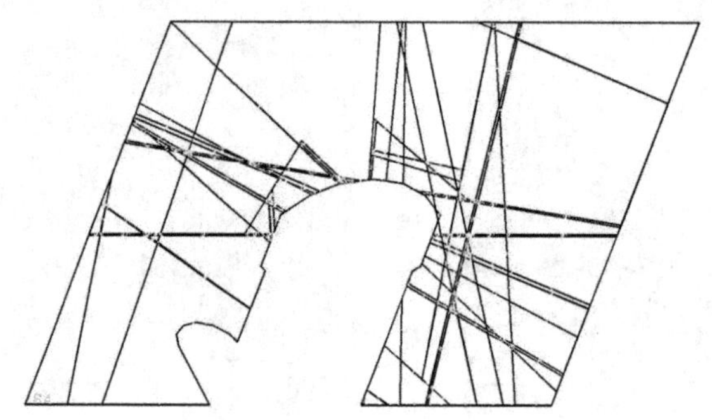

图 7-33　f_{10} 断层与洞室及其他结构面之间的相互关系

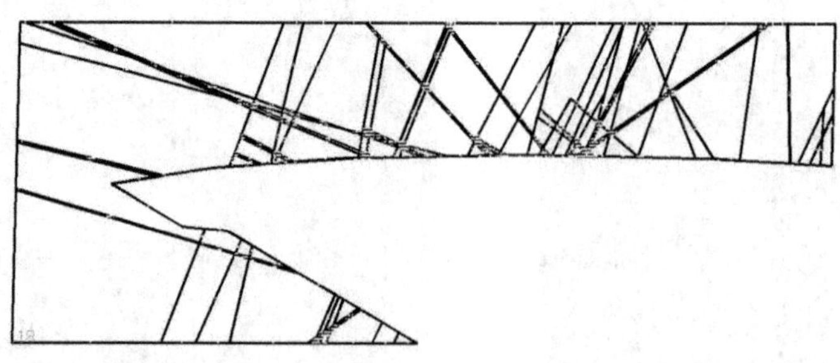

图 7-34　f_{15} 断层与洞室及其他结构面之间的相互关系

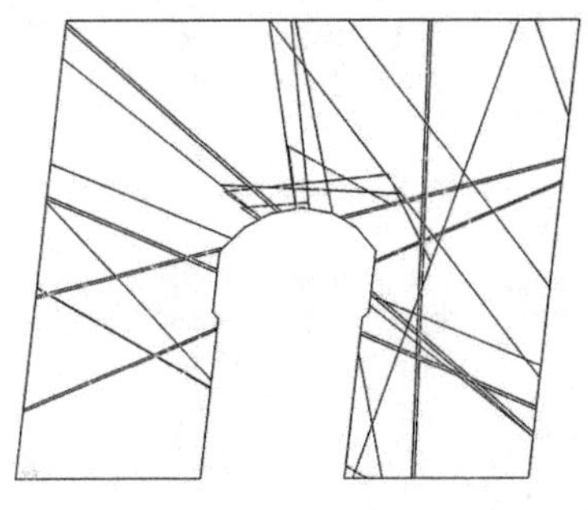

图 7-35　J_7 与洞室及其他结构面之间的相互关系

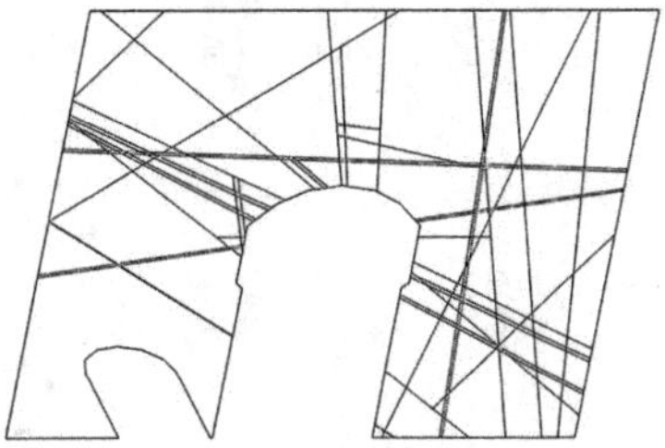

图 7-36　J_8 与洞室及其他结构面之间的相互关系

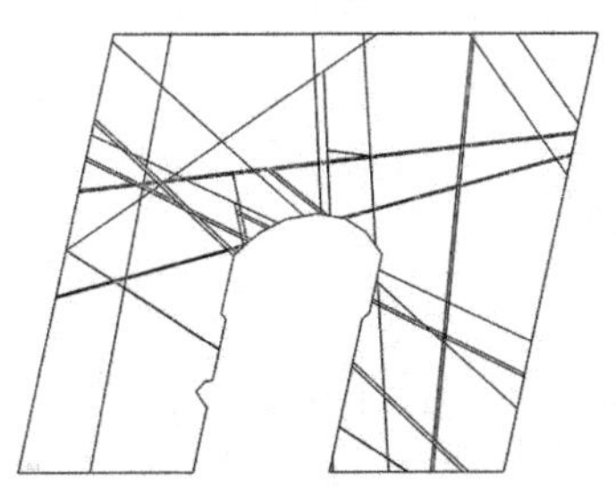

图 7-37　J_9 与洞室及其他结构面之间的相互关系

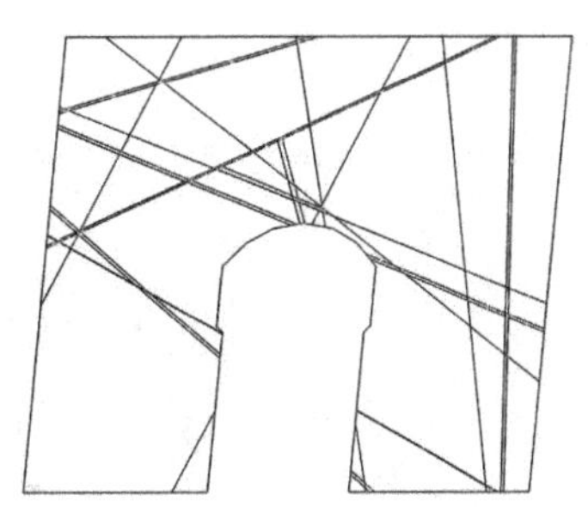

图 7-38　J_{10} 与洞室及其他结构面之间的相互关系

7.2.2.2　主厂房计算工况

对主厂房洞室围岩块体在各工况下的稳定进行了敏感性分析，详细计算工况如表 7-11 所示。

表 7-11　计算分析工况

工况序号	荷 载	*C* 值折减系数
1	自重	0%
2	自重	50%
3	自重+地震	0%
4	自重+地震	50%
5	自重+地震	100%(不折减)

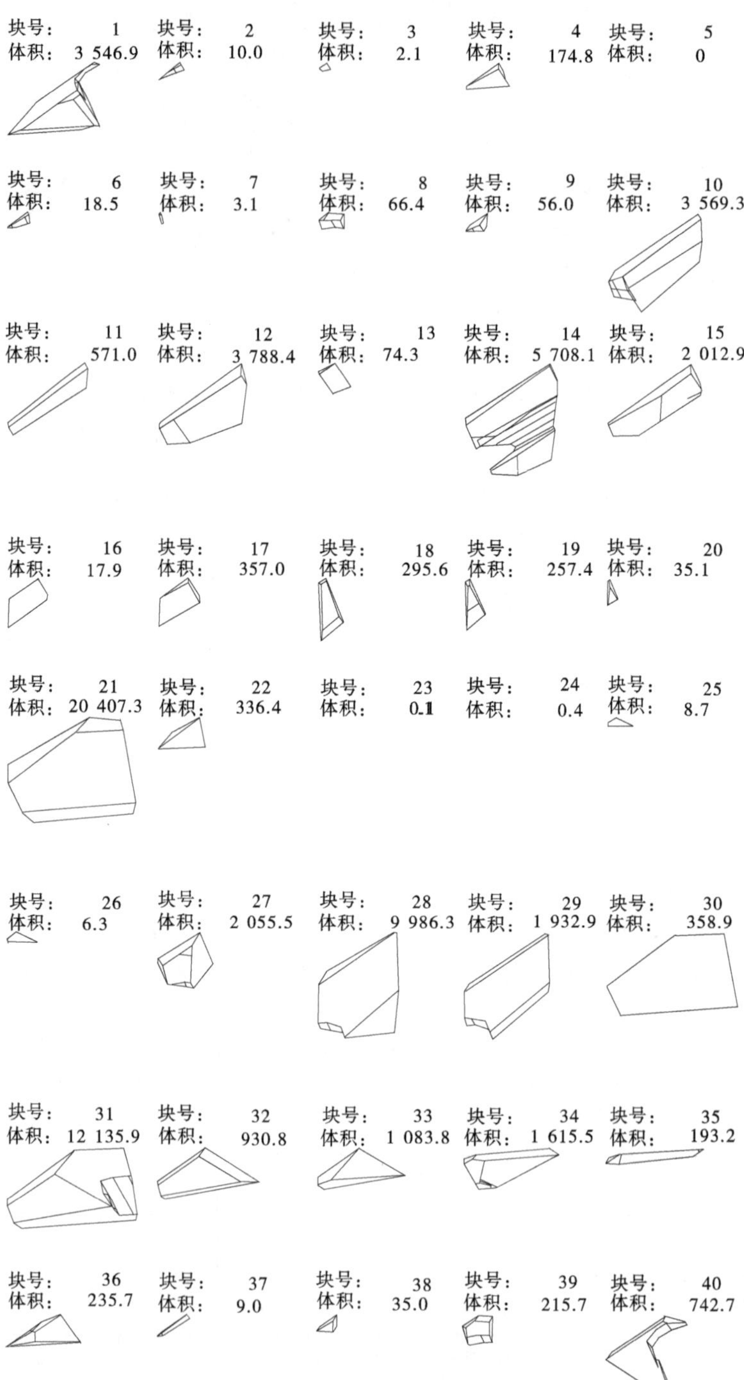

图 7-39　功果桥主厂房结构面系统中的块体 1#～40#

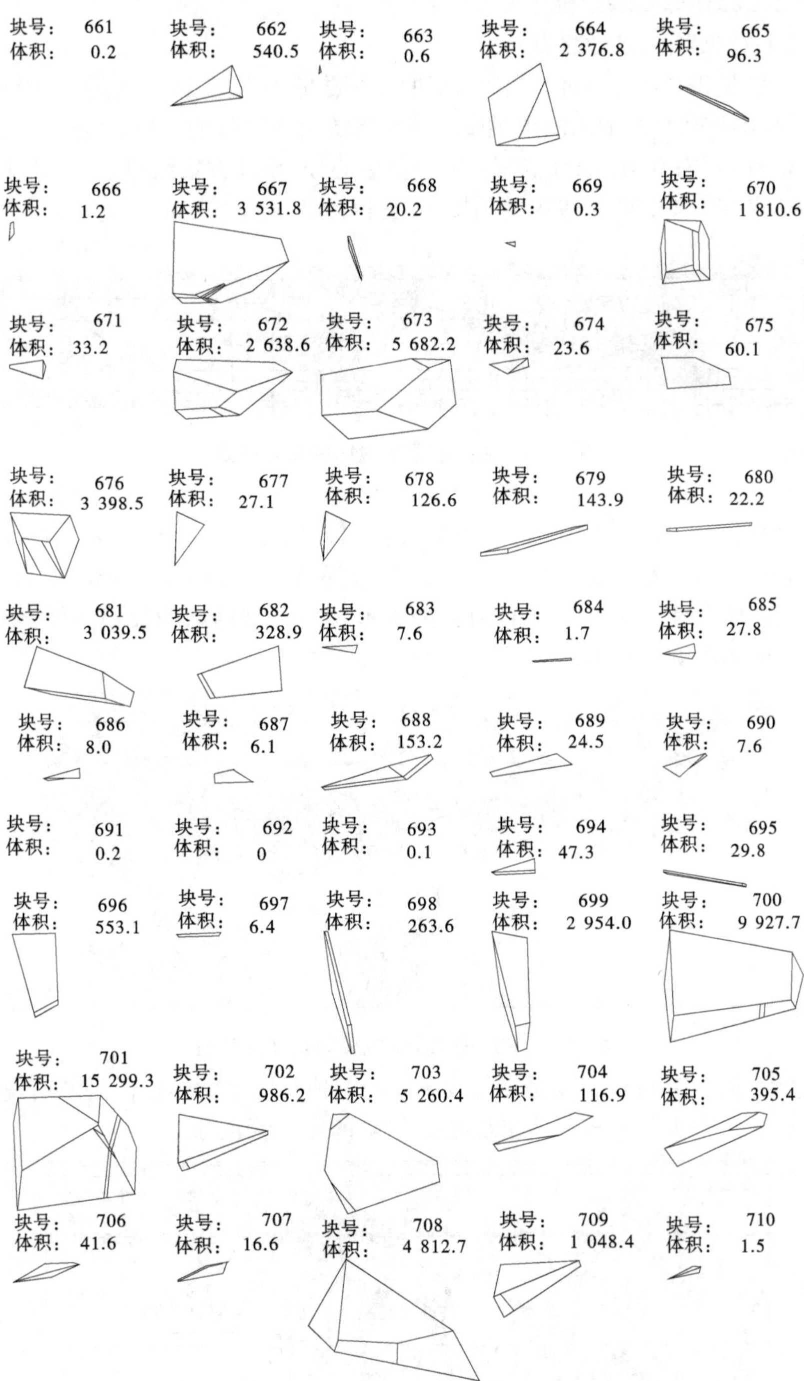

图 7-40 功果桥主厂房结构面系统中的块体 661#~710#

7.2.2.3　各工况计算结果分析

1. 工况 1:C 值取 0,只考虑自重

顶拱区域(见图 7-41)。此区域失稳块体主要集中在三个区域:①集中在厂右 0+014.00~厂右 0+050.0 范围内的顶拱中心处靠下游附近,累计方量约 2 800 m³;②集中在厂右 0+056.00~厂右 0+070.00 范围内的顶拱中心处,累计方量约 600 m³;③集中在厂右 0+105.00~厂右 0+115.00 范围内的顶拱中央,累计方量约 400 m³。

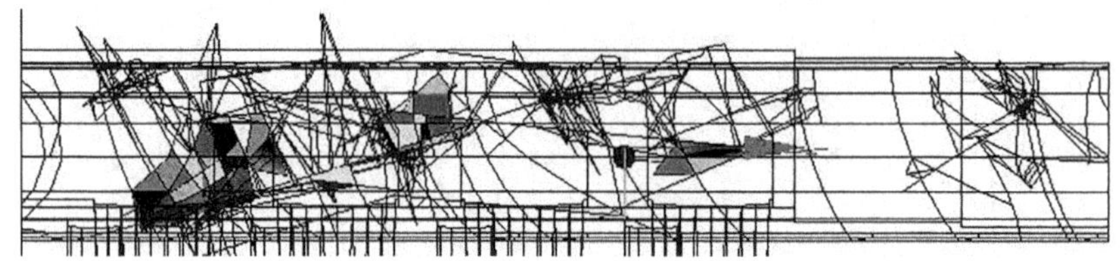

图 7-41　主厂房顶拱破坏块体分布图

上游边墙(见图 7-42)。失稳块体主要集中在三个区域:①厂右 0+0111.00~厂右 0+151.00 的高程 1 247.00~1 265.00 m 处;②厂右 0+022.00~厂右 0+071.00 的 1 240.00~1 270.00 m 高程范围之内,大部分掉块分布在 1 240 m 高程以上,累计方量约 490 m³,最大破坏深度是 9.1 m;③1# 和 3# 的引水管之下有局部的失稳块体,累计方量约 490 m³,最大破坏深度是 9.1 m。

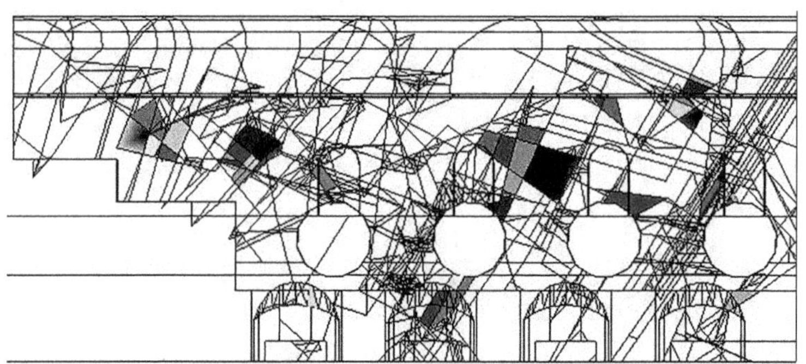

图 7-42　主厂房上游边墙破坏块体分布图

下游边墙(见图 7-43):主要是在母线廊道的侧顶及尾水管的顶部区域出现了失稳块体,约有 769 m³。最大的失稳块体出现在 2# 和 4# 的尾水管顶部。

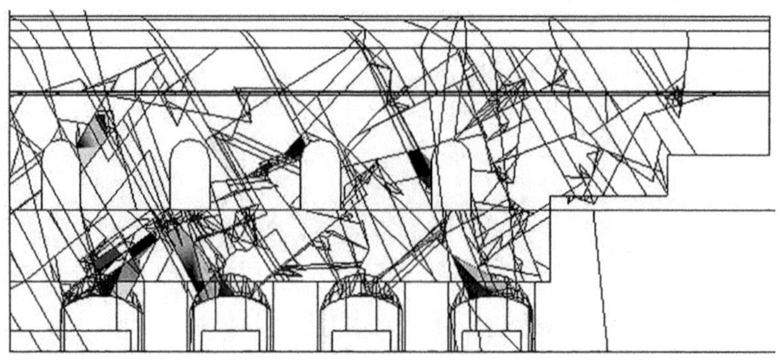

图 7-43　主厂房下游边墙破坏块体分布图(工况 1)

2. 工况 2:C 值折减 50%,只考虑自重

顶拱区域:此区域失稳块体主要集中在两个区域,如图 7-44 所示,①集中在厂右 0+054.00~厂右 0+078.0 的顶拱中心及上游顶拱处,累计方量约 206 m^3;②集中在厂右 0+88.00~厂右 0+115.00 范围内的顶拱处,累计方量约 180 m^3;大部分块体深度 3~5 m,最深处 13.5 m,位置在厂右 0+111.00 处。

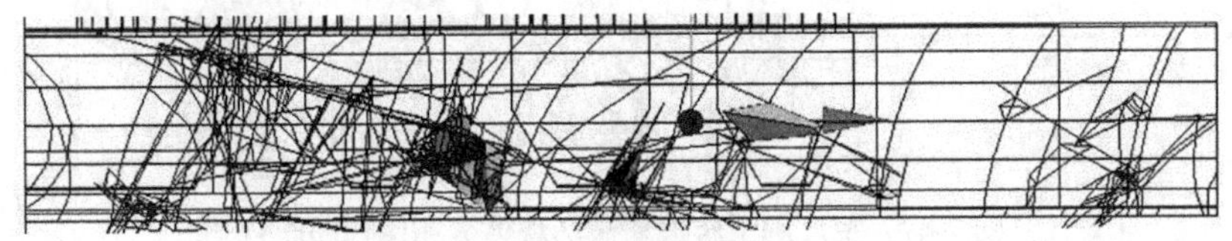

图 7-44　主厂房顶拱破坏块体分布图(工况 2)

上游边墙:没有出现掉块。

下游边墙:只是在尾水管及岩锚梁附近有零星的掉块,如图 7-45 所示。计算方量仅 36 m^3。

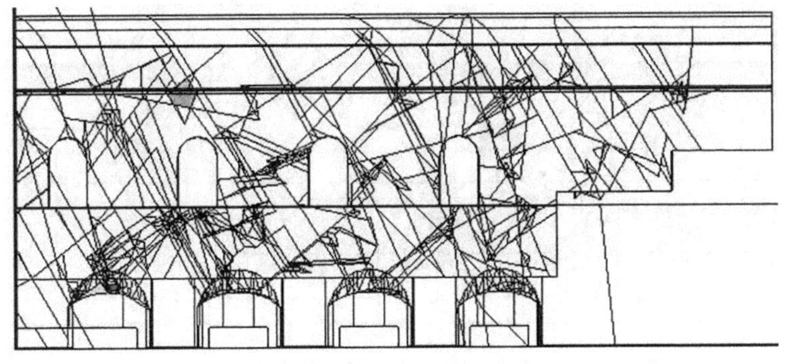

图 7-45　主厂房下游边墙破坏块体分布图(工况 2)

3. 工况 3:C 值取 0,自重+地震

顶拱区域:此区域失稳块体主要集中在两个区域,如图 7-46 所示,①集中在厂右 0+022.00~厂右 0+074.0 范围内的顶拱中心处附近,累计方量约 2 026 m^3;②集中在厂右 0+102.00~厂右 0+125.00 范围内的上游顶拱处,累计方量约 285 m^3。

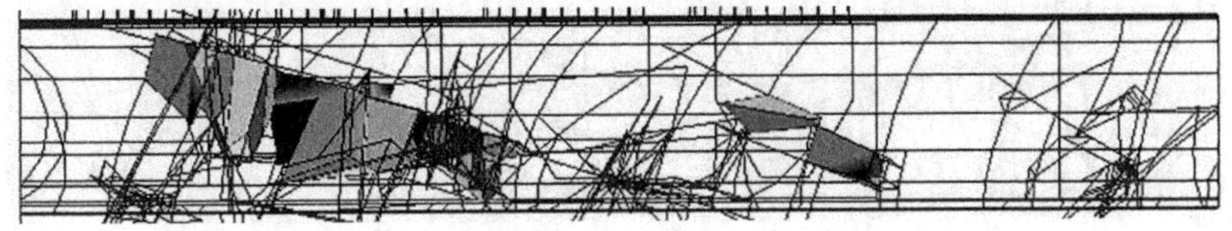

图 7-46　主厂房顶拱破坏块体分布图(工况 3)

上游边墙:破坏的部位及方量与工况 1 基本相近,如图 7-47 所示。

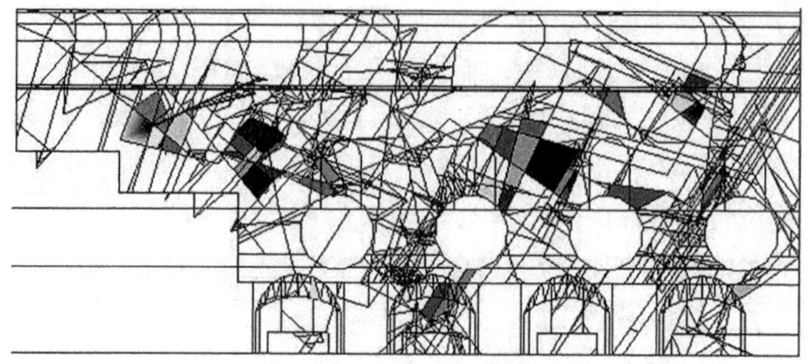

图 7-47　主厂房上游边墙破坏块体分布图(工况 3)

下游边墙:此区域失稳块体主要集中在三个区域,如图 7-48 所示,①在尾水管的顶部;②在母线洞的侧上部;③在厂右 0+100. 00~0+120. 00 的岩锚梁高程处。最深处为 21 m,是 f_{21}、f_{13}、f_{14} 相交而成的块体所引起的破坏,总方量约 1 364 m^3。此处,主要应关注尾水管的上方坍塌。

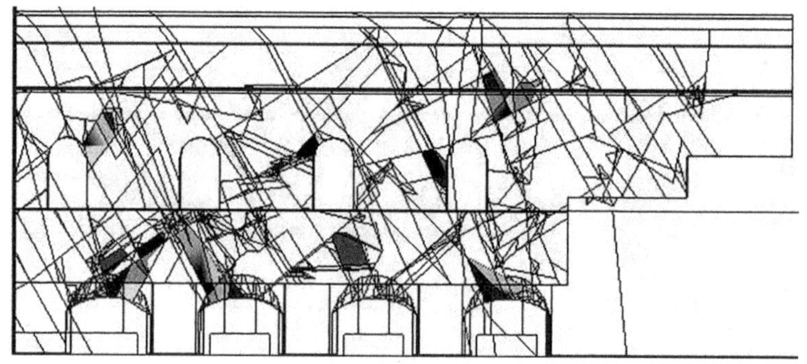

图 7-48　主厂房下游边墙破坏块体分布图(工况 3)

4. 工况 4:*C* 值折减 50%,自重+地震

顶拱区域:此区域失稳块体主要集中在两个区域,如图 7-49 所示,①集中在厂右 0+027. 00~厂右 0+033. 0 的顶拱中心偏下游处,累计方量约 107 m^3;②集中在厂右 0+102. 00~厂右 0+125. 00 范围内的上游顶拱处,累计方量约 285 m^3。

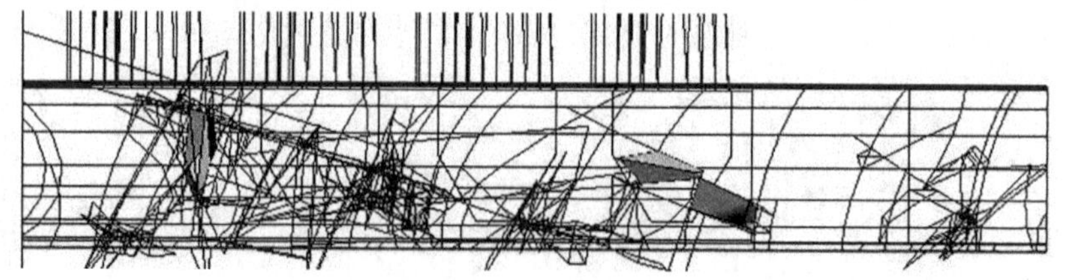

图 7-49　主厂房顶拱破坏块体分布图(工况 4)

上游边墙:存在一个失稳块体,在厂右 0+52. 00、高程 1 245. 00 m 处,13 m^3。

下游边墙:如图 7-50 所示,累计方量约 69 m^3;只在岩锚梁和 1[#]尾水管顶部有零星的掉块。

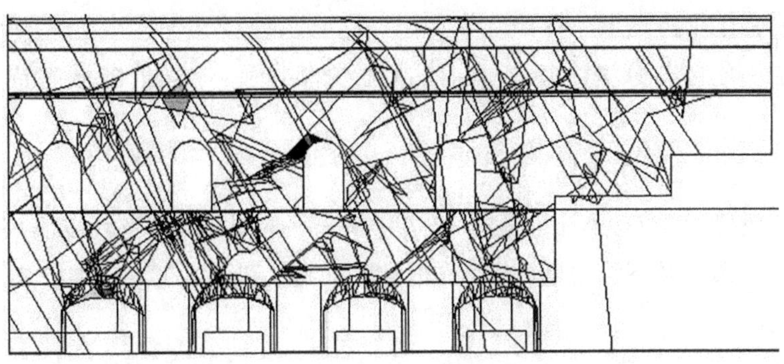

图 7-50 主厂房下游边墙破坏块体分布图(工况 4)

5. 工况 5:C 值折减 100%,自重+地震

顶拱:无失稳块体。

上游边墙:无失稳块体。

下游边墙:有零星的失稳块体,方量仅 55 m^3。

7.2.2.4 各工况结果对比分析

各工况计算结果对比分析见表 7-12。

表 7-12 主厂房各工况计算结果对比分析

工况	第 1 批次 破坏总块数(块)	第 1 批次 破坏累计方量(m^3)	第 1 批次 破坏累计表面积(m^2)
工况 1:只计自重,C 值取 0	64	2 102	935
工况 2:只计自重,C 值折减 50%	5	194	105
工况 3:自重+地震,C 值不计	41	2 192	1 102
工况 4:自重+地震,C 值折减 50%	7	438	211
工况 5:自重+地震,C 值不折减	4	55	74

结合以上各计算工况以及主厂房各工况计算成果对比分析表,可知:

(1)块体的 C 值对围岩块体的稳定性影响较大,即 C 值折减越多,失稳块体的分布范围越大,失稳块体数目越多,累计破坏方量越大,相应所需的单位支护力也越大。

(2)地震作用对失稳块体分布影响不大,失稳块体的体积及分布的面积、区域都没有太大的变化。

(3)顶拱的绝大部分失稳块体集中在厂右 0+20~厂右 0+74.0 及厂右 0+102~厂右 0+125.0 两处。

(4)上游边墙集中于厂右 0+111~厂右 0+151、高程 1 247~1 265 m 处及 1#、2#、3#引

水管上方至岩锚梁下方这两个区域。

(5)下游边墙的失稳块体集中于 1#、2#尾水管的上方,其他各洞室周边有零星的掉块。

7.2.2.5 主厂房成果分析小结

共有 165 块失稳块体,累计方量约 12 790.68 m^3,累计表面积约 6 389.39 m^2;大部分失稳块体集中在顶拱及下游边墙(岩壁吊车梁以上)处,破坏深度在 1~12 m,最大破坏深度约为 28.4 m。

顶拱区域:此区域失稳块体主要集中在三个区域,一是集中在厂右 0+030.00~厂右 0+050.0 范围内的顶拱中心处附近,累计方量约 2 400 m^3,其中以 877#块体最为严重,破坏方量达到 1 750 m^3;二是集中在厂右 0+080.00~厂右 0+095.00 范围内的下游顶拱处,累计方量约 600 m^3;三是集中在厂右 0+105.00~厂右 0+115.00 范围内的下游起拱处,累计方量约 3 100 m^3,其中以 1011#块体最为严重,破坏方量达到 2 730 m^3;其他地方有部分的掉块。

上游边墙:失稳块体主要集中在厂右 0+045.00~厂右 0+060.00 的 1 258.00~1 275.00 m 高程范围之内,大部分掉块分布在岩壁吊车梁以上,累计方量约 190 m^3。

下游边墙:此区域失稳块体主要集中在两个区域,一是集中在厂右 0+020.00~厂右 0+040.0 的 1 250.00~1 274.00 m 高程范围之内,累计方量约 2 400 m^3,其中以 1277#块体最为严重,破坏方量达到 1 040 m^3;二是集中在厂右 0+100.00~厂右 0+115.00 范围内的下游起拱处,累计方量约 2 600 m^3,其中以 1153#块体最为严重,破坏方量达到 1 400 m^3;其他地方有部分的掉块。

最大失稳块体的方量约 2 730.0 m^3,出现在厂右 0+106.00 顶拱下游起拱处;破坏深度最大的块体方量约 324.40 m^3,出现在厂右 0+112.00 顶拱下游起拱处。

7.2.3 主变室块体稳定分析

主变室几何模型具体见图 7-51。计算范围为:左边界取厂右 0+129.30 面,右边界取厂左 0+5.50 面,前边界距主变室上游边墙 60 m,后边界距主变室下游边墙 60 m,上边界距主变室顶拱 57.60 m,下边界取 1 246.20 m 高程面。

坐标系:坐标原点在厂纵 0+000.00 与厂下 0+063.25 交点处,X 正轴向平行于主变室洞轴方向指向右岸山里,Y 正轴向垂直于主变室洞轴方向水平指向上游,Z 正轴向垂直向上。

7.2.3.1 主变室结构面参数

根据主变室地质编录图,将主变室断层裂隙投影图与断层裂隙汇总表就结构面信息(走向、倾向、倾角等)进行逐项对比分析可知:对于 F_2、L_{160} 和 L_{174},结合素描图及汇总表信息,扩成如下结构面来考虑,即 F_{2-1}、F_{2-2}、L_{160-1}、L_{160-2} 及 L_{174-1}、L_{174-2};对于 L_{160} 和 L_{158},汇总表给出的结构面信息与素描图中绘制信息不一致,计算时以汇总表中给出的信息为

图 7-51　主变室开挖后模型

准,所以在下游面墙厂右 0+110~0+129.3 段的计算结果可能有偏差;L_{98}、L_{118} 汇总表给出的结构面产状与素描图中绘制信息不一致,计算时以汇总表中给出的信息为准,所以在厂右 0+25~0+35 段的计算结果可能有偏差,要重新评估。

经过筛选,计算采用的结构面信息见表 7-13。主变室下游墙墙面的地质素描图见图 7-52。主变室下游墙墙面模拟的地质素描图见图 7-53。主变室上游墙墙面的地质素描图见图 7-54。主变室上游墙墙面模拟的地质素描图见图 7-55。主变室顶拱的地质素描图见图 7-56。主变室顶拱模拟的地质素描图见图 7-57。主变室结构面系统中主要结构面之间的相互关系见图 7-58~图 7-67。主变室结构面系统中主要块体形态见图 7-68、图 7-69。由图 7-51~图 7-57 可见,模拟的结构面与地质素描图总体是比较接近的。

表 7-13　主变室结构面信息(计算采用)

编号	结构面上一点 X 坐标	结构面上一点 Y 坐标	结构面上一点 Z 坐标	倾向 (°)	倾角 (°)	黏聚力 C'(MPa)	摩擦系数 f
f_7	−23.61	0	1 292.2	313	68	0.05	0.30
F_{2-1}	0.439 4	0	1 292.2	146	78	0.01	0.20
F_{2-2}	−0.124 1	0	1 292.2	146	78	0.01	0.20
L_{129}	−63.736	0	1 292.2	50	32	0.08	0.35
L_{133}	−7.166	0	1 292.2	340	78	0.08	0.35
L_{140}	−9.812	0	1 292.2	152	63	0.08	0.35

续表 7-13

编号	结构面上一点 X 坐标	结构面上一点 Y 坐标	结构面上一点 Z 坐标	倾向 (°)	倾角 (°)	黏聚力 C′(MPa)	摩擦系数 f
L_{142}	−10.964	0	1 292.2	160	62	0.08	0.35
L_{143}	−48.193	0	1 292.2	50	62	0.08	0.35
L_{144}	−23.017	0	1 292.2	148	75	0.10	0.45
L_{147}	−28.84	0	1 292.2	140	84	0.08	0.35
L_{148}	−22.037	0	1 292.2	152	68	0.08	0.35
f_{10}	−27.79	0	1 292.2	152	73	0.05	0.30
L_{152}	−33.822	0	1 292.2	160	71	0.08	0.35
L_{155}	−35.577	0	1 292.2	355	68	0.08	0.35
L_{159}	−112.41	0	1 292.2	272	78	0.08	0.35
L_{160-1}	−104.507	0	1 292.2	38	34	0.15	0.50
L_{160-2}	−106.907	0	1 292.2	38	34	0.15	0.50
L_{161}	−67.441	0	1 292.2	325	72	0.15	0.50
L_{162}	−125.788	0	1 292.2	42	28	0.15	0.50
L_{163}	−49.08	0	1 292.2	150	72	0.08	0.35
L_{164}	−51.25	0	1 292.2	150	73	0.15	0.50
L_{165}	−71.948	0	1 292.2	300	85	0.08	0.35
L_{167}	−57.614	0	1 292.2	165	75	0.08	0.35
f_{11}	−81.382	0	1 292.2	325	70	0.05	0.30
L_{168}	−83.64	0	1 292.2	327	70	0.08	0.35
L_{169}	−101.657	0	1 292.2	320	54	0.15	0.50
L_{170}	−86.588	0	1 292.2	312	76	0.15	0.50
L_{171}	−99.765	0	1 292.2	32	53	0.15	0.50

续表 7-13

编号	结构面上一点 X 坐标	结构面上一点 Y 坐标	结构面上一点 Z 坐标	倾向(°)	倾角(°)	黏聚力 C′(MPa)	摩擦系数 f
L_{172}	-48.582	0	1 292.2	260	85	0.15	0.50
L_{174-1}	-128.218	0	1 292.2	355	27	0.08	0.35
L_{174-2}	-129.218	0	1 292.2	355	27	0.08	0.35
f_{12}	-73.463	0	1 292.2	157	67	0.10	0.35
L_{177}	-107.132	0	1 292.2	330	60	0.08	0.35
L_{178}	-84.49	0	1 292.2	258	85	0.15	0.50
L_{179}	-64.527	0	1 292.2	132	52	0.08	0.35
L_{183}	-117.757	0	1 292.2	325	58	0.08	0.35
L_{184}	-76.304	0	1 292.2	150	56	0.08	0.35
L_{187}	-89.137	0	1 292.2	150	70	0.15	0.50
L_{189}	-127.58	0	1 292.2	330	55	0.08	0.35
L_{190}	-87.821	0	1 292.2	158	60	0.08	0.35
f_{13}	-92.078	0	1 292.2	150	65	0.05	0.30
L_{193}	-124.806	0	1 292.2	350	30	0.08	0.35

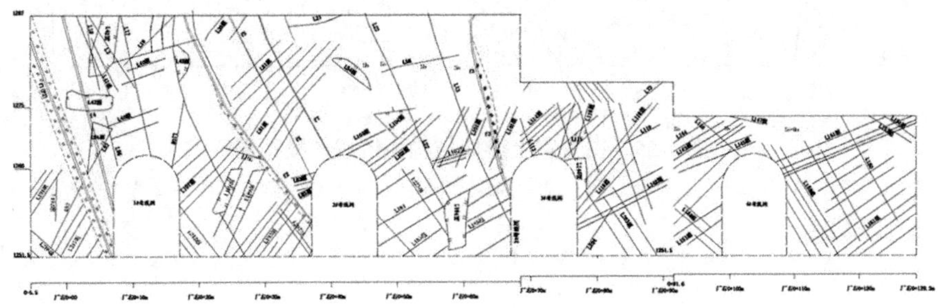

图 7-52　主变室下游墙结构面素描图

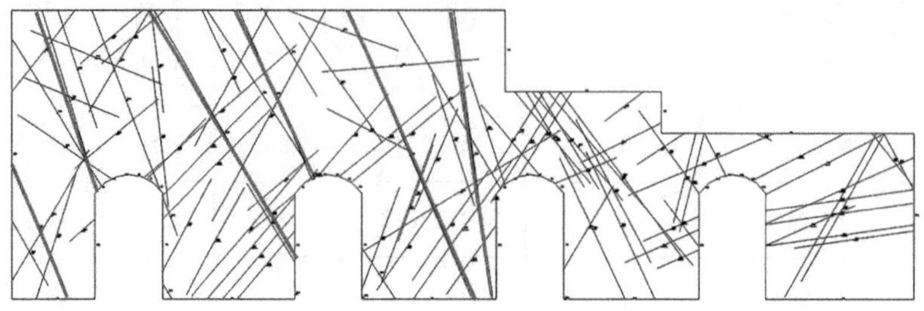

图 7-53　主变室下游墙结构面迹线的模拟图

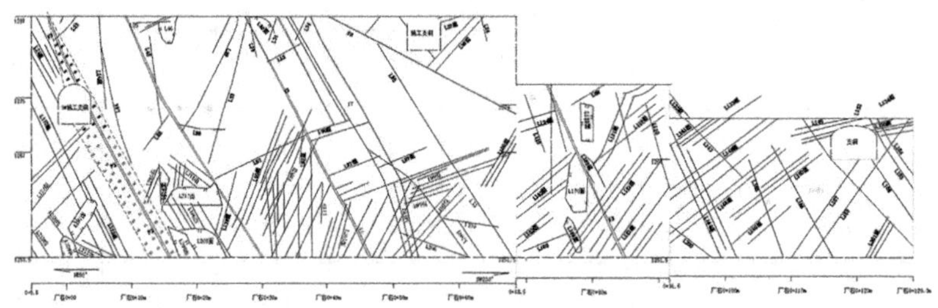

图 7-54　主变室上游墙结构面素描图

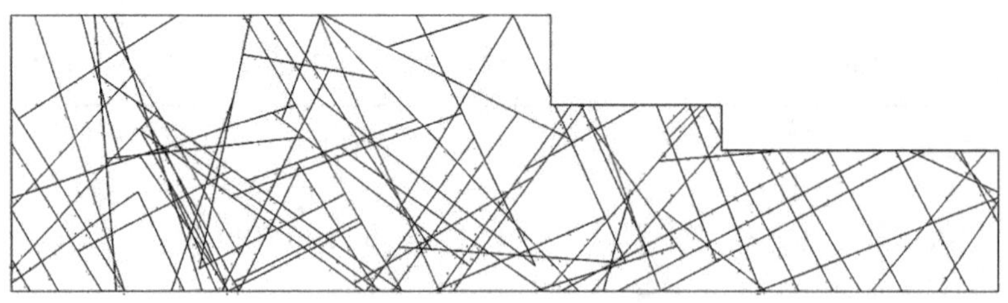

图 7-55　主变室上游墙结构面迹线的模拟图

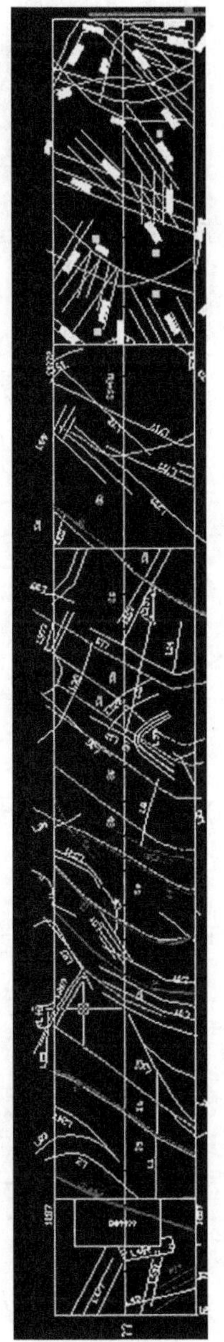

图 7-56 主变室顶拱结构面素描图

图 7-57 主变室顶拱结构面迹线的模拟图

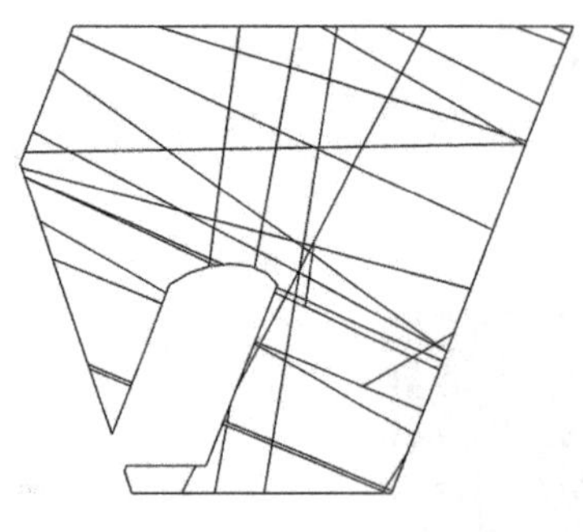

图 7-58　f_7 断层与主变洞及其他结构面之间的相互关系

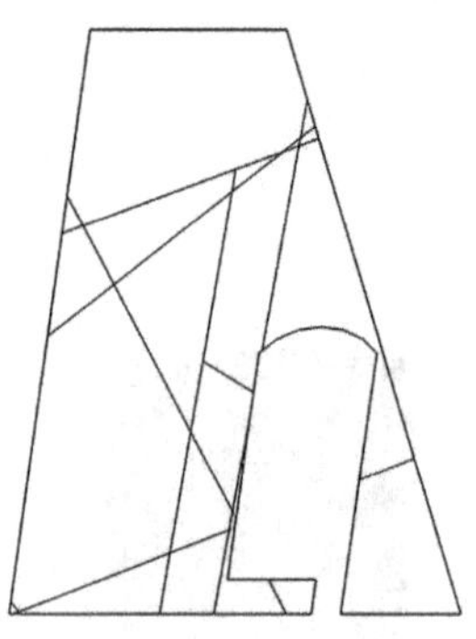

图 7-59　F_2 断层与主变洞及其他结构面之间的相互关系

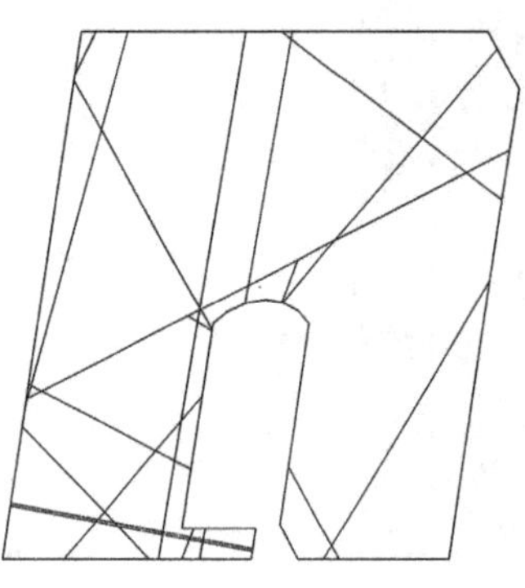

图 7-60　f_{10} 断层与主变洞及其他结构面之间的相互关系

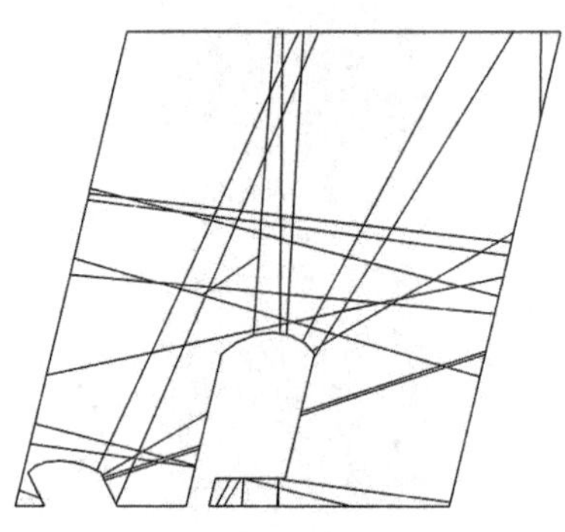

图 7-61　f_{11} 断层与主变洞及其他结构面之间的相互关系

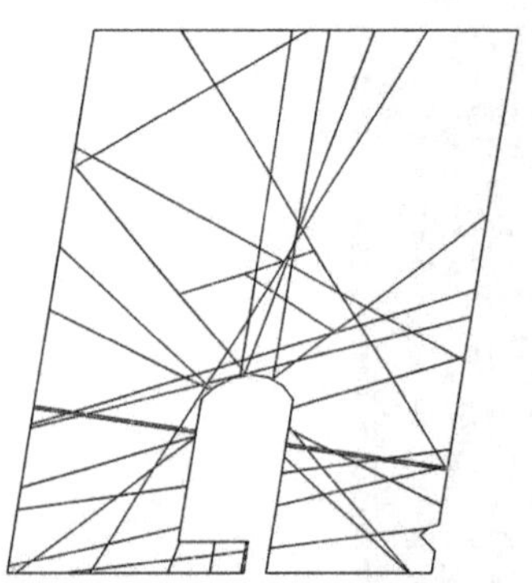

图 7-62　f_{12} 断层与主变洞及其他结构面之间的相互关系

图 7-63　f_{13} 断层与主变洞及其他结构面之间的相互关系

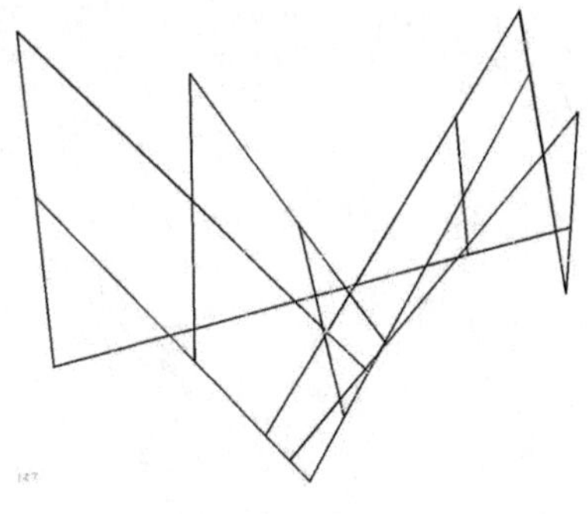

图 7-64　L_{155} 裂隙与主变洞及其他结构面之间的相互关系

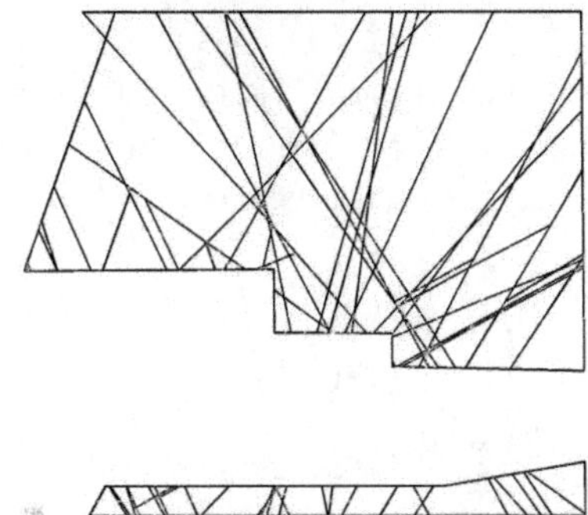

图 7-65　L_{159} 裂隙与主变洞及其他结构面之间的相互关系

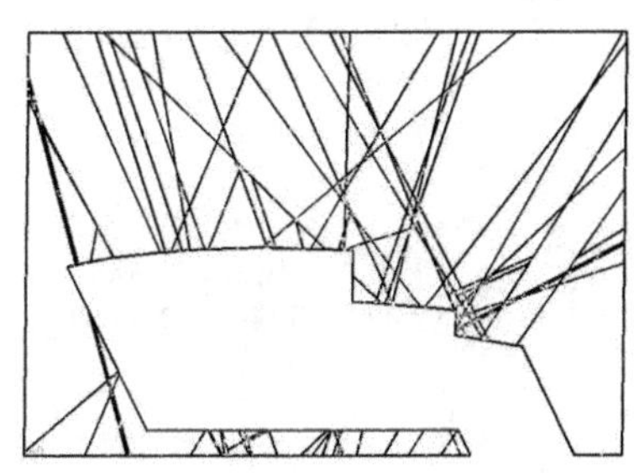

图 7-66　L_{161} 裂隙与主变洞及其他结构面之间的相互关系

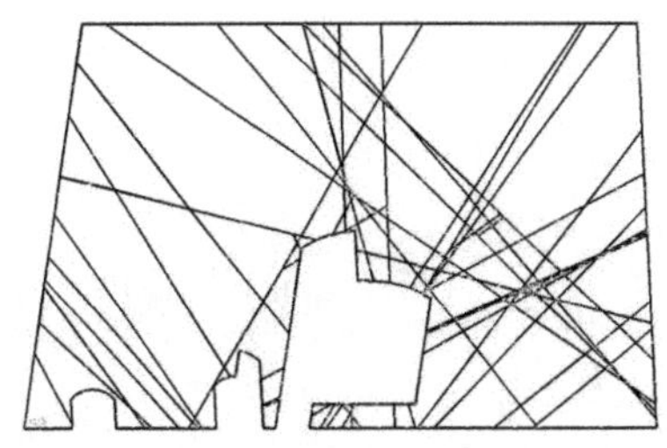

图 7-67　L_{165} 裂隙与主变洞及其他结构面之间的相互关系

7.2.3.2　主变室计算工况

功果桥主变室计算工况如表 7-14。

表 7-14　计算分析工况

工况序号	荷载	C 值折减系数
1	自重	0%
2	自重	50%
3	自重	100%(不折减)
4	自重+地震	0%
5	自重+地震	50%
6	自重+地震	100%(不折减)

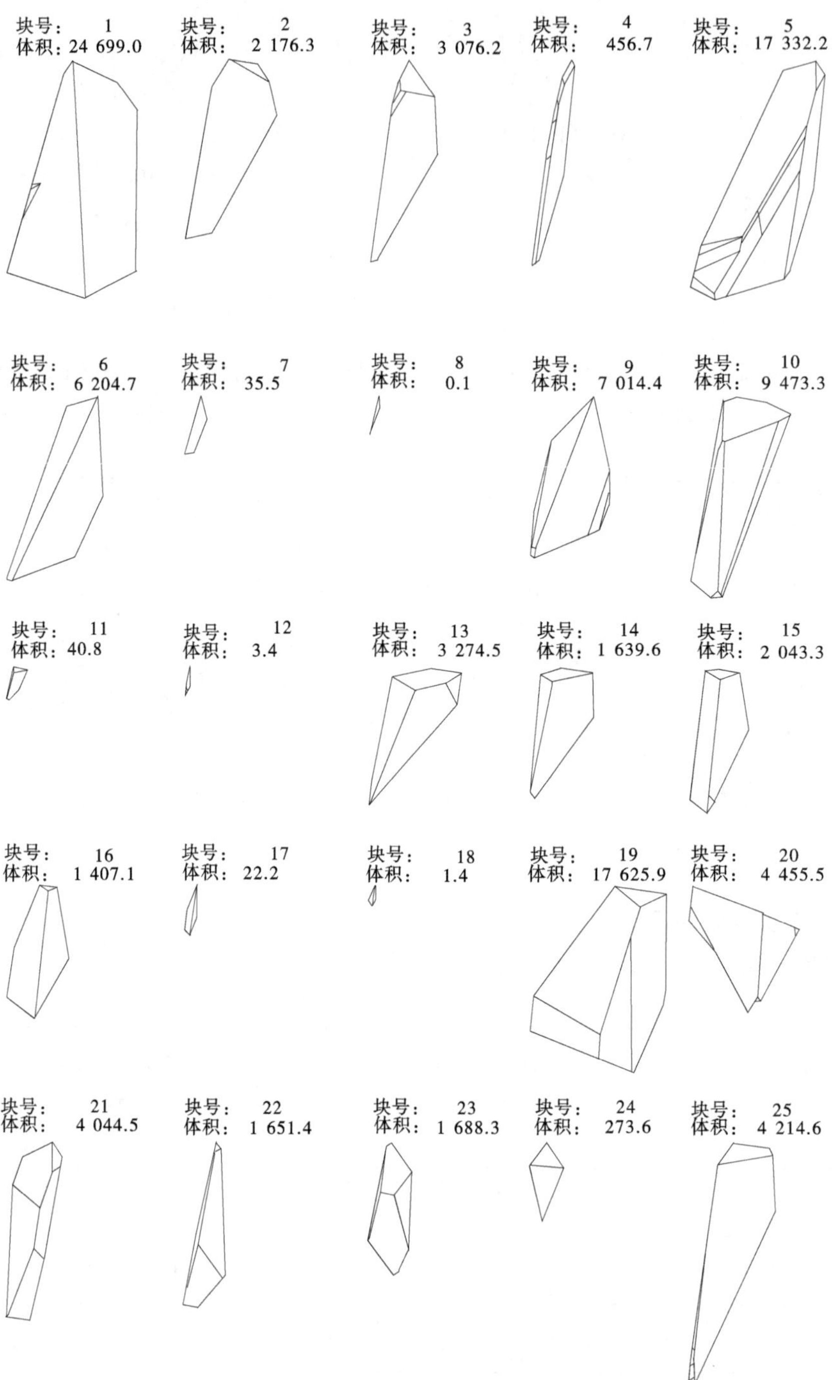

图 7-68　功果桥主变洞结构面系统中的块体 1#～25#

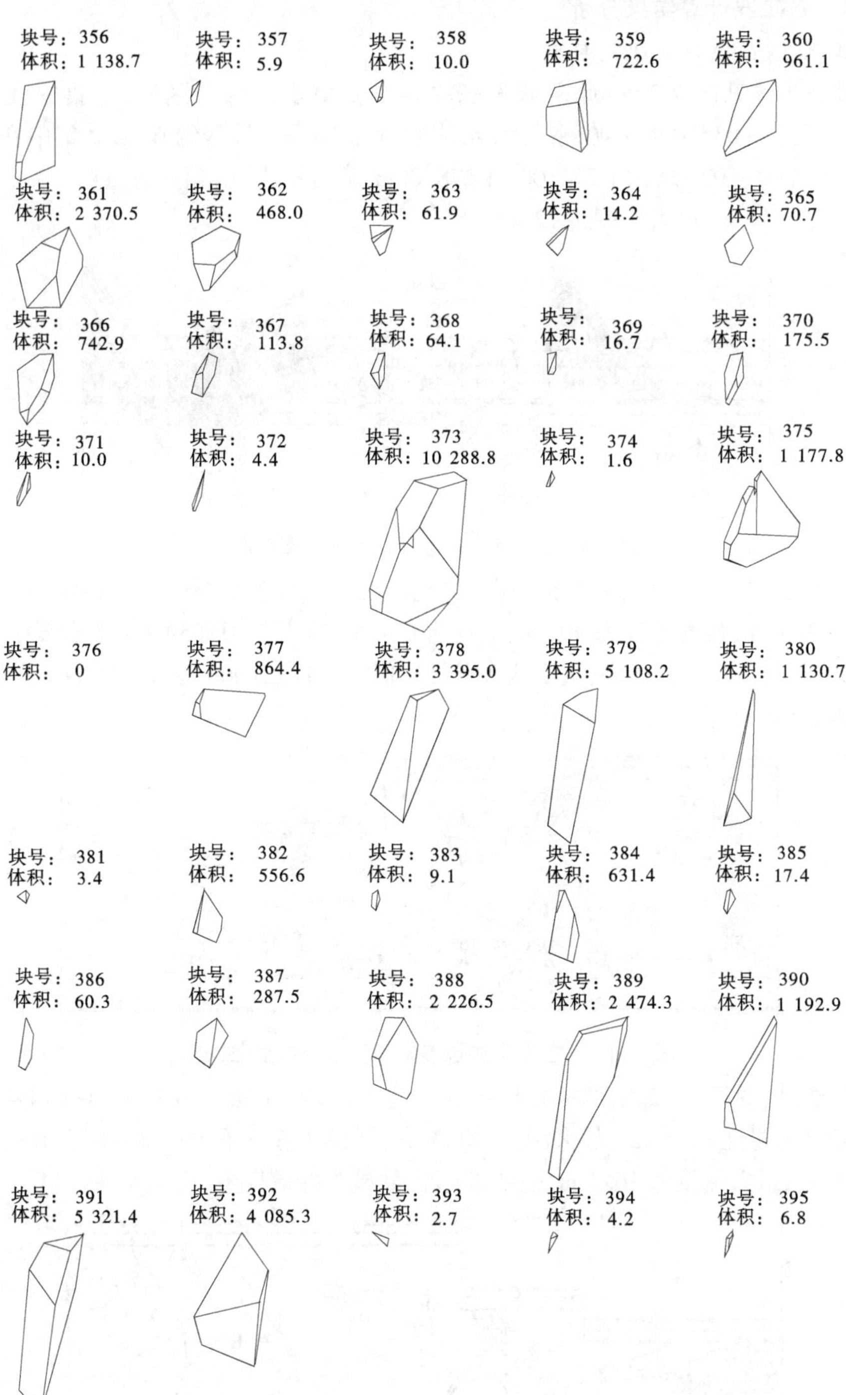

图 7-69　功果桥主变室结构面系统块体 356#～395#

7.2.3.3 各工况计算结果分析

1. 工况 1：C 值折减 0%，自重

顶拱区域（见图 7-70）：此区域失稳块体主要集中在两个区域，①集中在厂右 0+020.00～厂右 0+035.0 的上游侧拱处，累计方量约 50 m^3，最深约 6 m；②集中在厂右 0+067.00～厂右 0+107.00 的 1 272.00～1 278.00 m 高程范围处，累计方量约 1 330 m^3，大部分的深度在 5～8 m，最大深度达 12 m。

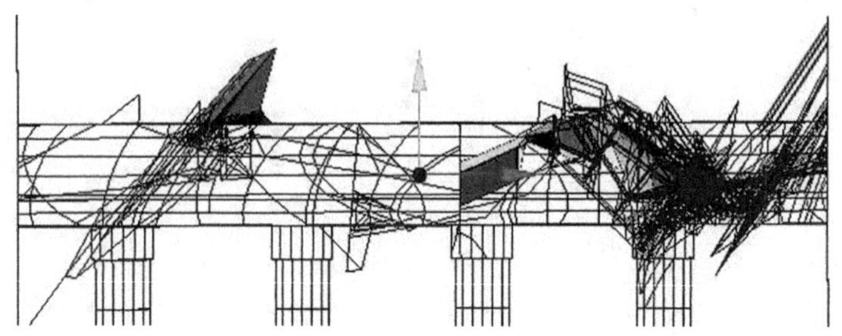

图 7-70 主变室顶拱破坏块体分布图（工况 1）

下游边墙（见图 7-71）：主要集中在三个区域，①厂右 0+0.000～厂右 0+067.00，大部分深度在 2～6 m，最大深度为 9.2 m；②厂右 0+0.027～厂右 0+059.00，方量 421 m^3，深度一般在 2～5 m，最大深度 6 m，属于浅表破坏；③厂右 0+72.000～厂右 0+097，方量 55 m^3，最大深度 4.5 m。

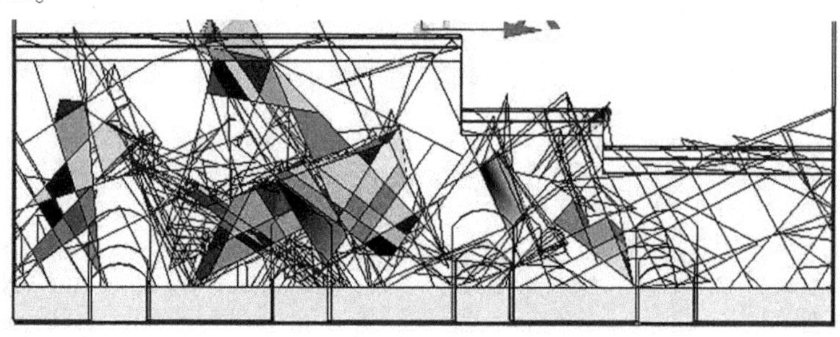

图 7-71 主变室下游边墙破坏块体分布图（工况 1）

上游边墙（见图 7-72）：破坏主要发生在两个区域，①集中在厂右 0+044～厂右 0+053.0，累计方量达到 98 m^3，最大深度为 6.1 m；②集中在厂右 0+106～厂右 0+129.0，方量为 324 m^3，最大深度为 16.1 m，主要破坏顺 4$^\#$母线廊道发生。

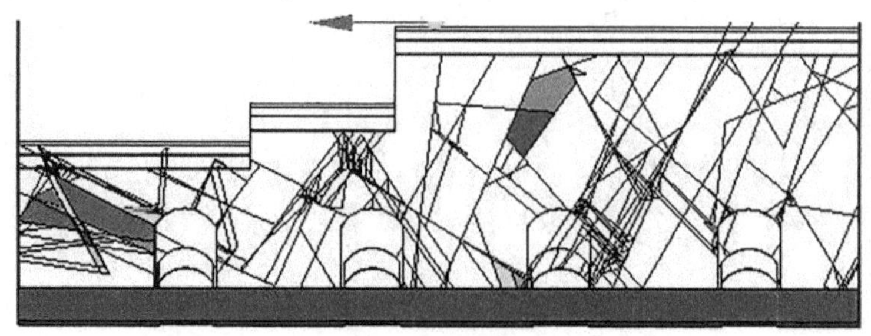

图 7-72 主变室上游边墙破坏块体分布图（工况 1）

2. 工况 2：C 值折减 50%，自重

顶拱部分（见图 7-73）：失稳块体集中在一个区域，厂右 0+091.60 的断面变化处。破坏方量达到 138 m^3，破坏深度在 8.2 m。

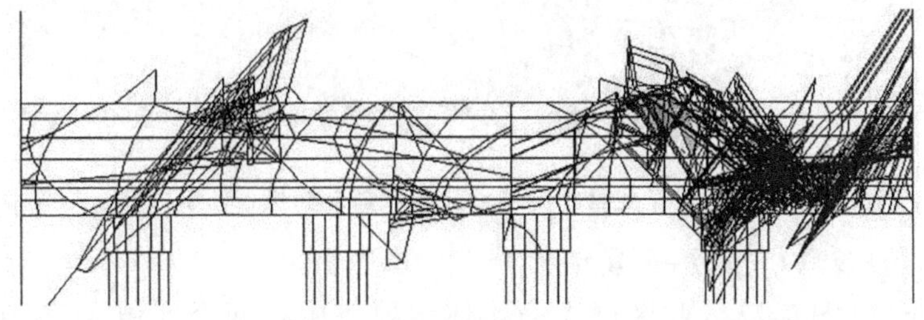

图 7-73 主变室顶拱失稳块体分布图（工况 2）

下游边墙（见图 7-74）：此区域有两块失稳块体，一块位于厂右 0+048.00 上游边墙处的 654#块体，破坏方量达到 30 m^3；另一块位于厂右 0+080.00 上游边墙处的 708#块体，破坏方量达到 52 m^3。

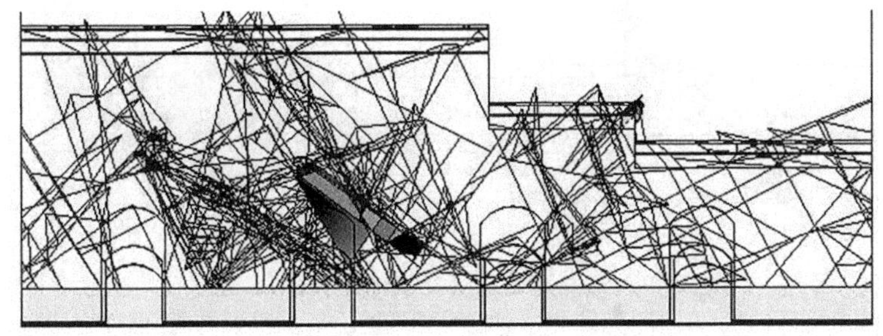

图 7-74 主变室下游边墙失稳块体分布图（工况 2）

上游边墙（见图 7-75）：有一个失稳块体发生在 4#母线廊道侧，方量 72 m^3，深度 16 m，在廊道内产生破坏。

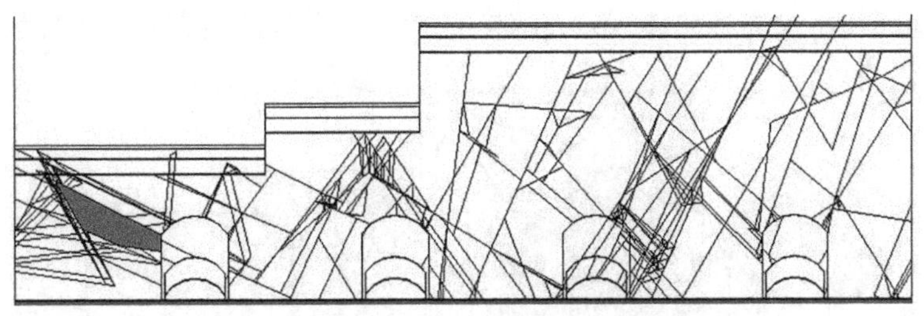

图 7-75 主变室上游边墙失稳块体分布图（工况 2）

3. 工况 3：C 值不折减，自重

顶拱部分：没有出现破坏。

下游边墙（见图 7-76）：有两个失稳块体，总体积为 26 失稳块体 26 m^3，位于厂右 0+42～厂右 0+56.0，2#母线廊道侧上方。

上游边墙：有一个失稳块体，位置同图 7-76。

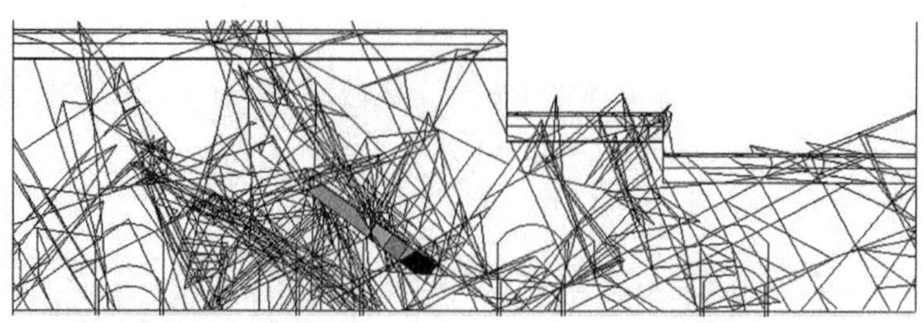

图 7-76　主变室下游边墙失稳块体分布图(工况 3)

4. 工况 4：C 值取 0，自重+地震

顶拱部分(见图 7-77)：此区域失稳块体主要集中在两个区域，①集中在厂右 0+004.00~厂右 0+037.0 的上下游侧拱处，累计方量约 150 m^3，最深约 6 m；②集中在厂右 0+067.00~厂右 0+107.00 的 1 272.00~1 278.00 m 高程范围处，累计方量约 1 330 m^3，大部分的深度在 5~8 m，最大深度达 12 m。

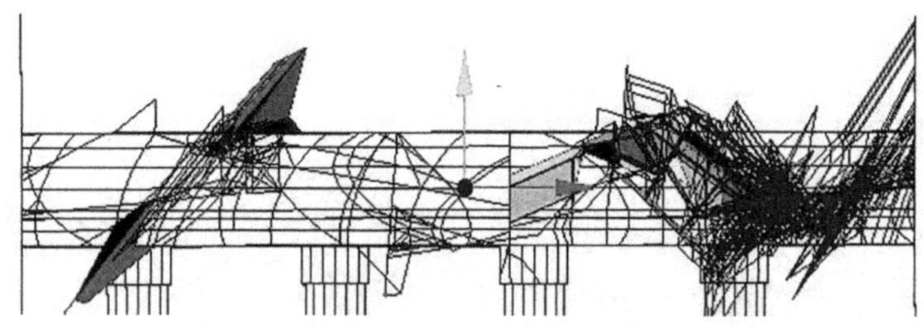

图 7-77　主变室顶拱破坏块体分布图(工况 4)

下游边墙(见图 7-78)：此区域的破坏块体主要集中在 2#~3#母线洞之间的主变室的上游边墙和 3#~4#母线洞之间的主变室的上游边墙。其中，2#~3#母线洞之间边墙的失稳块体累计方量约为 320 m^3，以 857#块体最为严重，方量达到 89 m^3；3#~4#母线洞之间边墙的失稳块体累计方量约为 250 m^3，其中以 888#块体最为严重，方量达到 108 m^3；另外，2#母线洞边墙也存在不少失稳块体，不过块体方量不大；在其他地方有少量掉块。

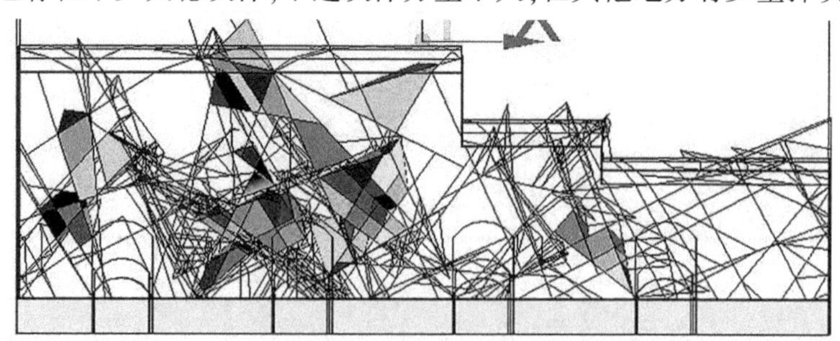

图 7-78　主变室下游边墙破坏块体分布图(工况 4)

上游边墙(见图 7-79)：破坏主要发生在两个区域，①集中在厂右 0+044~厂右 0+053.0，累计方量达到 98 m^3，最大深度为 6.1 m；②集中在厂右 0+106~厂右 0+129.0，方量为 324 m^3，最大深度为 16.1 m，主要破坏顺 4#母线廊道发生。

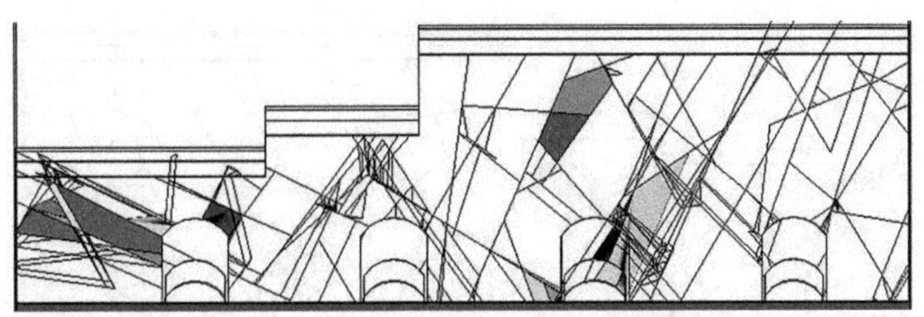

图 7-79 主变室上游边墙破坏块体分布图(工况 4)

5. 工况 5：C 值折减 50%，自重+地震

由第 1 批次破坏状况图可知，第 1 批次破坏共有 26 块失稳块体，累计方量约 491.74 m^3，累计表面积约 430.55 m^2；大部分失稳块体集中在厂右 0+75～厂右 0+100.0 范围内的顶拱和上游边墙处，破坏深度 1.0～6 m，最大破坏深度约为 9.45 m。

顶拱部分(见图 7-80)：集中在一个区域，在 3# 和 4# 母线廊道之间，累计方量约 130 m^3，最深约 8.2 m。

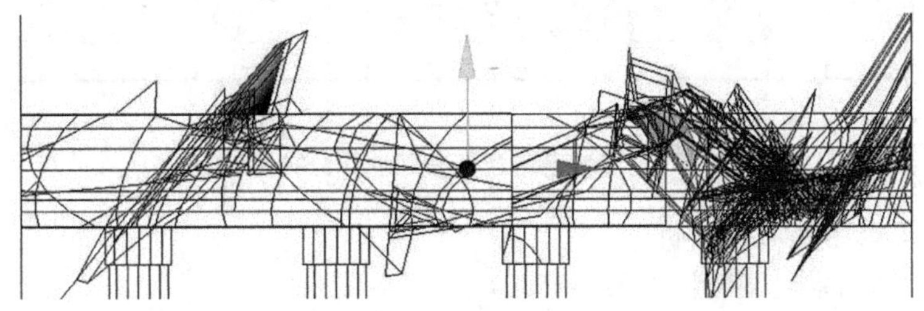

图 7-80 主变室顶拱破坏块体分布图(工况 5)

下游边墙(见图 7-81)：破坏块体主要集中在一个区域，2# 母线廊道与 3# 母线廊道之间，破坏方量达到 488 m^3，最大深度 8.3 m。

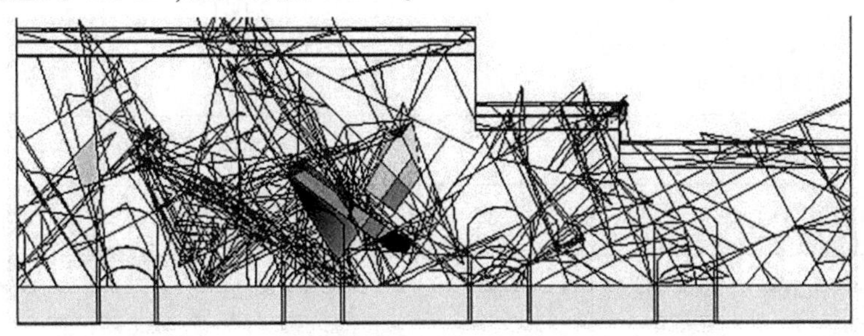

图 7-81 主变室下游边墙破坏块体分布图(工况 5)

上游边墙(见图 7-82)：在 4# 母线廊道侧有一个 72 m^3 的块体失稳。

6. 工况 6：C 值不折减，自重+地震

顶拱部分：局部地方有零星掉块。

下游边墙(见图 7-83)：主要集中于厂右 0+40～厂右 0+56.0，方量为 42 m^3，最大深度为 5.7 m，破坏的表面积为 77 m^2。

上游边墙：失稳块体同工况 5，在 4# 母线廊道侧有一个 72 m^3 的块体失稳。

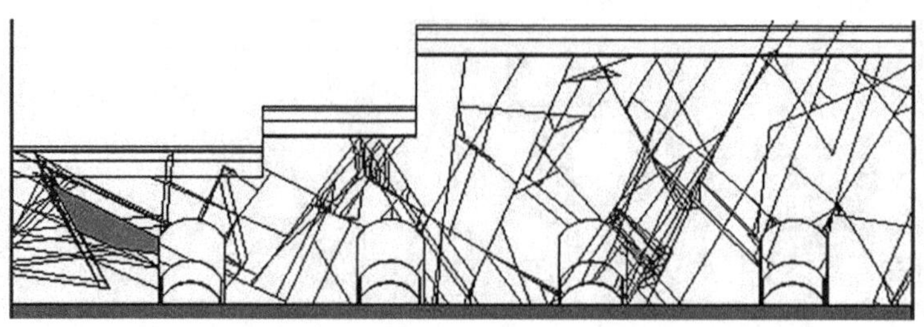

图 7-82　主变室上游边墙破坏块体分布图(工况 5)

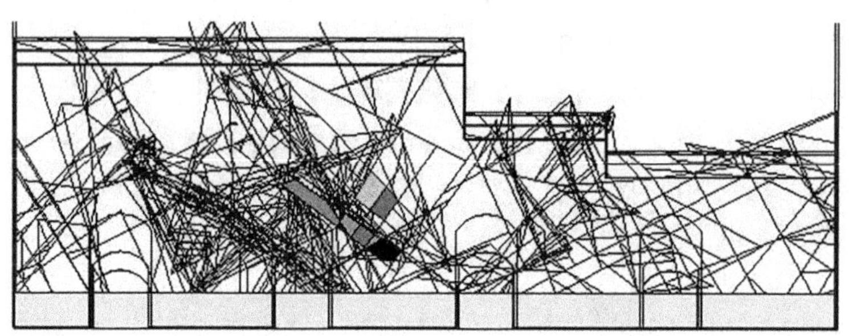

图 7-83　主变室下游边墙破坏块体分布图(工况 6)

7.2.3.4　各工况结果对比分析

各工况计算结果对比分析见表 7-15。

表 7-15　工况计算结果对比分析

工况	第 1 批次 破坏总块数(块)	第 1 批次 破坏累计方量(m^3)	第 1 批次 破坏累计表面积(m^2)
工况 1:*C* 值折减 0%,自重	52	2 041	975
工况 2:*C* 值折减 50%,自重	6	245	240
工况 3:*C* 值折减 100%,自重	3	108	120
工况 4:*C* 值折减 0%,自重+地震	42	2 594	927
工况 5:*C* 值折减 20%,自重+地震	9	425	261
工况 6:*C* 值折减 50%,自重+地震	4	113	139

结合以上各计算工况以及主变室各工况计算成果对比分析表,可知:

(1)块体的 *C* 值对围岩块体的稳定性影响较大,即 *C* 值折减越多,失稳块体的分布范围越大,失稳块体数目越多,累计破坏方量越大,相应所需的单位支护力也越大。

(2)地震作用对失稳块体分布影响不大,但对支护力的影响较大。

(3)顶拱需关注厂右 0+20~0+30 及顶拱高程急剧变化处。

(4)下游面的失稳块体多于上游面,应加强对下游面的支护。厂右 0+0~厂右 0+68.0 范围内的整个下游墙面均有失稳块体的分布,厂右 0+38~厂右 0+65 是重点关注区域，因为在 C 值不受折减时，此处亦有失稳块体。

(5)上游需关注厂右 0+044～0+053.0 及厂右 0+106～129.0，破坏深度约 6 m。

7.2.3.5　主变室成果分析

由第 1 批次破坏状况图 7-84 可知，共有 79 块失稳块体，累计方量约 969.47 m³，累计表面积约 856.73 m²；大部分失稳块体集中在厂右 0+020～厂右 0+100.0 范围内的顶拱和上游边墙及母线洞处，破坏深度为 1～6 m，最大破坏深度约为 26.6 m。

顶拱区域：此区域失稳块体主要集中在两个区域，一是集中在厂右 0+070.00～厂右 0+080.0 的 1 280.00～1 285.00 m 高程范围之内，累计方量约 230 m³，其中以 479#块体最为严重，破坏方量达到 96 m³；二是集中在厂右 0+090.00～厂右 0+100.00 的 1 274.00～1 276.00 m 高程范围处，累计方量约 200 m³，其中以 566#块体最为严重，破坏方量达到 82 m³；另外，厂右 0+055.00 的 1 294.00 m 高程中心顶拱处 334#块体发生失稳，方量达到 28 m³；在其他地方有零星掉块。

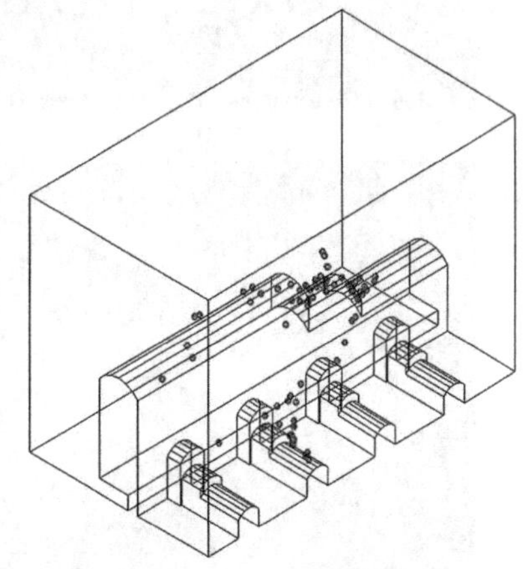

图 7-84　主厂房第 1 批次破坏块体分布图

上游边墙及母线洞：此区域的破坏块体主要集中在 2#～3#母线洞之间的主变室的上游边墙和 3#～4#母线洞之间的主变室的上游边墙；其中，2#～3#母线洞之间边墙的失稳块体累计方量约 110 m³ 左右，以 653#块体最为严重，方量达到 36 m³；3#～4#母线洞之间边墙的失稳块体累计方量约 80 m³，其中以 708#块体最为严重，方量达到 52 m³；另外，2#母线洞边墙也存在不少失稳块体，不过块体方量不大；在其他地方有少量掉块。

下游边墙：此区域的破坏块体主要集中在厂右 0+085～厂右 0+050.0 之间高程在 1 268.00～1 275.00 m 范围内的下游边墙处，累计方量达到 90 m³；另外，在其他地方存在零星掉块。

最大失稳块体为 479#块体，方量约 96.0 m³，出现在厂右 0+072.0 顶拱处；破坏深度最大的块体方量约 21.77 m³，出现在厂右 0+16.5 上游边墙拱脚处。主变室块体分布示意图见图 7-85。

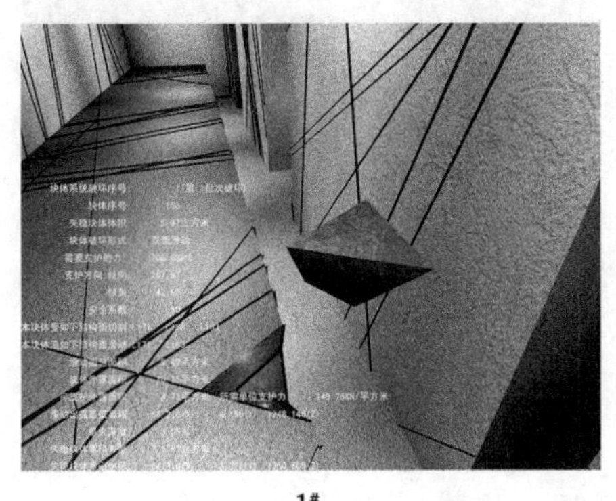

1#

2#

图 7-85　主变室块体分布示意图

续图 7-85

7.2.4 尾调室块体稳定分析

7.2.4.1 分析模型

分析模型见图 7-86、图 7-87。

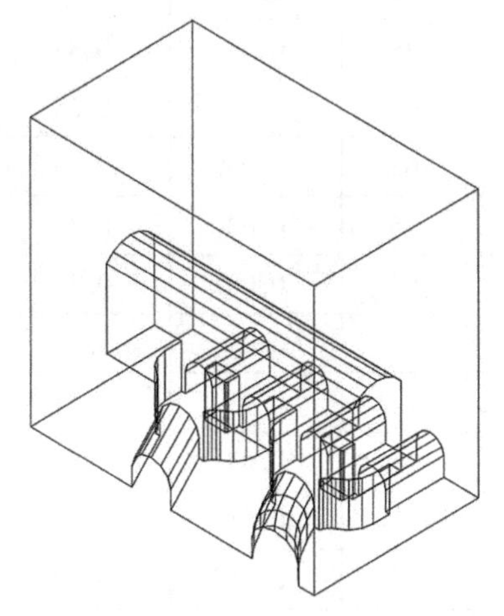

图 7-86 调压井几何模型透视图

图 7-87 调压井几何模型

7.2.4.2 调压室结构面参数

根据调压室断层裂隙投影图,将调压室断层裂隙投影图与断层裂隙汇总表就结构面信息(走向、倾向、倾角等)进行逐项对比分析可知:对于 L_8、F_2、L_{160}、L_{168} 和 L_{171},结合投影图及汇总表信息,扩成如下结构面来考虑,即 L_{8-1}、L_{8-2}、F_{2-1}、F_{2-2}、L_{160-1}、L_{160-2}、L_{168-1}、L_{168-2} 及 L_{171-1}、L_{171-2}。经过筛选,计算采用的结构面信息见表 7-16。

表 7-16 调压室结构面信息(计算采用)

编号	结构面上一点 X 坐标	结构面上一点 Y 坐标	结构面上一点 Z 坐标	倾向 (°)	倾角 (°)	黏聚力 C′(MPa)	摩擦系数 f
L_2	−15.658	0	1 277.3	140	70	0.08	0.35
L_4	−20.277	0	1 277.3	160	68	0.08	0.35
L_5	−37.806	0	1 277.3	145	75	0.15	0.50
L_{8-1}	−60.370 7	0	1 277.3	155	62	0.08	0.35
L_{8-2}	−61.371 3	0	1 277.3	155	62	0.08	0.35
L_{10}	−65.967	0	1 277.3	150	60	0.08	0.35
L_{14}	−83.05	0	1 277.3	340	58	0.08	0.35
f_1	−29.147	0	1 277.3	180	50	0.02	0.25
f_3	−73.104	0	1 277.3	155	65	0.02	0.25
f_7	−79.332	0	1 277.3	313	68	0.02	0.25
F_{2-1}	−41.816 4	0	1 277.3	146	78	0.01	0.20

续表 7-16

编号	结构面上一点 X 坐标	结构面上一点 Y 坐标	结构面上一点 Z 坐标	倾向 (°)	倾角 (°)	黏聚力 C′(MPa)	摩擦系数 f
F_{2-2}	-42.986 6	0	1 277.3	146	78	0.01	0.20
L_{133}	-25.744	0	1 277.3	340	78	0.08	0.35
L_{140}	-50.423	0	1 277.3	152	63	0.08	0.35
L_{142}	-41.277	0	1 277.3	160	62	0.08	0.35
L_{144}	-64.574	0	1 277.3	148	75	0.08	0.35
L_{147}	-81.446	0	1 277.3	140	84	0.08	0.35
f_{10}	-64.941	0	1 277.3	152	73	0.02	0.25
L_{152}	-61.18	0	1 277.3	160	71	0.08	0.35
L_{155}	-70.289	0	1 277.3	155	68	0.08	0.35
L_{160-1}	-30.109	0	1 277.3	38	34	0.15	0.50
L_{160-2}	-32.509	0	1 277.3	38	34	0.15	0.50
L_{161}	-103.717	0	1 277.3	325	72	0.15	0.50
L_{162}	-34.857	0	1 277.3	42	28	0.15	0.50
L_{163}	-82.755	0	1 277.3	150	72	0.08	0.35
L_{164}	-84.925	0	1 277.3	150	73	0.15	0.50
L_{167}	-77.861	0	1 277.3	165	75	0.08	0.35
f_{11}	-116.88	0	1 277.3	325	70	0.02	0.25
L_{168-1}	-116.16	0	1 277.3	327	70	0.08	0.35
L_{168-2}	-117.16	0	1 277.3	327	70	0.08	0.35
L_{171-1}	-49.025	0	1 277.3	32	53	0.15	0.50
L_{171-2}	-49.333	0	1 277.3	32	53	0.15	0.50
f_{12}	-105.869	0	1 277.3	157	67	0.05	0.30
L_{177}	-132.003	0	1 277.3	330	60	0.08	0.35
L_{179}	-132.797	12.5	1 277.3	132	52	0.08	0.35
L_{184}	-122.672	0	1 277.3	140	56	0.08	0.35
L_{190}	-121.396	0	1 277.3	158	60	0.08	0.35
f_{13}	-134.339	0	1 277.3	150	65	0.02	0.25

调压井的上、下游面结构面系统素描及模拟示意见图 7-88～图 7-91；调压井的各结构面之间的模拟关系见图 7-92～图 7-103。调压井系统的块体形态见图 7-104、图 7-105。

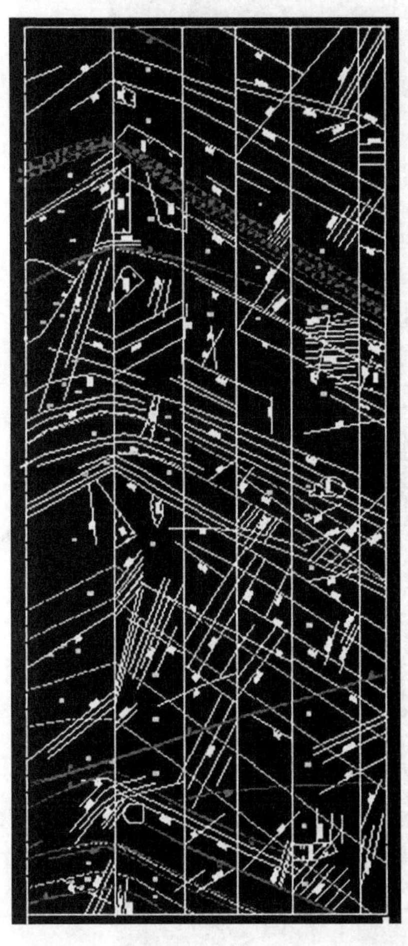

图 7-88 调压井上游墙面的结构面素描图

图 7-89 上游墙模拟的结构面迹线

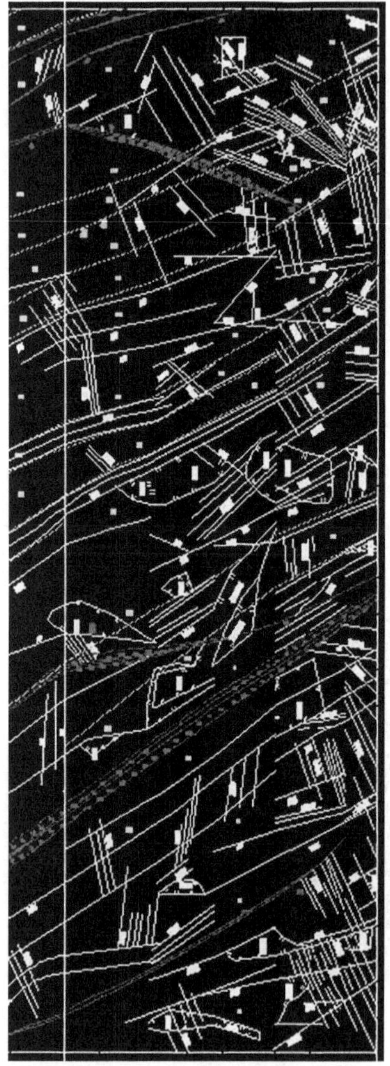

图 7-90　调压井下游墙面的结构面素描图

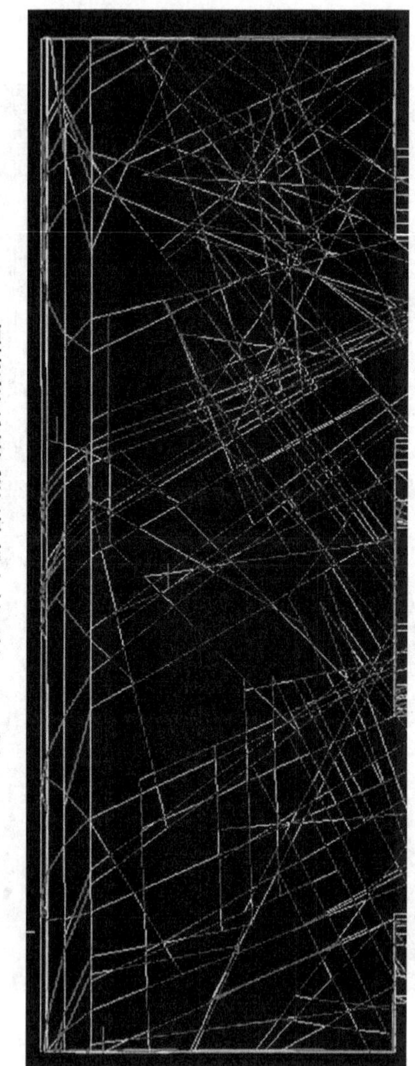

图 7-91　下游墙模拟的结构面迹线

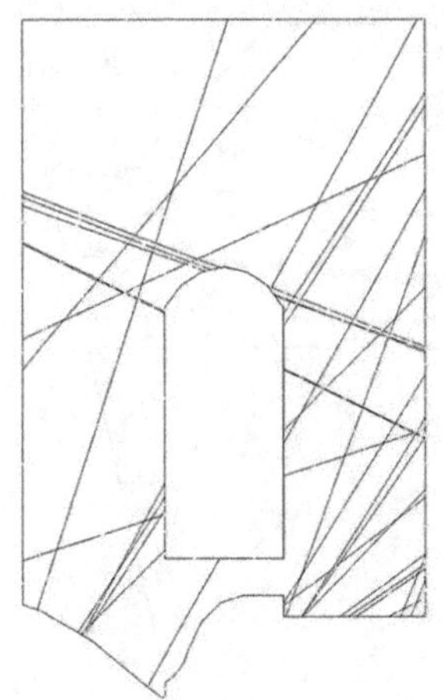

图 7-92 f_1 断层与洞室及其他结构面之间的相互关系

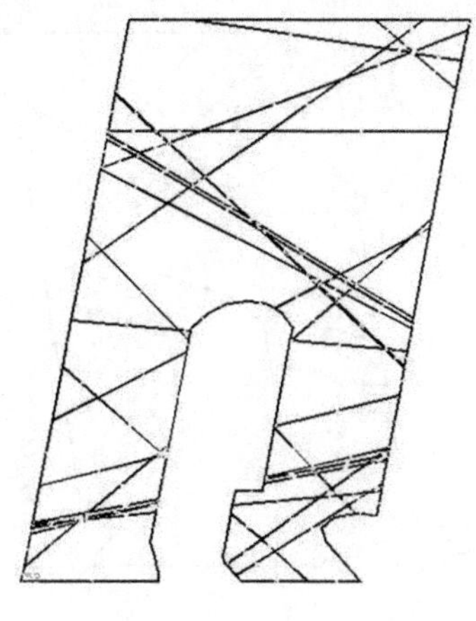

图 7-93 f_2 断层与洞室及其他结构面之间的相互关系

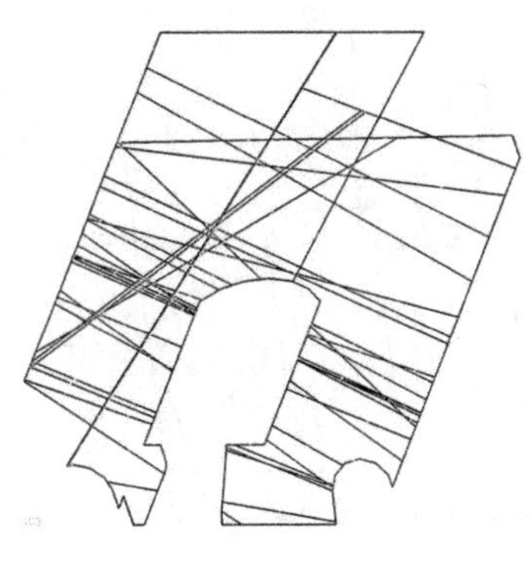

图 7-94 f_3 断层形态

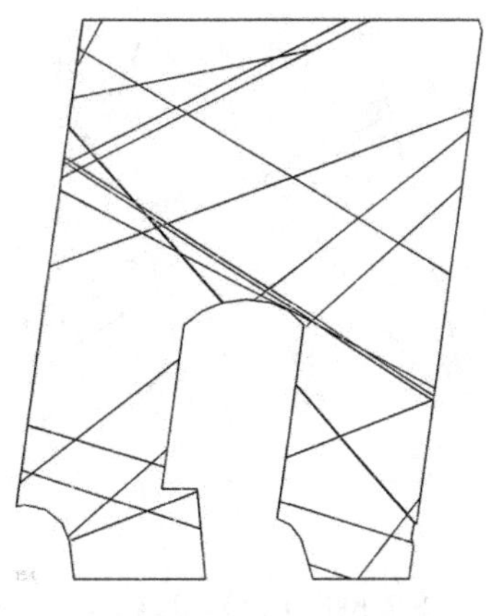

图 7-95 f_7 断层形态

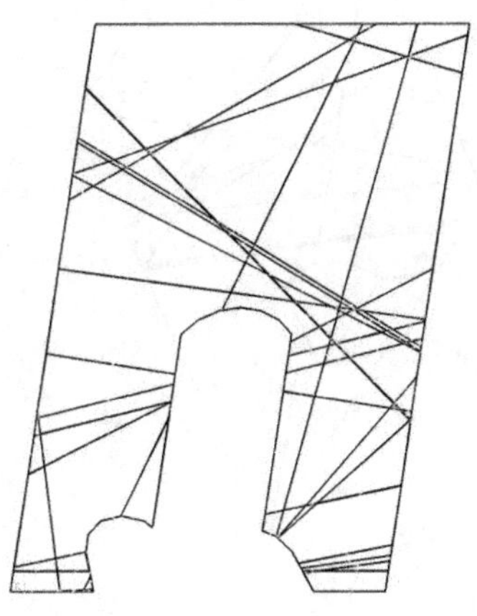

图 7-96 f_{10} 断层形态

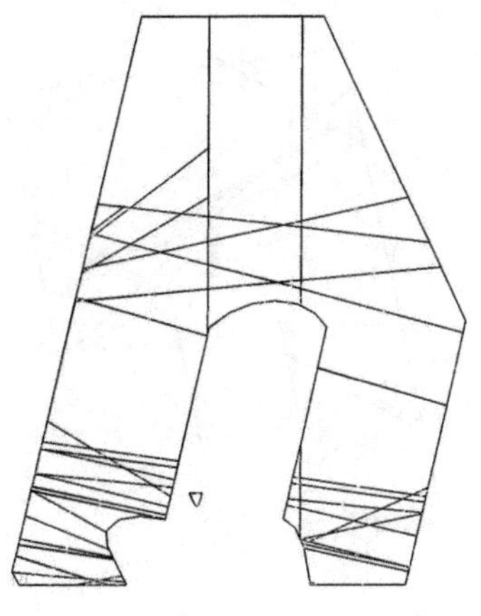

图 7-97 f_{11} 断层形态

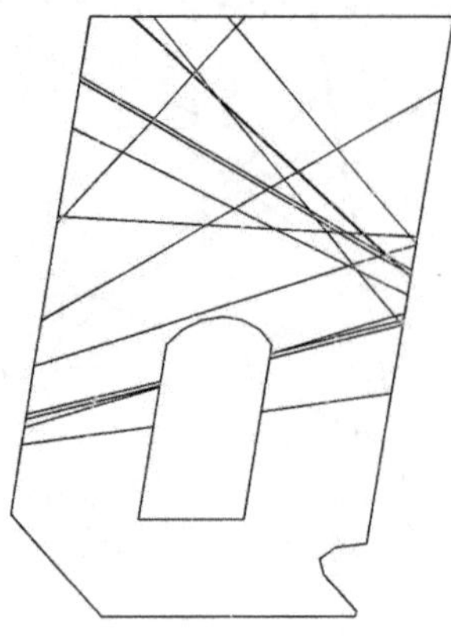

图 7-98　f_{12} 断层形态

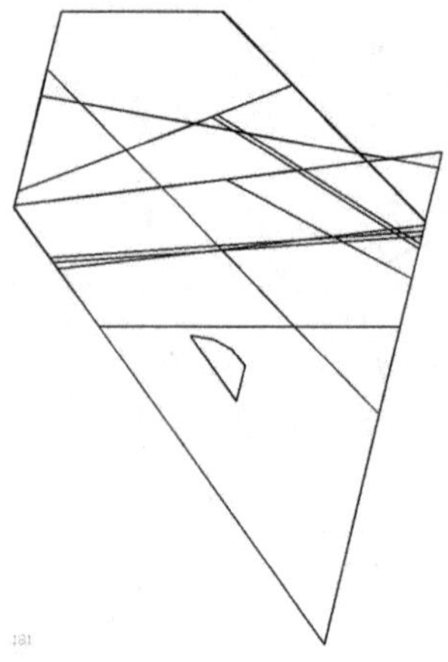

图 7-99　f_{13} 断层形态

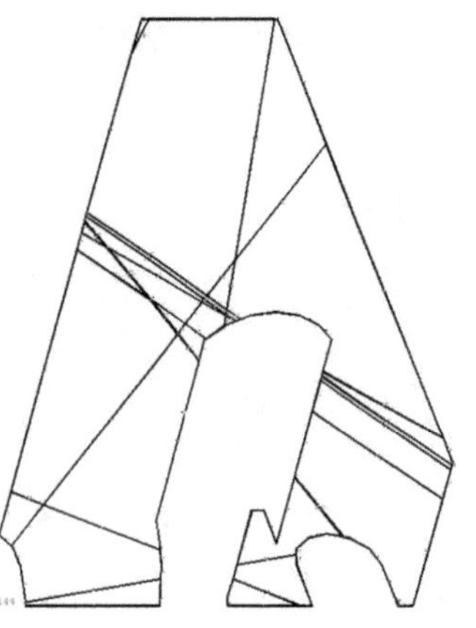

图 7-100　L_2 节理形态

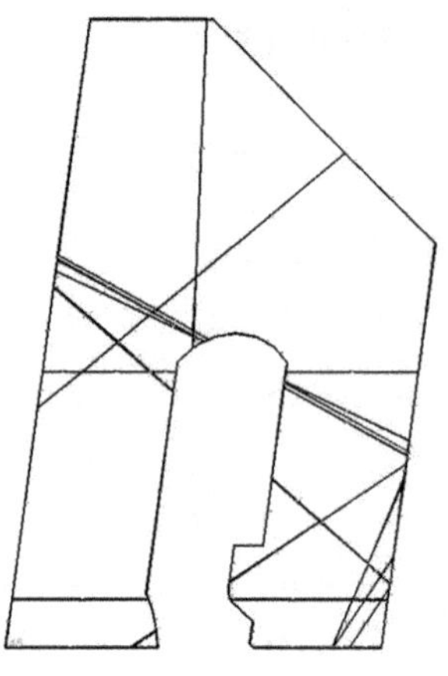

图 7-101　L_4 断层形态

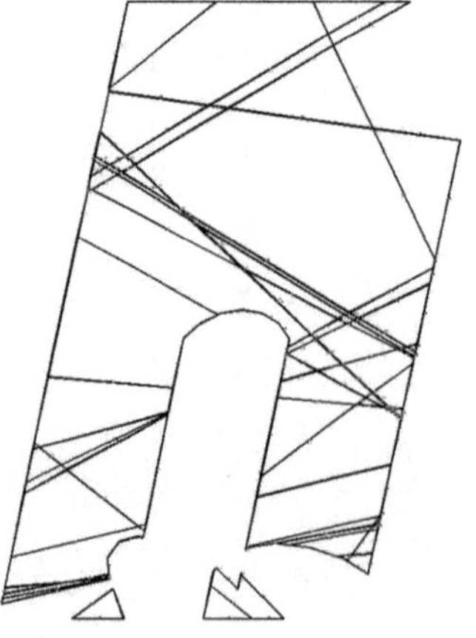

图 7-102　L_8 节理形态

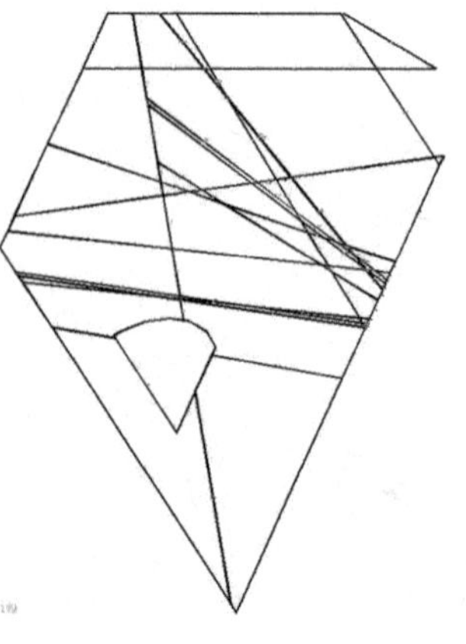

图 7-103　L_{184} 断层形态

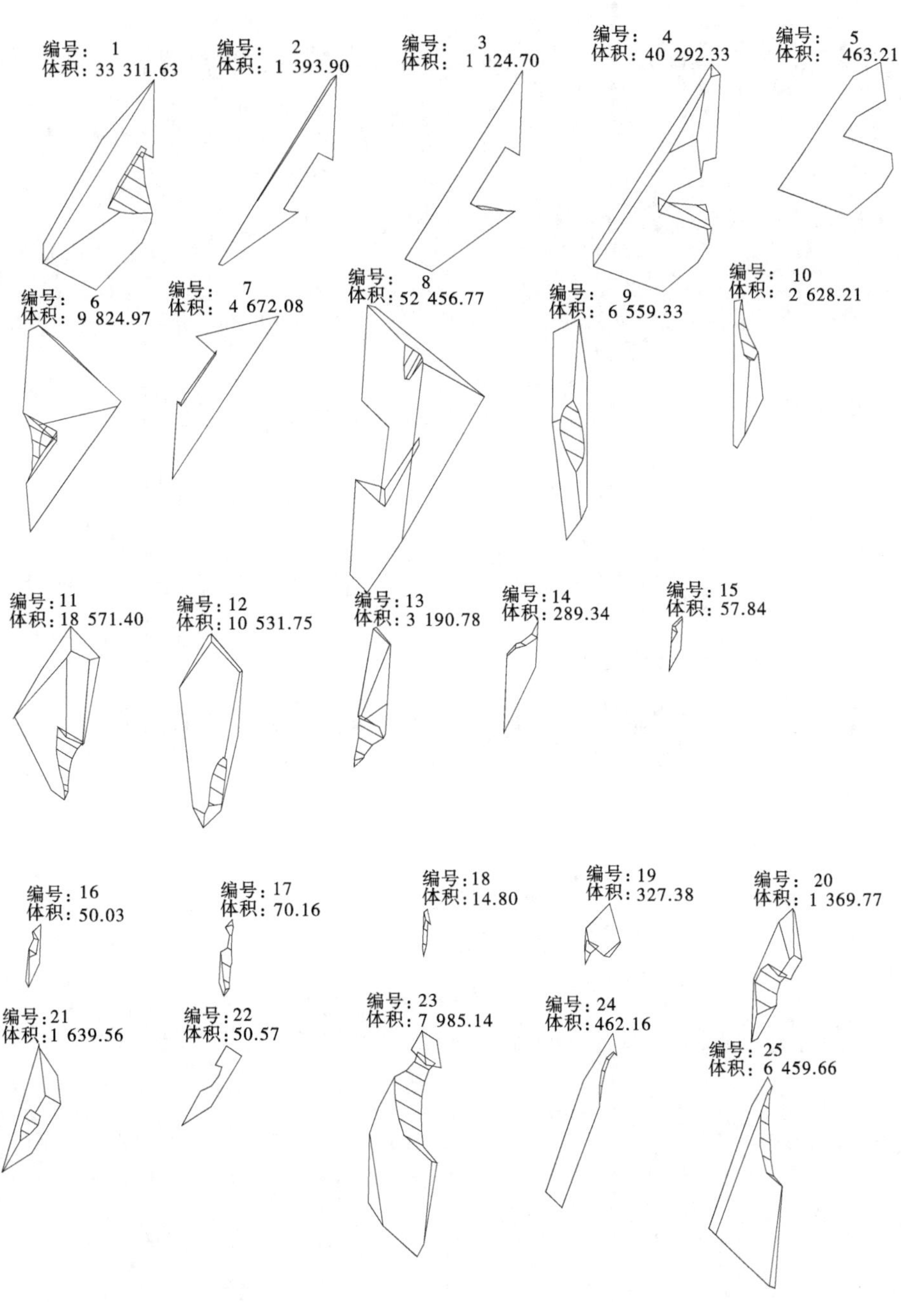

图 7-104 功果桥调压室结构面系统块体 1# ~ 25#

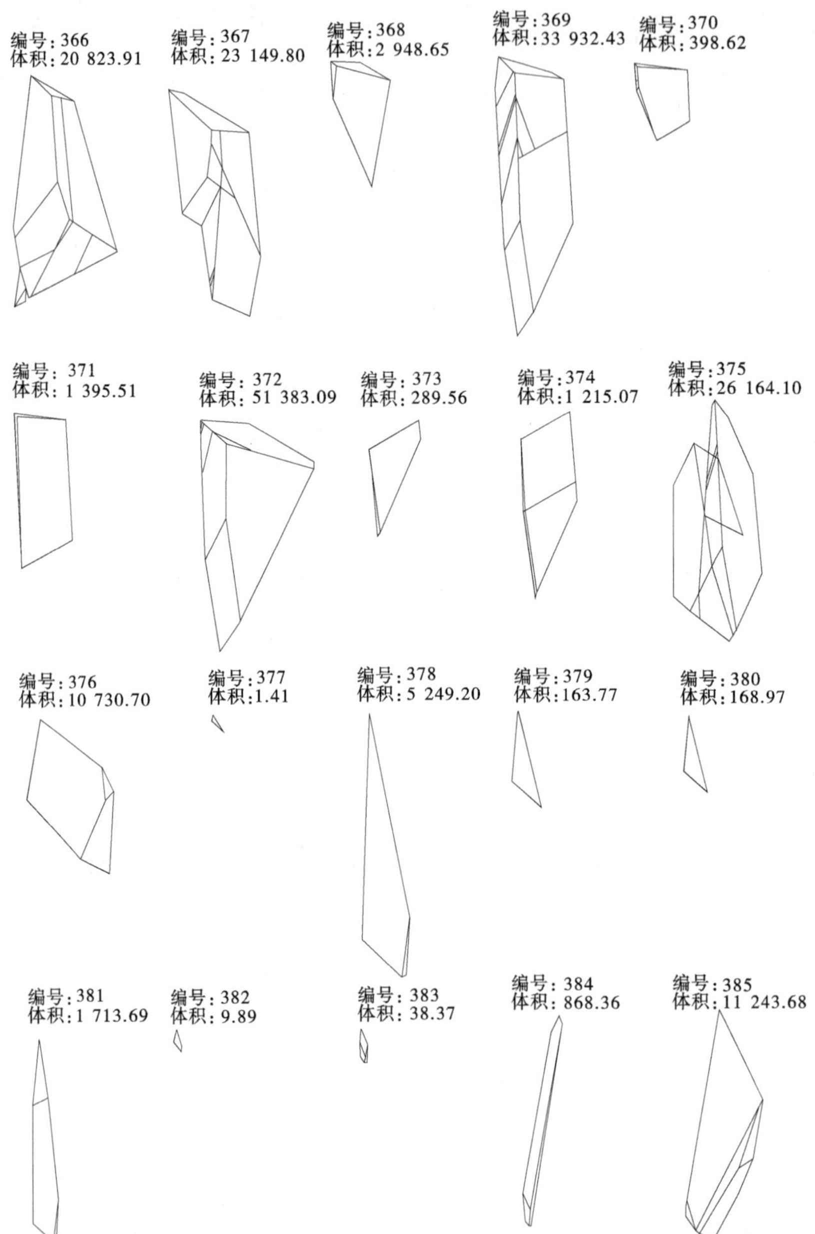

图 7-105　功果桥调压室结构面系统块体 366#～385#

7.2.4.3 调压室计算工况

功果桥调压室计算工况见表7-17。

表7-17 计算分析工况

工况序号	荷载	C值折减系数
1	自重	0%
2	自重	50%
3	自重	100%
4	自重+地震	0%
5	自重+地震	50%
6	自重+地震	100%(不折减)

7.2.4.4 调压室成果分析

1. 工况1:C值为0,只考虑自重

上游边墙(见图7-106)有两个区域:①在3#、4#尾水管的上方至高程1 258.0 m段,方量251 m^3,最大深度7.2 m,失稳面积192 m^2;②在2#尾水管上方,厂右0+075.00~厂右0+087.00,高程1 260~1 270 m之间,方量约37 m^3,破坏深度约8.8 m,面积18 m^2。

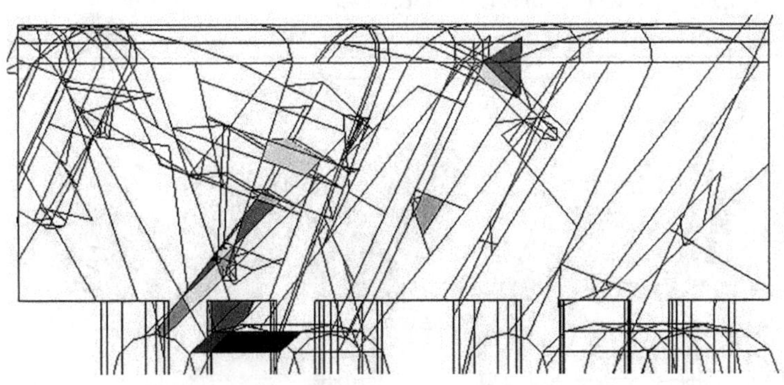

图7-106 上游面的失稳块体分布(工况1)

下游边墙(见图7-107):失稳块体分布比较均匀,在整个下游墙面上均有分布,大致可以分为四个区域,①集中在厂右0+009~厂右0+41,高程在1 227~1 263 m内,体积约92 m^3,面积122 m^2,最大深度4.9 m;②集中在厂右0+060~厂右0+81,高程在1 237~1 261 m内,体积约209 m^3,面积140 m^2,最大深度5.1 m;③集中在厂右0+090~厂右0+101,高程在1 230~1 252 m内,体积约88 m^3,面积119 m^2,最大深度4.9 m;④集中在厂右0+112~厂右0+124,高程在1 237~1 247 m内,体积约61 m^3,面积48 m^2,最大深度5.4 m。

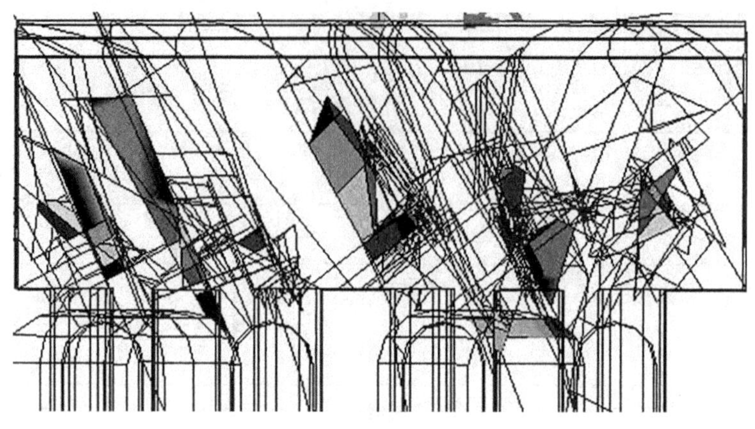

图 7-107　下游面的失稳块体分布(工况 1)

下游面的失稳块体、分布的面积及破坏的深度均较上游面严重。

2. 工况 2：C 值折减 50%，只计自重

上游边墙：无失稳块体分布。

下游边墙(见图 7-108)：失稳块体分布大致可以分为三个区域，①集中在厂右 0+013～厂右 0+25，高程在 1 237～1 254 m 内，体积约 56 m^3，面积 76 m^2，最大深度 2.1 m；②集中在厂右 0+060～厂右 0+81，高程在 1 237～1 261 m 内，体积约 195 m^3，面积 132 m^2，最大深度 5.1 m；③集中在厂右 0+095～厂右 0+101，高程在 1 230～1 252 m 内，体积约 26 m^3，面积 59 m^2，最大深度 1.3 m，属于浅表破坏。

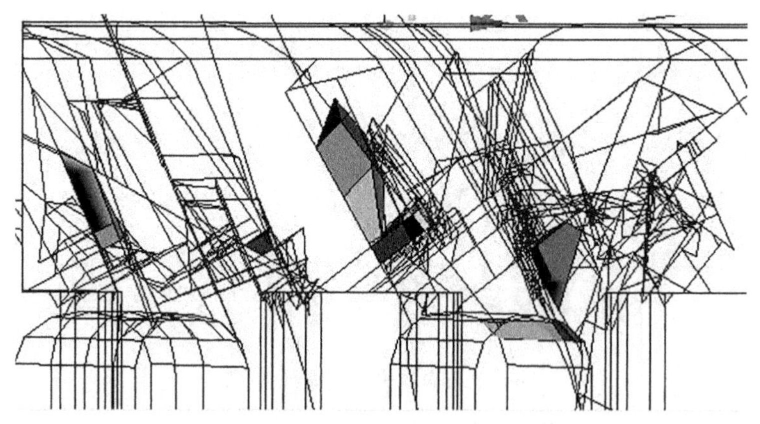

图 7-108　第 1 批次破坏块体分布(工况 2)

3. 工况 3：C 值不折减，只计自重

上游边墙：无失稳块体(见图 7-109)。下游边墙：失稳块体分布在两个小区，①集中在厂右 0+060～厂右 0+81，高程在 1 240～1 261 m 内，体积约 75 m^3，面积 45 m^2，最大深度 3.5 m；②集中在厂右 0+095～厂右 0+101，高程在 1 230～1 252 m 内，体积约 26 m^3，面积 59 m^2，最大深度 1.3 m，属于浅表破坏。

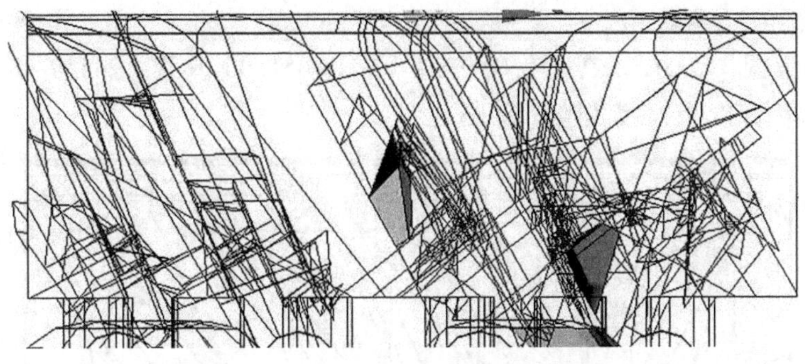

图 7-109 第 1 批次破坏块体分布(工况 3)

4. 工况 4: C 值取 0, 自重+地震

上游边墙(见图 7-110)有两个区域:①在 3#、4#尾水管的上方至高程 1 258.0 m 段,方量 3 150 m^3,最大深度 10.2 m,失稳面积 335 m^2;②在 2#尾水管上方,厂右 0+075.00~厂右 0+087.00,高程 1 260~1 270 m 之间,方量约 57 m^3,破坏深度约 8.8 m,面积 44 m^2。

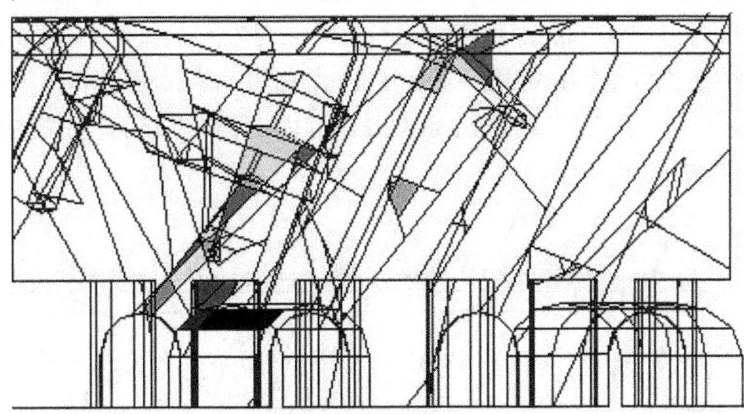

图 7-110 上游边墙破坏块体分布(工况 4)

下游边墙(见图 7-111):此区域失稳块体的分布、方量及面积与工况 1 时基本相同。

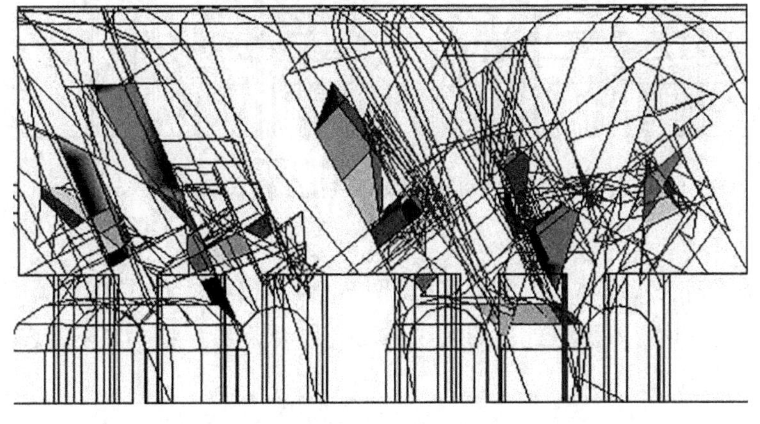

图 7-111 下游边墙破坏块体分布(工况 4)

5. 工况 5：C 值折减 50%，自重+地震

上游边墙（见图 7-112）：在厂右 0+038～厂右 0+051.00、高程 1 245.0～1 260 m 段，方量 148 m^3，最大深度 5.7 m，失稳面积 65 m^2。

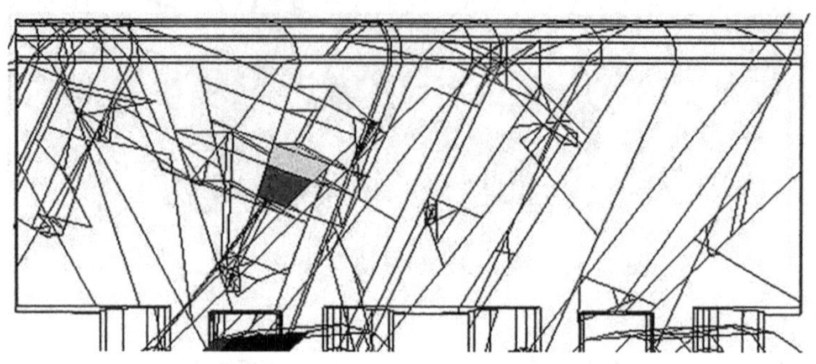

图 7-112　上游墙面破坏块体分布（工况 5）

下游边墙（见图 7-113）：有三个区域，①集中在厂右 0+011～厂右 0+25，高程在 1 237～1 254 m 内，体积约 60 m^3，面积 82 m^2，最大深度 2.1 m；②集中在厂右 0+060～厂右 0+81，高程在 1 237～1 261 m 内，体积约 161 m^3，面积 112 m^2，最大深度 5.1 m；③集中在厂右 0+095～厂右 0+101，高程在 1 230～1 252 m 内，体积约 26 m^3，面积 59 m^2，最大深度 1.3 m，属于浅表破坏。

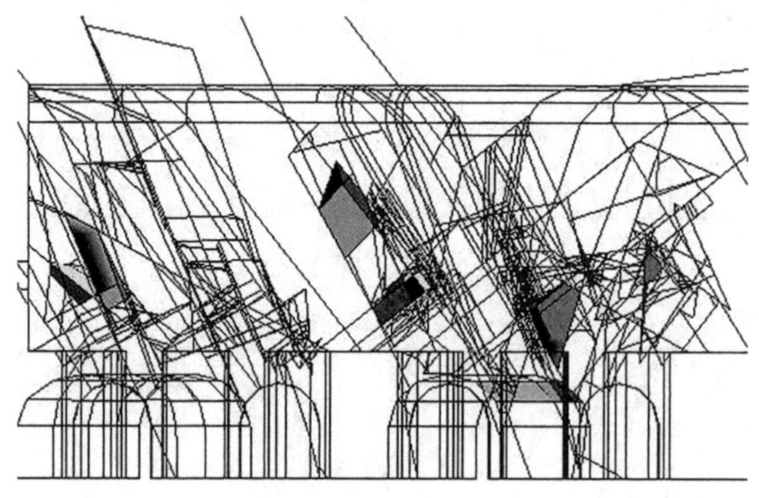

图 7-113　下游墙面破坏块体分布（工况 5）

6. 工况 6：C 值不折减，自重+地震

上游边墙没有失稳块体。下游边墙（见图 7-114）：仅在厂右 0+095～厂右 0+101、高程 1 230～1 252 m 内，体积约 26 m^3，面积 59 m^2，最大深度 1.3 m，属于浅表破坏。

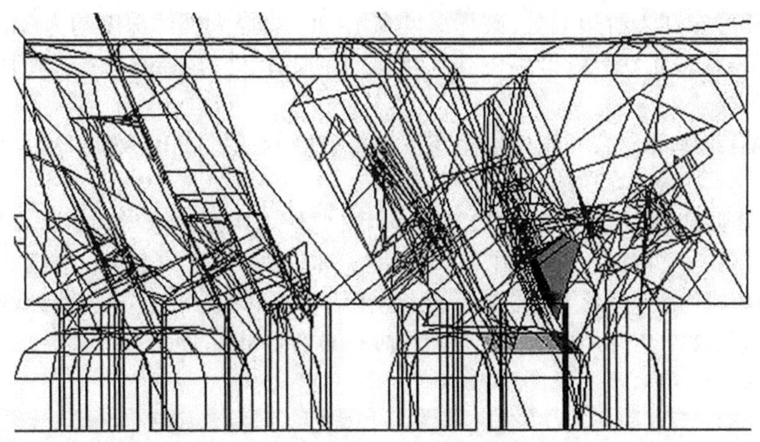

图 7-114　下游边墙破坏块体分布(工况 6)

7.2.4.5　各工况结果对比分析

各工况计算结果对比分析见表 7-18。

表 7-18　各工况计算结果对比分析

工况	第 1 批次 破坏总块数(块)	第 1 批次 破坏累计方量(m^3)	第 1 批次 破坏累计表面积(m^2)
工况 1：C 值折减 0%，自重	40	912	854
工况 2：C 值折减 50%，自重	9	317	293
工况 3：C 值折减 100%，自重	2	110	113
工况 4：C 值折减 0%，自重+地震	64	1 559	878
工况 5：C 值折减 50%，自重+地震	9	249	266
工况 6：C 值折减 100%，自重+地震	2	35	68

结合以上各计算工况以及调压井各工况计算成果对比分析表，可知：

(1)块体的 C 值对围岩块体的稳定性影响较大，即 C 值折减越多，失稳块体的分布范围越大，失稳块体数目越多，累计破坏方量越大，相应所需的单位支护力也越大。

(2)地震作用对失稳块体分布影响不大，下游边墙的失稳块体多于上游边墙，整个下游边墙在 1 260 m 高程至尾水洞顶拱基本呈现均匀分布的态势。但深度普遍在 4 m 左右，局部达到 8.7 m。因此，对下游边墙应加强支护。

(3)在下游尾水洞与下游边墙相交处，以及顶拱，虽然没有出现块体失稳现象，但仍应加强支护。

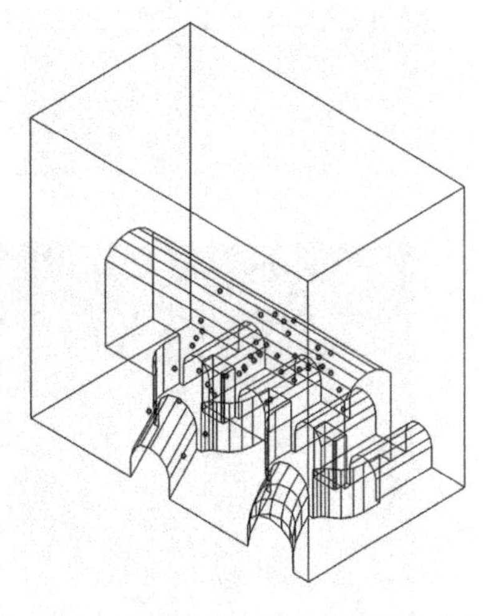

图 7-115　尾调室第 1 批次破坏块体分布图

7.2.4.6　尾调室成果分析

由第 1 批次破坏状况图(见图 7-115)可知，第 1 批次破坏共有 48 块失稳块体，累计方量约 5 924.01 m^3，累计表面积约 2 242.57 m^2；大部分失稳块体分布在上游边墙处，破坏深度在 1～20 m，最大破坏深度约为 34.37 m。

顶拱部分：在厂右 0+025.00～0+035.00 的下游起拱处有约 500 m^3 失稳块体，其他地方只有零碎的掉块。

上游边墙：绝大部分破坏块体集中在厂右 0+035.00～厂右 0+090.00 范围内，布满从上游顶拱起拱处到尾水管顶的较大高程范围内。

下游边墙：此区域失稳块体以 112#最为严重，此块体出现在下游边墙的调压井底板与 1#尾水洞的顶拱处，并滑向 1#尾水洞，块体方量为 940 m^3。另有约 170 m^3 的零碎块体坍塌。

最大失稳块体的方量约 956.35 m^3，出现在厂右 0+035.00 上游边墙处；破坏深度最大的块体方量约 239.96 m^3，出现在厂右 0+093.00 上游边墙处。

尾调室块体分布示意图见图 7-116。

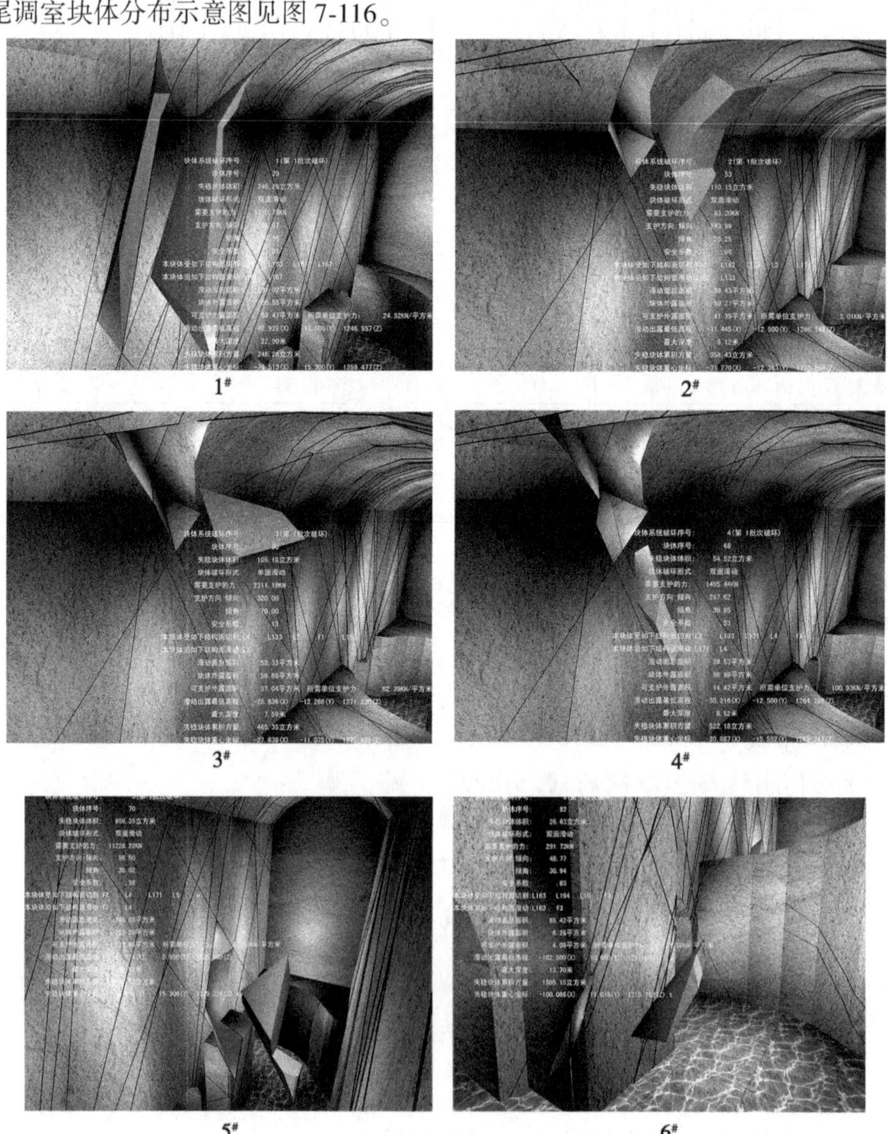

图 7-116　尾调室块体分布示意图

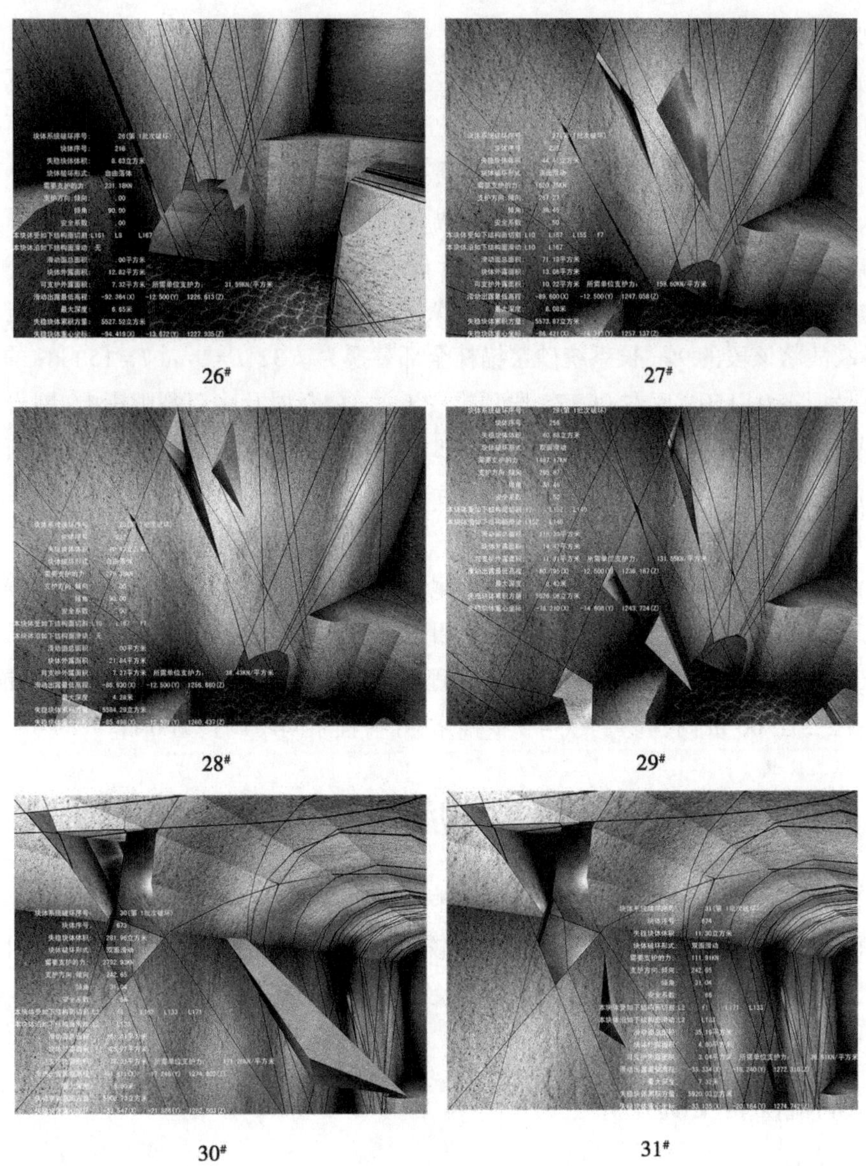

26#　27#

28#　29#

30#　31#

续图 7-116

7.2.5　支护设计调整

根据本阶段三维非线性有限元分析成果及洞群三维块体系统分析成果，对初拟支护设计进行调整设计。

（1）根据本阶段三维非线性有限元分析成果，在不考虑支护措施时，考虑 f_{15} 断层的存在，顶拱的最大位移也未超过 20 mm，说明 f_{15} 断层顶拱的整体稳定性状况良好，但在 f_{15} 断层出露部位附近的 3σ 出现拉应力区，屈服区一般也在该部位向围岩内部延伸较深。为此，对 f_{15} 断层自桩号厂左 0−013 至厂右 0+84，布置两排 ϕ 32、$L=9$ m、$T=150$ kN 的预应力锚杆加固处理。

(2) 根据洞群三维块体系统分析,块体主要集中在主厂房上游拱角范围内,据此并结合地质情况,对相关支护进行调整,具体为:桩号厂右 0+30 m~厂右 0+93 m 段顶拱上游侧,围岩以Ⅲ$_2$ 类为主,f_{15} 断层及影响带、裂隙密集带为Ⅳ类;受 f_{15} 断层、NW283°NE∠27°裂隙(L_{58} 组)等影响,施工期曾发生较大掉块,自拱角 1 274.7 m 高程起向上沿开挖边界布置 4 排 1 000 kN 预应力锚索,间、排距 4.5 m,L=20 m;桩号厂右 0+110~厂右 0+130 段顶拱上游侧处 NW343°NW∠72°(L_{79} 组)、NW313°NE∠25°(L_{80} 组)裂隙发育,施工期曾发生掉块,故将该段的 9 m 长系统砂浆锚杆全部替换为 ϕ 32、L=9 m、T=150 kN 的预应力锚杆;桩号厂右 0+150~厂右 0+175 段顶拱受 f_4、f_5、f_6 断层及多组裂隙影响,围岩总体为Ⅲ$_2$ 类,故将该段的 9 m 长系统砂浆锚杆全部替换为 ϕ 32、L=9 m、T=150 kN 的预应力锚杆。对 f_{15} 断层,自桩号厂左 0-013 m 至厂右 0+84 m,布置两排 ϕ 32、L=9 m、T=150 kN 的预应力锚杆加固。

(3) 根据洞群三维非线性有限元分析,尾调室上、下游边墙靠近端墙部位受端部约束的影响,洞室变形与应力状况较为良好。为此,结合尾调Ⅳ层及尾水管洞开挖揭示的地质情况,取消尾调上、下游边墙 1 246.50 m 高程以下靠近左右端墙的三列共 36 根锚索,取消右端墙 1 251.00 m 高程以下一列 3 根锚索,并将锚索间距调整为 6 m。

7.3　第二阶段(边墙形成期)支护动态调整研究

地下厂房洞室群在挖至第三层后,随着洞室逐渐下挖,在巡视检查以及对相关部位监测资料的分析表明,三大洞室局部出现变形较大以及喷层裂缝等情况。为此,针对工程地质、施工等现状,进行洞群围岩变形参数反演分析,在此基础上对洞群支护参数优化调整。

7.3.1　洞群围岩反演分析

7.3.1.1　分析方法

随着地下工程围岩稳定理论的应用和发展,以工程现场监测的信息为依据,来反推岩体力学参数和初始地应力等反分析的方法已经受到了足够的重视,反分析方法已经逐渐成为勘测、设计及施工过程中重要的数值计算方法。反分析的主要目标是通过现场监测资料,得到一系列客观的、综合的、反映地层性状和结构稳定性的指标,如围岩地应力场、岩体变形参数和强度参数等,对围岩稳定进行反演分析。

反演分析的总体思路为:对地下洞群的开挖施工过程、支护手段进行几何上、力学上的数值仿真模拟,跟踪分析开挖、支护的每一个过程中围岩应力场、变形场的变化过程和分布规律,与相应阶段的变形、应力监测结果进行对比、反馈,调整数值模型与参数、正演迭代与递推分析,直至数值分析的结果与相应施工阶段监测结果的差值降至合理范围以内。

7.3.1.2 目标函数

目标函数是评价优化反演分析优劣的主要指标,采用常规最小二乘法(ordinary least squares method)的优化方法及区间取半搜索法。其目标函数可写为:

$$\phi(x)=\sum_{i=1}^{n}\left[u_{ci}(x)-(u_{mi})\right]^{2} \tag{7-1}$$

式中:x 为目标未知数,对本书而言 $x=(E、\lambda、c、\phi)$;u_{mi} 为现场测点处的量测位移;$u_{ci}(x)$ 为对应于量测点处的计算位移值,是所求目标未知数的函数。此时,反分析的目的就是要求得使 $\phi(x)=\min[\phi(x)]$ 时相应的各参数值。

最小二乘法应用十分普遍,因为它比其他方法容易理解,并且在获得参数估计量时,不需要任何统计假设。本书将结合工程实际,基于解析理论或考虑工程特性,简化反演优化过程。

适用于单变量非线性函数优化的区间取半搜索法,每次迭代都将搜索区间长度缩减为原来的一半;经过几次求值,搜索区间将减到原来的 $(1/2)^n$ 。这种搜索方法简单易行,且收敛速度快。

7.3.1.3 技术路线

通过建立分步开挖的有限元模型来模拟现场实际施工情况,以洞室某层开挖过程中围岩产生的增量位移为反演目标值,通过反复正演迭代优化最终得到更接近实际的初始应力场和岩体力学参数。在反演过程中,首先建立了三维有限元整体模型和精细模拟的平面模型,系统研究了二维、三维有限元模型在分层开挖过程中围岩的变形规律,在对地下厂房围岩的宏观变形规律有较清楚的认识后,再对大量的现场位移监测数据进行分析和筛选。

根据现场实测地应力数据,通过回归的办法得到了围岩的初始应力场,并以此作为三维有限元模型的初始输入数据;通过坐标转换,将实测地应力转换到竖直、沿厂房轴线(NE25°)和垂直厂房轴线三个方向,分别计算出各实测点垂直于厂房轴线方向上的侧压力系数 λ,同时根据实测点与要求反演的各典型断面的相对位置关系,进而定出迭代优化过程中侧压力系数的初始输入值 λ_0。

弹性反演的目的是求出初始应力场参数(侧压力系数 λ)和围岩变形参数(弹性模量 E),即其目标未和数为 λ 与 E。求解步骤如下:

(1)首先由现场实测值可得到洞顶竖向位移 u_v 与侧壁水平位移 u_h,进而可以得到两者的比值 u_v/u_h。

(2)根据工程经验及现场勘察资料估计弹模 E 与侧压力系数 λ 的范围。

(3)因为比值 u_v/u_h 与弹模 E 无关,故可以先估计一弹模初值 E_0 代入计算,然后采用区间取半搜索法迭代优化得侧压力系数 λ 值,此时,式(7-1)所示的目标函数形如:

$$\phi(x)=\sum_{i=1}^{n}\left[\frac{u_{vci}^{e}(x)}{u_{hci}^{e}(x)}-\frac{u_{vmi}^{e}}{u_{hmi}^{e}}\right]^{2} \tag{7-2}$$

(4)求得 λ 值后,弹性反演的所余工作为单个参数 E 的反算,这时可以 u_v 或 u_h 来确定 E,目标函数仍同式(7-2)所示。

(5)这样经过两次单参数的反算,即完成了反分析的数值求解。

根据对现场位移监测数据的仔细分析发现:①各断面存在较大的差异,很难用单一数据来表征地下厂房围岩变形参数,因而本书利用现场监测数据,对各个断面分别进行反演分析;②从数据中可以看到,即使对于相同的断面,其上下游边墙的位移变形数据也存在较大的差异,因此在反演时,对上下游边墙的变形模量按两种介质反演确定;③在开挖过程,由于爆破等的作用,围岩存在松弛区,为了综合反映围岩宏观力学参数,本反演分析考虑了松弛区内外岩体的不同参数进行反演。为此,把围岩体由洞壁到深部分为强松弛区、过渡区和原岩区。这三个区段变形参数存在差异,在反演分析时依次反演其变形参数。以上三点是地下厂房反演分析的特点与难点。

7.3.1.4　变形参数反演

1. 岩体力学参数初值

根据洞室开挖围岩卸荷松弛深度分布情况,把岩体结构面强度参数按松弛区和原岩区两种情况取值,如表 7-19 所示。

表 7-19　地下厂房系统围岩应力变形计算参数取值

围岩类别	围岩深度(m)	抗拉强度(MPa)	变形模量(GPa)	抗剪断强度	
				f'	C' (MPa)
Ⅱ	0.0~4.0(松弛区)	0.5	8.0~10.0	1.0	1.0
	4.0~8.0(过渡区)	1.0	10.0~15.0	1.0	1.2
	8.0~16 (过渡区)	1.2	12.0~15.0	1.0	1.5
	16 以上(原岩区)	1.5	15.0~20.0	1.2	2.0
Ⅲ	0.0~4.0(松弛区)	0.4	4.0~6.0	0.9	1.0
	4.0~8.0(过渡区)	0.8	6.0~8.0	1.0	1.1
	8.0~16 (过渡区)	1.0	8.0~10.0	1.0	1.2
	16 以上(原岩区)	1.2	10.0~15.0	1.1	1.5

2. A1 断面(厂右 0+21.5)分析

由于 A1 剖面的拱顶测点埋设时间为 2008 年 7 月 26 日,而此时第一层已开挖完成(2008 年 8 月)且支护也接近完成。因此,测点没能收集到第一层开挖时拱顶的变形数据。为了利用监测位移反演变形,只能由第二层、第三层开挖开始。

第二层、第三层开挖自 2008 年 9 月开始，于 2009 年 3 月结束，在这段时间内，M401-CFA1、M402-CFA1、M403-CFA1、M404-CFA1、M405-CFA1 位移计测值为第二、第三层开挖卸荷引起的变形(见表 7-20)。各测点洞壁测得相对位移分别为：M401-CFA1 测点 U=0.89 mm；M402-CFA1 测点 $U_{水平}$=1.93 mm；M403-CFA1 测点 $U_{水平}$=2.26 mm；M404-CFA1 测点 U=11.13 mm；M405-CFA1 测点 $U_{水平}$=18.38 mm；M406-CFA1 测点 $U_{水平}$=20 mm。

从上述所测位移值可以看出，在相同高程，位于下游边墙的位移测值要大于上游边墙的测值。一是上、下游边墙地应力参数存在较大差异；二是围岩力学参数存在差异。可以认为在上、下游较小的区域内，其地应力参数存在差异的量值应该不大，故只有第二种情况存在。因此，反演时只考虑上下游围岩力学参数的差异。

表 7-20 A1 断面反分析位移值与实测值对比表(测值/计算值)

多点变位计	M401-CFA1 (下拱肩)	M402-CFA1 (拱中)	M403-CFA1 (上拱肩)	M404-CFA1 (上游边墙)	M405-CFA1 (下游边墙)
1	0.81/-0.4	1.93/0.4	2.26/2.7	11.13/14	18.38/18.9
1-2	0.08/0.05	0.17/0.8	0.5/0	6.27/6.7	6.74/9.20
2-3	0.45/0.01	—/0.7	—/0.1	2.46/1.9	6.13/6.70
3-4	0.11/0.4	—/0.5	—/0.1	0.5/1.9	2.77/2.8

地应力 σ_1=7.58~10.85 MPa，σ_3=5.76~8.77 MPa，由反演参数得知，对于 A1 断面，当以不同的强松弛区和过渡区的变形模量进行反演分析，其反分析得到各区变形参数如下。

通过对整个开挖过程的多次反演分析，最后确定上游边墙强松弛区(4 m 范围)、过渡区(8 m 范围)和过渡区(16 m 范围)的变形模量分别为 6 GPa、9 GPa、12 GPa，下游边墙强松弛区(8 m 范围)、过渡区(16 m 范围)和过渡区(32 m 范围)的变形模量分别为 4 GPa、7 GPa、10 GPa。图 7-117 为反演得到的 A1 剖面三大洞室分区参数图，图 7-118 为 A1 剖面第二、第三层开挖多点变位计位移增量。

3. A2 断面(厂右 0+81.5)分析

由于 A2 剖面的拱顶测点埋设时间为 2008 年 10 月 17 日，而此时第一层已开挖完成(2008 年 8 月)且支护也接近完成。因此，测点没能收集到第一层开挖时拱顶的变形数据。为了利用监测位移反演变形，只能由第二层、第三层开挖开始。

第二层、第三层开挖自 2008 年 9 月开始，于 2009 年 3 月结束，在这段时间内，M401-CFA2、M402-CFA2、M403-CFA2、M404-CFA2、M405-CFA2 位移计测值为第二、第三层开挖卸荷引起的变形。各测点洞壁测得相对位移分别为：M401-CFA2 测点 U=2.12 mm；M402-CFA2 测点 $U_{水平}$=3.36 mm；M403-CFA2 测点 $U_{水平}$=0.8 mm；M404-CFA2 测点 U=55.61 mm；M405-CFA2 测点 $U_{水平}$=5.77 mm。

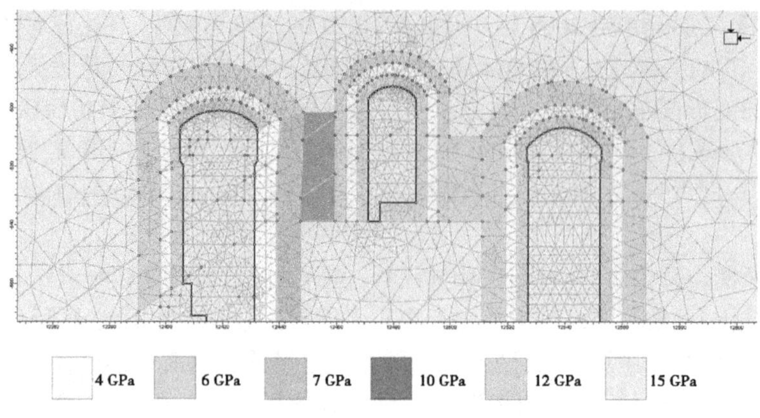

图 7-117　反演得到 A1 剖面三大洞室分区参数图

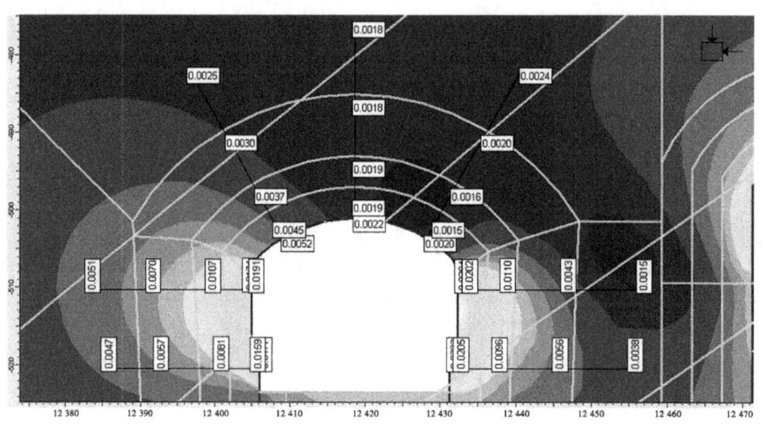

图 7-118　A1 剖面第二、第三层开挖多点变位计位移增量　（单位：m）

从上述所测位移值可以看出，在相同高程，位于上游边墙的位移测值要大于下游边墙的测值。一是上、下游边墙地应力参数存在较大差异；二是围岩力学参数存在差异。认为在上、下游较小的区域内，其地应力参数存在差异的量值应该不大，故只有第二种情况存在。因此，反演时只考虑上下游围岩力学参数的差异。另外，从 M404-CFA2 测点变形规律看，浅表部变形较大，可能是顺洞向裂隙张开导致，基于连续性假定，反演忽略浅表部顺洞向裂隙张开变形，而以各测点连续性变形作为反演依据。

地应力 $\sigma_1=7.58\sim10.85$ MPa，$\sigma_3=5.76\sim8.77$ MPa，由反演参数得知，对于 A2 断面，当以不同的强松弛区、过渡区和过渡区的变形模量进行反演分析，其反分析得到各区变形参数见图 7-119、图 7-120，表 7-21 为 A2 断面反分析位移值与实测值对比。

通过对整个开挖过程的多次反演分析，最后确定上游边墙强松弛区（4 m 范围）、过渡区（8 m 范围）和过渡区（16 m 范围）的变形模量分别为 4 GPa、4 GPa、12 GPa，下游边墙强松弛区（4 m 范围）、过渡区（8 m 范围）和过渡区（32 m 范围）的变形模量分别为 4 GPa、6 GPa、12 GPa。

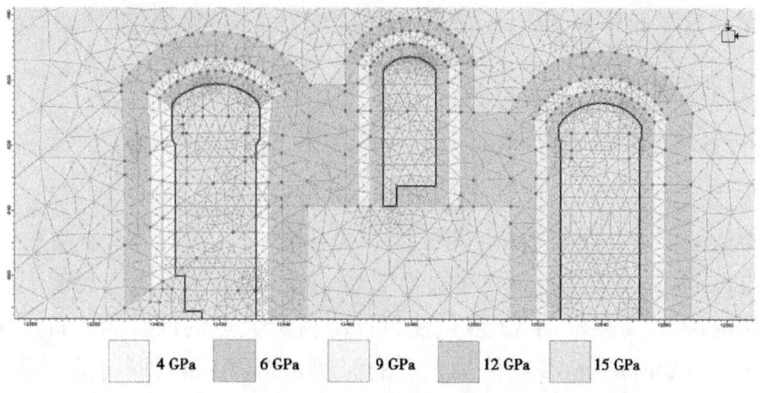

图 7-119　反演得到 A2 剖面三大洞室分区参数图

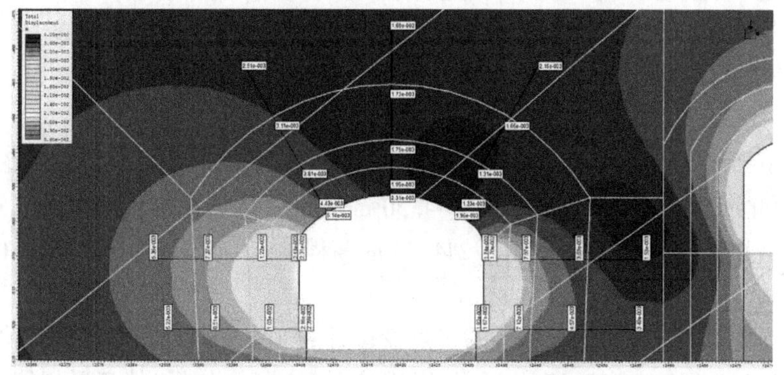

图 7-120　A2 剖面第二、第三层开挖多点变位计位移增量　(单位：m)

表 7-21　A2 断面反分析位移值与实测值对比表(测值/计算值)

测点	M401-CFA1 (下拱肩)	M402-CFA1 (拱中)	M403-CFA1 (上拱肩)	M404-CFA1 (上游边墙)	M405-CFA1 (下游边墙)
1	1.41/1.97	1.18/2.19	5.91/5.01	46.21/23.1	3.44/15.8
1-2	-0.4/0.6	0.7/0.2	-1.52/0.7	6.05/7.6	8.01/7.7
2-3	0.3/0.06	-0.4/0.0	-3.06/0.7	4.37/3.9	0.0/4.0
3-4	0.96/0.4	2.05/0.0	—/0.6	—/1.9	—/3.6

4. 反演分析结论

从两个断面反演分析变形对比可以看出,洞室开挖均使得洞周围岩的力学参数明显降低。两个断面顶拱的力学参数降低规律较为一致,顶拱实测与反演分析均表明顶拱位移较小,这与以中陡倾角裂隙为主的地下厂房应有变形规律较为一致。但两个断面在上、下游边墙有一定的不同,0+21.5 桩号实测下游墙变形较大,主要由于厂房左侧下游墙为薄层砂板岩与变质砂岩互层,总体力学参数不高;而 0+81.5 桩号实测变形是上游边墙变形大于下游边墙,这与厂房上游墙顺洞向陡倾裂隙发育有着较好的相关性。根据反演分析成果,功果桥地下厂房的变形规律与厂房的岩性及顺洞向裂隙倾向有着相关性,洞室开挖后洞周力学参数降低显著，针对此特点对相应部位的支护做调整。

7.3.2　支护动态调整

7.3.2.1　主厂房

1. 上游墙

根据上游边墙厂右 0+80.5 多点变位计 M404-CFA2(1 273.95 m 高程、拱脚以下边墙)、M406-CFA2(1 263.25 m 高程、岩锚梁下部)变形规律呈现变形数值上大下小、变形深度上浅下深的特点(M404-CFA2 多点变位计测值最大点的深度为 2 m，当前变形量级达到了 69.53 mm；M406-CFA2 测值最大点的深度为 7～10 m)，同时该剖面 PR02-CFB2(T=1 500 kN、1 263.50 m 高程)锚索测力计测值达到 1 835 kN(锁定吨位 1 350 kN)。

该部位这种规律主要原因是顺厂轴陡倾洞外的优势裂隙导致上游边墙具有倾倒变形趋势(相邻的厂右 0+21.5 桩号观测断面处，顺洞向裂隙不发育，多点变位计无上述规律)。因此，拟在上游墙厂右 0+50～0+120 桩号，1 260 m 高程增加一排 1 500 kN 预应力锚索，L=20 m，间距 4.5 m，共计 39 根。

从引水下平段开挖揭露地质情况看，该部位上游墙的地质条件仍不理想，裂隙发育、地下水丰富，因此将原设计 1 250.50 m、1 244.50 m 高程两排锚索水平间距由 6.0 m 调整为 4.5 m(共计增加锚索 12 根)，同时将 1 244.50 m 高程预应力锚索抬高至 1 246.00 m 高程。

2. 下游墙

根据下游边墙厂右 0+21.5 桩号的多点变位计 M405-CFA1(1 273.95 m 高程、拱脚以下边墙)、M407-CFA1(1 263.25 m 高程、岩锚梁下部)测值分析，其变形规律主要呈现变形数值上小下大的特点(M405-CFA1 多点变位计测值最大点深度为 7～15 m，当前变形量级达到了 22.53 mm，M405-CFA1 变形量级达到 56.81 mm)，该剖面 PR02-CFB2(T=1 500 kN、1 262.50 m 高程)锚索测力计测值达到 1 807 kN(锁定吨位 1 350 kN)。同时厂右 0+81.5 桩号 M405-CFA2、M407-CFA2 也呈现出相同规律(M405-CFA2 最大变位深度为 2 m，量值为 12 mm；M407-CFA2 最大变位深度为 7 m，量值为 27 mm)，这种变形规律与上游墙相反，主要是由于厂房下层开挖导致下游边墙沿顺厂轴陡倾洞内的优势裂隙切脚，且总体看下游边墙地质条件比上游墙差，因此将厂房下游墙 1 235.50 m、1 229.50 m 高程的两排预应力锚索间距也由 6 m 调整为 4.5 m(共计增加 12 根)。

7.3.2.2　主变室

主变室左端墙岩体的层面裂隙发育，倾向洞内，开挖造成切脚，同时端墙中部布置有出线洞，存在与尾调左端墙类似问题。

拟在左端墙中部、出线洞周边增加 10 根 1 500 kN 预应力锚索，L=20 m。高程依次为 1 276.00 m、1 270.00 m、1 265.50 m 和 1 261.00 m。

7.3.2.3　母线洞

母线洞轴线与岩石层面夹角较小，为加强母线洞边墙稳定，将母线洞两端交口处拱腰以下洞内边墙径向锁口锚杆(ϕ32，L=9 m)更改为 3 ϕ25，L=6 m 锚筋桩，并扩大加固段范围，再增加两排径向锚筋桩，排距 1.0 m。

7.4 第三阶段(洞室群贯通期)动态支护调整研究

随着地下厂房继续下卧开挖,特别是母线洞、尾水管洞等开挖,厂区各大洞室纵横交错,岩体局部挖空率高达70%,与第二段反演参数正分析得到位移相比,岩体的变形均有了进一步发展,局部的变形远超出了正分析的结果,针对此情况对地下厂房开挖完成后的岩体变形参数进行了进一步反演,并结合厂区结构面揭露情况进行了块体稳定分析,在此基础上对重点部位的支护做出及时调整。

7.4.1 A1断面反演分析

反演计算参数实测变形与计算变形对比见表7-22;反演得到的A1断面力学参数示意见图7-121、图7-122;基于反演参数分析得到A1断面三大洞室变形图见图7-123。

表7-22 主厂房A1断面实测值与反分析计算值对比表(实测值/计算值)

多点变位计	测点			
	1	1-2	2-3	3-4
M404-CFA1(上游边墙)	29.0/32.6	12.6/4.2	4.0/3.8	0.0/2.1
M405-CFA1(下游边墙)	38.4/41.7	9.7/9.3	10.8/16.4	13.8/1.9
M406-CFA1(上游边墙)	56.3/43.5	16.5/5.6	27.7/6.5	0.0/3.9
M407-CFA1(下游边墙)	80.8/89.5	29.5/25.6	36.1/40.7	2.0/9.2
M408-CFA1(上游边墙)	27.9/46.8	14.3/5.4	0.0/6.7	10.1/4.4
M409-CFA1(下游边墙)	89.2/100.0	21.6/25.9	45.8/42.8	15.9/16.1
M410-CFA1(上游边墙)	6.5/47.8	—/5.5	—/7.0	—/4.5
M411-CFA1(下游边墙)	88.6/98.3	37.3/25.1	37.7/37.9	8.7/13
M412-CFA1(下游边墙)	53.4/54.1	11.1/11.4	27.7/11.9	11.8/8.0
M414-CFA1(上游边墙)	8.2/45.1	—/5.7	—/6.8	8.2/3.9
M301-CFA1(下游边墙)	14.3/32.2	8.4/4.7	3.0/3.9	—

通过对整个开挖过程的多次反演分析,最后确定主厂房上游边墙强松弛区(4 m范围)、弱松弛区(8 m范围)和过渡区(16 m范围)的变形模量分别为6 GPa、9 GPa、12 GPa,下游边墙强松弛区(16 m范围)的变形模量为1.5 GPa,过渡区(32 m范围)的变形模量为10 GPa;主变室上游墙强松弛区(8.0 m范围)、过渡区(12 m范围)的变形模量

分别为 1.5 GPa、12 GPa;尾调室上游墙强松弛区(8 m 范围)、过渡区(12 m 范围)变形模量分别为 1.5 GPa、4 GPa,下游墙强松弛区(4 m 范围)、弱松弛区(9 m 范围)的变形模量分别为 9.0 GPa、15 GPa,过渡区变形模量为 12 GPa。反演得到最终 A1 断面主厂房顶拱变形在 20~30 mm,上游墙变形在 40~60 mm。下游墙变形在 60~120 mm;主变室顶拱变形在 15~20 mm,主变室上游墙变形在 40~60 mm,下游墙变形在 30~40 mm;尾调室顶拱变形在 15~30 mm,尾调室上游墙变形在 35~80 mm,下游墙变形在 40~60 mm,整个变形两级均比初期设计计算大 1~2 倍,但围岩变形两级均在允许范围内,洞室整体稳定。

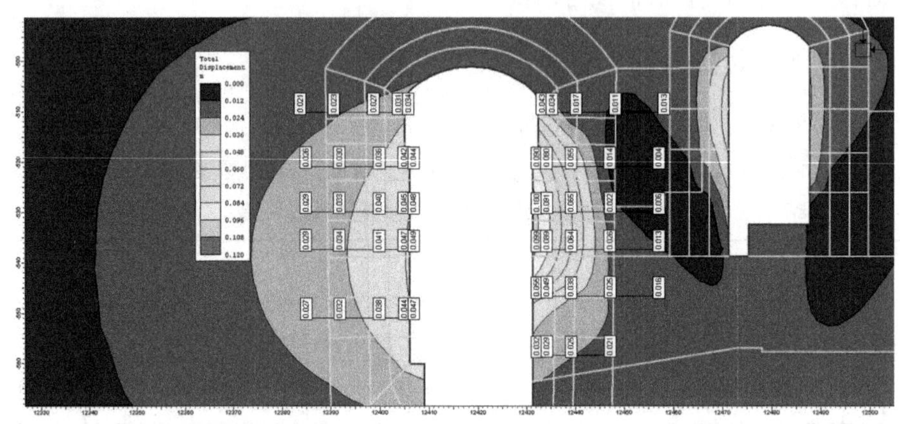

图 7-121　A1 断面开挖完成后分析得到的主厂房多点变位计位移测值　(单位:m)

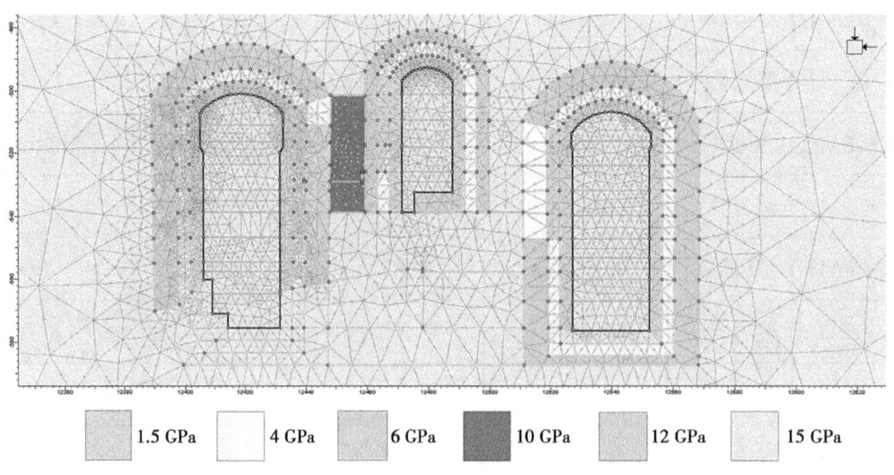

图 7-122　反演得到 A1 断面三大洞室分区参数图

7.4.2　A2 断面反演分析

图 7-124 为分析得到的主厂房 A2 断面(厂右 0+81.5 桩号)多点变位计各测点变形,反演得到的 A2 断面变形参数示意图见图 7-125,实测变形与反演计算变形对比见表 7-23,基于反演参数分析得到 A2 断面三大洞室变形图见图 7-126。

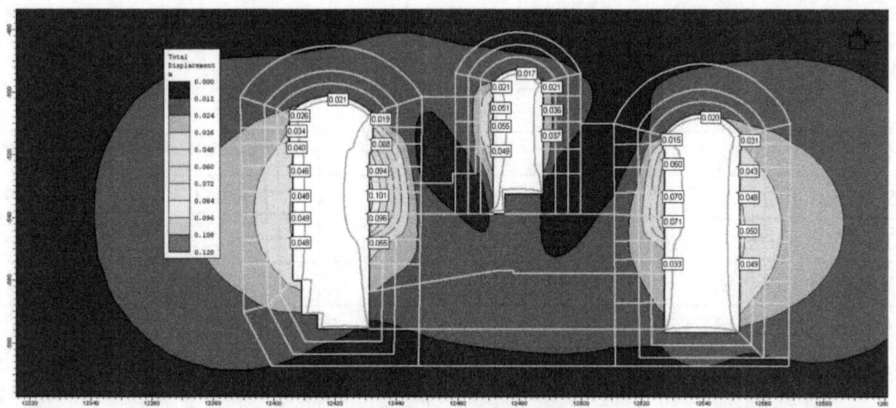

图 7-123　开挖完成后 A1 断面分析得到网格变形图　（单位:m）

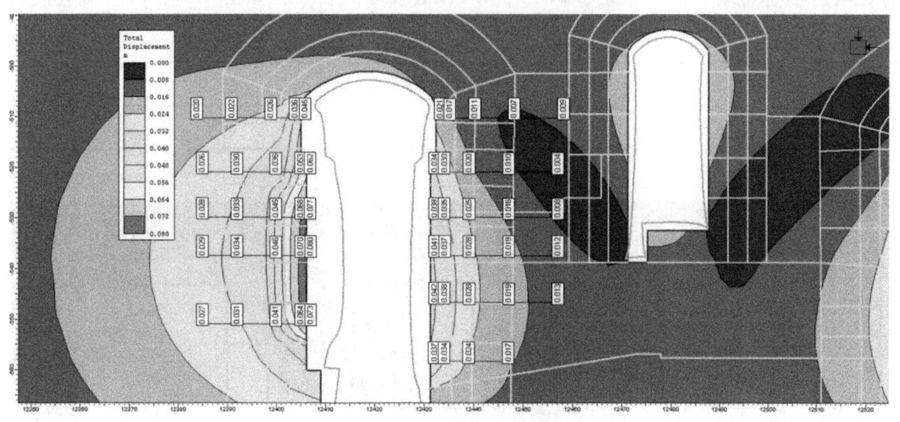

图 7-124　开挖完成后 A2 剖面分析得到的主厂房多点变位计位移测值　（单位:m）

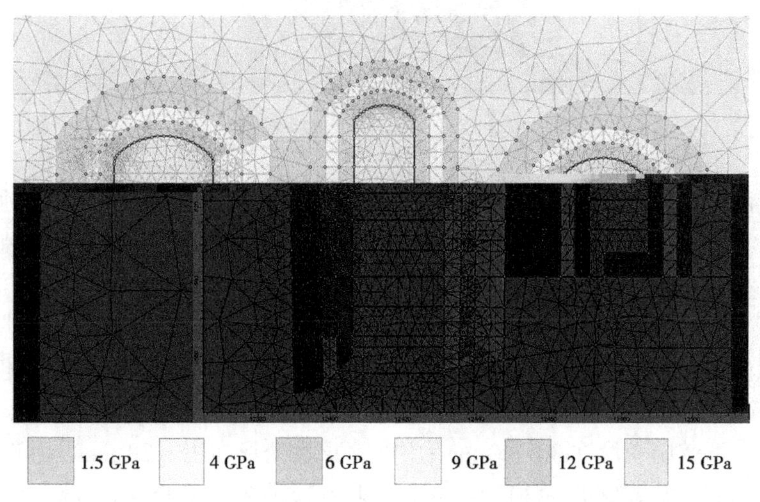

图 7-125　反演得到 A2 剖面三大洞室分区参数图

表 7-23　A2 断面反分析位移计算值与实测值对比表(实测值/计算值)

多点变位计	测点			
	1	1-2	2-3	3-4
M404-CFA2(上游边墙)	94/45	2.8/10	1.7/4	0.1/2
M405-CFA2(下游边墙)	16.5/21	8/6.8	3.8/4.1	—/1.9
M406-CFA2(上游边墙)	52.9/62	23.9/17	4.1/6	—/4
M407-CFA2(下游边墙)	35.5/34	8.0/10	8.0/10	9.8/6
M408-CFA2(上游边墙)	100/77	67.8/24	6.2/12	8.2/5
M409-CFA2(下游边墙)	19.8/54.3	7.0/8.1	10.2/7.8	10.8/8.4
M410-CFA2(上游边墙)	66.9/80	44.5/24	19/13	—/5.0
M411-CFA2(下游边墙)	24.8/41	6/9	4.1/9	10.8/7
M412-CFA2(下游边墙)	44.2/42	6.3/10	8.0/9	10.6/6
M414-CFA2(上游边墙)	—/74.3	—/23.4	—/11.1	—/3.9
M301-CFA2(下游边墙)	15.4/37	2.6/10	5.3/7	—

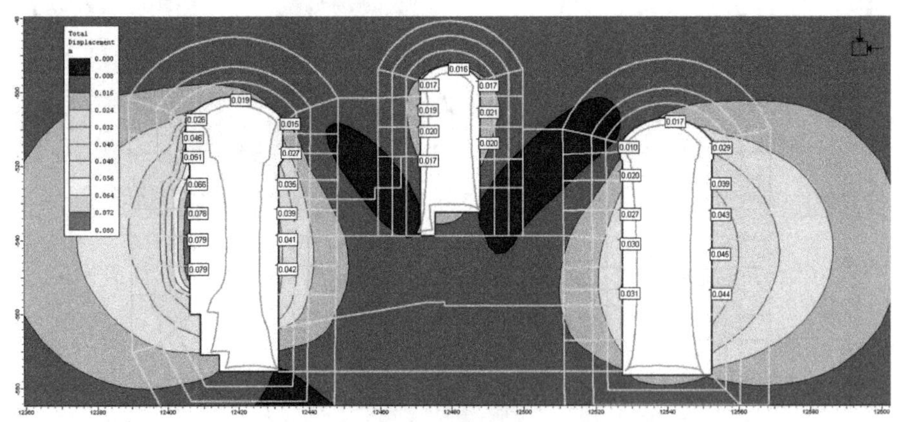

图 7-126　开挖完成后 A2 断面分析得到网格变形图　(单位:m)

通过对整个开挖过程的多次反演分析,最后确定主厂房上游边墙强松弛区(8 m 范围)和过渡区(16 m 范围)的变形模量分别为 1.5 GPa、12 GPa,下游边墙强松弛区(8 m 范围)、过渡区(16 m 范围)的变形模量分别为 6.0 GPa、9.0 GPa;主变室上、下游墙强松弛区(4.0 m 范围)、过渡区(8 m 范围)的变形模量分别为 6.0 GPa、9.0 GPa;尾调室上、下游墙强松弛区(4 m 范围)、过渡区(8 m 范围)、影响区(12 m 范围)的变形模量分别为 6 GPa、9 GPa、12 GPa。反演得到最终 A2 断面主厂房顶拱变形在 15~25 mm,上游墙变形在 40~90 mm,下游墙变形在 30~40 mm;主变室顶拱变形在 15~20 mm,主变室上游墙变形在 40~60 mm,下游墙变形在 30~40 mm;尾调室顶拱变形在 15~30 mm,尾调室上游墙变形在 35~80 mm,下游墙变形在 40~60 mm。整个变形两级均比初期设计计算大 1~2 倍,但围岩变形两级均在允许范围内,洞室整体稳定。

7.4.3 反演分析小结

从两个断面反演分析变形对比可以看出，随着洞室的继续开挖，地下厂房相应的参数进一步降低，但两个断面降低幅度及部位有一定的不同，0+21.5 断面下游墙主要为薄层砂板岩条带，受母线洞掏空的影响，下游墙 16 m 范围内岩体变形模量由第三层开挖结束后的 4~6 GPa 降为 1.5 GPa；0+81.5 断面主要为厚层砂板岩条带区，下游墙模量降低区域(4 GPa)扩展到 8 m 范围内，显然母线洞开挖对薄层砂板岩条带影响要明显大于厚层砂板岩条带的影响。由于 0+81.5 断面顺洞向裂隙十分发育，洞室继续下挖导致上游墙 8 m 范围内岩体沿反倾裂隙松弛，岩体力学参数由第三层开挖完的 4~9 GPa 降为 1.5 GPa。由于洞室开挖后洞周力学参数进一步降低，针对此特点对相应部位的支护做调整。

7.5 功果桥围岩稳定多维动态控制措施总结

7.5.1 主厂房支护动态主要调整

(1)主厂房上游边墙厂右 0+81.5 桩号、1 273.50 m 高程处布设的多点变位计(编号 M404-CFA2)测得围岩变位较大，根据监测资料分析，此部位围岩变位为岩体浅表层变形。为保证围岩稳定，增加支护措施如下：上游边墙桩号厂右 0+070.25~厂右 0+091.25，自 1 269.45 m 高程向上增加 6 排ϕ32、L=9 m、T=150 kN 预应力锚杆，间排距 3 m×2 m，锚固方向垂直开挖面，共计增加预应力锚杆 48 根。

(2)上游墙厂右 0+50~0+120 桩号与厂轴方向小角度相交的陡倾洞外的裂隙发育(如 L_{186}、NE23°NW∠81°，L_{153}、NE5°NW∠68°，L_{161}、NE70°NW∠85°等)，目前监测的岩石浅层变形值及预应力锚索测值均较大，故在该范围 1 260 m 高程增加一排 2 000 kN 预应力锚索，间距 4.5 m，深度 L=20 m 和 25 m，相间布置，共计 15 根，锁定吨位 1 600 kN。厂房下游墙 $1^{\#}$、$2^{\#}$、$3^{\#}$、$4^{\#}$母线洞口以上 1 262.50 m 高程，桩号厂右 0+009.5、厂右 0+014.0、厂右 0+038.0、厂右 0+042.5、厂右 0+047.0、厂右 0+069.5、厂右 0+074.0、厂右 0+099.5、厂右 0+104.0 增加 L=20 m、T=1 500 kN 单边锚索，共计增加预应力锚索 9 根。

(3)据引水隧洞下平段开挖揭露地质情况，该高程上游墙的地质条件较差，裂隙发育、地下水丰富，将原设计 1 250.50 m、1 244.50 m 高程两排预应力锚索水平间距由 6.0 m 调整为 4.5 m(共计增加锚索 12 根)，同时将 1 244.50 m 高程预应力锚索抬高至 1 246.00 m 高程。将该两排锚索设计吨位增加到 2 000 kN，锁定吨位设定为 1 600 kN，深度 L=20 m 和 25 m，相间布置，其他参数不变。

(4)根据厂房Ⅳ、Ⅴ层开挖揭露的地质情况，将厂房下游墙 1 235.50 m、1 229.50 m 高程的两排预应力锚索间距由 6 m 调整为 4.5 m(共计增加锚索 12 根，减少ϕ28 锚杆 6 根，减少ϕ32 锚杆 6 根)，锚索设计吨位增加到 2 000 kN，锁定吨位为 1 600 kN，深度 L=20 m 和 25 m，相间布置，其他参数不变。

(5)为保证主厂房机坑开挖施工中机坑隔墙的稳定，根据主厂房Ⅷ-1 层开挖后揭露的地质条件及现场施工状况，结合专家咨询意见（见“功纪〔2009〕38 号”），对其开挖支护方案调整如下：将机坑中隔墙桩号厂 0+000.00 至厂下 0+015.00、高程 1 224.00～1 223.20 m 范围内的岩体挖除后以 C20W6F100 混凝土回填，并在中隔墙左右两侧布置竖向锁口锚筋桩，锚筋桩规格为 3 ϕ28，L=9 m（入岩 8.3 m），间排距 1 m×1 m。

（6）各机坑开挖后尾水管洞近厂侧 60 cm 厚钢筋混凝土锁口支护段，在围岩卸荷作用下，沿锁口混凝土结构中出现了裂缝，为确保该部位围岩稳定及后续施工安全，在该部位增加如下加固措施：

①在厂下 0+19.70、厂下 0+24.1 处分别增加 4 根 L=20 m、T=1 000 kN 的预应力锚索，各断面锚索均对称于尾水管洞中心线布置，锚固方向为铅直向；

②在厂下 0+16、厂下 0+17、厂下 0+18 处，距各混凝土裂缝 50～80 cm（靠近洞壁侧）分别布置一根 L=9 m@ 100 cm、T=150 kN 预应力锚杆；

根据施工状况，建议该部位各项锚索的施工顺序为：

a. 施工新增锚索，其张拉顺序为自右向左（顺水流向），锁定吨位 70%；

b. 张拉尾水管洞间岩墙上原布置的对穿锚索；

c. 张拉厂房下游墙 1 229.50 m 高程的锚索。

（7）受 f_2 断层及主厂房下挖岩体卸荷影响，左端墙靠近下游侧 1 252.20 m 高程以上喷混凝土有竖向裂缝出现，故对该部位增加 4 根 2 000 kN 无黏结预应力锚索，深度 20 m 和 25 m 间隔布置，锚索锁定吨位 1 600 kN。

根据 f_2 断层在厂房内出露情况，在主厂房左端墙高程 1 226.5 m，厂上 0+8.2、厂上 0+3.7 和厂下 0+0.8 增加三根预应力锚索，锚索支护参数同原设计；左端墙厂横 0+0.0～厂下 0+15.0、下游墙厂纵 0+0.0～厂右 0+10.0，高程 1 225.0～1 231.5 m 范围内 L=9 m 砂浆锚杆替换成 150 kN、L=9 m 预应力锚杆。根据现场地质情况，F_2 断层在 1# 尾水管洞右侧壁和 2# 尾水管洞左侧壁出露，为保证 1#、2# 尾水管洞隔墙的稳定，采取如下加强支护措施：高程 1 213.0 m，厂下 0+77.75、厂下 0+73.25 处增加 2 根对穿预应力锚索；高程 1 217.5 m，厂下 0+80.0、厂下 0+75.5 处增加 2 根对穿预应力锚索。根据 F_2 断层在主厂房下游墙出露情况、周边洞室布置情况及对监测资料的反馈分析，为加强该部位围岩稳定，确保后续施工安全，将原下游墙厂右 0+3.5，高程 1 217.50 m、1 223.50 m 预应力锚索位置调整为：①下游墙高程 1 225.75 m、厂右 0+8.5；②下游墙高程 1 221.25 m、厂右 0+11.0。锚固方向为 SE110°，其余参数不变。

（8）根据主厂房上下游边墙、左右端墙岩体破碎部位将部分普通砂浆锚杆调整为 L=9 m@ 100 cm、T=150 kN 预应力锚杆，或 3 ϕ28、L=9 m 的锚筋桩。

7.5.2 主变室动态支护主要调整

（1）根据主变室Ⅲ层（厂左 0+005.50～厂右 0+060.00）开挖揭露的围岩情况，在上游边墙厂右 0+015.00～厂右 0+035.00 有断层 f_2、f_5 出露，其产状分别为 NW345°SW∠60°、NW346°SW∠67°。此外，还发育 NW357°NE∠62°及 NE60°SE∠55°倾向下游的结构面。由于以上断层及结构面切割，在上游边墙形成不稳定块体。从监测数据分析表明，该处 2～7 m 范围内岩体变形持续增加。下游边墙厂右 0+001.50～厂右 0+020.00 与厂右

0+035.00~厂右 0+045.00 受陡倾岸外结构面及顺洞向陡倾上游结构面影响,岩体破碎。因此,在上、下游边墙需加强支护,具体如下:①在上游墙厂右 0+015.00~厂右 0+035.00,1 281.45 m、1 278.45 m 高程增加ϕ 32、L=9 m、T=150 kN 预应力锚杆,间距为 1.5 m,总计增加 26 根。在上游墙厂右 0+015.00~厂右 0+035.00,1 276.95 m、1 272.45 m 高程各增加一排 1 000 kN 预应力锚索,L=20 m,间距 6 m,增加锚索共计 8 根。②将上游墙厂右 0+015.00~厂右 0+035.00,1 271.70 m、1 270.20 m 两高程的ϕ 32、L=9 m 的砂浆锚杆替换成ϕ 32、L=9 m、T=150 kN 的预应力锚杆,增加ϕ 32、L=9 m、T=150 kN 预应力锚杆 14 根。将下游墙厂右 0+001.50~厂右 0+020.00 与厂右 0+035.00~厂右 0+045.00,1 272.00 m、1 270.50 m、1 269.00 m 高程中的ϕ 32、L=9 m 的砂浆锚杆替换成 3 ϕ 28、L=9 m 的锚筋桩,增加 3 ϕ 28、L=9 m 的锚筋桩 29 根。

(2)主变室桩号厂右 0+68.50 端墙除原设计系统锚杆、锁口锚筋桩外,增加两排ϕ 32、L=9 m、T=150 kN 的预应力锚杆,布置高程分别为 1 286.50 m、1 285.00 m,锚杆间距 3.0 m。

(3)在主变室上游墙 1 282.20 m 高程、厂右 0+015.00~厂右 0+035.00,按照间距 4.5 m 增加 L=20 m、T=1 000 kN 的锚索 5 根。

(4)在上游墙厂右 0+004.00~厂右 0+011.00,1 272.45 m、1 276.95 m、1 282.20 m 高程增加 6 根 1 500 kN、L=25 m 预应力锚索;在厂右 0+040.00~厂右 0+065.00,1 272.45 m、1 276.95 m 高程增加 10 根 1 500 kN、L=25 m 锚索。锚索锁定吨位均为 1 350 kN。

(5)主变室左端墙岩体的层面裂隙发育,倾向洞内,且在中部布置有出线洞,故在左端墙中部、出线洞周边增加 8 根 1 500 kN 预应力锚索,L=20 m。高程依次为 1 276.00 m、1 270.00 m、1 265.50 m 和 1 261.00 m,锁定吨位 1 350 kN。

7.5.3 尾调室动态支护主要调整

(1)根据开挖揭露地质情况,对尾调室顶拱系统锚索布置范围调整如下:桩号厂右 0+21~厂右 0+66 段(11×7 根)、厂右 0+110~厂右 0+128 段(5×7 根)布置 1 000 kN 预应力锚索(L=20 m,间、排距 4.5 m),其他段顶拱预应力锚索取消。

(2)尾调室与主变洞间的对穿锚索调整为尾调室上游墙的 L=20 m、T=1 500 kN 单边锚索,布设位置不变。下游墙及左、右端墙原设计预应力锚索布置不变。

(3)将尾调室 1 251.00 m 高程以下锚索深度调整为 20 m 和 25 m 间隔布置。

(4)尾调室下游厂右 0+050.00~0+065.00、高程 1 260.3~1 252.3 m 范围内原设计的ϕ 28、L=6 m 的系统锚杆调整为ϕ 32、L=9 m、T=150 kN 预应力锚杆。该部位 1 256 m 高程以上布置ϕ 6.5@ 15 cm×15 cm 钢筋网,喷聚丙烯纤维混凝土封闭。尾调室下游厂右 0+085.00~0+105.00、高程 1 260.3~1 252.3 m 范围内原设计的ϕ 28、L=6 m 的系统锚杆调整为ϕ 32、L=9 m、T=150 kN 预应力锚杆。尾调室下游厂右 0+120.00~0+132.00、高程 1 256~1 260 m 范围内,掉块部位三角区两侧结构面各增加 3 根 3 ϕ 28、L=9 m 锚筋桩加强支护,锚筋桩间距 3 m,与层面大角度相交。该部位补加系统锚杆与锚筋桩斜交,确保层面缝合。尾调室上游厂右 0+105.00~0+110.00、高程 1 258 m~1 260 m 范围内,掉块部位两侧各增加 2 根 3 ϕ 28、L=9 m 锚筋桩,锚筋桩间距 3 m,与层面大角度相交,增加锚筋桩共 4 根。

(5)尾调室上游厂右 0+030.00~厂右 0+035.00,f_2 断层部位下盘沿断层走向布置 2 排 3 ϕ 28、L=9 m 锚筋桩。锚筋桩间距 2 m、排距 1 m。第一排距断层结构面 2 m。锚筋桩与断层层面大角度相交,断层上盘附近的一排系统锚杆与层面也大角度相交,确保断层面缝合。高程 1 260.3~1 252.3 m 范围内沿断层走向两侧 2.5 m 跨断层布置ϕ 6.5 @15 cm×15 cm 钢筋网,喷聚丙烯纤维混凝土封闭。

(6)根据左端墙锚索应力计及多点变位计监测资料显示,设计值为 1 500 kN 的预应力锚索累计应力值已达到 1 770 kN,且最大变形值达到 49.7 mm。左端墙厂下 0+135、高程 1 260~1 272 m 出现近乎竖直的裂缝,结合尾调交通洞内靠近左端墙 15 m 范围出现的张开性裂缝来看,左端墙围岩变形存在较大的安全隐患,加强支护。方案如下:①在 1 265.30 m 高程、厂下 0+130.40 和厂下 0+125.90 两点各增加一根 L=30 m、T=2 000 kN 锚索;在 1 260.70 m 高程、厂下 0+130.40、厂下 0+125.90 及厂下 0+121.40 三点各增加一根 L= 30 m、T = 2 000 kN 锚索。以上共计增加 L = 30 m、T = 2 000 kN 锚索 5 根。②1 261.50 m、1 260.00 m 高程的系统锚杆支护全部替换成ϕ 32、L=9 m、T=150 kN 预应力锚杆。1 257.00 m、1 255.50 m 高程的ϕ 28、L=6 m 系统锚杆调整为 3 ϕ 28、L=9 m 锚筋桩。③1 258.50 m、1 254.00 m 高程锚索由原设计 L=20 m 全部调整为 25 m。

(7)尾调室上游拱角厂右 0+006.50~厂右 0+040.00 由于围岩变形导致多处产生裂缝及掉块现象。该段需加强支护,具体方案如下:①尾调上游边墙厂右 0+006.50~厂右 0+040.00,1 270.00 m、1 271.00 m、1 272.50 m 高程各增加一排ϕ 32、L=9 m、T=150 kN 预应力锚杆,共增加预应力锚杆 66 根。②1 268.50 m 高程、厂右 0+006.50~厂右 0+035.00 增加一排 3 ϕ 28、L=9 m 锚筋桩,间距 3 m,共增加锚筋桩 10 根。

7.5.4　母线洞动态支护主要调整

母线洞轴线与岩石层面夹角较小,为加强母线洞边墙稳定并确保后期施工安全,在母线洞两端交岔口处(厂房下游以及主变上游锁口)拱腰以下布置 4 排 3 ϕ 25,L=9 m 的径向锚筋桩,排距 1.0~1.2 m,间距 1.5 m,相应位置原锁口、系统锚杆取消。以上共减少ϕ 28,L=6 m 锚杆 464 根,共减少ϕ 28,L=4.5 m 锚杆 416 根。

7.5.5　动态支护调整分析

从地下厂房洞群支护主要调整可以看出,整个洞群主要支护与原设计基本一致,工程量总体变化不大,只是支护的区域及手段有较大针对性调整。洞群支护主要调整是针对横跨厂区 f_2 断层及其影响带、厂房顶拱 f_{15} 断层、局部岩体较为破碎部位。支护措施:对较大的断层 f_2 及其影响带采用预应力锚索(T=150~200 t,L=20~30 m)重点加强锚固;对顺厂轴的厂房顶拱 f_{15} 断层采用预应力缝合预应力锚杆(L=9 m,T=15 t);对局部岩体较为破碎部位,需限制卸荷变形的,采用 L=9 m、T=15 t 的预应力锚杆进行主动加强支护,需提高岩体抗剪刚度部位,采用 L=9 m、3 ϕ 28 锚筋桩进行加强支护。从支护调整空间分布看,发电机层以上调整主要针对三大洞室上游拱脚及上游边墙,对于发电机层以下部位主要调整则是针对下游边墙及其交叉洞室(母线洞、尾水管洞),三大洞室左端墙各部位均有较大加强支护措施。支护措施及支护部位均有一定的针对性，有效地限制了层状岩体中大跨度洞室的变形和破坏，确保地下厂房洞室围岩稳定。从加强支护措施也可以初步看出，整个地下厂房围岩稳定性特点是发电机层以上，三大洞室的上游部分稳定性比下游部分稳定性差，三大洞室左端墙稳定性也较差。

功果桥水电站工程地下厂房洞室群规模较大，地质条件复杂，主要研究内容包括：地下厂房洞群监测资料分析，整理分析了现场量测的数据，分析地下厂房开挖施工过程中应力变形的空间及时间分布特征，分析围岩变形与结构面的分布规律，总结层状岩体变形机制；地下厂房分阶段位移反分析与围岩稳定性评价，基于开挖过程的位移反分析方法，分阶段开展功果桥地下厂房施工期围岩力学参数的动态反馈分析及支护优化；地下厂房块体稳定性分析，应用工程块体结构三维构建方法及块体系统分析技术，进行大型地下洞室块体分布分析、关键块体稳定性分析及锚固设计研究；层状岩体中大跨度地下洞群关键问题剖析，针对功果桥地下厂房开挖过程中围岩变形大、三大洞室上游拱脚开裂掉块，深入系统地分析破裂层状岩体中大跨度地下洞群变形机制及围岩稳定关键因素，提出应对措施。本研究成果服务于动态设计全过程，正确指导施工，确保功果桥水电站地下厂房洞室群围岩的施工安全与工程顺利实施。主要结论如下：

(1) 根据地下厂房实测资料变形特点及动态反馈分析，砂板岩条带及 f_2 断层影响区域变形均较大，地下厂房采用布置于 PD204 处的中部式方案，使得厂区洞室群大部分位于变质砂岩、石英砂岩内，主厂房避开了 f_2 断层的方案是合适的。通过三大洞室左端墙(顺层)变形较大，特别是尾调室左端墙继续发展可以看出，地下厂房洞室群长轴方位为NE50°，厂轴与岩层走向呈大角度相交、与大主应力小角度相交有助于提高洞室整体稳定。

(2) 针对地下厂房分期施工及围岩稳定特点，将地下厂房动态支护调整分为一层开挖揭露后、发电机层开挖完成后、地下厂房开挖完成三个阶段是可行的；据此建立了实用可靠的地下厂房力学参数反演方法，解决了地下厂房围岩整体稳定性分析参数来源可靠的问题，总结了不同开挖阶段地下洞群围岩力学参数变化过程。

(3) 成功将三维块体搜索及块体系统稳定性分析方法应用于功果桥地下厂房开挖施工过程，解决了地下厂房局部稳定性问题。

(4) 总结了层状岩体中地下厂房的变形规律，分析了若干关键工程问题，为类似工程的设计与施工提供了可靠的科学依据。

功果桥水电站地下厂房洞室群位于层状碎裂结构岩体中，围岩稳定性问题突出，为使洞室开挖过程中得到准确、及时的支护，保证洞群的整体稳定性和局部稳定，本课题通过整理分析现场量测的地下厂房洞群监测资料，分析地下厂房开挖施工过程中围岩的变形与结构面的分布规律，并应用位移反分析技术，分阶段开展地下厂房施工期围岩力学参数的动态反馈分析及支护优化；同时应用工程块体结构三维构建方法及块体系统分析技术，针对三大洞室块体分布分析、关键块体稳定性分析及锚固设计研究，提出针对性的支护措施，保证围岩的局部稳定。

7.6 拉西瓦地下厂房工程应用

拉西瓦水电站引水发电系统主要由引水系统建筑物、右岸地下厂房和尾水系统建筑物组成，其中引水系统建筑物包括岸边塔式进水口、压力引水隧洞、压力引水管道组成；尾水建筑物由尾水调压室（含尾调操作室）、压力尾水洞、出口建筑物等组成；右岸地下厂房主要包括主厂房、副厂房、开关站等；出线平台位于右岸坝顶下游。

右岸地下厂房的6台机组采用单机单洞的供水方式。引水隧洞开挖直径11.1 m，长度218.97~439.02 m；设计单机引用流量380 m^3/s，衬砌厚0.8 m，下弯段水平长度有钢衬。主厂房开挖尺寸311.75 m×30.0 m×73.84 m（长×宽×高），轴线NE25°。副厂房与主厂房同轴线，位于主厂房左端，开挖尺寸32 m×27.8 m×42.0 m（长×宽×高）。主变开关室在主厂房下游侧，与主厂房轴线平行，通过母线洞与主厂房相通，开挖尺寸232.6 m×29.0 m×51.5 m。3机合1调压室，调压室为圆筒式，开挖直径32 m，高度69.278 m 。尾水洞为圆形，开挖洞径19.1 m，长度分别为519 m和712 m。

7.6.1 两种支护方案的对比研究

7.6.1.1 三维有限元网格剖分、计算工况、计算条件

根据地下厂房布置，选取$2^{\#}$~$4^{\#}$三个机组段对主厂房顶拱无锚索支护分期开挖和有锚索支护分期开挖两种情况进行了整体分析计算。三维有限元计算模型包括三个机组的主厂房洞室、主变洞、尾水洞、引水洞、母线洞、尾闸室和调压室等洞室群，共剖分了38 728个空间等参单元。计算坐标与三维初始应力场反演计算坐标一致，X轴的方位角为115°，与厂房纵轴线垂直，指向下游为正；Y轴的方位角为25°，与厂房纵轴线重合，指向左端墙为正；Z轴与大地坐标重合，坐标原点位于厂房纵轴线与$3^{\#}$机组中心线的交点。单元剖分时，主厂房考虑了Hf_3，Hf_8，f_3，f_6，f_7，f_8，f_9，f_{10}，f_{11}，f_{12}，f_{14}，f_{17}一共12条岩层错动断层带，母线洞考虑了f_3，f_{10}，f_{11}三条岩层错动断层带。

根据开挖计算情况，在每期计算中，对已开挖洞室部位的洞周围岩材料进行适当降低，以便更好模拟开挖对洞周围岩的损伤影响，材料的降低范围和物理力学参数取值见表7-24。节理面：黏聚力C=0.12 MPa，摩擦角φ=30°；断层面：黏聚力C=0.08 MPa，摩擦角φ=22°。

本节根据实际施工开挖顺序、实际地质揭示、实际锚固支护参数，分主厂房顶拱无锚索支护（支护方案一）与有锚索支护（支护方案二）两种情况，对整个洞室群进行整体数值分析，以反映洞室开挖后的围岩情况。根据实际的施工程序，结合支护条件，对地下厂房洞室群从上到下分了九期开挖。地下厂房洞室的支护方案一的参数如下：

（1）系统锚固措施见表7-24。

（2）$2^{\#}$调压井加强支护措施：调压井顶拱增加6根L=20 m，预应力为1 500 kN的锚索。

（3）顶拱及上下游边墙后期补加的锚固措施：

①在母线洞底板以下2 229.45 m、2 227.95 m、2 224.95 m高程增设3ϕ28，L=15 m

锚筋桩,间距1.5 m。在2 226.45 m高程厂右0+000.00~厂右0+086.37桩号范围内增设2 000 kN级预应力锚索,新增预应力锚索长20 m,间距4.5 m。

表7-24 拉西瓦地下厂房岩体物理力学参数

围岩类别	围岩深度(m)	抗拉强度(MPa)	变形模量(GPa)	抗剪断强度	
				f'	C'(MPa)
Ⅱ	0~5.0	0.5	8.0~15.0	1.2	1.5
	5.0~10.0	1.0	15.0~20.0	1.3	2.0
	10.0以上	1.5	20.0~25.0	1.4	2.5
Ⅲ	0~5.0	0.4	5.0~10.0	1.0	1.0
	5.0~10.0	0.8	10.0~15.0	1.1	1.2
	10.0以上	1.2	15.0~20.0	1.2	1.5

②厂房下游墙厂右0+155~厂右0+217段,高程2 221.9 m、2 218.9 m、2 215.9 m增设3排3 ϕ28,L=15 m锚筋桩。

对于主厂房顶拱有锚索支护的情况,为主厂房顶拱增设预应力锚索,吨位T=150 t,每排3~5根,排距6.0 m,长30 m。

计算初始地应力场采用招标设计阶段反演的模型初始地应力场。岩体物理力学参数根据《拉西瓦补充计算基本要求》提供的资料,按表7-24取值计算。

主厂房断层和岩层地质特征参数为:

Hf_3:走向6°,倾向NW∠25°;Hf_8:走向295°,倾向SW∠17°;f_3:走向65°,倾向ES∠67°;f_6:走向30°,倾向ES∠72°;f_7:走向14°,倾向NW∠78°;f_8:走向330°,倾向NE∠80°;f_9:走向310°,倾向SW∠43°;f_{12}:走向61°,倾向ES∠58°;f_{11}:走向45°,倾向ES∠60°;f_{10}:走向11°,倾向NW∠63°;f_{14}:走向65°,倾向NW∠75°;f_{17}:走向67°,倾向ES∠59°。

母线洞断层和岩层地质特征参数为:

f_3:走向39°,倾向ES∠73°;f_{10}:走向37°,倾向ES∠30°;f_{11}:走向5°,倾向ES∠65°。

根据表7-25,可由公式(4-29)计算得到施加普通锚杆后黏聚力增量ΔC_b=0.22 MPa。按照经验公式(4-31)和式(4-32)所得推荐支护强度分别为$[\Delta C_b]$=0.238 4 MPa和$[\Delta C_b]$=0.253 3 MPa。故而,根据(公式4-37)拉西瓦地下厂房系统锚杆支护指数为:

$$I_{b1}=\frac{\Delta C_b}{[\Delta C_b]}=0.922\,9$$

$$I_{b2}=\frac{\Delta C_b}{[\Delta C_b]}=0.868\,6$$

表 7-25　拉西瓦地下厂房洞群系统原锚固方案

部位		锚杆	锚索	喷混凝土
厂房	上游墙	高程 2 213.7 m 以上ϕ32/ϕ28@1.5 m×1.5 m，L=4.5 m/9 m 交错布置；高程 2 213.7 m 以下ϕ28@2.0 m×2.0 m，L=6 m。Ⅲ类围岩 9.0 m 的为 100 kN 的预应力锚杆	吨位 T=1 500 kN，L=20 m，@4.5 m×6.0 m。	钢纤维混凝土厚 15 cm
	顶拱	ϕ32/ϕ28@1.5 m×1.5 m，L=4.5 m/9 m 交错布置。9.0 m 的为 100 kN 的预应力锚杆	1#～3#机组段顶拱有锚索，吨位 T=1 500 kN，每排 3～5 根，排距 6.0 m；其他部分拱顶无锚索	钢纤维混凝土厚 15 cm
	下游墙	高程 2 213.7 m 以上ϕ32/ϕ28@1.5 m×1.5 m，L=4.5 m/9 m，交错布置；高程 2 213.7 m 以下ϕ28@2.0 m×2.0 m，L=6 m。Ⅲ类围岩 9.0 m 的为 100 kN 的预应力锚杆	高程 2 240.0 m 以上，T=2 000 kN，@4.5 m×6.0 m，L=35 m；高程 2 240.0 m 以下，T=2 000 kN，@4.5 m×6.0 m，L=20 m	钢纤维混凝土厚 15 cm
主变室	上游墙	ϕ32/ϕ28@1.5 m×1.5 m，L=4.5 m/9 m 交错布置。Ⅲ类围岩 9.0 m 的为 100 kN 的预应力锚杆	高程 2 262 m 以上，T=2 000 kN，@4.5 m×6.0 m，L=20 m；高程 2 262 m 以下，T=2 000 kN，@4.5 m×6.0 m，L=35 m	钢纤维混凝土厚 15 cm
	顶拱	ϕ32/ϕ28@1.5 m×1.5 m，L=4.5 m/9 m 交错布置。9.0 m 为 100 kN 的预应力锚杆	局部布置吨位 T=1 500 kN，L=20 m，@4.5 m×6.0 m	钢纤维混凝土厚 15 cm
	下游墙	ϕ32/ϕ28@1.5 m×1.5 m，L=4.5 m/9 m 交错布置。Ⅲ类围岩 9.0 m 为 100 kN 的预应力锚杆	吨位 T=1 500 kN，L=20 m，@4.5 m×6.0 m	钢纤维混凝土厚 15 cm
尾调室		ϕ28/ϕ32@1.5 m×1.5 m，L=4.5 m/6 m/9 m，顶拱施加 6 根 1 500 kN 锚索		混凝土厚 10 cm
母线洞		ϕ28/ϕ32@1.5 m×1.5 m，L=4.5 m/6 m		混凝土厚 10 cm
尾水管延伸段		ϕ25 m/ϕ32@2 m×2 m，L=4.5 m/9 m 交错布置		混凝土厚 10 cm
尾闸室		ϕ25@3.0 m×3.0 m，L=3.0 m/6.0 m		混凝土厚 10 cm
引水隧洞		ϕ25/ϕ28@2 m×2 m，L=4.5 m/6 m 交错布置		混凝土厚 10 cm
尾水隧洞		ϕ25/ϕ28@2 m×2 m，L=4 m/6 m 交错布置		

可见,拉西瓦普通锚杆支护指数 I_{b2} 偏小,为此,增加了长度 9 m 的 100 kN 预应力锚杆。考虑到这一因素,支护强度$[\Delta C_b]=0.288\ 1$ MPa。

$$I_{b1}=\frac{\Delta C_b}{[\Delta C_b]}=1.208\ 6$$

$$I_{b2}=\frac{\Delta C_b}{[\Delta C_b]}=1.137\ 5$$

可见,拉西瓦系统锚杆支护指数满足要求。

根据上表,设围岩摩擦系数$f=1.2$,可由公式(4-30)计算得到施加预应力锚索后黏聚力增量 $\Delta C_p=0.356\ 1$ MPa,按照经验公式(4-34)和式(4-35)所得推荐锚索支护强度分别为$[\Delta C_p]=0.514\ 6$ MPa 和$[\Delta C_p]=0.499\ 5$ MPa。故而,根据公式(4-38)拉西瓦地下厂房系统锚索支护指数为:

$$I_{p1}=\frac{\Delta C_p}{[\Delta C_p]}=0.692\ 0$$

$$I_{p2}=\frac{\Delta C_p}{[\Delta C_p]}=0.712\ 9$$

可见,拉西瓦地下厂房系统锚索支护指数小于经验公式的要求。

7.6.1.2 洞室群整体分期开挖围岩塑性、开裂区分布规律

将支护方案一和支护方案二两种情况下分期开挖的塑性、开裂破坏指标列入表 7-26。

表 7-26 各种工况分期开挖塑性、开裂破坏特征指标

分期	支护方案一:顶拱无锚索方案分期开挖						支护方案二:顶拱有锚索方案分期开挖					
	塑性破坏体积(万 m³)	开裂破坏体积(万 m³)	回弹破坏体积(万 m³)	压裂破坏体积(万 m³)	总破坏量(万 m³)	耗散能量(万 t·m)	塑性破坏体积(万 m³)	开裂破坏体积(万 m³)	回弹破坏体积(万 m³)	压裂破坏体积(万 m³)	总破坏量(万 m³)	耗散能量(万 t·m)
1	0.00	0.00	0.00	0.00	0.00	2.36	0.00	0.00	0.00	0.00	0.00	2.36
2	2.70	0.00	0.00	0.00	2.70	170.33	2.44	0.00	0.00	0.00	2.44	113.0
3	4.15	0.16	0.00	0.00	4.31	551.14	3.75	0.16	0.00	0.00	3.92	489.6
4	5.19	0.44	0.16	0.00	5.79	2 438.92	4.85	0.44	0.16	0.00	5.46	2 286.1
5	6.32	1.43	0.48	0.00	8.23	9 290	5.22	1.41	1.24	0.00	7.87	8 900.7
6	7.27	3.23	1.80	0.00	12.30	33 958.1	7.44	2.96	1.61	0.00	12.01	32 594.8
7	9.21	3.80	2.65	0.00	15.67	53 634.6	9.03	3.65	2.49	0.00	15.17	51 498.5
8	6.61	8.61	3.32	0.00	18.54	57 976.7	6.68	8.35	3.09	0.00	18.13	55 479.6
9	6.75	9.25	3.12	0.00	19.11	62 447.2	6.88	9.15	2.84	0.00	18.87	59 893.6

说明:1. 塑性破坏体积 PA:指围岩出现剪切破坏而进入塑性的岩体区域;

2. 开裂破坏体积 TD:指围岩超出极限拉伸应变而出现的拉损破坏区域;

3. 回弹破坏体积 RE:指围岩开挖后进入塑性破坏,而后期开挖出现卸载状态的破坏区域;

4. 压裂破坏体积 FD:指围岩超出抗压强度而出现的压损破坏区域。

(1)两种支护情况只是在顶拱锚索支护方面存在差别。从计算结果看,两种支护情

况,除了顶拱破坏区略有区别外,其他部位破坏基本相同。从表 7-26 各分期破坏体积看,两情况相差微小。第九期开挖完毕后,顶拱无锚索情况比有锚索情况破坏总体积大 1.3%。从塑性、开裂区分布规律看,两支护情况相差不大。总体看来,两支护情况围岩塑性、开裂区分布规律基本相同。说明主厂房顶拱增加锚索支护后,只是对顶拱的破坏区分布略有改善,对其他部位影响不大。

(2)由于第一期开挖量相对较小,开挖完毕后,两支护方案洞室群基本未出现塑性区。第二期开挖完毕后,支护方案一主厂房顶拱塑性区有 2~5 m,局部达到 10 m。顶拱破坏较深处主要位于 f_7、L_{35}、f_8 号断层穿过处。主厂房上下游边墙塑性区在 2~3 m,局部达到 8 m。主变室顶拱在 Hf_8 号断层穿过处存在塑性区范围在 2 m 以内。尾调室顶拱表层存在局部塑性区,范围在 2 m 以内。支护方案二,由于主厂房顶拱的锚索作用,顶拱的破坏区有所减小。说明锚索有效地改善了洞室顶拱的稳定。

(3)第三期开挖完毕后,顶拱塑性区主要位于有断层穿过的部位,深度在 3~5 m。受 f_8 平行断层的影响,顶拱局部塑性区深度达到 10 m。主厂房上下游边岩锚梁部位,塑性区深度范围在 2~4.5 m。上下游边墙局部范围内有少量破坏区,深度在 2 m 以内。主变室顶拱塑性区在 2 m 范围内,局部达到 5.5 m。上下游边墙断层穿过处,局部表层进入塑性区,深度在 2 m 以内。尾闸室与尾调室洞室较小,出现局部沿断层分布的塑性区,深度在 2 m 以内,局部达到 4 m。整个洞室群呈现出塑性区沿断层分布的规律。支护方案二除了主厂房顶拱破坏稍小,其他部位破坏基本相同。

(4)第四期开挖完毕后,支护方案一主厂房顶拱出现少量回弹区,深度在 2 m 以内。主厂房上游边墙在断层 f_7 与 L_{35} 穿过的局部区域出现塑性区,深度在 5~9 m。局部断层穿过处出现拉裂区。主厂房下游边墙受主变室开挖影响,塑性区范围较大,深度基本在 10 m 范围内,局部深度达到 15 m。主变室顶拱受断层穿过的局部地带发生回弹,破坏区深度未进一步发展。主变室上游边墙局部破坏区范围在 2~5 m,主变室下游边墙局部破坏区范围在 2 m 以内。尾闸室顶拱及边墙在断层穿过的局部地带,破坏区深度在 2 m 以内。尾调室破坏区未进一步发展。支护方案二的破坏发展规律与支护方案一基本相同。

(5)随着开挖的进行,洞室群破坏区范围逐渐增大,尤其是在断层穿过及洞室交口的局部地带,塑性开裂区较大。第七期开挖后,主变洞、尾闸室、尾调室等 3 个小洞室及主厂房大部已开挖完毕,仅剩主厂房底部地区未开挖。该阶段,支护方案一主厂房顶拱受断层穿过处出现回弹。塑性区主要分布在断层穿过处,范围在 2~5 m。上游边墙塑性区主要集中在 f_7 与 L_{35} 断层穿过处,深度范围在 5~10 m,局部达到 15 m。拉裂区主要位于上游边墙与引水洞交口处,深度在 5 m 范围内。在断层穿过处、母线洞交口处等部位出现少量破坏区,范围在 10 m 内。主变室顶拱受断层穿过处单元出现回弹。顶拱塑性区范围不大,主要集中在断层穿过处,范围在 2~5 m。受主厂房开挖影响,主变室上游边墙塑性区较下游边墙稍大,破坏区在 2 m 以内。尾闸室顶部有局部塑性区分布,范围不大,深度在 2 m 以内。尾调室整体破坏范围较小,仅上游边墙及顶拱出现局部表层塑性区和拉裂区,深度范围在 2 m 以内。支护方案二的破坏区分布与支护方案一基本相同。

(6)第九期开挖完毕,支护方案一主厂房顶拱受断层穿过处继续出现回弹。塑性区主要分布在断层穿过处,范围在 2~5 m。上游边墙塑性区主要集中在 f_7 与 L_{35} 断层穿过处,深度范围在5~9 m,局部达到15 m。拉裂区范围较大,深度主要在2~5 m,局部达到10 m。下游边墙塑性区分布较广,深度范围在5~9 m。受母线洞开挖影响,在断层穿过处、母线洞交口处等部位出现破坏区,范围在15 m内。主变室顶拱受断层穿过处单元出现回弹。顶拱塑性区范围不大,主要集中在断层穿过处,范围在2 m以内。受主厂房开挖影响,主变室上游边墙出现破坏区较下游边墙稍大。主变室受多条断层穿过,上下游边墙破坏区分布较广。上游边墙破坏区深度在2~5 m,下游边墙破坏区在5~9 m。尾闸室顶部有局部塑性区分布,范围不大,深度在2 m以内。尾闸室上游边墙存在局部破坏,深度在2 m以内。尾调室整体破坏范围较小,仅上游边墙、下游边墙及顶拱出现局部表层塑性区和拉裂区,深度范围在2 m以内。尾水洞及引水洞洞室相对较小,仅在局部断层穿过处、洞室交口处出现局部塑性区,深度在2 m以内。支护方案二的破坏区分布与支护方案一基本相同,只是主厂房顶拱破坏有明显减小。说明主厂房顶拱增加锚索支护后,对改善主厂房顶拱的局部稳定有较大作用。

(7)根据3[#]机组段的主厂房M401-A5等11个多点位移计监测杆,及主变洞7个多点位移计监测杆的累积监测数据,运用松弛区预测理论,可以简要评估出松弛区的范围。如图7-127所示,M407-A5测杆的松弛区范围在5 m左右。将预测松弛区范围与数值计算塑性区在部分关键点进行比较,列入表7-27。

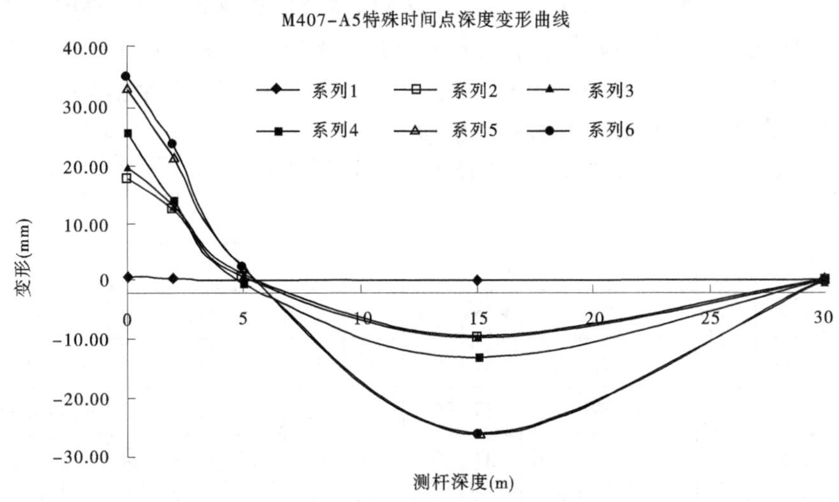

图7-127 运用监测数据松弛区预测理论评估的松弛区范围

从表7-127可见,预测松弛区与计算塑性区分布范围规律较吻合,相对深度较塑性区稍小,这与理论规律较吻合。通过将计算塑性区与监测数据预测的松弛区范围相比较,表明数值计算结果与工程实际情况比较吻合。说明整个洞室开挖后的破坏区范围相对较小,洞室围岩稳定状态较好。

综上所述,数值计算结果与工程实际情况较吻合。整个洞室群开挖过程及开挖完毕后,塑性范围主要分布在2~5 m范围,局部达到10 m以内,总的破坏范围较小。各洞室间塑性区并未贯穿,洞室间相互影响较小。开裂区主要集中在洞室交口、断层穿过的表层地带,开裂范围较小,深度在 2 m 以内。整个洞室群破坏受多条断层穿过影响较大,破坏区呈现出随断层分布的特征。开挖完毕后,洞室群的整体围岩稳定状态较好。说明洞室的锚固支护设计是合理的,施工开挖控制较好。

表 7-27　塑性区与松弛区对照表

部位	关键点	塑性区(m)	松弛区(m)	备注
主厂房	顶拱	5.0	4.2	
	上游边墙	9.7	8.0	断层穿过
	下游边墙	8.8	6.2	母线洞附近
主变洞	顶拱	4.2	4.8	断层穿过
	上游边墙	5.1	3.4	
	下游边墙	4.6	3.0	

7.6.1.3　洞室群整体分期开挖洞周应力分布规律

将两种支护情况的洞周应力变化列入表 7-28,得到以下结论:

(1)主厂房顶拱有无锚索支护,对主厂房及主变洞开挖后应力分布有所影响,对较远处的尾闸室及尾调室基本没有影响。从表 7-28 可以看出,两种情况在洞周围岩的应力分布总体上差别不大。两种支护情况,在主厂房顶拱部位应力存在较小差别,其他部位基本相同。第二期开挖完毕,两种情况的第三主应力有微小差别,其他各期基本相同。可见两种支护情况对洞室开挖围岩应力调整影响不大。

表 7-28　3[#]机组分期开挖洞周应力变化

分期			原岩应力		一		三		五		七		九		喷层(九)	
			σ_1	σ_3	σ_1	σ_3	σ_1	σ_3	σ_1	σ_3	σ_1	σ_3	σ_1	σ_3	σ_1	σ_3
主厂房	顶拱	无锚索	-25	-10	-23	-2	-25	1.2	-24	-1.0	-24	-1.0	-22	-1.0	-0.3	0.59
		有锚索			-21	-2.2	-22	-0.1	-23	-1.4	-24	-1.4	-24	-1.4	-0.3	0.4
	上游	无锚索	-28	-14	-58	-11	-34	-0.1	-24	-0.1	-24	-0.1	-22	-0.1	0.64	4.41
		有锚索			-56	-16	-34	-0.1	-24	-0.1	-24	-0.1	-24	-0.1	0.48	4.17
	下游	无锚索	-29	-14	-46	-10	-29	-2.7	-27	-0.1	-24	-0.1	-22	-0.1	0.05	1.30
		有锚索			-46	-10	-29	-1.4	-27	-0.1	-24	-0.1	-24	-0.1	0.11	1.08
主变洞	顶拱	无锚索	-25	-11			-20	-0.1	-24	-1.4	-24	-1.4	-26	-1.4	-0.7	0.35
		有锚索					-20	-0.1	-24	-1.4	-24	-1.4	-24	-1.4	-0.6	0.36
	上游	无锚索	-27	-13			-68	-13	-33	-3.9	-21	-0.1	-19	-0.1	0.45	3.93
		有锚索					-68	13	-33	-3.9	-21	-0.1	-21	0.1	0.48	3.7
	下游	无锚索	-29	-14			-59	-17	-33	-2.6	-27	-0.1	-29	-0.1	-0.1	1.78
		有锚索					-59	-12	-33	-2.6	-27	-0.1	-27	-0.1	-0.1	1.79

(2)两种支护方案,在开挖过程中,洞室顶拱的应力基本上都是随着开挖切向应力增大,径向应力减小,洞室边墙的应力都是随着开挖而减小。说明开挖过程中,洞室之间相互影响导致边墙的应力扰动较大,顶拱扰动相对较小。

(3)采用支护方案一,第九期开挖完毕后,整个洞周径向应力主要为压应力,分布在-0.08~-1.36 MPa,变化幅度不大。整个洞周切向应力基本为压应力,分布在-19.0~-28.7 MPa,与原始地应力相差不大。采用支护方案二,第九期开挖完毕后,整个洞周应力分布规律与支护方案一相同,但拱座等局部应力集中程度比较小,由于洞室顶拱处增加了锚索支护,应力偏张量有所减小。可见两种支护情况都能较好地改善洞周围岩的应力状态,支护方案二的应力状态稍优。

(4)从应力等值线分布图 7-128~图 7-131 可以看出:两种支护情况下洞周的应力等值线变化规律基本相同,在洞室的拱端和底角以及洞室交口处梯度变化较大,说明在该处应力集中较大。说明两种支护方案的应力总体分布规律基本相同。

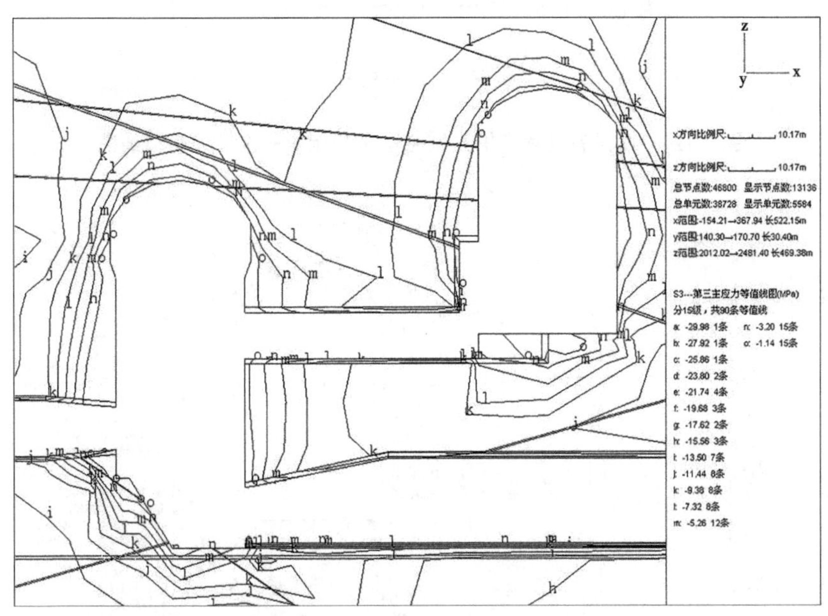

图 7-128 顶拱有锚索支护开挖完毕 3# 机组第三主应力等值线图

(5)从应力矢量分布图 7-132~图 7-135 可以看出:两支护情况矢量图基本相同。主厂房和主变洞的径向应力矢量基本上指向洞内,切向应力与洞周平行,调压室的应力矢量受圆形洞室结构尺寸影响较大,切向应力基本上为圆周向。在主厂房底部和调压室底部和引水洞、母线洞、尾水管等交口处产生了明显的应力集中。在洞室开挖过程中,部分洞室交口处出现了局部塌方等现象,主要是洞周围岩局部应力集中造成的。可见,数值计算结果与实际工程情况较吻合。

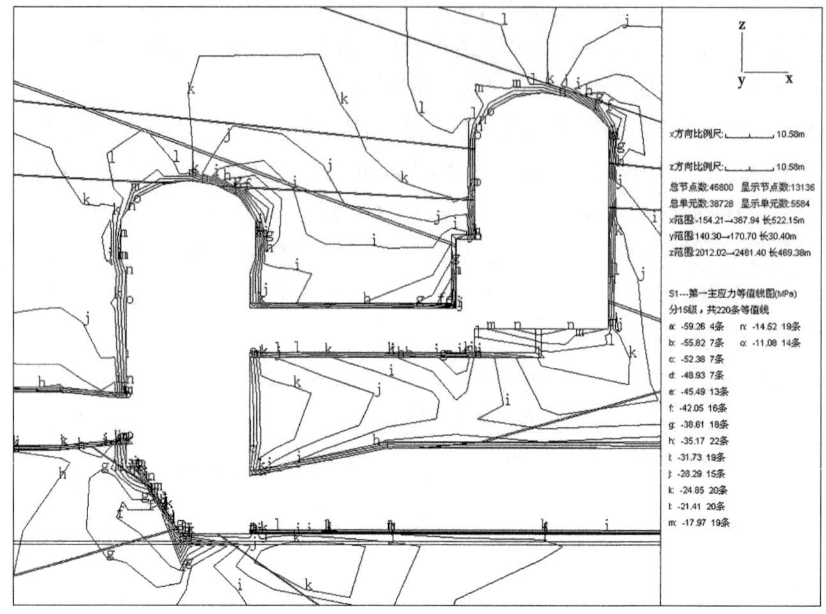

图 7-129　顶拱有锚索支护开挖完毕 3#机组第一主应力等值线图

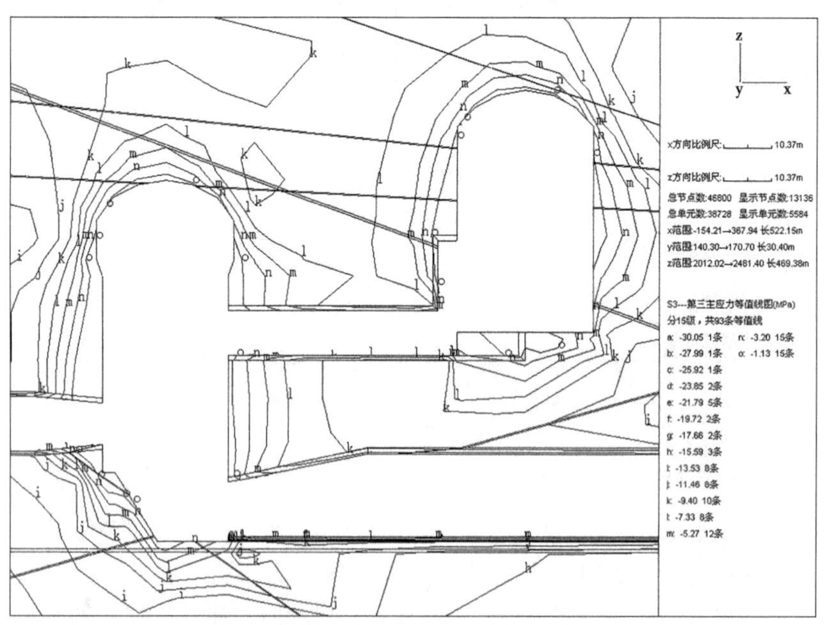

图 7-130　顶拱无锚索支护开挖完毕 3#机组第三主应力等值线图

综上可见，开挖完毕后，洞周围岩应力调整均匀，拉压应力基本在材料允许强度内，洞室围岩稳定。局部洞室交口处有应力集中现象，在实际洞室开挖中也出现了局部塌方与计算结果中的应力集中情况较吻合，说明分析计算较好地反映了工程施工的实际情况。

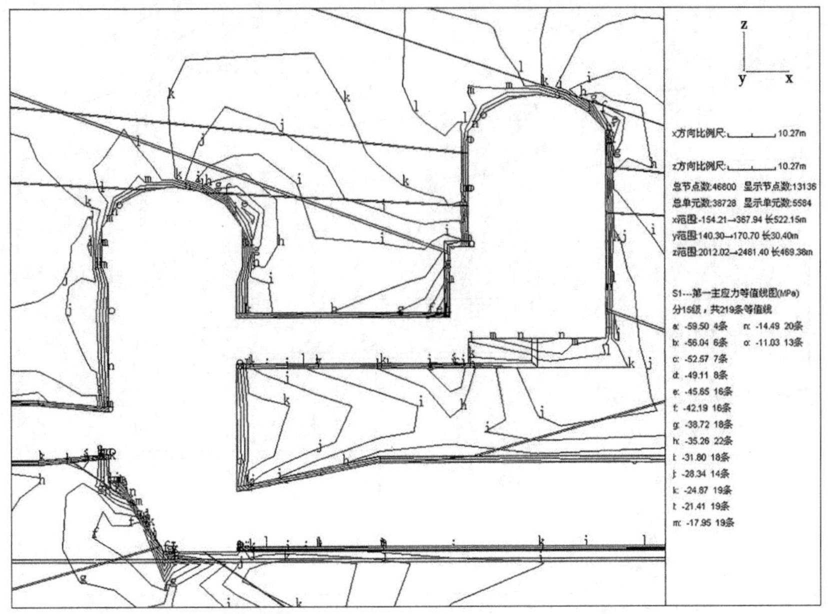

图 7-131 顶拱无锚索支护开挖完毕 3#机组第一主应力等值线图

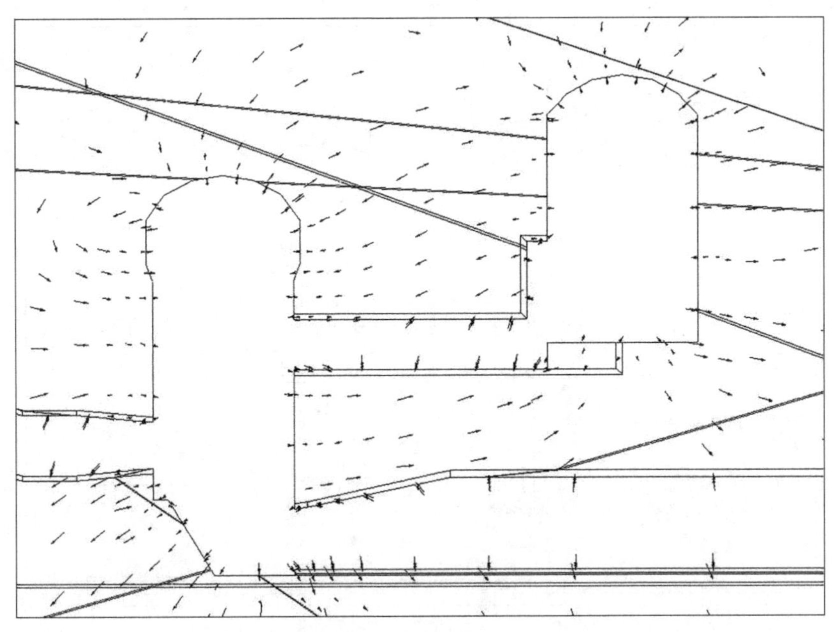

图 7-132 顶拱有锚索支护开挖完毕 3#机组第三主应力矢量图

7.6.1.4 洞室群整体分期开挖洞周喷层应力分布规律

(1)支护方案一(主厂房顶拱无锚索支护)第一期开挖完毕后,主厂房顶拱喷层的最大拉应力为 0.01 MPa。随着开挖的深入,顶拱喷层应力有所增加,最终达到 0.59 MPa。主厂房洞室顶拱喷层的压应力均不大,随着开挖不断深入略有增加,主厂房从开挖的 -0.01 MPa 增至 -0.39 MPa。支护方案二(顶拱有锚索支护)顶拱的喷层应力分布规律与

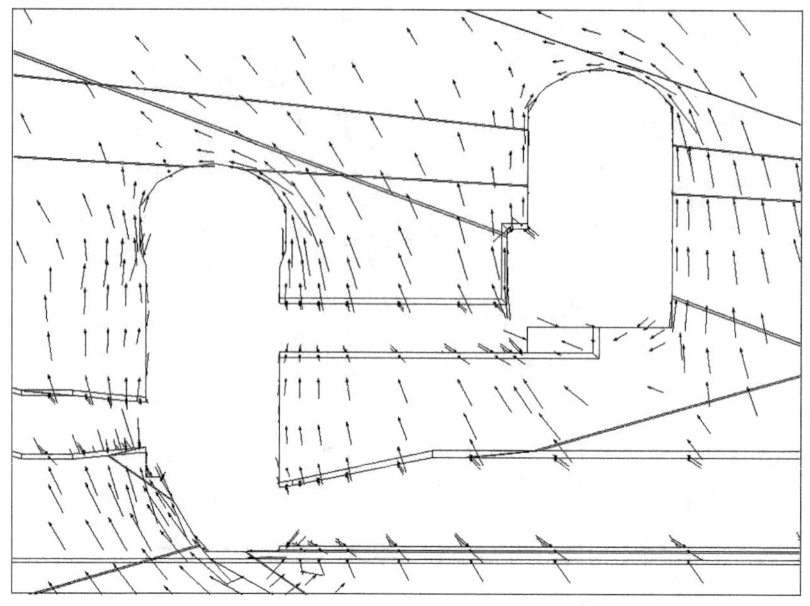

图 7-133　顶拱有锚索支护开挖完毕 3#机组第一主应力矢量图

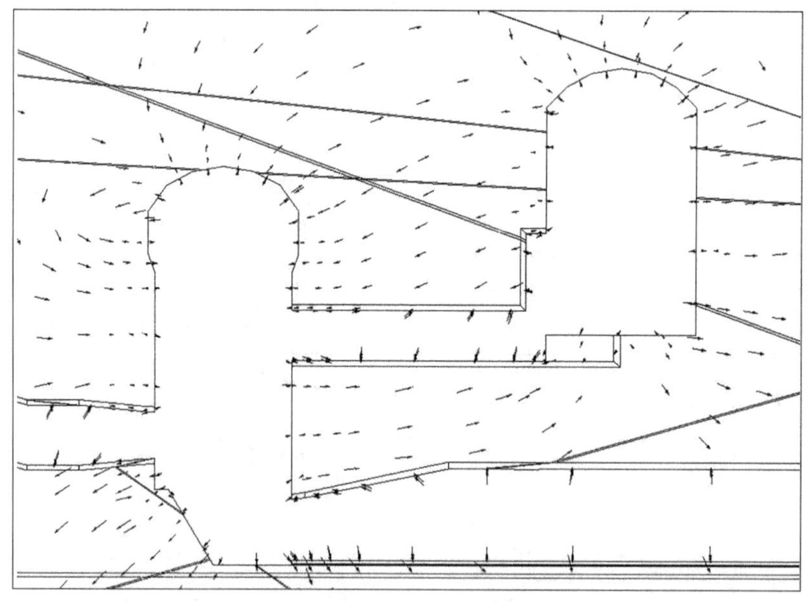

图 7-134　顶拱无锚索支护开挖完毕 3#机组第三主应力矢量图

无锚索支护方案一基本相同,应力量级相当。

(2)支护方案一洞室开挖完毕后,主厂房和主变洞顶拱的喷层应力均不大,拉应力值一般在 0.35~0.59 MPa,但在洞室交口处拉应力值都较大,最大拉应力值达到 3.93~4.71 MPa;洞室边墙的压应力均不大,一般在-0.08~ -0.73 MPa,在洞室交口处有应力集中现象。支护方案二边墙的喷层应力分布及量级与支护方案一基本相同。

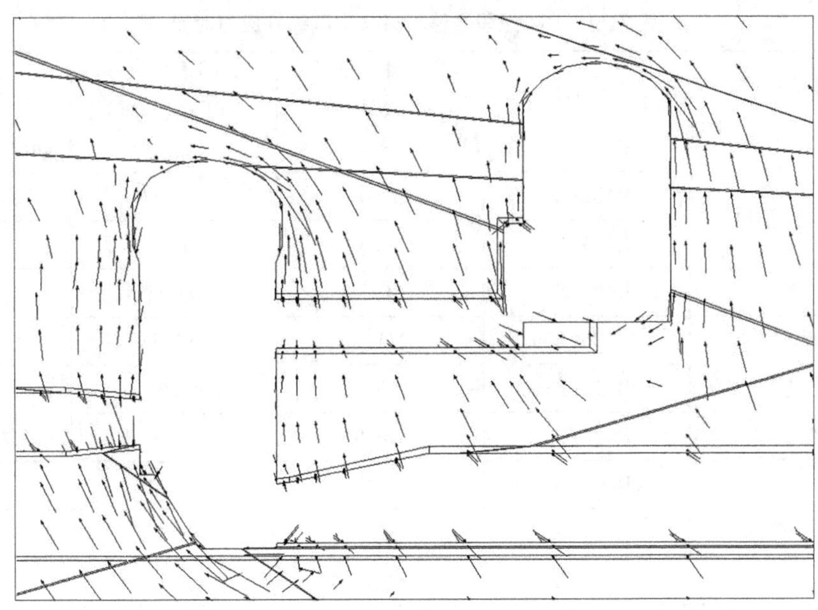

图 7-135　顶拱无锚索支护开挖完毕 3#机组第一主应力矢量图

(3)两支护情况沿洞室纵轴线方向喷层的应力大小变化均不大,矢量分布也较均匀。喷层的径向应力均为拉应力,切向应力基本为压应力。从应力矢量分布图看,在洞室交口处有明显的应力集中,其他部位应力矢量分布相对较均匀,量值较小。

(4)两种支护情况下,洞室喷层应力一般部位均不大,矢量分布规律较合理,但在洞室交口局部应力矢量较大,第一主应力基本为切向,第三主应力基本为径向。说明喷层支护结构受力总体是合理的,在洞室交口应力集中较大,采用锁口支护是合理的。

7.6.1.5　洞室群整体分期开挖洞周锚杆、锚索应力分布规律

(1)第一期开挖完毕,两种支护方案主厂房顶拱的锚杆应力基本相同,基本分布在 10~40 MPa,无锚索支护方案一情况下锚杆应力略大。说明第一期开挖主厂房顶拱的锚索还没有发挥较大作用。

(2)第二期开挖完毕,主厂房顶拱有锚索支护方案二的顶拱锚杆应力较顶拱无锚索支护方案一情况下小 3~5 MPa。说明由于顶拱锚索承担了一部分围岩荷载,使得锚杆应力有所减小。在开挖过程中,顶拱和边墙的锚杆应力随着开挖增加。第九期开挖完毕两种支护情况下,锚杆、锚索应力相差微小,处于同一量级,分布规律相同,计算的锚杆应力量值大部分分布在 30~100 MPa,少数锚杆超过 200 MPa。可见,顶拱有无锚索对整体锚杆、锚索受力影响不大,锚杆受力也较合理。将支护方案一锚杆的计算应力与实际监测数据进行比较,可以看出计算应力与实测应力也较为接近,说明计算成果较为合理。

(3)采用支护方案一,主厂房洞室开挖后,顶拱锚杆的最大应力为 38.4 MPa。在开挖过程中,锚杆的应力有增有减,但总的变幅不大,主厂房顶拱最后的最大应力值为 66.3 MPa。从表 7-29 施工锚杆应力计监测数据看,3#机组段顶拱 4 个锚杆监测点实测锚杆应力基本在 30~40 MPa,与数值计算结果规律、量值基本吻合。

表 7-29 3#机组段数值计算与实测锚杆应力对照

部位		仪器名称	数值计算锚杆应力(MPa)	实测锚杆应力(MPa)(1#点)	备注
主厂房	顶拱	R401-B3	38.4	149.14	局部块体影响
		R402-B3	51.4	126.58	局部块体影响
		R403-B3	30.3	31.66	
		R404-B3	66.3	66.58	
	上游边墙	R406-B3	221.6	183.44	
		R412-B3	165.4	61.01	
		R414-B3	316.9	42.3	局部块体影响
	下游边墙	R405-B3	87.7	41.12	
		R411-B3	83.3	73.97	
		R413-B3	65.0	62.87	
主变室	顶拱	R401-ZB3	83.4	94.67	
		R402-ZB3	92.7	112.32	
		R403-ZB3	57.4	49.38	
	上游边墙	R404-ZB3	140.1	145.73	
		R406-ZB3	148.0	124.74	
		R408-ZB3	65.2	67.65	
	下游边墙	R405-ZB3	107.6	97.76	
		R407-ZB3	39.4	42.7	
		R409-ZB3	117.5	123.14	

(4)主厂房洞室边墙的锚杆应力分布不均匀,一般在100~200 MPa,3#机组段上游边墙由于受多条断层穿过的切割作用,锚杆应力较大,到达300 MPa以上,应注意在断层等地质缺陷处增强局部支护。主厂房下游边墙的锚杆平均应力较上游边墙小,基本在100~150 MPa。从表7-29实际监测锚杆应力看,锚杆应力分布规律、量值与数值计算基本吻合。整个洞室支护应力均未达到材料屈服强度,支护满足要求,能确保主厂房洞室稳定。

(5)主变洞受多条断层穿过影响,锚杆应力分布规律及量值与主厂房基本相同,顶拱应力在60 MPa左右,局部达到130 MPa。上游边墙锚杆应力80~250 MPa,局部洞室交口处达到305 MPa。下游边墙锚杆应力在30~150 MPa,局部边墙中部受断层穿过处应力达到200 MPa。从表7-29看,由于局部围岩节理裂隙情况、数值计算误差及锚杆应力监测误差等,造成实测锚杆应力与计算锚杆应力有稍许差别,但规律及量级基本吻合,可见数值计算结果与实际工程情况较符合。整个主变洞锚杆应力均未达到屈服强度,支护满足要求,能确保主变室稳定。

(6)尾闸室洞室较小,锚杆应力基本在100~200 MPa以内,均未达到屈服强度,满足要求。调压室顶拱增设锚索后锚杆应力基本上没有变化,顶拱锚杆应力主要在60~120 MPa内。调压室两侧边墙锚杆应力在100~160 MPa,局部达到200 MPa,满足支护要求,能确保洞室稳定。尾水洞及引水洞洞室较小,开挖完毕锚杆应力在50~100 MPa,局部断层穿过处应力达到150 MPa。

(7)主厂房、主变洞边墙、尾调室顶拱的锚索应力随着开挖略有所增加,到第九期洞室开挖完毕,主厂房上游边墙锚索受力在1 100~1 300 MPa,3#机组高边墙中部受断层穿过处达到1 495 MPa。主厂房下游边墙锚索受力在1 100~1 200 MPa。主变室上、下游边墙锚索受力在1 100~1 200 MPa。尾调室顶拱锚索受力在1 100~1 150 MPa。总体来看,洞室开挖完毕后,锚索基本上达到设计强度的60%~75%,留有一定安全余地的情况下,能确保洞室稳定。

由上可以看出,数值计算结果与洞室开挖情况较吻合。洞室开挖完毕后,锚杆、锚索等支护受力合理,在保证洞室安全的前提下,留有一定的余地。可见,锚固支护措施基本能确保洞室群稳定。

7.6.1.6 洞室群整体分期开挖洞周位移变化规律

分期开挖洞周最大位移值列入表7-30,可以看出:

(1)两种支护第一期开挖后,主厂房洞室顶拱位移基本相同,都分布在9~20 mm。支护方案二第五期开挖完毕,主厂房顶拱位移值较支护方案一小10 mm左右,说明由于顶拱锚索承担了一部分围岩荷载,限制了围岩变形。在开挖过程中,洞室顶拱和边墙的位移都随着开挖而增加。第九期开挖完毕两种支护情况下,整个洞室群变形规律及量级基本相同,变形基本控制在20~50 mm。可见,顶拱有无锚索对洞周围岩变形影响不大。整个洞室的变形都在可控制范围,与实际监测数据进行比较也较为接近。

(2)采用支护方案一主厂房第一期开挖后,顶拱围岩变形最大达到21.4 mm。随着开挖的进行,顶拱变形逐渐增加,洞室开挖完毕主厂房顶拱最大位移达到51.2 mm。可以看出洞室顶拱受断层的影响,变形相对较大,对洞室顶拱加强支护是合理的。主厂房上游边墙位移值在40 mm左右,最大位于引水管与主厂房交口处,达到50.5 mm。主厂房下游边墙位移基本在40 mm左右。主厂房边墙总体位移较小,在洞室交口处、断层穿过处有局部变形较大,控制在50 mm左右。采用支护方案二除了主厂房顶拱位移有所减小外,其他部位的变形与支护方案一基本相同。

(3)采用支护方案一主变室整体变形规律与主厂房相似,但洞室较小,位移量值较主厂房较小。洞室开挖完毕,主变室顶拱位移在40 mm左右,最大达到44.3 mm。上游边墙围岩变形基本在40 mm左右,局部断层穿过处位移达到47.3 mm。下游边墙围岩变形基本在30 mm左右,在边墙中部位移达到最大值30.6 mm。尾闸室与尾调室洞室较小,洞室开挖完毕,尾闸室洞周围岩变形在20 mm左右。尾调室洞周围岩变形在20 mm左右,局部边墙受断层穿过影响,位移达到25.8 mm。支护方案二的主变室、尾闸室、尾调室的变形规律和量值与支护方案一基本相同。

表 7-30 分期开挖洞周位移变化值 （单位：mm）

分期		一		三		五		七		九	
		顶拱有锚索	顶拱无锚索	顶拱有锚索	顶拱无锚索	顶拱有锚索	顶拱无锚索	顶拱有锚索	顶拱无锚索	顶拱有锚索	顶拱无锚索
主厂房	顶拱	19.3	20.2	23.7	29.4	28.2	39.7	33.0	50.4	33.5	51.2
	上游边墙	4.3	4.0	10.2	11.3	24.3	27.3	29.7	36.5	35.0	37.4
	下游边墙	8.8	8.4	16.7	21.1	26.1	29.9	32.9	36.4	41.3	39.1
主变洞	顶拱			23.9	25.2	29.0	34.1	34.7	43.2	35.4	44.3
	上游边墙			3.5	2.6	20.2	23.7	28.5	44.9	40.5	47.3
	下游边墙			7.1	6.5	15.6	15.4	26.3	28.4	27.2	30.6
尾调室	顶拱			14.5	15.6	19.4	20.9	21.5	24.6	21.7	24.9
	上游边墙			3.3	4.7	9.9	11.0	14.0	16.2	14.2	16.5
	下游边墙			7.6	11.3	11.1	11.1	27.6	27.2	26.1	25.8

(4)从洞室开挖位移矢量分布图可以看出，两种支护情况下，洞室位移趋势基本相同。整个洞室位移矢量分布正常，都是主厂房洞室中下部和洞室交口处的位移矢量较大，说明母线洞对洞室变形影响较大。

(5)将多点位移计监测值进行筛选、消糙处理后，考虑损失位移，与数值计算围岩洞周位移进行比较。监测数据主厂房顶拱位移值在 30~50 mm 范围内，上游边墙在 20~50 mm 范围内，下游边墙在 30~45 mm 范围内。与洞室开挖完毕 3#机组段洞周围岩变形计算值比较，两者基本处于同一范围。可见，数值计算结果与实际工程情况较吻合，洞室围岩变形相对较小，洞室围岩稳定。

综上所述，洞室开挖完毕后整个洞室群的洞周围岩变形基本在 50 mm 以内，相比较同规模洞室，变形较小，洞室围岩稳定。

7.6.2 不同调压井布置形式分析比较

为了分析圆形调压井与长廊形调压井两种布置形式的优劣，现对两种洞室进行三维弹塑性有限元毛洞开挖计算。

圆形调压井有限元模型：根据圆形调压井布置形式，取 2#调压井建模计算。三维有限元计算模型包括圆形调压井、尾闸室、尾水管等，共剖分了 94 040 个空间等参单元。计算坐标与三维初始地应力场反演计算坐标一致，X 轴的方位角为 115°，与厂房纵轴线垂直，指向下游为正；Y 轴的方位角为 25°，与厂房纵轴线重合，指向左端墙为正；Z 轴与大地坐标重合，坐标原点位于厂房纵轴线与 8#机组中心线的交点。单元网格剖分见图 7-136，开挖模型见图 7-137。

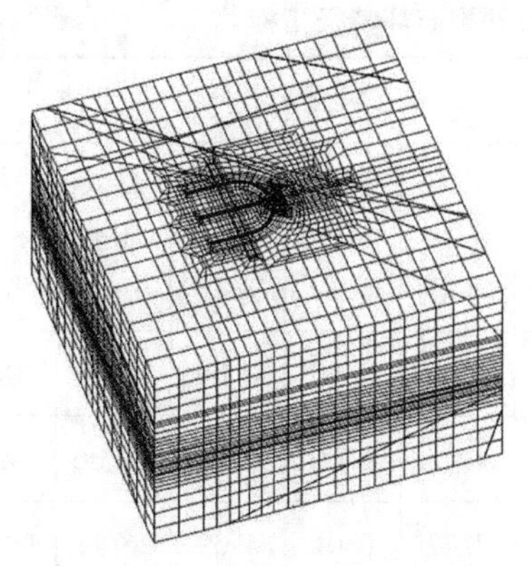

图 7-136 圆形调压井三维有限元模型网格图

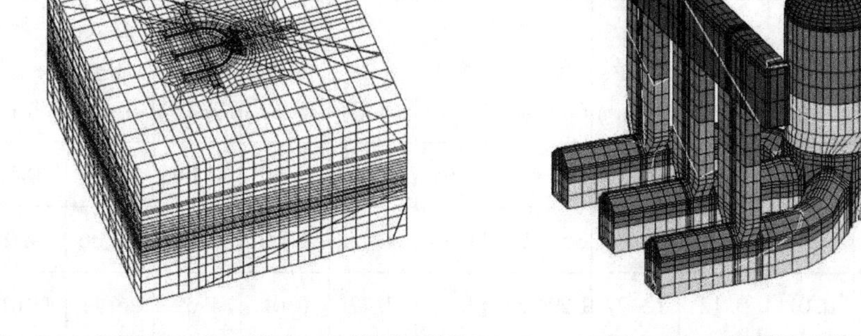

图 7-137 圆形调压井开挖模型图

长廊形调压井有限元模型：根据长廊形调压井布置形式，取 2# 调压井建模计算。三维有限元计算模型包括长廊形调压井、尾水管等，共剖分了 113 088 个空间等参单元。计算坐标与三维初始地应力场反演计算坐标一致，X 轴的方位角为 115°，与厂房纵轴线垂直，指向下游为正；Y 轴的方位角为 25°，与厂房纵轴线重合，指向左端墙为正；Z 轴与大地坐标重合，坐标原点位于厂房纵轴线与 8# 机组中心线的交点。单元网格剖分见图 7-138，开挖模型见图 7-139。

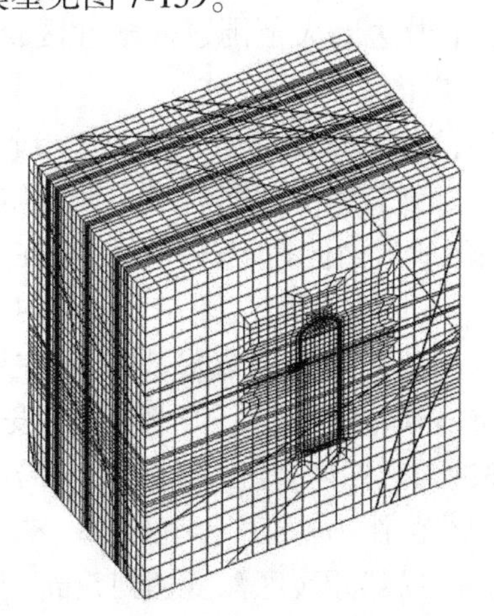

图 7-138 长廊形调压井三维有限元模型网格图

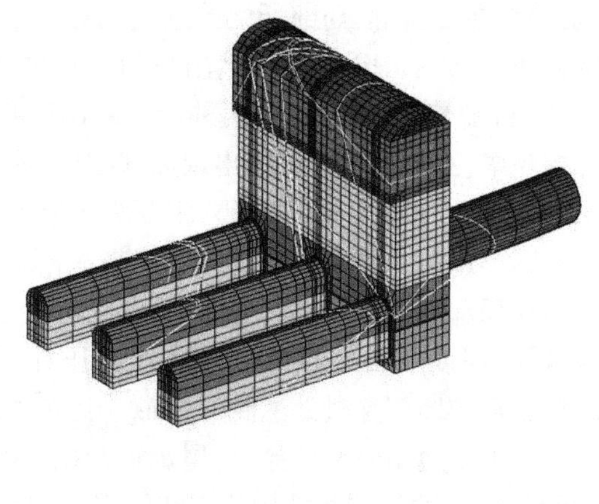

图 7-139 长廊形调压井开挖模型图

两模型计算地应力均采用反演地应力。

围岩材料参数及断层情况，根据整体模型计算取值。

7.6.2.1 不同调压井布置形式围岩破坏区的分布规律

将两种不同调压井形式的围岩破坏指标列入表 7-31，有以下几个特点：

(1)第一级开挖完毕，圆形调压井模型仅在尾闸室、尾水管等局部区域出现表层塑性、开裂区，深度范围在 1 m 以内。调压井圆形顶拱基本没破坏。长廊形调压井顶拱出现局部塑性、开裂区。尾水管表层基本进入开裂区，深度范围在 0.5 m 以内。总体来看，长廊形调压井的破坏区分布范围较圆形调压井广。

表 7-31 不同调压井形式围岩塑性、开裂破坏特征指标

分期	圆形调压井						长廊形调压井					
	塑性体积(万 m^3)	开裂体积(万 m^3)	回弹体积(万 m^3)	压裂体积(万 m^3)	总破坏量(万 m^3)	耗散能量(万 t · m)	塑性体积(万 m^3)	开裂体积(万 m^3)	回弹体积(万 m^3)	压裂体积(万 m^3)	总破坏量(万 m^3)	耗散能量(万 t · m)
1	1.57	0.63	0.00	0.00	2.20	40.63	2.34	1.41	0.00	0.00	3.74	184.08
2	5.81	0.84	0.00	0.01	6.66	359.27	11.25	1.75	0.00	0.05	13.06	1 678.33
3	11.07	1.77	0.01	0.12	12.97	1 293.37	13.99	7.73	0.01	4.39	26.11	4 161.30
4	12.47	3.30	0.00	1.58	17.35	2 303.58	20.15	12.33	0.00	6.80	39.29	7 581.07
5	13.41	2.60	0.00	2.90	18.91	3 559.24	55.14	10.92	0.00	8.20	74.26	18 070.86

(2)第二级开挖完毕,圆形调压井尾闸室拱座、闸门通道与闸室交口处等部位出现塑性区,深度范围在 2 m 以内。调压井圆形顶拱中心出现局部塑性区,深度范围在 6 m 以内。尾水管出现局部塑性、开裂区,均为表层破坏。长廊形调压井顶拱基本全部进入塑性区,深度在 2~4 m,局部断层穿过处,达到 15 m。上下游边墙大范围进入塑性区,深度范围在 2~3.5 m。尾水管表层全部破坏,深度在 0.5 m 以内。

(3)随着开挖的进行,两种形式的调压井的破坏范围及深度都进一步增加,到第五期开挖完毕,圆形调压井洞周出现局部破坏,深度较浅。闸室部位破坏与第一期基本相同,未进一步扩展,破坏范围较小,主要为表层破坏。闸门通道两侧边墙破坏区深度在 2 m 以内。圆形调压井顶拱破坏与第二期基本相同,未进一步发展,深度范围在 6 m 以内。圆筒壁出现局部塑性、开裂区,为表层破坏,深度在 3 m 以内。尾水管出现局部破坏,主要为表层破坏,深度在 1 m 以内。长廊形调压井顶拱基本全部进入塑性、开裂区,深度在 1~2.5 m,局部断层穿过处达到 4.5 m。上游边墙局部进入塑性区,深度在 3~5 m,局部达到 11 m。下游边墙受断层穿过,尾水管开挖影响,破坏区范围分布较广,深度在 3~8 m,局部达到 28 m。两侧端墙破坏范围亦较广,深度在 2~5 m,局部开裂区深度达到 5 m。进水管及尾水管破坏区范围分布较广,主要为表层破坏,深度在 1~2 m。

(4)从表 7-31 可以看出,长廊形调压井总体破坏范围比圆形调压井大 292%,耗散能大 400%。开挖完毕后,长廊形调压井的破坏范围较圆形调压井大很多,主要原因是长廊形调压井的洞室开挖体积较圆形调压井大。

综上可见,圆形调压井破坏区范围及深度均比长廊形调压井小,选择圆形调压井结构是合理的。

7.6.2.2 不同调压井布置形式围岩应力的分布规律

将圆形与长廊形调压井布置形式开挖完成后的围岩应力列入表 7-32,有以下几个特点。

表 7-32 圆形与长廊形调压井分期开挖洞周应力变化 (单位:MPa)

分期			原岩应力		一		二		三		四		五	
			σ_1	σ_3	σ_1	σ_3	σ_1	σ_3	σ_1	σ_3	σ_1	σ_3	σ_1	σ_3
调压井	顶拱	圆形	-33.9	-17.7	-31.2	-9.34	-31.36	-7.08	-31.1	-6.88	-30.08	-7.22	-31.7	-7.56
		长廊形	-37.5	-18.6	-26.6	-4.87	-35.5	-1.80	-35.6	-1.72	-35.85	-1.78	-40.4	-1.78
	上游边墙	圆形	-35.4	-18.7			-39.7	-7.08	-43.3	-4.57	-42.34	-4.93	-41.02	-5.32
		长廊形	-38.3	-20.1			-35.5	-1.80	-35.6	-1.72	-35.85	-1.78	-27.8	-3.12
	下游边墙	圆形	-38.3	-19.7			-48.0	-8.02	-50.7	-5.72	-50.5	-6.07	-53.5	-5.32
		长廊形	-41.4	-21.6			-35.5	-0.43	-35.6	-1.72	-31.65	-1.78	-32.01	-4.47

(1)随着开挖进行,洞周应力进行局部调整,在洞室交口及轮廓拐角处出现局部应力集中情况。到第五期开挖完毕,圆形调压井洞周径向应力主要为压应力,在-5~-8 MPa,洞室交口、断层穿过等部位存在局部拉应力。整个洞周切向应力主要为压应力,分布在-30~-50 MPa,较原始地应力有少许升高。长廊形调压井洞周径向应力主要为压应力,在-1~-4 MPa;在洞室交口、断层穿过等部位存在局部拉应力,量值很小。整个洞周切向应力主要为压应力,在-30~-40 MPa,与原始地应力相比有升有降。总体来看,圆形调压井洞室受力条件明显优于长廊形调压井洞室。

(2)从应力矢量分布图可看出:圆形调压井切向应力基本上为圆周向,径向应力矢量基本上指向洞内。长廊形的切向应力与洞周平行,径向应力基本指向洞内。两种调压井方案均在洞室交口处有应力集中现象。

(3)从应力等值线分布图可以看出:两洞室等值线均体现出洞周等值线梯度较大的规律,在洞室的拱端和底角以及洞室交口处梯度变化较大,说明在该处应力集中较大。

综上可见,圆形调压井的受力条件较长廊形调压井好。选择圆形调压井较优。

7.6.2.3 不同调压井布置形式围岩位移的分布规律

将不同调压井布置形式开挖完成后的围岩位移列入表 7-33,有以下几个特点。

表 7-33 圆形与长廊形调压井分期开挖洞周位移变化值 (单位:mm)

分期		一		二		三		四		五	
		圆形	长廊形	圆形	长廊形	圆形	长廊形	圆形	长廊形	圆形	长廊形
调压井	顶拱	15.8	20.6	19.5	27.9	19.7	31.5	21.4	35.6	21.5	37.3
	上游边墙			9.4	24.1	12.4	35.5	16.7	41.5	19.1	79
	下游边墙			17.9	25.5	22.0	32.7	22.4	34.0	23.7	63.7

(1)从表 7-33 可见,洞室开挖完毕后,长廊形调压井在顶拱、上游边墙、下游边墙等部位的围岩变形均比圆形调压井大,整体洞室变形,长廊形比圆形大 50%左右。

(2)开挖完毕后,从洞室位移矢量图 7-140、图 7-141 可以看出,两洞室均是向内变形。在洞室交口地带位移矢量较大。

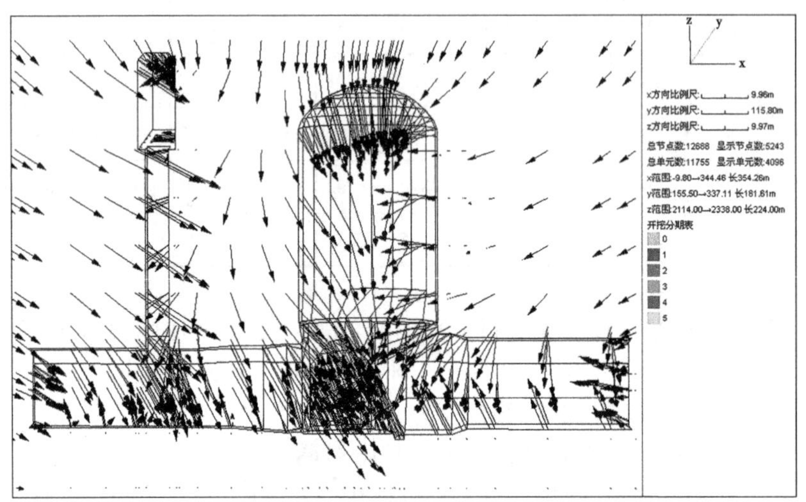

图 7-140 圆形调压井开挖完毕位移矢量图

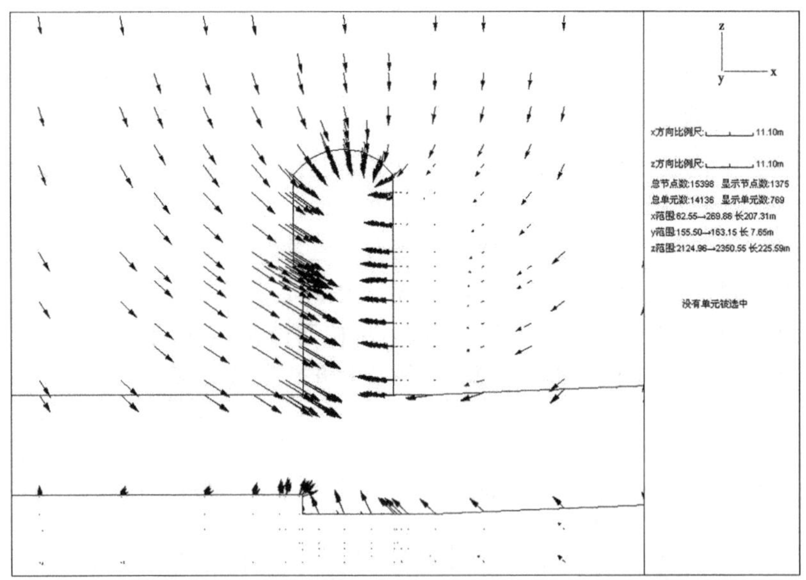

图 7-141 长廊形调压井开挖完毕位移矢量图

(3)从位移等值线图 7-142、图 7-143 看出,圆形洞室等值线分布均匀,梯度较小。长廊形洞室在拐角、洞室交口等部位等值线较密,梯度大。

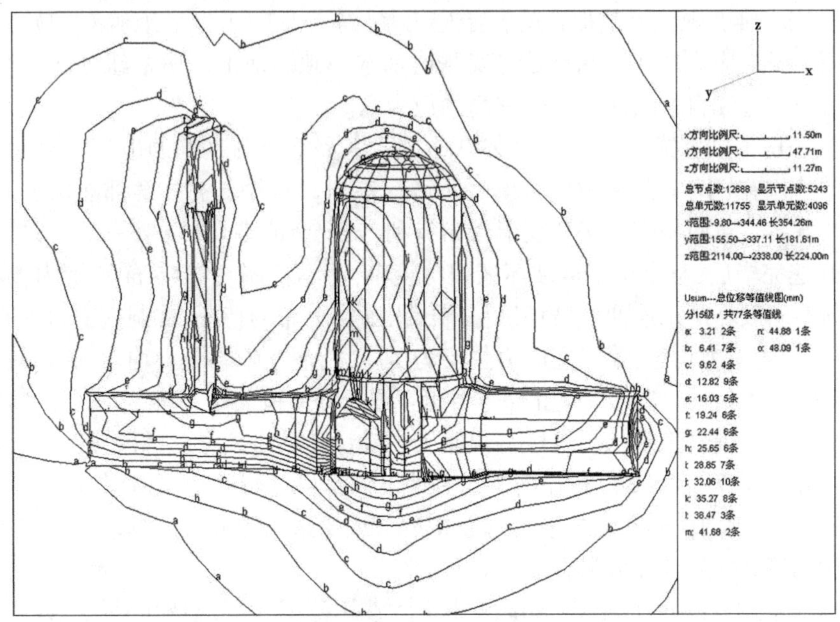

图 7-142 地下圆形调压井开挖完毕位移等值线图

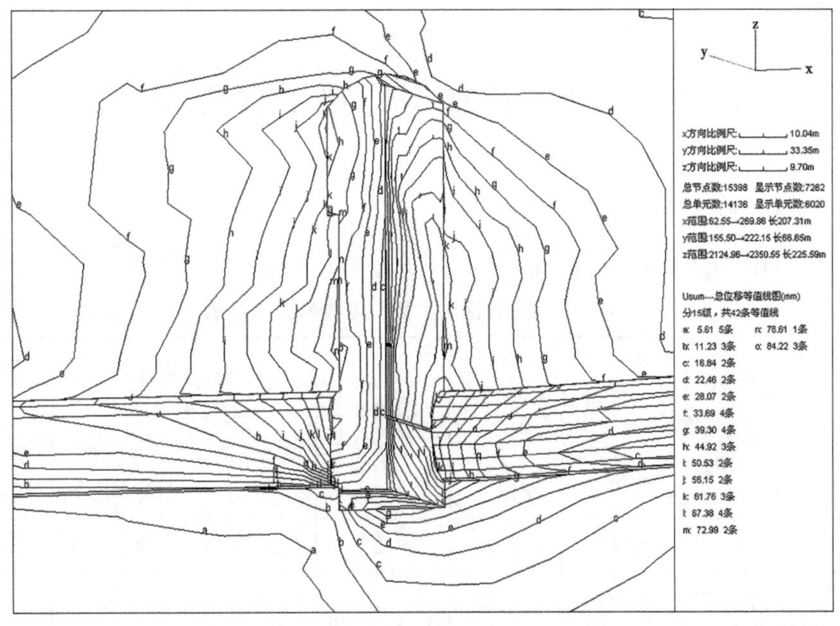

图 7-143 地下长廊形调压井开挖完毕位移等值线图

综上可见,圆形洞室开挖围岩变形较长廊形调压井小。选择圆形调压井较优。

7.6.3 围岩稳定多维控制关键技术应用成果及建议

(1)采用三维有限元反演拟合的初始应力场,综合反映了地形地貌对初始应力场的影响,保证了反演应力场在实测点处与实测值基本一致。地下厂房枢纽处是一个以构造应力为主,由构造和自重组成的中等偏高的应力场。

(2)主厂房顶拱有锚索与无锚索支护对主厂房及整个洞室群的破坏区、应力、变形、支护受力等影响微小,只是在主厂房顶拱处略有差别。两种支护方案都能保证洞室围岩稳定,支护方案二对限制主厂房顶变形较为有利,安全余地略大于方案一。

(3)开挖完毕后,整个洞室群破坏区相对较小,基本控制在 2~5 m 范围内,局部达到 10 m,各洞室间破坏区未连通。破坏区呈现出沿断层分布的特征,在洞室交口处有局部拉裂区。洞周围岩应力均匀,第三主应力主要为压应力;洞室喷层受力均匀,破坏较少;洞室锚杆、锚索受力均匀、合理,有一定的安全余度;整个洞室围岩变形相对较小,没有出现突变现象,整个洞室围岩稳定状况较好。说明支护设计参数合理,施工开挖控制较好。

(4)根据实际的支护参数和开挖方式对地下洞室群进行开挖模拟,其计算位移、锚杆应力与实际监测洞周位移和锚杆应力都较接近。说明采用的分析计算理论和方法较好地反映了工程实际情况,计算成果合理。

(5)通过毛洞开挖对比,长廊形调压井总体破坏范围比圆形调压井大 292%,位移大 50%左右。说明圆形调压井受力条件较长廊形调压井好,圆形调压井明显优于长廊形调压井。

7.7 乌弄龙地下厂房工程应用

7.7.1 围岩及断层物理力学参数取值

各类围岩力学参数如表 7-34 所示。

表 7-34 洞室群围岩主要力学参数建议值表

<table>
<tr><th colspan="2" rowspan="2">岩体级别</th><th rowspan="2">岩石饱和抗压强度(MPa)</th><th colspan="2">模量值(GPa)</th><th rowspan="2">泊松比 μ</th><th colspan="2">岩体/岩体抗剪(断)强度</th><th rowspan="2">单位弹性抗力系数 K_0 (MPa/cm)</th></tr>
<tr><th>变模 E_0</th><th>弹模 E_s</th><th>f'</th><th>C'(MPa)</th></tr>
<tr><td colspan="2">Ⅱ</td><td>100~70</td><td>18~15</td><td>25~20</td><td>0.25</td><td>1.20~1.10</td><td>1.50~1.30</td><td>80~100</td></tr>
<tr><td rowspan="2">Ⅲ</td><td>$Ⅲ_1$</td><td>70~50</td><td>15~10</td><td>20~15</td><td rowspan="2">0.25~0.30</td><td>1.10~1.00</td><td>1.30~1.00</td><td>40~50</td></tr>
<tr><td>$Ⅲ_2$</td><td>50~40</td><td>10~5</td><td>15~8</td><td>0.90~0.80</td><td>0.70~0.60</td><td>30~50</td></tr>
<tr><td rowspan="2">Ⅳ</td><td>$Ⅳ_1$</td><td>35~30</td><td>5~4</td><td>8~6</td><td rowspan="2">0.30~0.35</td><td>0.70~0.60</td><td>0.40~0.30</td><td>20~25</td></tr>
<tr><td>$Ⅳ_2$</td><td>30~20</td><td>4~3</td><td>6~5</td><td>0.60~0.50</td><td>0.30~0.20</td><td>10~20</td></tr>
</table>

各类结构面的力学参数建议值见表 7-35。

表 7-35　工程区断裂结构面力学参数建议值

<table>
<tr><th rowspan="2">序号</th><th rowspan="2" colspan="2">结构面类型</th><th colspan="2">抗剪断</th><th>抗剪</th></tr>
<tr><th>f'</th><th>C'(MPa)</th><th>f</th></tr>
<tr><td>1</td><td colspan="2">泥夹岩屑型(充填泥质、岩屑较大断层)</td><td>0.30</td><td>0.01</td><td>0.25</td></tr>
<tr><td>2</td><td colspan="2">岩屑夹泥型(断层、层间挤压带)</td><td>0.35</td><td>0.03</td><td>0.30</td></tr>
<tr><td>3</td><td colspan="2">岩屑型,少量夹泥(较大裂隙)</td><td>0.40</td><td>0.08</td><td>0.35</td></tr>
<tr><td rowspan="2">4</td><td rowspan="2">硬性结构面(层理面、裂隙等)</td><td>板岩</td><td>0.50</td><td>0.10</td><td>0.40</td></tr>
<tr><td>砂岩</td><td>0.55</td><td>0.15</td><td>0.50</td></tr>
</table>

乌弄龙水电站地下厂房洞室群规模较大,毛洞开挖屈服区范围较深,需采用锚固支护措施确保围岩稳定。根据地下厂房施工开挖过程所揭示的围岩地质条件、变形特征以及围岩卸荷松弛范围等实测资料,在施工过程中对所采用的开挖步序、支护措施及参数等进行综合分析与论证,进行适当的调整与优化,使得所采用的开挖步序、支护措施及参数等更利于围岩的稳定与安全,且支护方案是经济合理的。在此,主要进行了主厂房与主变室之间以及主变室与尾调室之间的对穿锚索改为端头锚索的优化分析;地下厂房第Ⅳ层及其以下层位开挖支护优化分析。根据对各种支护方案的评估,提出合理支护的优化建议,以期在保证洞室群围岩稳定安全的前提下,节省工程投资。

7.7.2　第一阶段(顶拱形成期)开挖锚固支护优化分析

第Ⅱ层开挖已经施工的对穿锚索,多数钻孔出口偏差大于 1 m。鉴于对穿锚索施工质量难以控制,对三大洞室支护方案进行如下优化和调整:对第Ⅱ层及以下层位开挖过程中的对穿锚索改为端头锚索。采用弹塑性有限元锚杆(索)模拟方法,对毛洞开挖、原设计方案支护措施和更新设计方案支护措施进行数值模拟,分析评价调整后方案的可行性。

7.7.2.1　支护方案及支护参数

洞室开挖采用三种支护方案:

方案一:毛洞,无任何支护措施;

方案二:毛洞+支护,采用原设计方案进行支护(对穿锚索),见图 7-144;

方案三:毛洞+支护+更新,采用更新设计方案进行支护(对穿锚索改为端头锚索),见图 7-145。原设计支护方案和更新设计支护方案的支护参数见表 7-36。

根据地下厂房洞室群的监测布置设计,以机组中心线选取 4 个典型横剖面,以此来对比分析不同支护方案情况下洞室群围岩应力、屈服区及位移分布规律。分别对比了上述三种方案,在此着重分析厂右 0+77.3 横剖面。

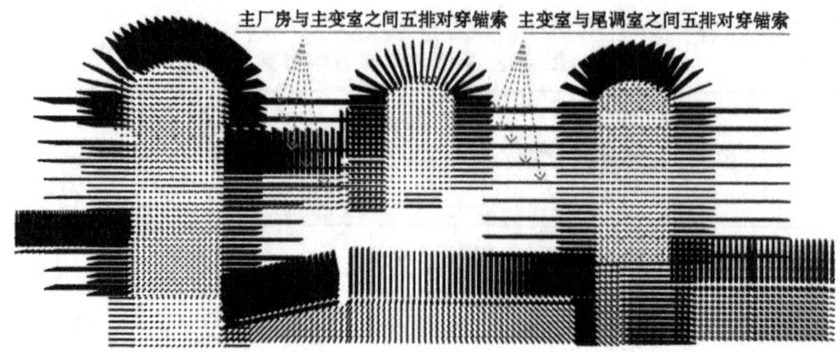

图 7-144 乌弄龙水电站地下厂房洞室群原设计支护方案锚杆(索)模型正视图

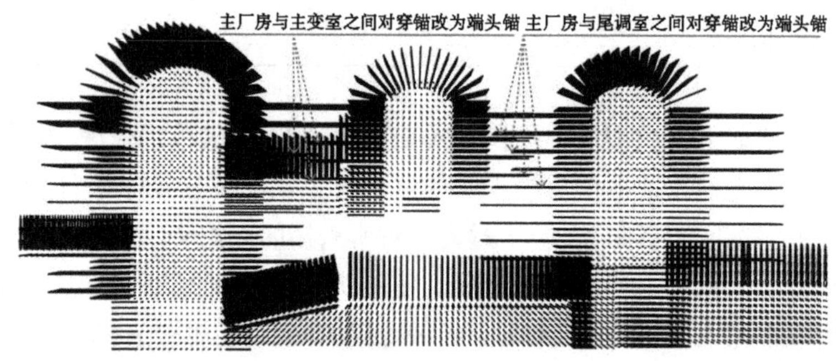

图 7-145 乌弄龙水电站地下厂房洞室群更新设计支护方案锚杆(索)模型正视图

表 7-36 乌弄龙水电站地下厂房洞室群围岩支护参数方案对比表

部位	原设计方案	更新设计方案
主厂房	下游边墙与主变室上游边墙间布置 5 排 1 750 kN 对穿锚索,间距 4.5 m	下游边墙与主变室上游边墙间 1 832.42 m、1827.92 m、1 823.42 m 三排对穿锚索调整 1 500 kN 端头锚索,间距 4.5 m;L=20 m/25 m
主变室	边墙:系统锚杆Φ 32/Φ 28@ 1.5 m×1.5 m,L=6 m/9 m	边墙:系统锚杆Φ 32/Φ 28@ 1.5 m×1.5 m,L=6 m/9 m
尾调室	上游边墙与主变室下游边墙间布置 5 排 1 750 kN 对穿锚索,间距 4.5 m	上游边墙与主变室下游边墙间 1 838.00 m、1 833.50 m、1 829.00 m、1 824.50 m 的四排对穿锚索调整为 1 500 kN 端头锚索,间距 4.5 m;L=16 m/20 m

7.7.2.2 地下厂房洞室群围岩应力分布规律

三种支护方案洞室整体开挖厂右 0+77.3 横剖面的围岩 σ_1 和 σ_3 分布规律见图 7-146~图 7-151,三种支护方案洞室整体开挖围岩应力值见表 7-37。结果显示:方案一毛洞开挖方案,主厂房顶拱 σ_1 为-14~-9 MPa,上下游边墙 σ_1 为-5~-1 MPa;主变室顶拱 σ_1 为-13~-6 MPa,上下游边墙 σ_1 为-8~-3 MPa;尾调室顶拱 σ_1 为-14~-10 MPa,上下游边墙 σ_1 为-7~-1 MPa。主厂房顶拱 σ_3 为-1~-0.5 MPa,上下游边墙 σ_3 为 0~0.5 MPa;主变室顶拱 σ_3 为-1~-0.5 MPa,上下游边墙 σ_3 为-0.5~0.5 MPa;尾调室顶拱 σ_3 为-1.5~-1 MPa,上下游边墙 σ_3 为-0.5~0.5 MPa。

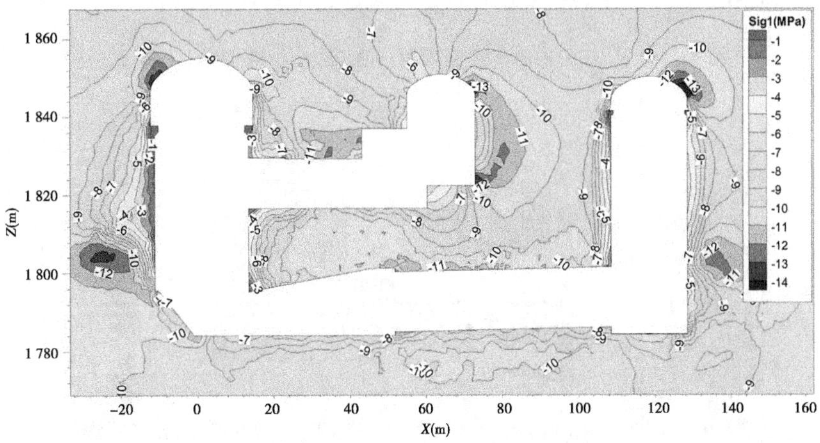

图 7-146 厂右 0+77.3 横剖面第一主应力 σ_1 等值图(方案一)

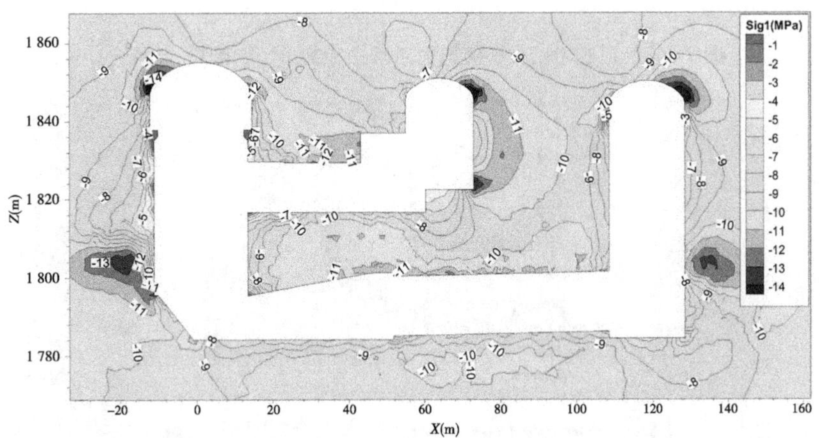

图 7-147 厂右 0+77.3 横剖面第一主应力 σ_1 等值图(方案二)

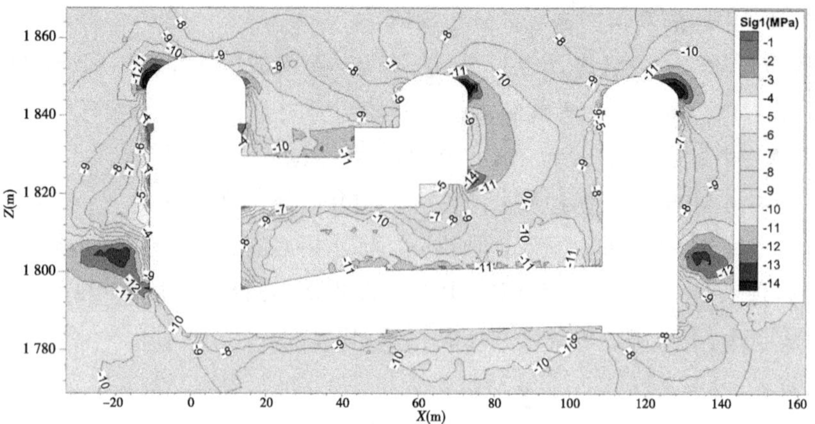

图 7-148　厂右 0+77.3 横剖面第一主应力 σ_1 等值图(方案三)

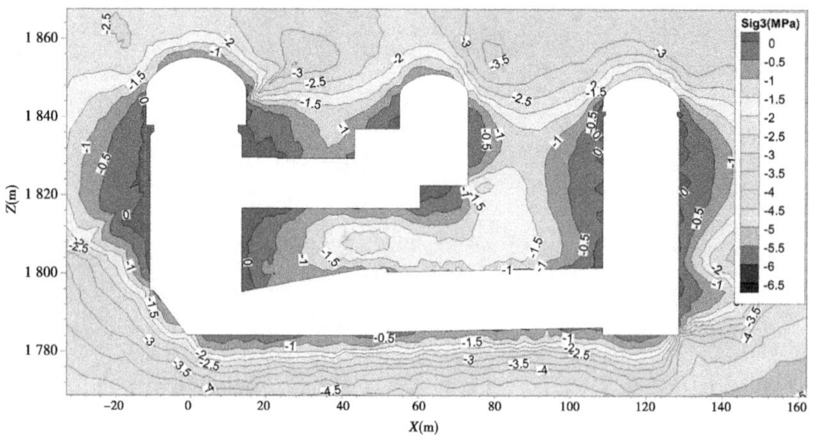

图 7-149　厂右 0+77.3 横剖面第三主应力 σ_3 等值图(方案一)

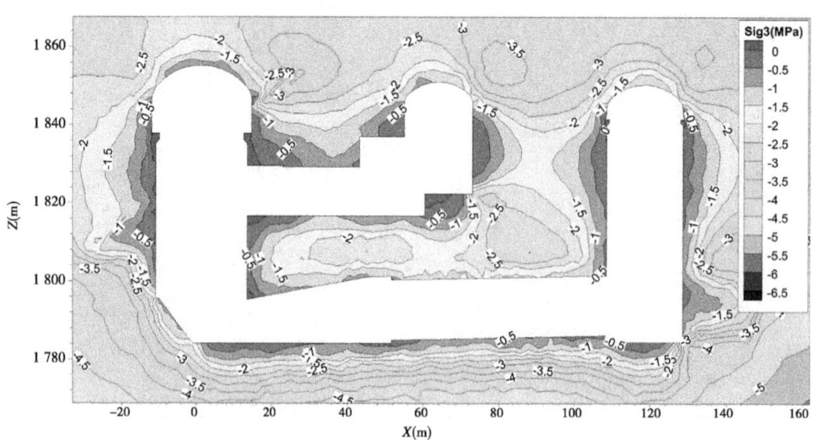

图 7-150　厂右 0+77.3 横剖面第三主应力 σ_3 等值图(方案二)

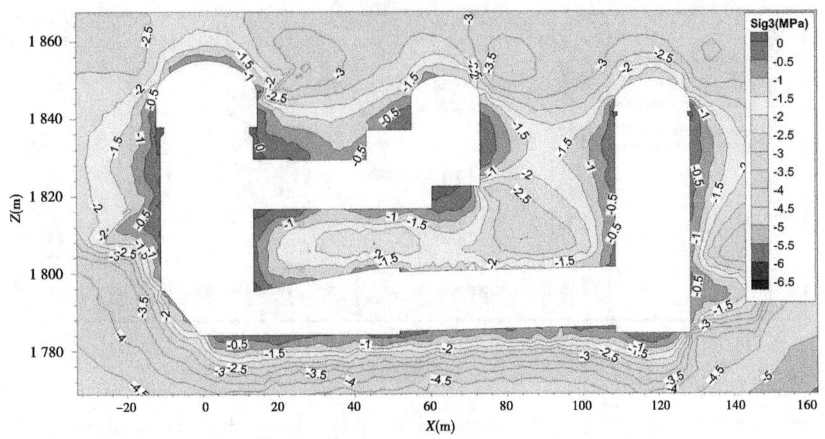

图 7-151　厂右 0+77.3 横剖面第三主应力 σ_3 等值图(方案三)

表 7-37　不同支护方案的地下厂房洞室群围岩应力值　(单位:MPa)

工况	应力	主厂房		主变室		尾调室	
		顶拱	上下游边墙	顶拱	上下游边墙	顶拱	上下游边墙
方案一	σ_1	-14~-9	-5~-1	-13~-6	-8~-3	-14~-10	-7~-1
	σ_3	-1~-0.5	0~0.5	-1~-0.5	-0.5~0.5	-1.5~-1	-0.5~0.5
方案二	σ_1	-14~-9	-8~-1	-14~-8	-10~-7	-14~-9	-8~-1
	σ_3	-1~-0.5	-0.5~0.5	-1.5~-0.5	-0.5~0	-1.5~-1	-1~0.5
方案三	σ_1	-14~-9	-8~-1	-14~-8	-11~-8	-14~-9	-8~-1
	σ_3	-1~-0.5	-0.5~0.5	-1.5~-0.5	-0.5~0	-1.5~-1	-1~0.5

方案二对穿顶拱锚索支护方案,主厂房顶拱 σ_1 为-14~-9 MPa,上下游边墙 σ_1 为-8~-1 MPa;主变室顶拱 σ_1 为-14~-8 MPa,上下游边墙 σ_1 为-10~-7 MPa;尾调室顶拱 σ_1 为-14~-9 MPa,上下游边墙 σ_1 为-8~-1 MPa。主厂房顶拱 σ_3 为-1~-0.5 MPa,上下游边墙 σ_3 为-0.5~0.5 MPa;主变室顶拱 σ_3 为-1.5~-0.5 MPa,上下游边墙 σ_3 为-0.5~0 MPa;尾调室顶拱 σ_3 为-1.5~-1 MPa,上下游边墙 σ_3 为-1~0.5 MPa。

方案三与方案二洞室开挖围岩应力值基本一致。

7.7.2.3　地下厂房洞室群围岩屈服区分布规律

厂右 0+77.3 横剖面在三种支护方案下的屈服区见图 7-152~图 7-154,结果显示:屈服区深度方面,方案一毛洞开挖屈服区深度一般为 6~12 m,方案二和方案三两种支护措施情况下,三大洞室屈服区深度有了显著降低,深度一般为 3~6 m。

图 7-152　厂右 0+77.3 横剖面屈服区图(方案一)

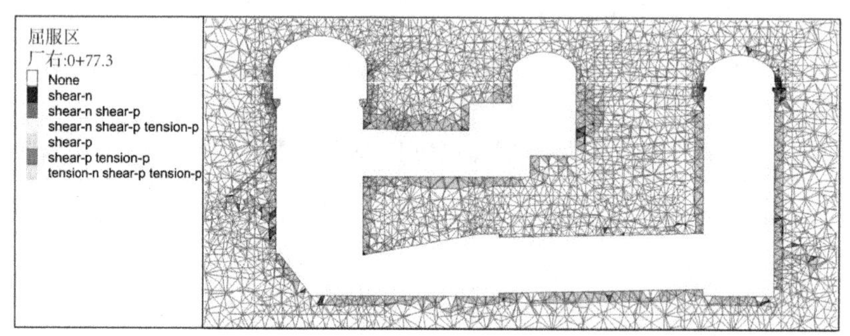

图 7-153　厂右 0+77.3 横剖面屈服区图(方案二)

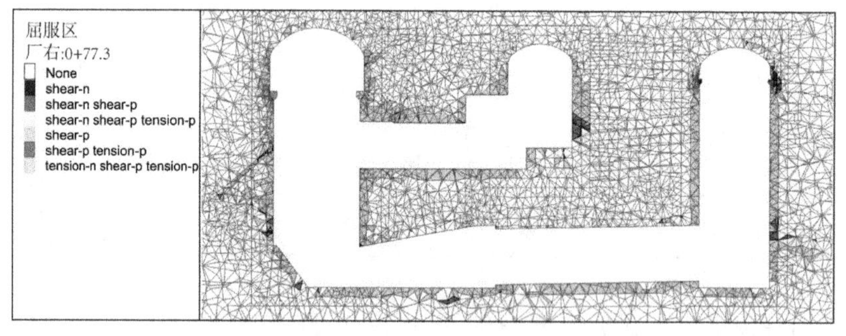

图 7-154　厂右 0+77.3 横剖面屈服区图(方案三)

三种支护方案洞室群围岩的剪屈服区体积与拉屈服区体积对比分析见表 7-38。结果显示:方案一毛洞开挖的围岩总屈服区体积最大,方案二与方案三的围岩总屈服区体积较方案一有大幅减小。方案三较方案二在主厂房、主变室和尾调室拉屈服区体积方面分别增加-0.8%、5.2%和 0.8%,方案二和方案三的屈服区体积基本上没有明显区别。

采用锚固支护措施后,洞室群围岩屈服区有明显减少,围岩破坏情况得到有效改善。这说明锚杆(索)支护对限制洞周屈服区深度、减少屈服区范围起到较大作用。方案三改对穿锚索为端头锚索,屈服区的变化较方案二不显著。

表 7-38　不同支护方案洞室开挖屈服区体积对比分析

<table>
<tr><th>方案类别</th><th colspan="2">项目</th><th>主厂房</th><th>主变室</th><th>尾调室</th></tr>
<tr><td rowspan="6">毛洞开挖——无支护</td><td rowspan="3">剪屈服区</td><td>shear_now</td><td>17 313.2</td><td>9 561.9</td><td>9 558.7</td></tr>
<tr><td>shear_past</td><td>155 349.0</td><td>53 546.0</td><td>81 850.9</td></tr>
<tr><td>合计</td><td>172 662.2</td><td>63 107.9</td><td>91 409.6</td></tr>
<tr><td rowspan="3">拉屈服区</td><td>tension_now</td><td>29.5</td><td>1.4</td><td>10.4</td></tr>
<tr><td>tension_past</td><td>2 154.1</td><td>240.8</td><td>959.6</td></tr>
<tr><td>合计</td><td>2 183.6</td><td>242.1</td><td>970.0</td></tr>
<tr><td rowspan="6">设计方案——对穿锚索</td><td rowspan="3">剪屈服区</td><td>shear_now</td><td>8 159.5</td><td>6 131.5</td><td>3 565.7</td></tr>
<tr><td>shear_past</td><td>77 742.1</td><td>41 100.7</td><td>38 394.5</td></tr>
<tr><td>合计</td><td>85 901.6</td><td>47 232.2</td><td>41 960.2</td></tr>
<tr><td rowspan="3">拉屈服区</td><td>tension_now</td><td>5.8</td><td>0.0</td><td>0.8</td></tr>
<tr><td>tension_past</td><td>436.8</td><td>17.2</td><td>321.6</td></tr>
<tr><td>合计</td><td>442.6</td><td>17.2</td><td>322.4</td></tr>
<tr><td rowspan="6">优化方案——端头锚索</td><td rowspan="3">剪屈服区</td><td>shear_now</td><td>8 208.7</td><td>5 298.2</td><td>3 630.9</td></tr>
<tr><td>shear_past</td><td>78 098.2</td><td>39 837.0</td><td>37 548.2</td></tr>
<tr><td>合计</td><td>86 306.9</td><td>45 135.2</td><td>41 179.1</td></tr>
<tr><td rowspan="3">拉屈服区</td><td>tension_now</td><td>5.6</td><td>0.0</td><td>1.2</td></tr>
<tr><td>tension_past</td><td>433.6</td><td>18.1</td><td>323.9</td></tr>
<tr><td>合计</td><td>439.2</td><td>18.1</td><td>325.1</td></tr>
<tr><td rowspan="2">优化方案较设计方案——增长率(%)</td><td colspan="2">剪屈服区</td><td>0.5</td><td>-4.4</td><td>-1.9</td></tr>
<tr><td colspan="2">拉屈服区</td><td>-0.8</td><td>5.2</td><td>0.8</td></tr>
</table>

注:屈服区单位为 m^3。剪屈服区 = shear_now+ shear_past;拉屈服区 = tension_now+ tension_past。

7.7.2.4　地下厂房洞室群围岩位移分布规律

三种支护方案在厂右 0+77.3 横剖面的围岩位移分布规律见图 7-155~图 7-157,不同支护方案洞室开挖洞周围岩位移值见表 7-39,结果显示:方案一毛洞开挖,主厂房顶拱最大合位移为 24~26 mm,上下游边墙最大合位移为 22~40 mm;主变室顶拱最大合位移为 18~24 mm,上下游边墙最大合位移为 4~24 mm;尾调室顶拱最大合位移为 16~18 mm,上下游边墙最大合位移为 16~28 mm。

方案二原设计对穿锚索支护,洞室群围岩位移较毛洞开挖有明显减小。主厂房拱顶最大合位移为 20~22 mm,上下游边墙最大合位移为 16~30 mm;主变室拱顶最大合位移为 18~21 mm,上下游边墙最大合位移为 6~22 mm;尾调室拱顶最大合位移为 14~15 mm,上下游边墙最大合位移为 12~22 mm。

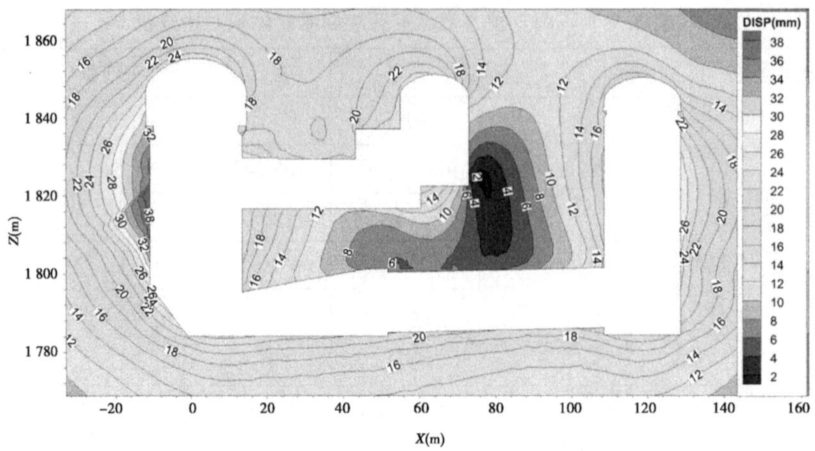

图 7-155　厂右 0+77.3 横剖面位移等值图(方案一)

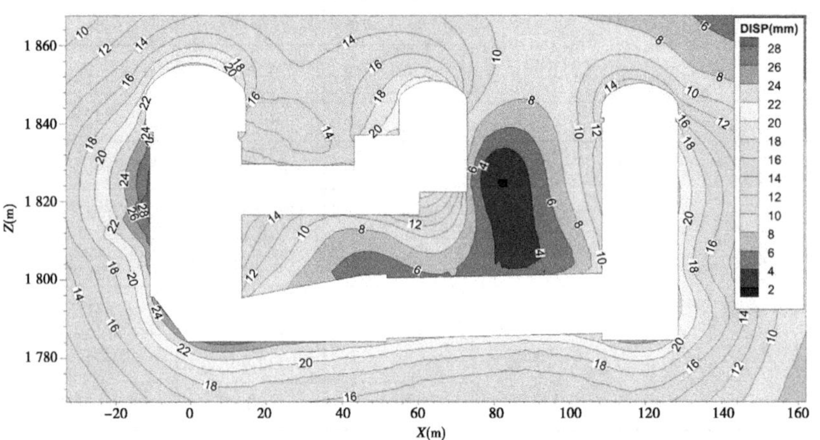

图 7-156　厂右 0+77.3 横剖面位移等值图(方案二)

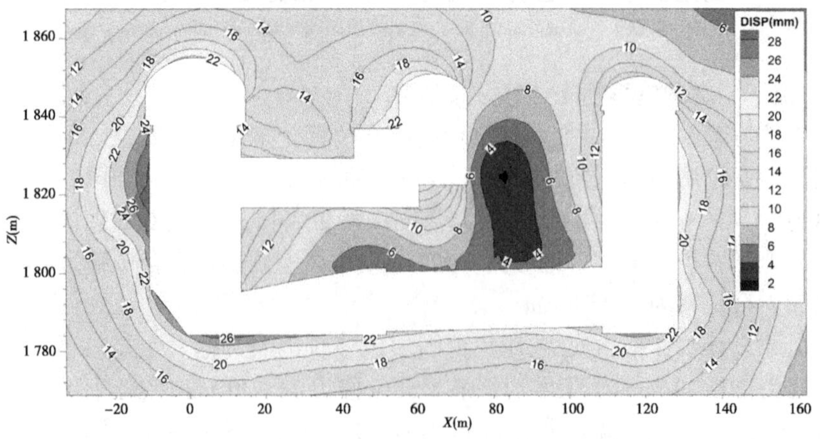

图 7-157　厂右 0+77.3 横剖面位移等值图(方案三)

表 7-39 不同支护方案洞室开挖洞周围岩位移值对比表 (单位:mm)

工况	主厂房		主变室		尾调室	
	顶拱	上下游边墙	顶拱	上下游边墙	顶拱	上下游边墙
方案一	24~26	22~40	18~24	4~24	16~18	16~28
方案二	20~22	16~30	18~21	6~22	14~15	12~22
方案三	20~22	16~30	18~21	6~23	14~15	12~22

方案三的对穿锚索调整为端头锚索的优化方案与方案二相比,在洞周围岩位移方面基本没有区别。在支护措施作用下,顶拱及边墙洞周围岩变形得到一定的限制,围岩基本稳定。最大位移出现在断层穿过部位,位移值超过 30 mm。因此,在施工过程中,应加强对 f_{25} 等断层穿过部位的观测,适时增加临时支护。

第一阶段开挖锚固支护优化分析结论和建议:

三维有限元数值模拟对比分析了对穿锚索的原设计方案和端头锚索的优化方案在洞室整体开挖过程中的围岩应力、屈服区以及位移分布规律。

分析表明,在洞周围岩应力分布方面,调整方案较原设计方案基本没有变化;在洞周围岩屈服区分布方面,调整方案较原设计方案的三大洞室围岩总屈服区基本一致,拉屈服区增长率分别为-0.8%、5.2%、0.8%;在洞周围岩变形方面,调整方案较原设计方案合位移基本一致。数值模拟结果表明,对穿锚索改为端头锚索的方案可行。

鉴于第Ⅰ层开挖顶拱出现多处断层和节理裂隙,第Ⅲ层即将进行岩锚梁开挖施工,对围岩变形需严格控制,因此按原设计方案进行支护,预留足够安全裕度,在此不作优化。后续阶段,根据开挖揭露围岩地质条件的情况,对支护措施再作相应的调整和优化。

7.7.3 第二阶段(边墙形成期)开挖锚固支护优化分析

截至 2015 年 1 月 17 日,主厂房及主变室第Ⅲ层开挖和支护工作已经结束,多点位移计的监测结果显示,地下洞室群整体变形较小。因此,可适当地对主厂房及主变室第Ⅳ层支护措施进行优化,拟取消地下厂房三大洞室第Ⅳ层支护中的预应力锚索。通过对比分析原设计方案和优化方案的开挖支护下的围岩应力、屈服区以及位移分布规律,论证优化方案的可行性。

7.7.3.1 计算模型的建立

地下厂房洞室群开挖期次见图 7-158。地下厂房洞室群第Ⅳ层开挖高程分别为:主厂房 1 832.0~1 824.0 m,主变室 1 827.0~1 822.5 m,引水隧洞 1 804.45~1 801.90 m,尾水隧洞 1 797.4~1 791.4 m,尾水管洞 1 801.36~1 789.63 m。

7.7.3.2 支护方案与支护措施

地下厂房锚固优化支护分析采用的初始地力场与第 3 章保持一致;洞室围岩力学参数采用第一阶段参数反分析所得。根据乌弄龙地下厂房支护设计图,进行加锚支护的三维有限元仿真分析，地下洞室群第Ⅳ层锚杆（索）布置以及取消预应力锚索的优化方案布置如图 7-159 所示；优化方案取消的预应力锚索统计情况如表 7-40 所示。

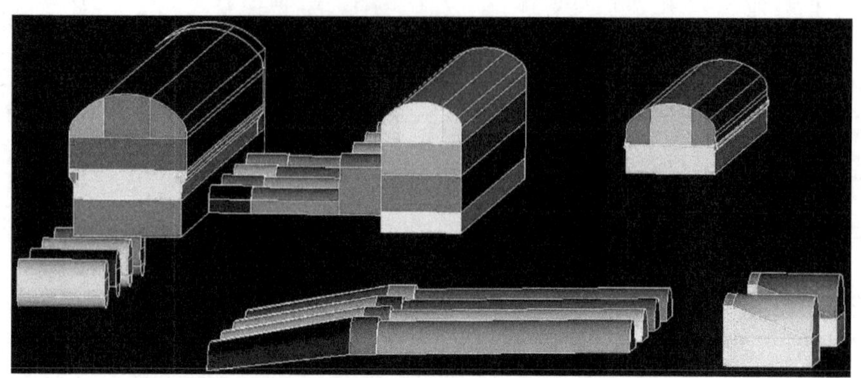

图 7-158　地下厂房洞室群第Ⅳ层模型图

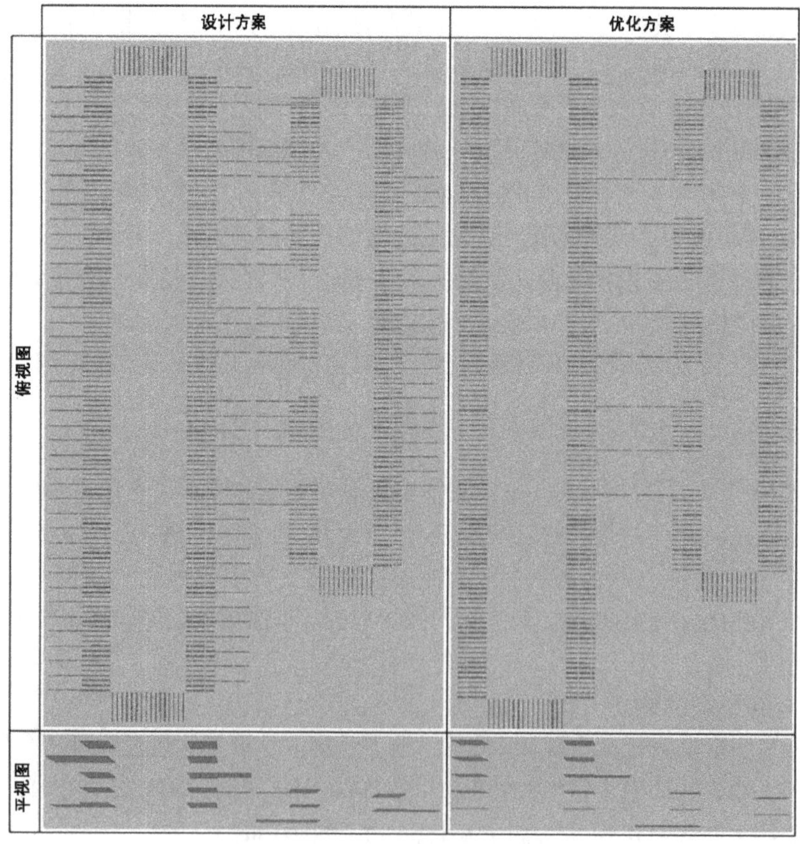

图 7-159　地下厂房洞室群第Ⅳ层设计方案以及优化方案锚杆（索）布置图

表 7-40 地下厂房洞室群第Ⅳ层支护优化方案取消的预应力锚索统计表

位置	部位	高程(m)	数量(根)
主厂房	上游边墙	1 829.42	42
	下游边墙	1 824.92	26
		1 830.92	3
		1 827.92	17
		1 826.42	2
主变室	上游边墙	1 823.42	8
	下游边墙	1 824.50	22
合计	取消预应力锚索		120

7.7.3.3 不同支护方案对地下厂房洞室群应力、屈服区及变形的影响

根据地下厂房洞室群的监测布置设计，以机组中心线选取 4 个典型横剖面，以此来对比分析设计和支护优化方案的洞室群围岩应力、屈服区及位移分布规律。在此着重分析厂右 0+77.3 横剖面。

7.7.3.4 设计与优化支护方案的围岩总体应力分布特征对比分析

设计与优化支护方案的第Ⅳ层开挖 σ_1 值对比分析如图 7-160 与图 7-161 所示，设计支护方案中，主厂房顶拱 σ_1 为-14.0~-8.0 MPa，上下游边墙 σ_1 为-14.0~-1.0 MPa；主变室顶拱 σ_1 为-14.0~-8.0 MPa，上下游边墙 σ_1 为-14.0~-7.0 MPa；尾调室顶拱 σ_1 为-14.0~-7.0 MPa，上下游边墙 σ_1 为-13.0~-1.0 MPa。优化方案与设计方案的 σ_1 基本一致，在主厂房下游与主变室上游之间下侧区域 σ_1 有微小变化。

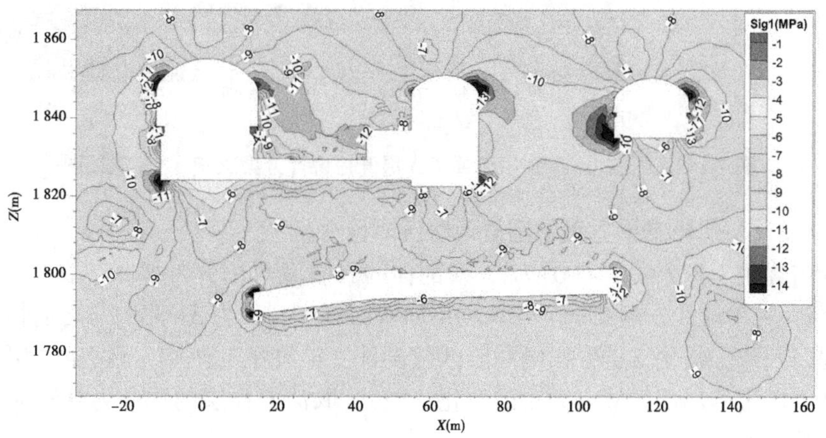

图 7-160 厂右 0+77.3 横剖面第Ⅳ层开挖支护 σ_1 等值线图(设计方案)

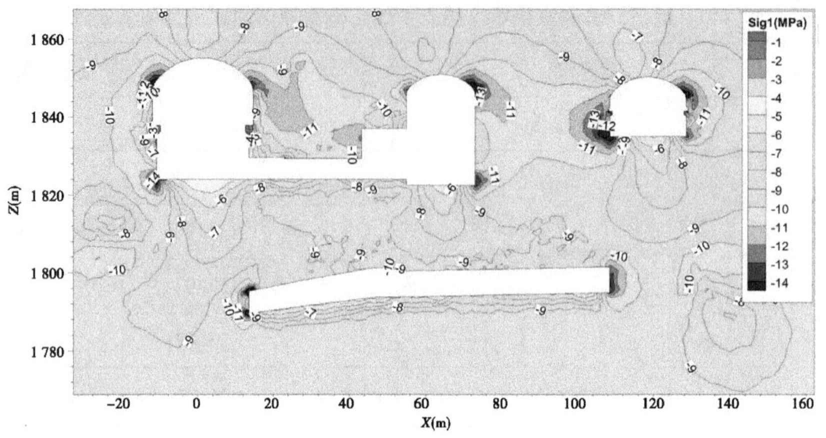

图 7-161　厂右 0+77.3 横剖面第Ⅳ层开挖支护 σ_1 等值线图(优化方案)

设计与优化支护方案的第Ⅳ层开挖 σ_3 值对比分析如图 7-162 与图 7-163 所示,设计支护方案中,主厂房顶拱 σ_3 为-1.0~-0.5 MPa,上下游边墙 σ_3 为-1.0~0.5 MPa;主变室顶拱 σ_3 为-1.0~-0.5 MPa,上下游边墙 σ_3 为-1.0~0 MPa;尾调室顶拱 σ_3 为-1.5~-1.0 MPa,上下游边墙 σ_3 为-0.5~0.5 MPa。优化方案与设计方案的 σ_3 基本一致,在主厂房下游与主变室上游之间区域 σ_3 有微小变化。

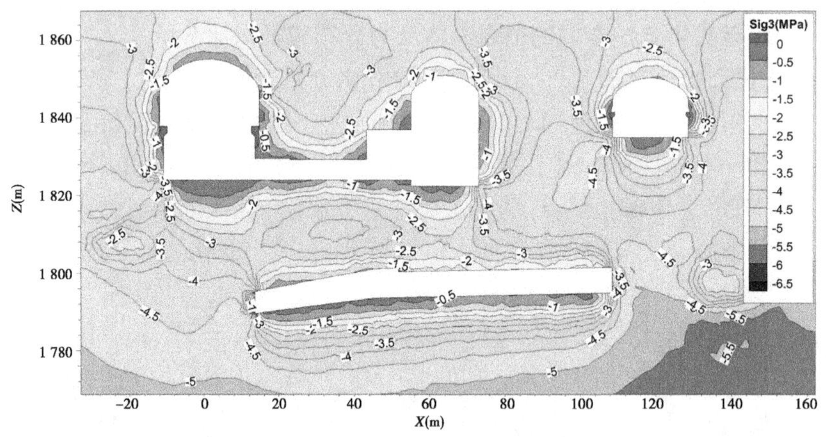

图 7-162　厂右 0+77.3 横剖面第Ⅳ层开挖设计方案支护 σ_3 等值线图

7.7.3.5　设计与优化支护方案的围岩屈服区对比分析

设计与优化支护方案厂右 0+77.3 横剖面的屈服区对比分析如图 7-164、图 7-165 所示,结果显示:在设计方案支护下三大洞室屈服区深度一般为 3~5 m,与之前物探测试所得的松弛区一致。优化支护方案的屈服区与设计支护方案的基本一致,主厂房下游边墙和尾调室上游边墙局部区域有微小的变化。因此,取消第Ⅳ层的预应力锚索对围岩屈服区分布影响不大。

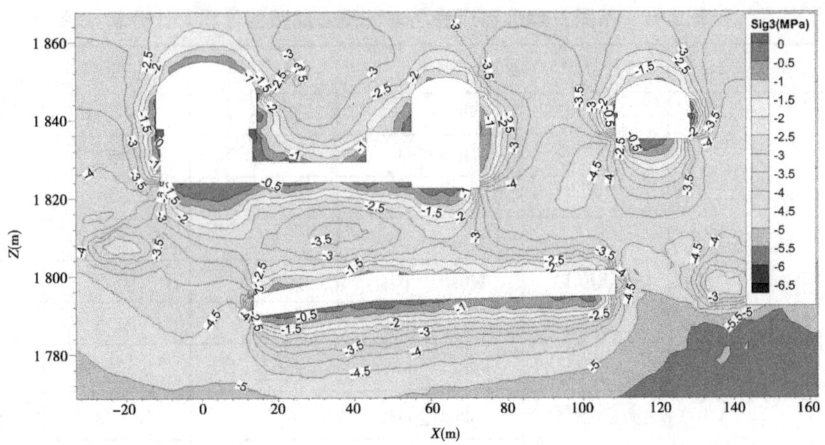

图 7-163 厂右 0+77.3 横剖面第Ⅳ层开挖优化方案支护 σ_3 等值线图

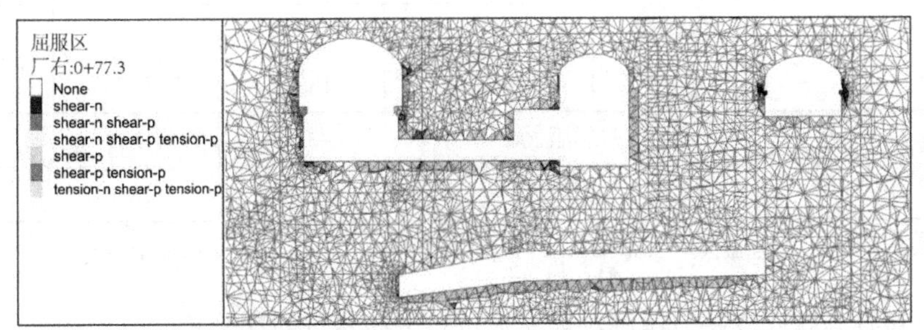

图 7-164 厂右 0+77.3 横剖面第Ⅳ层开挖支护屈服区图(设计方案)

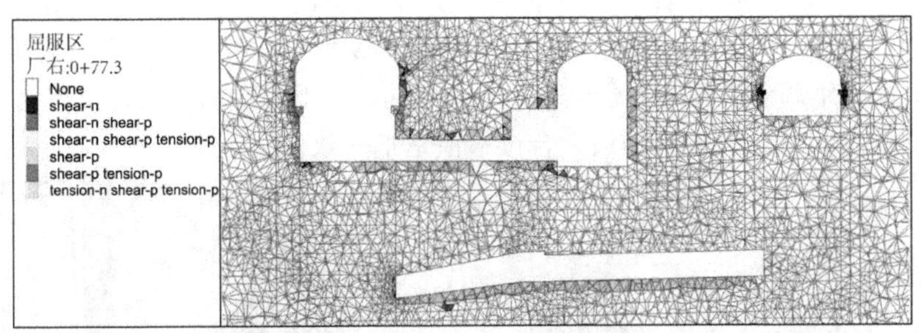

图 7-165 厂右 0+77.3 横剖面第Ⅳ层开挖支护屈服区图(优化方案)

设计与优化支护方案下围岩剪屈服区体积与拉屈服区体积对比分析如表 7-41 所示,结果显示:拉屈服区体积在总屈服区体积中占比极小,而且屈服区主要发生在主厂房中受断层影响强烈的部位;优化支护方案中主厂房、主变室、尾调室围岩拉屈服区体积较设计方案分别增加了 1.0%、-18.7%、-0.6%,表明优化方案支护的屈服区与设计方案支护下的基本一致,取消第Ⅳ层的预应力锚索对围岩屈服区分布影响不大。

表 7-41　不同方案地下厂房洞室群围岩屈服区体积对比分析

层位	项目		主厂房	主变室	尾调室
设计方案——第Ⅳ层按设计支护	剪屈服区	shear_now	6 618.7	1 987.4	1 166.0
		shear_past	36 524.8	18 462.2	8 759.7
		合计	43 143.5	20 449.6	9 925.8
	拉屈服区	tension_now	7.6	0.0	2.0
		tension_past	179.1	10.5	107.2
		合计	186.7	10.5	109.2
优化方案——取消第Ⅳ层锚索	剪屈服区	shear_now	6 674.6	1 579.0	1 318.1
		shear_past	36 249.6	18 455.3	8 696.0
		合计	42 924.2	20 034.3	10 014.1
	拉屈服区	tension_now	8.9	0.0	2.0
		tension_past	179.5	8.5	106.6
		合计	188.5	8.5	108.6
优化方案较设计方案——增长率(%)	剪屈服区		-0.5	-2.0	0.9
	拉屈服区		1.0	-18.7	-0.6

注:屈服区单位为 m^3。剪屈服区 = shear_now+ shear_past;拉屈服区 =tension_now+ tension_past。

7.7.3.6　设计与优化支护方案的围岩总体位移分布特征对比分析

设计与优化支护方案第Ⅳ层开挖在厂右 0+77.3 横剖面的合位移分布对比分析如图 7-166 与图 7-167 所示,设计支护方案中,主厂房拱顶最大合位移为 16~18 mm,上下游边墙最大合位移为 7~11 mm;主变室拱顶最大合位移为 12~14 mm,上下游边墙最大合位移为 8~11 mm;尾调室拱顶最大合位移为 9~11 mm,上下游边墙最大合位移为 4~8 mm。优化支护方案与设计支护方案的最大合位移值基本一致。

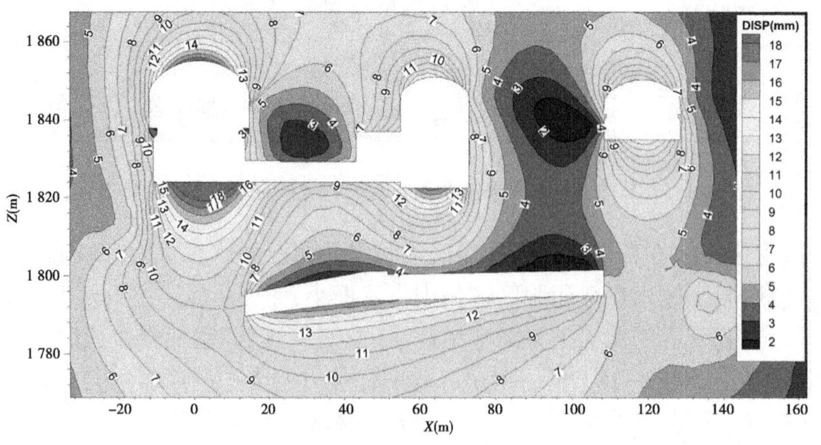

图 7-166　厂右 0+77.3 横剖面第Ⅳ层开挖支护位移等值线(设计方案)

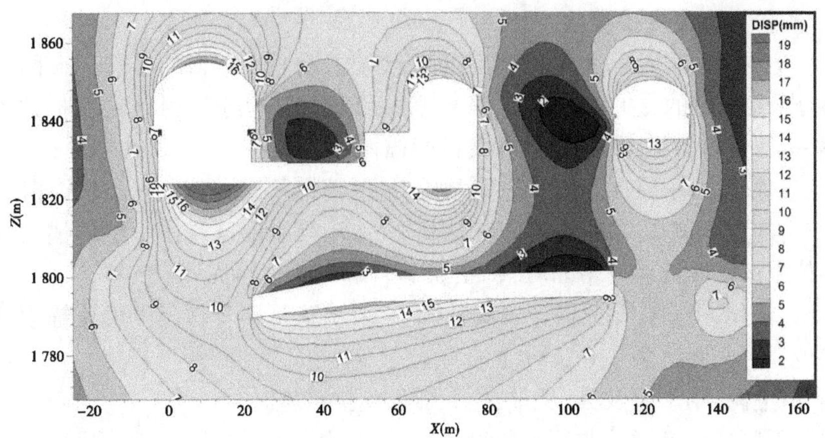

图 7-167　厂右 0+77.3 横剖面第Ⅳ层开挖支护位移等值线(优化方案)

7.7.3.7　第二阶段开挖锚固支护优化分析结论和建议

采用三维有限元模拟对比分析了地下厂房洞室群设计和取消预应力锚索的支护优化方案在第Ⅳ层开挖中的围岩应力、屈服区以及位移分布规律。

分析表明,优化方案的围岩应力分布与设计方案的应力分布基本一致,在主厂房下游和主变室上游之间区域有微小的变化。主厂房、主变室、尾调室开挖按优化方案支护围岩总拉屈服区体积较设计方案分别增加了 1.0%、-18.7%、-0.6%,优化方案支护的屈服区与设计方案支护下的基本一致。优化方案与设计方案下的位移值差别不大,优化方案的围岩合位移较设计方案有-0.2~1 mm 的变化。

综合分析,采用取消第Ⅳ层的预应力锚索方案对地下洞室的整体稳定性影响不大,此优化方案是可行的。需要注意的是,数值模拟没有充分考虑现实开挖过程中结构面, 如断层、岩层面、裂隙、节理面等,在这些围岩软弱区域以及洞室之间的交口部位需根据实际地质情况,适时增加随机锚索,以确保洞室群的局部稳定性。

7.7.4　第三阶段(洞室群贯通期)开挖锚固支护优化分析

截至 2015 年 4 月,乌弄龙水电站主厂房洞室已开挖至第Ⅴ层(1 816.00 m 高程);主变室至第Ⅳ层(1 823.00 m 高程),基本完成主变室断面开挖;尾调室至第Ⅲ层(1 827.00 m 高程)。目前,三大洞室已揭露出的地质条件和前期地勘结果相差不大,初期支护基本能同步开挖进程。根据已揭露的围岩地质条件和动态监测数据,在参考类似地下工程的基础上,对三大洞室第Ⅴ层及其以下层位支护进行局部调整。采用弹塑性有限元锚杆(索)模拟方法,对不同支护优化方案进行数值模拟,分析评价各方案的可行性, 为动态开挖提供合理的支护优化建议。

7.7.4.1　支护方案及支护参数

地下厂房洞室围岩力学参数采用第二阶段参数反分析所获得的参数。地下洞室已经开挖支护部分采用实际的支护措施模拟，第V层以及以下层位开挖采用五种支护方案对比：

方案一：原设计方案，按原设计方案进行锚杆(索)支护。

方案二：优化方案 1，在原设计方案基础上，取消第V层及其以下层位锚索。

方案三：优化方案 2，在原设计方案基础上，取消第V层及其以下层位锚索；第V层及其以下层位锚杆间距改为 2.0 m×2.0 m(原设计间距为 1.5 m×1.5 m)。

方案四：优化方案 3，在原设计方案基础上，取消第V层及其以下层位锚索；第V层及其以下层位锚杆间距改为 3.0 m×1.5 m。

方案五：毛洞，第V层及其以下层位无任何支护措施。

根据地下厂房洞室群的监测布置设计，以机组中心线选取 4 个典型横剖面，以此来对比分析上述五种不同支护方案下洞室群围岩应力、屈服区及位移分布规律。在此着重分析厂右 0+77.3 横剖面。

7.7.4.2　不同支护方案地下厂房洞室群围岩应力分布规律对比分析

五种支护方案在厂右 0+77.3 横剖面的洞周围岩 σ_1 和 σ_3 等值线对比分析见图 7-168~图 7-177，结果显示：方案一原设计支护方案中，主厂房顶拱 σ_1 为-14~-9 MPa，上下游边墙 σ_1 为-8~-1 MPa；主变室顶拱 σ_1 为-14~-8 MPa，上下游边墙 σ_1 为-14~-8 MPa；尾调室顶拱 σ_1 为-14~-9 MPa，上下游边墙 σ_1 为-8~-1 MPa。各方案的 σ_1 值无明显变化，从方案一到方案五，主厂房以及尾调室上下游边墙应力释放区域逐渐增大。

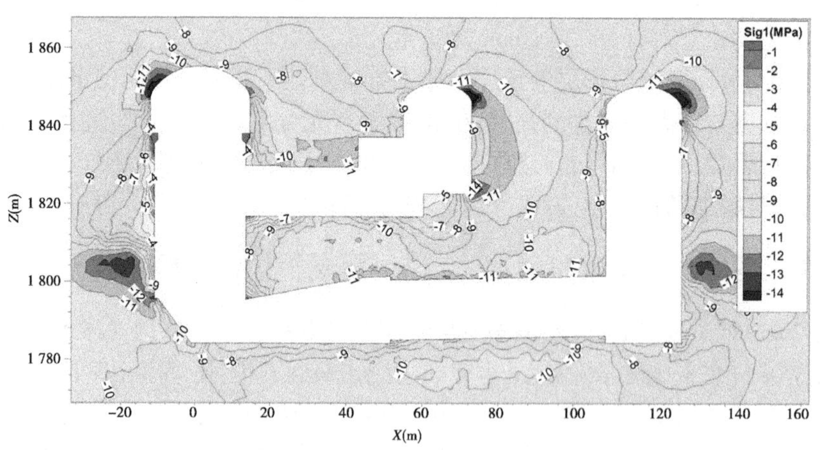

图 7-168　厂右 0+77.3 横剖面第一主应力 σ_1 等值图(方案一)

方案一原设计支护方案中，主厂房顶拱 σ_3 为-1.0~-0.5 MPa，上下游边墙 σ_3 为-0.5~0.5 MPa；主变室顶拱 σ_3 为-1.5~-0.5 MPa，上下游边墙 σ_3 为-0.5~0 MPa；尾调室顶拱 σ_3 为-1.5~-1.0 MPa，上下游边墙 σ_3 为-1.0~0.5 MPa。各方案的 σ_3 值无明显变化，从方案一到方案五，主厂房以及尾调室上下游边墙 σ_3 为拉应力的区域逐渐增大。

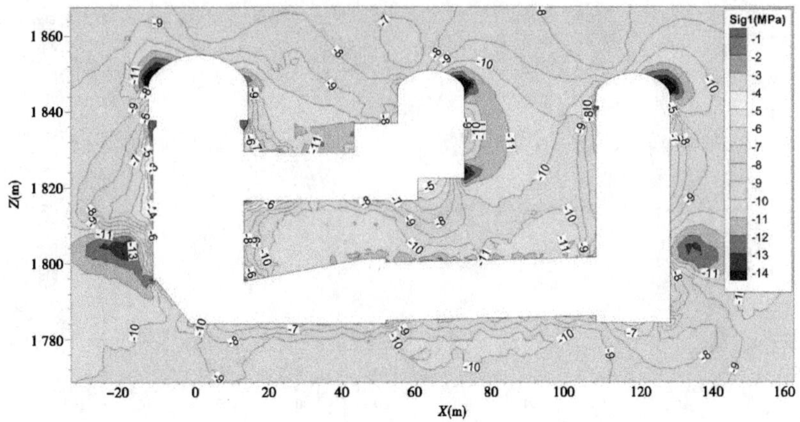

图 7-169 厂右 0+77.3 横剖面第一主应力 σ_1 等值图(方案二)

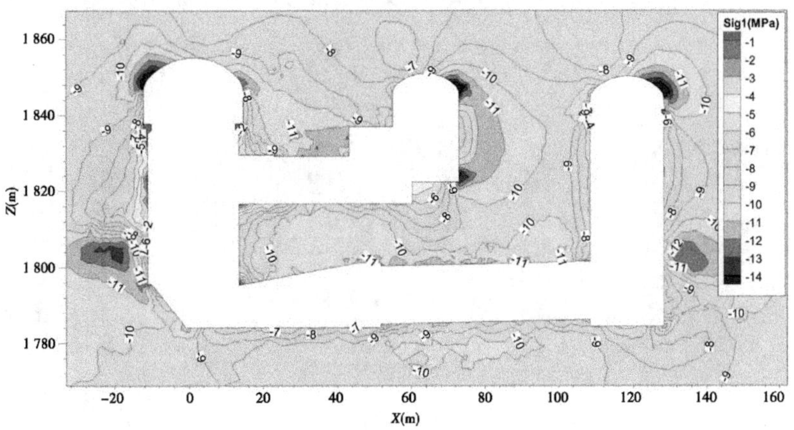

图 7-170 厂右 0+77.3 横剖面第一主应力 σ_1 等值图(方案三)

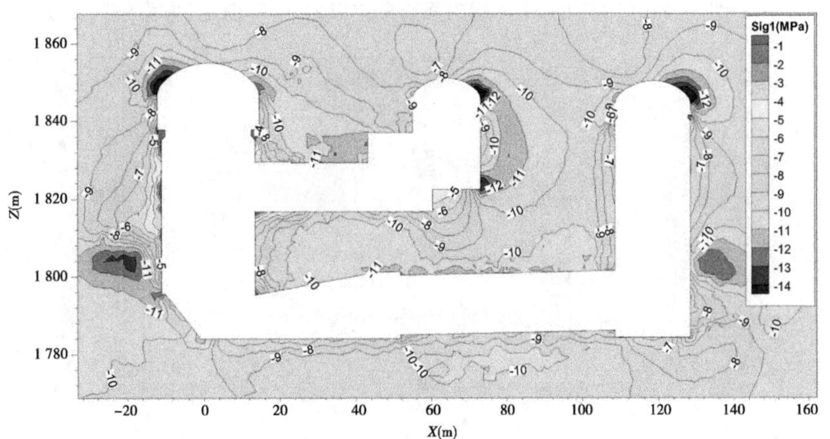

图 7-171 厂右 0+77.3 横剖面第一主应力 σ_1 等值图(方案四)

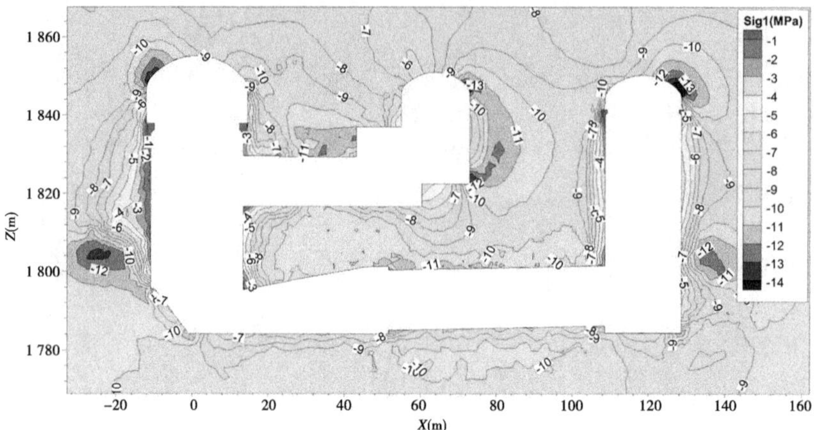

图 7-172　厂右 0+77.3 横剖面第一主应力 σ_1 等值图(方案五)

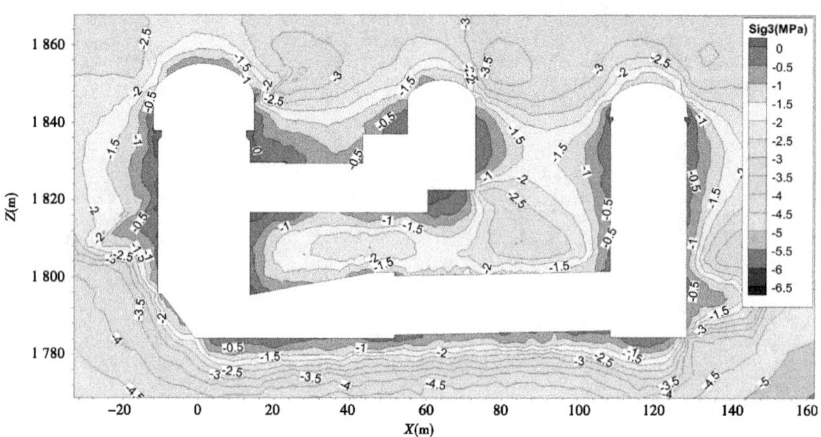

图 7-173　厂右 0+77.3 横剖面第三主应力 σ_3 等值图(方案一)

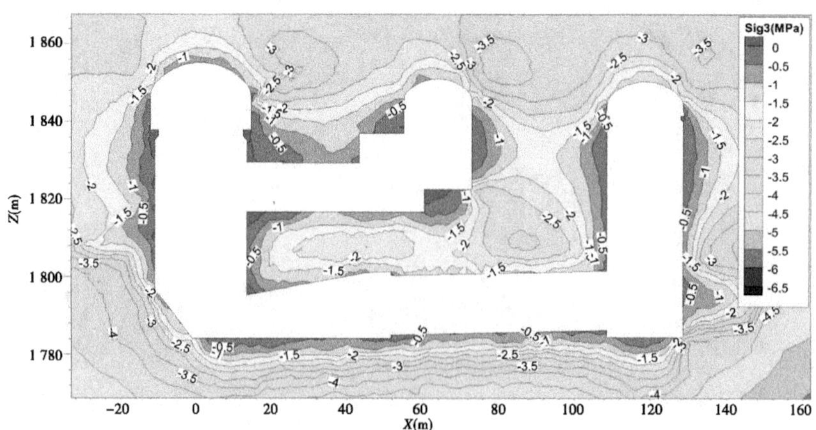

图 7-174　厂右 0+77.3 横剖面第三主应力 σ_3 等值图(方案二)

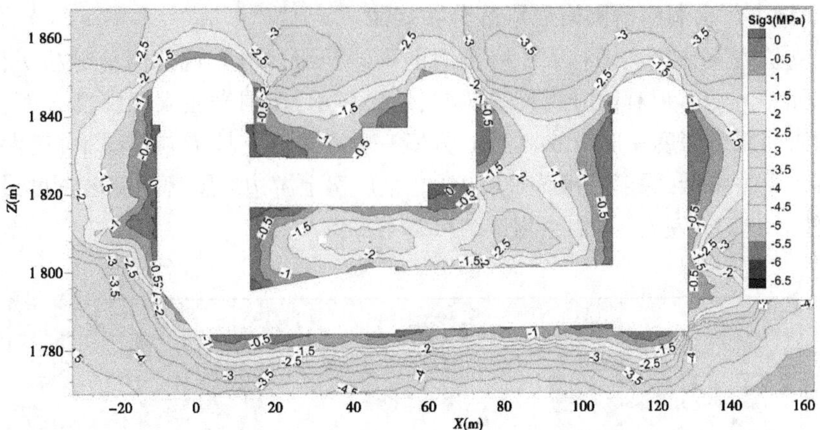

图 7-175 厂右 0+77.3 横剖面第三主应力 σ_3 等值图(方案三)

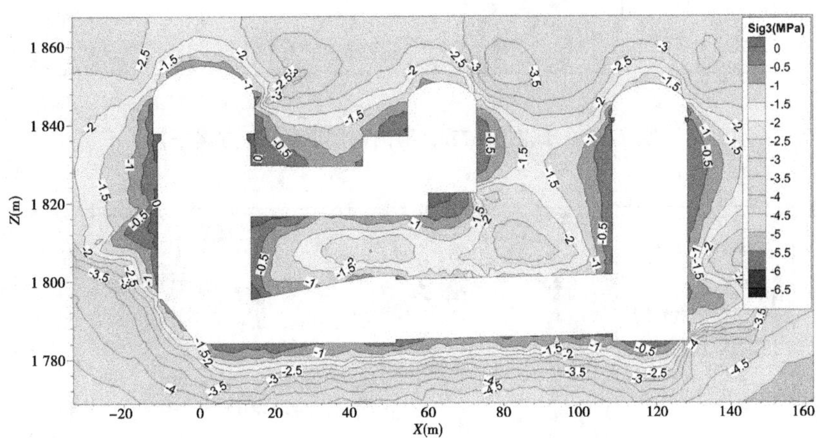

图 7-176 厂右 0+77.3 横剖面第三主应力 σ_3 等值图(方案四)

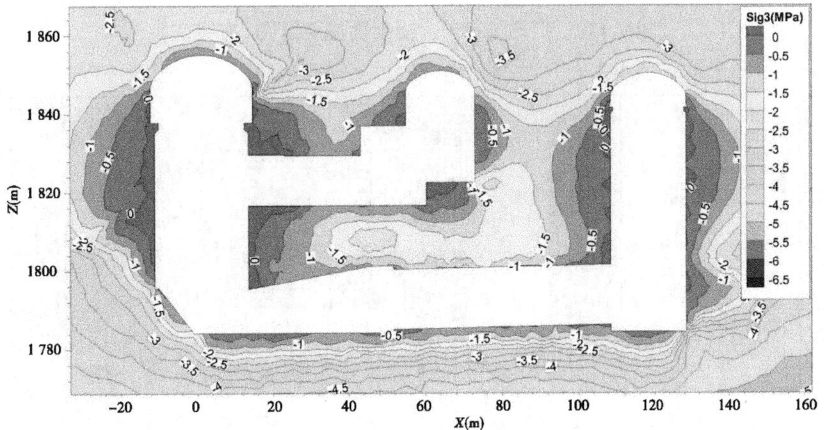

图 7-177 厂右 0+77.3 横剖面第三主应力 σ_3 等值图(方案五)

7.7.4.3　地下厂房洞室群围岩屈服区分布规律

五种支护方案在厂右 0+77.3 横剖面的围岩屈服区分布规律对比分析见图 7-178～图 7-182,屈服区的体积对比分析见表 7-42,结果显示:在围岩屈服区深度方面,方案五毛洞开挖围岩屈服区深度一般为 6～12 m,方案一～方案四支护措施情况下,三大洞室屈服区深度有了显著降低,深度一般为 3～10 m。主厂房上游边墙腰部屈服区深度最大,为 8～10 m,其他区域 5 m 左右,与物探测试结果基本一致。

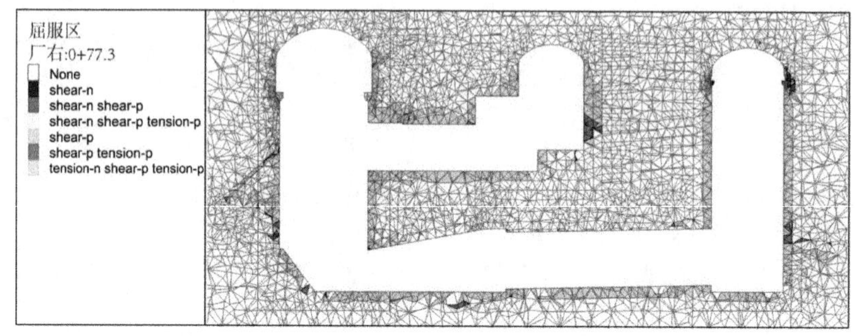

图 7-178　厂右 0+77.3 横剖面屈服区图(方案一)

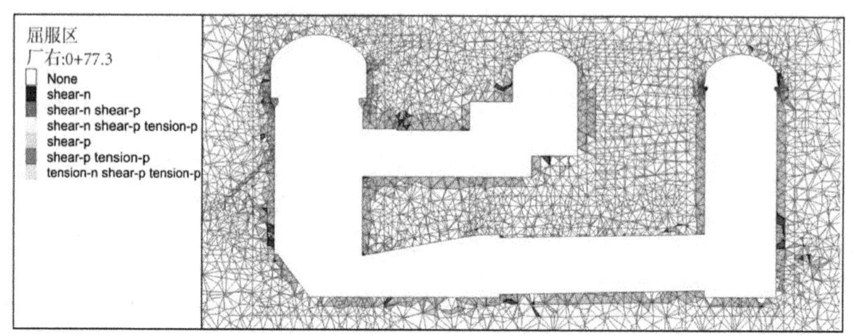

图 7-179　厂右 0+77.3 横剖面屈服区图(方案二)

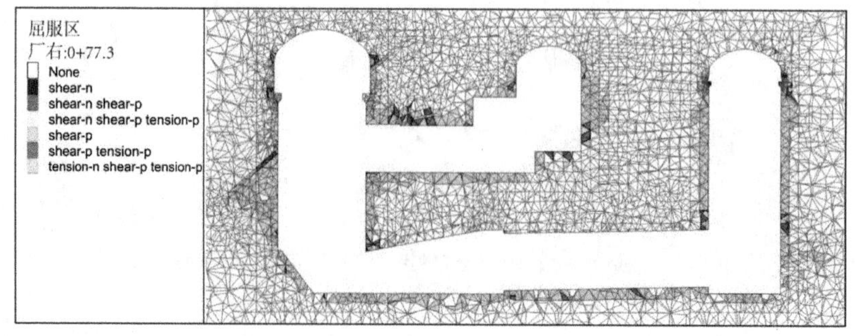

图 7-180　厂右 0+77.3 横剖面屈服区图(方案三)

图 7-181　厂右 0+77.3 横剖面屈服区图(方案四)

图 7-182　厂右 0+77.3 横剖面屈服区图(方案五)

不同支护方案的围岩剪屈服区体积与拉屈服区体积对比分析如表 7-42 所示。结果显示:方案一和方案二的围岩总屈服区体积最小,方案三和方案四逐渐增大,方案五毛洞无支护措施方案的围岩总屈服区体积最大。方案一原设计支护较方案五不支护条件屈服区范围和体积大幅减小,剪屈服区减小 50%左右,拉屈服区减小 80%左右。方案二与方案一差别不显著,取消第Ⅴ层及其以下层位的预应力锚索的方案比较可行。

表 7-42　不同支护方案主厂房围岩屈服区体积变化

支护方案	项目		主厂房	主变室	尾调室
设计方案——原设计方案支护	剪屈服区	shear_now	8 208.7	5 298.2	3 630.9
		shear_past	78 098.2	39 837.0	37 548.2
	拉屈服区	tension_now	5.6	0.0	1.2
		tension_past	433.6	18.1	323.9
优化方案——取消第Ⅴ层及以下锚索	剪屈服区	shear_now	7 057.3	6 108.7	3 207.4
		shear_past	77 294.4	39 216.6	38 718.2
	拉屈服区	tension_now	13.5	0.0	0.2
		tension_past	424.2	20.7	312.3

续表 7-42

支护方案	项目		主厂房	主变室	尾调室
优化方案——取消第Ⅴ层及以下锚索-锚杆间距 2×2	剪屈服区	shear_now	9 786.2	6 945.6	3 730.2
		shear_past	83 784.5	40 929.1	42 804.9
	拉屈服区	tension_now	12.6	0.0	1.1
		tension_past	502.1	18.1	326.8
优化方案——取消第Ⅴ层及以下锚索-锚杆间距 1.5×3	剪屈服区	shear_now	10 638.7	5 841.6	4 082.5
		shear_past	84 072.9	41 107.4	43 593.7
	拉屈服区	tension_now	15.0	0.0	3.9
		tension_past	498.4	22.4	352.5
毛洞开挖——无支护	剪屈服区	shear_now	17 313.2	9 561.9	9 558.7
		shear_past	155 349.0	53 546.0	81 850.9
	拉屈服区	tension_now	29.5	1.4	10.4
		tension_past	2 154.1	240.8	959.6

注:屈服区单位为 m^3。剪屈服区 = shear_now+ shear_past;拉屈服区 = tension_now+ tension_past。

7.7.4.4　地下厂房洞室群围岩位移分布规律

5 种支护方案在厂右 0+77.3 横剖面的洞周围岩位移分布规律对比分析如图 7-183~图 7-187 所示,结果显示:方案一原设计支护中,主厂房拱顶最大合位移为 20~22 mm,上下游边墙最大合位移为 16~30 mm;主变室拱顶最大合位移为 18~21 mm,上下游边墙最大合位移为 6~23 mm;尾调室拱顶最大合位移为 12~14 mm,上下游边墙最大合位移为 12~22 mm。方案二~方案四围岩合位移逐渐增大,方案五毛洞无支护措施的围岩合位移最大,尤其主厂房上游边墙和尾调室下游边墙的围岩,在逐渐取消支护措施支护,围岩合位移逐渐增加。整体来看,方案二与方案一相比,洞室围岩合位移变化甚微。因此,取消第Ⅴ层及其以下层位部分预应力锚索的支护优化方案可行。

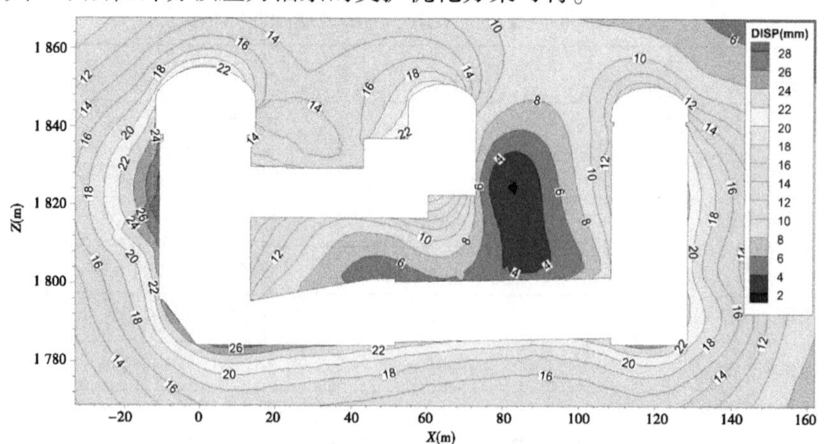

图 7-183　厂右 0+77.3 横剖面位移等值图(方案一)

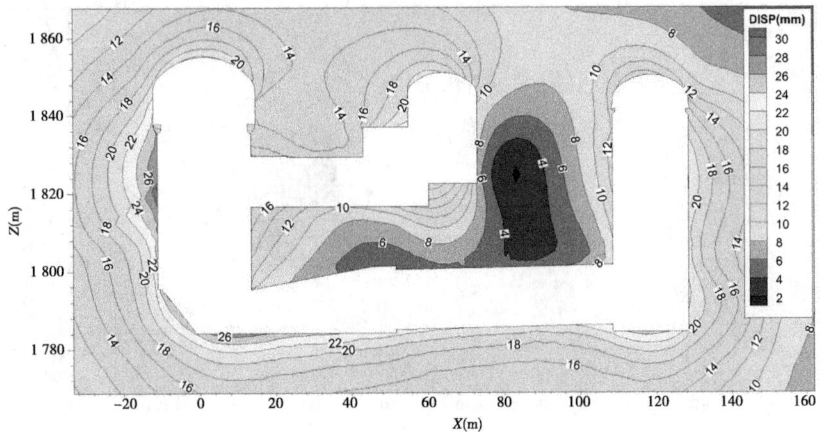

图 7-184 厂右 0+77.3 横剖面位移等值图(方案二)

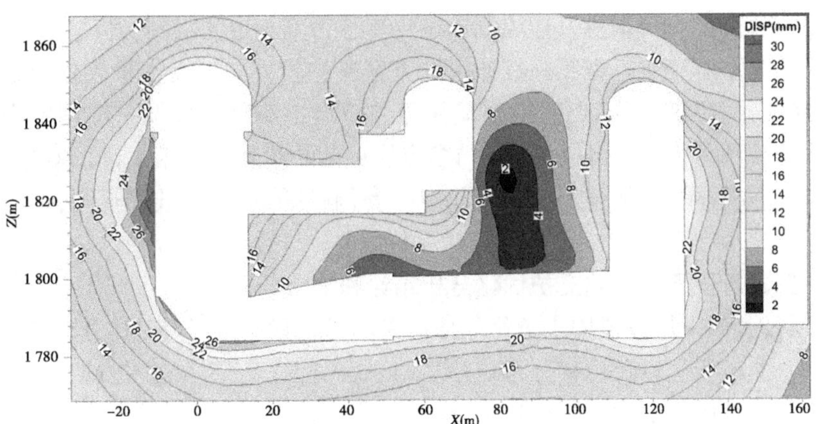

图 7-185 厂右 0+77.3 横剖面位移等值图(方案三)

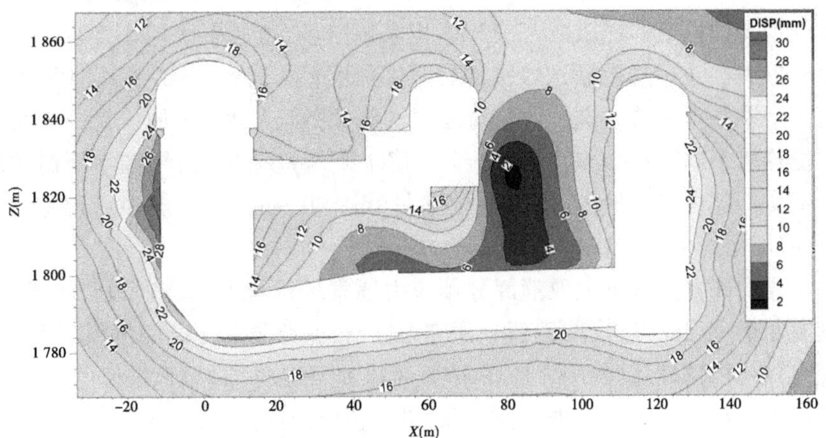

图 7-186 厂右 0+77.3 横剖面位移等值图(方案四)

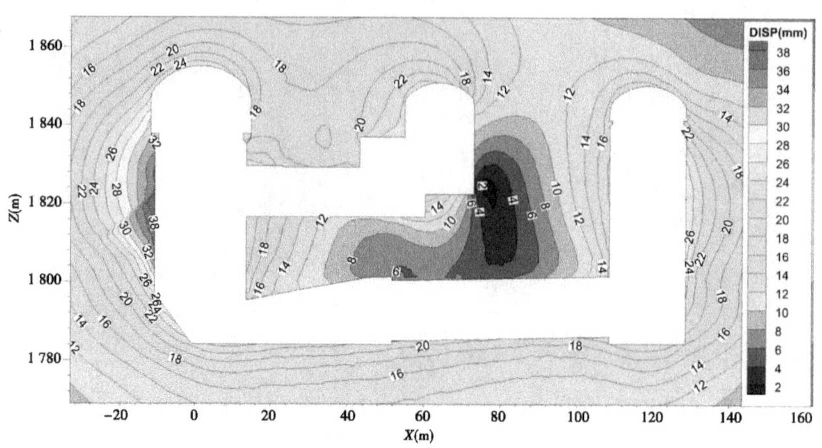

图 7-187 厂右 0+77.3 横剖面位移等值图(方案五)

在支护措施作用下,顶拱及边墙洞周围岩变形得到一定的限制,尤其是顶拱部位变形相对较小,围岩基本稳定。方案一按原设计方案支护较方案五无支护条件位移减小幅度在 20%~30%。主厂房上下游边墙腰部、尾调室下游边墙腰部以及下部洞室交叉口变形最大,最大合位移量值达 30 mm 左右,与多点位移计的实测结果相一致, 这些部位应引起重视。在施工过程中,应加强对断层、裂隙及其影响带等重点区域的观测,适时增加临时支护。

7.7.4.5 第三阶段开挖锚固支护优化分析结论和建议

第Ⅴ层及其以下层位锚固支护优化分析采用三维有限元模拟对比分析了不同支护方案的围岩应力、屈服区以及位移分布规律。结果表明,对于不同支护措施,支护越强,屈服区、拉应力区以及围岩最大合位移越小。

支护作用对围岩应力场的改善效应较明显,支护作用使洞室上下游边墙以及洞室交叉部位的主拉应力区范围明显减小,从而使围岩因拉剪屈服的可能性大幅减小。原设计支护方案较不支护方案的屈服区范围和体积大幅减小,剪屈服区减小 50%左右, 拉屈服区减小 80%左右。主厂房上游边墙腰部屈服区深度最大,为 8~10 m,其他区域 5 m 左右,与物探测试结果基本一致。支护效应对围岩的约束效应明显,按原设计支护方案较无支护方案的位移减小幅度在 20%~30%。主厂房上下游边墙腰部、尾调室下游边墙腰部以及下部洞室交口部位变形最大,最大合位移量值达 30 mm 左右,与多点位移计实测结果相一致,这些部位应引起重视。

对于在原设计方案基础上取消部分预应力锚索的优化方案与原设计方案差别最小,基本没太大变化。因此,建议取消部分预应力锚索,保留洞室交口部位预应力锚索。在后续开挖阶段,需要根据揭露的围岩地质条件,对于地质条件差、裂隙发育的区域,在块体计算结果的基础上及时采取支护措施,必要时进行预应力锚索支护。

7.7.5 围岩稳定多维动态控制关键技术应用成果及建议

根据已揭露的围岩地质条件和动态监测数据,结合上述第三阶段开挖锚固支护优化的阶段分析结果,在参考类似地下工程的基础上,西北院最终确定第Ⅴ层以下三大洞室初期支护的局部调整实施方案:主厂房取消预应力锚索 102 根,尾调室取消预应力锚索 102 根,合计取消预应力锚索 204 根。具体方案如下。

7.7.5.1 主厂房

主厂房上游墙 1 812.50 m 高程以下,保留 1 806.92 m 高程一排锚索,其余 30 根锚索调整为ϕ 32 系统长锚杆(L=9.0 m)。

主厂房下游墙布置有母线洞、尾水管洞及其他小型洞口,墙体应力释放边缘面较多,洞口钢支撑初期支护必须重视。下游墙 1 812.50 m 高程以下保留母线洞和尾水管洞之间的锚索,其他锚索共 42 根调整为ϕ 32 系统长锚杆(L=9.0 m)。

主厂房左端墙 1 812.50 m 高程以下保留 1 809.15 m 高程和 1 795.65 m 高程 2 排锚索, 其余共 20 根锚索调整为ϕ 32 系统长锚杆(L=9.0 m),具体位置见图 7-188。

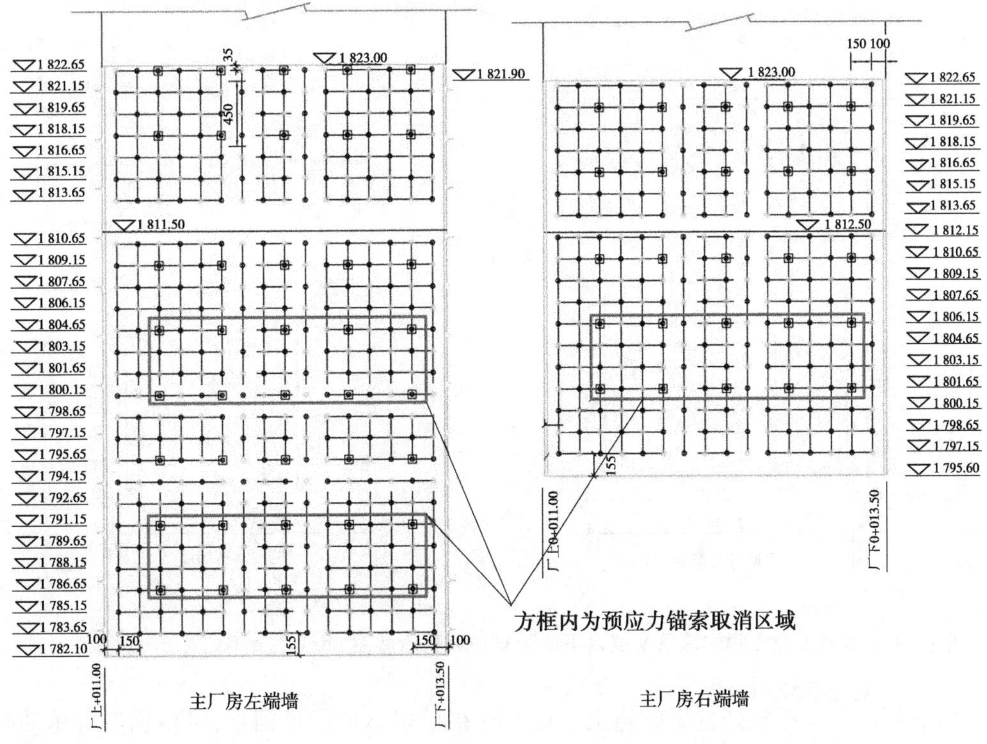

图 7-188 主厂房左右侧端墙第Ⅴ层以下锚固支护调整示意图 (高程单位:m;尺寸单位:cm)

主厂房右端墙 1 812.50 m 高程以下保留 1 810.65 m 高程 1 排锚索,其余共 10 根锚索调整为ϕ 32 系统长锚杆(L=9.0 m),具体位置见图 7-188。

尾水管弯肘段上游斜坡面 1 795.60 m 高程以下系统锚杆间排距由原 1.5 m×1.5 m 调整为 2 m×2 m,其余参数不变。

7.7.5.2 尾调室

尾调室上游墙 1 823.00 m 高程以下,保留 1 815.50 m 高程一排锚索,等级 1 500 kN, 规格 L=20 m/28 m,间距 4.5 m,其余 3 排共 78 根锚索调整为ϕ 32 系统长锚杆(L=9.0 m)。

尾调室左端墙 1 824.00 m 高程以下取消厂下 0+109.50 m、厂下 0+114.00 m 和厂下 0+127.50 m 桩号 3 列共 12 根锚索,调整为ϕ 32 系统长锚杆(L=9.0 m),见图 7-189;尾调室右端墙 1 824.00 m 高程以下取消厂下 0+109.50 m、厂下 0+114.00 m 和厂下 0+127.50 m 桩号 3 竖列共 12 根锚索,调整为ϕ 32 系统长锚杆(L=9.0 m),见图 7-189。

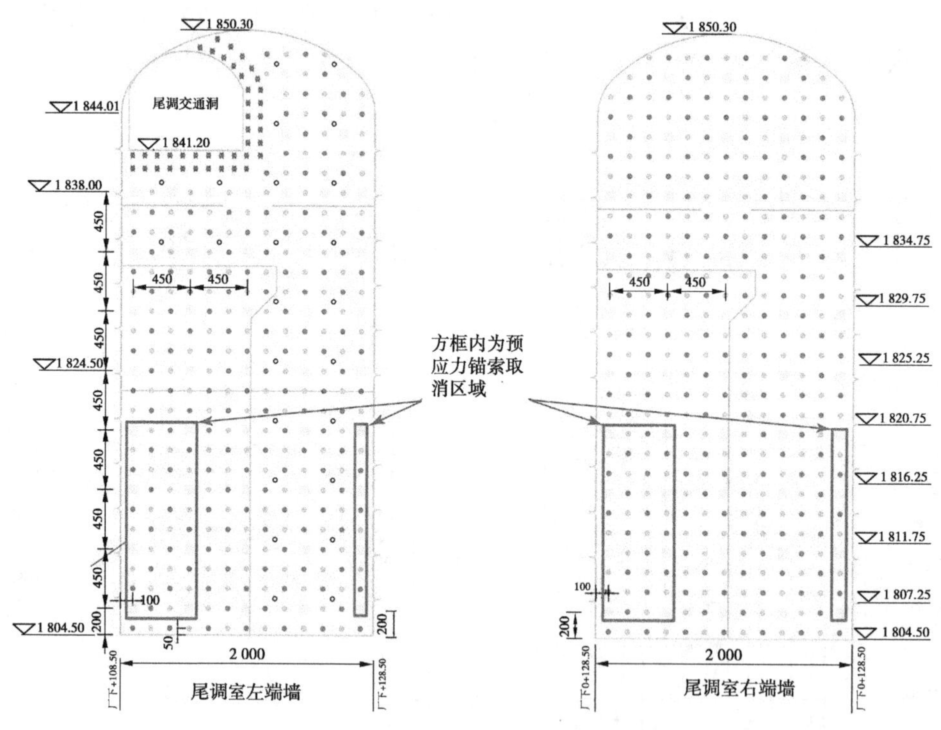

图 7-189 尾调室左右侧端墙第Ⅴ层以下锚固支护调整示意图 (高程单位:m;尺寸单位:cm)

地下厂房洞室群在开挖爆破施工过程中存在很多不可预见因素,可根据实际地质情况和实时监测数据,随机增设 1 500 kN 等级锚索、锚筋桩或锚杆,特别是对断层、裂隙及其影响带等重点区域,随时准备好必要的锚索或者锚筋桩等施工措施,做到支护的及时性,确保地下厂房洞室群围岩安全稳定。

7.8 金桥地下厂房工程应用

7.8.1 地下厂房洞群开挖方案

地下洞室群主要包括引水隧洞、调压室、地下发电厂房、主变室(尾闸室)、母线洞、尾水洞。初拟施工台阶开挖高度如图7-190。地下厂房洞群开挖方案见表7-43。

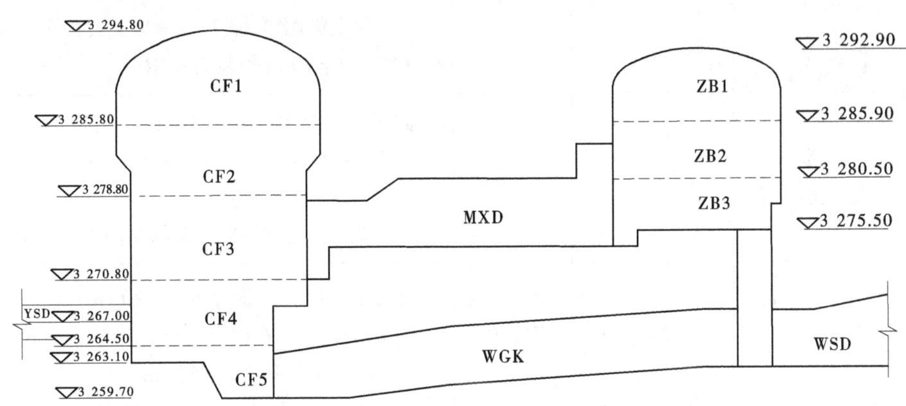

图7-190 地下洞室群台阶开挖高度示意图

表7-43 地下厂房洞群开挖方案

方案	分期开挖	主厂房	主变洞	其他
方案1	第一期	CF1		
	第二期	CF2	ZB1	
	第三期	CF3	ZB2	MXD、JTD
	第四期	CF4	ZB3	YSD、WGK、WSD
	第五期	CF5		
方案2	第一期	CF1	ZB1	
	第二期	CF2	ZB2	
	第三期	CF3	ZB3	MXD、JTD
	第四期	CF4		YSD、WGK、WSD
	第五期	CF5		

7.8.2 地下厂房洞群系统支护方案

依据金桥地下洞室规模和工程地质条件,结合上阶段计算以及同等工程类比,可研设计阶段地下洞室系统原设计支护参数见表 7-44。

表 7-44　地下厂房各主要洞室原支护参数一览表

序号	洞室名称	开挖断面尺寸 ($b\times h$)(m×m)	长度 s(m)	永久支护参数
1	主厂房	18.4×35.4	73.00	锚喷挂网 δ=15 cm,ϕ8@20 cm×20 cm; 顶拱锚杆ϕ28/ϕ32,L=4.5 m/6 m@1.5 m×1.5 m; 边墙锚杆ϕ28/ϕ32,L=6 m/9 m@1.5 m×1.5 m; 主厂房上游墙 3 排 T=1 000 kN、排距 6 m、间距 4.5 m、L=20 m 预应力锚索
2	主变室(尾水管检修闸室)	16.55×17.7	71.65	锚喷挂网 δ=15 cm,ϕ8@20 cm×20 cm; 顶拱锚杆ϕ28/ϕ32,L=4.5 m/6 m@1.5 m×1.5 m; 边墙锚杆ϕ28/ϕ32,L=6 m/9 m@1.5 m×1.5 m
3	交通洞	6.0×5.0	135.19	锚喷挂网 δ=10 cm,ϕ6.5@20 cm×20 cm; 系统锚杆ϕ25,L=4.5 m@1.5 m×1.5 m; 钢筋混凝土衬砌厚 δ=50 cm
4	尾水洞	7.5×9.8	63.57	锚喷挂网 δ=10 cm,ϕ6.5@20 cm×20 cm; 系统锚杆ϕ25,L=4.5 m@1.5m×1.5 m; 钢筋混凝土衬砌厚 δ=50 cm
5	母线洞	5.1×5.0	30.00	锚喷挂网 δ=10 cm,ϕ6.5@20 cm×20 cm; 系统锚杆ϕ22,L=3 m@1.5 m×1.5 m; 钢筋混凝土衬砌厚 δ=40 cm

根据表 7-44,可由式(4-29)计算得到施加普通锚杆后黏聚力增量 ΔC_b=0.22 MPa。

按照经验公式(4-31)和式(4-32)所得推荐支护强度分别为[ΔC_b]=0.1 961 MPa 和[ΔC_b]=0.123 6 MPa。故而,根据式(4-37)金桥地下厂房系统锚杆支护指数为:

$$I_{b1}=\frac{\Delta C_b}{[\Delta C_b]}=1.122\ 0$$

$$I_{b2}=\frac{\Delta C_b}{[\Delta C_b]}=1.779\ 3$$

可见,金桥地下厂房系统锚杆支护指数满足要求。

根据表 7-44,设围岩摩擦系数 f=1.2,可由式(4-29)计算得到施加预应力锚索后黏聚力增量 ΔC_p=0.356 1 MPa,按照经验式(4-34)和式(4-35)所得推荐锚索支护强度分别为[ΔC_p]=0.395 2 MPa 和[ΔC_p]=0.257 1 MPa。故而,根据式(4-38)金桥地下厂房系统锚索支护指数为:

$$I_{p1} = \frac{\Delta C_p}{[\Delta C_p]} = 0.901\ 1$$

$$I_{p2} = \frac{\Delta C_p}{[\Delta C_p]} = 1.385\ 2$$

可见,金桥地下厂房系统锚索支护指数满足要求。

7.8.3 洞室群围岩支护方案优化

在分析研究基础上,并参考类似已建工程的经验,拟定主厂房和主变洞两大洞室围岩支护优化方案如表 7-45 所示。

表 7-45 主厂房和主变洞两大洞室围岩支护优化方案

洞室名称	方案 1	方案 2	方案 3	方案 4	方案 5
主厂房	(1)顶拱 锚杆 Φ 28/Φ 32, L=4.5 m/9.0 m @ 1.5 m×1.5 m。 喷挂网 δ=15 cm, Φ 8@ 20 cm×20 cm。 (2)上游边墙 锚杆 Φ 28/Φ 32, L=4.5 m/9.0 m @ 1.5 m×1.5 m。 预应力锚索 3 排 T=1 000 kN,排距 6 m,间距 4.5 m,L=20 m。 喷挂网 δ=15 cm, Φ 8@ 20 cm×20 cm。 (3)下游边墙 锚杆 Φ 28/Φ 32, L=4.5 m/9.0 m @ 1.5 m×1.5 m。 预应力锚索 3 排 T=1 000 kN,排距 6 m,间距 4.5 m,L=20 m。 喷挂网 δ=15 cm, Φ 8@ 20 cm×20 cm。 以上 9 m 长的锚杆为 100 kN 级的预应力锚杆	(1)顶拱 锚杆 Φ 28/Φ 32, L=4.5 m/9.0 m @ 1.5 m×1.5 m。 喷挂网 δ=15 cm, Φ 8@ 20 cm×20 cm。 (2)上游边墙 锚杆 Φ 28/Φ 32, L=4.5 m/9.0 m @ 1.5 m×1.5 m。 预应力锚索 3 排 T=1 000 kN,排距 6 m,间距 4.5 m,L=20 m。 喷挂网 δ=15 cm, Φ 8@ 20 cm×20 cm。 (3)下游边墙 锚杆 Φ 28/Φ 32, L=4.5 m/9.0 m @ 1.5 m×1.5 m。 预应力锚索 3 排 T=1 000 kN,排距 6 m,间距 4.5 m,L=20 m。 喷挂网 δ=15 cm, Φ 8@ 20 cm×20 cm	(1)顶拱锚杆 Φ 28/Φ 32, L=4.5 m/9.0 m@ 1.5 m×1.5 m。 喷挂网 δ=15 cm, Φ 8@ 20 cm×20 cm。 (2)上游边墙 锚杆 Φ 28/Φ 32, L=4.5 m/9.0 m@ 1.5 m×1.5 m。 喷挂网 δ=15 cm, Φ 8@ 20 cm×20 cm。 (3)下游边墙 锚杆 Φ 28/Φ 32, L=4.5 m/9.0 m@ 1.5 m×1.5 m。 喷挂网 δ=15 cm, Φ 8@ 20 cm×20 cm。 以上 9 m 长的锚杆为 100 kN 级的预应力锚杆	(1)顶拱 锚杆 Φ 28/Φ 32, L=4.5 m/9.0 m @ 1.5 m×1.5 m。 喷挂网 δ=15 cm, Φ 8@ 20 cm×20 cm。 (2)上游边墙锚杆 Φ 28/Φ 32, L=4.5 m/9.0 m@ 1.5 m×1.5 m。 喷挂网 δ=15 cm, Φ 8@ 20 cm×20 cm。 (3)下游边墙锚杆 Φ 28/Φ 32, L=4.5 m/9.0 m@ 1.5 m×1.5 m。 喷挂网 δ=15 cm, φ8@ 20 cm×20 cm	(1)顶拱锚杆 Φ 28/Φ 32, L=4.5 m/6 m@ 1.5 m×1.5 m。 喷挂网 δ=15 cm, Φ 8@ 20 cm×20 cm。 (2)上游边墙 锚杆 Φ 28/Φ 32, L=4.5 m/6 m@ 1.5 m×1.5 m。 预应力锚索 3 排 T=1 000 kN,排距 6 m,间距 4.5 m,L=20 m。 喷挂网 δ=15 cm, Φ 8@ 20 cm×20 cm。 (3)下游边墙 锚杆 Φ 28/Φ 32, L=4.5 m/6 m@ 1.5 m×1.5 m。 预应力锚索 3 排 T=1 000 kN,排距 6 m,间距 4.5 m,L=20 m。 喷挂网 δ=15 cm, Φ 8@ 20 cm×20 cm

续表 7-45

洞室名称	方案 1	方案 2	方案 3	方案 4	方案 5
主变室	(1)顶拱 锚杆Φ28/Φ32，L=4.5 m/9.0 m@1.5 m×1.5 m。 喷挂网δ=15 cm，Φ8@20 cm×20 cm。 (2)上游边墙 锚杆Φ28/Φ32，L=4.5 m/9.0 m@1.5 m×1.5 m。 预应力锚索3排T=1 000 kN，排距6 m，间距4.5 m，L=20 m。 喷挂网δ=15 cm，Φ8@20 cm×20 cm。 (3)下游边墙 锚杆Φ28/Φ32，L=4.5 m/9.0 m@1.5 m×1.5 m。 预应力锚索3排T=1 000 kN，排距6 m，间距4.5 m，L=20 m。 喷挂网δ=15 cm，Φ8@20 cm×20 cm。 以上9 m长的锚杆为100 kN级的预应力锚杆	(1)顶拱 锚杆Φ28/Φ32，L=4.5 m/9.0 m@1.5 m×1.5 m。 喷挂网δ=15 cm，Φ8@20 cm×20 cm。 (2)上游边墙 锚杆Φ28/Φ32，L=4.5 m/9.0 m@1.5 m×1.5 m。 预应力锚索3排T=1 000 kN，排距6 m，间距4.5 m，L=20 m。 喷挂网δ=15 cm，Φ8@20 cm×20 cm。 (3)下游边墙 锚杆Φ28/Φ32，L=4.5 m/9.0 m@1.5 m×1.5 m。 预应力锚索3排T=1 000 kN，排距6 m，间距4.5 m，L=20 m。 喷挂网δ=15 cm，Φ8@20 cm×20 cm	(1)顶拱 锚杆Φ28/Φ32，L=4.5 m/9.0 m@1.5 m×1.5 m。 喷挂网δ=15 cm，Φ8@20 cm×20 cm。 (2)上游边墙 锚杆Φ28/Φ32，L=4.5 m/9.0 m@1.5 m×1.5 m。 喷挂网δ=15 cm，Φ8@20 cm×20 cm。 (3)下游边墙 锚杆Φ28/Φ32，L=4.5 m/9.0 m@1.5 m×1.5 m。 喷挂网δ=15 cm，Φ8@20 cm×20 cm。 以上9 m长的锚杆为100 kN级的预应力锚杆	(1)顶拱 锚杆Φ28/Φ32，L=4.5 m/9.0 m@1.5 m×1.5 m。 喷挂网δ=15 cm，Φ8@20 cm×20 cm。 (2)上游边墙 锚杆Φ28/Φ32，L=4.5 m/9.0 m@1.5 m×1.5 m。 喷挂网δ=15 cm，Φ8@20 cm×20 cm。 (3)下游边墙 锚杆Φ28/Φ32，L=4.5 m/9.0 m@1.5 m×1.5 m。 喷挂网δ=15 cm，Φ8@20 cm×20 cm	(1)顶拱 锚杆Φ28/Φ32，L=4.5 m/6 m@1.5 m×1.5 m。 喷挂网δ=15 cm，Φ8@20 cm×20 cm。 (2)上游边墙 锚杆Φ28/Φ32，L=4.5 m/6 m@1.5 m×1.5 m。 预应力锚索3排T=1 000 kN，排距6 m，间距4.5 m，L=20 m。 喷挂网δ=15 cm，Φ8@20 cm×20 cm。 (3)下游边墙 锚杆Φ28/Φ32，L=4.5 m/6 m@1.5 m×1.5 m。 预应力锚索3排T=1 000 kN，排距6 m，间距4.5 m，L=20 m。 喷挂网δ=15 cm，Φ8@20 cm×20 cm

续表 7-45

洞室名称	方案 1	方案 2	方案 3	方案 4	方案 5
主厂房	(1)顶拱 锚杆Φ28/Φ32, L=4.5 m/6 m@1.5 m×1.5 m。 喷挂网δ=15 cm, Φ8@20 cm×20 cm。 (2)上游边墙 锚杆Φ28/Φ32, L=4.5 m/6 m@1.5 m×1.5 m。 喷挂网δ=15 cm, Φ8@20 cm×20 cm。 (3)下游边墙 锚杆Φ28/Φ32, L=4.5 m/6 m@1.5 m×1.5 m。 喷挂网δ=15 cm, Φ8@20 cm×20 cm	(1)顶拱 锚杆Φ28/Φ32, L=6.0 m/9 m@1.5 m×1.5 m。 喷挂网δ=15 cm, Φ8@20 cm×20 cm。 (2)上游边墙 锚杆Φ28/Φ32, L=6.0 m/9 m@1.5 m×1.5 m。 预应力锚索3排 T=1 000 kN,排距6 m,间距4.5 m, L=20 m。 喷挂网δ=15 cm, Φ8@20 cm×20 cm。 (3)下游边墙 锚杆Φ28/Φ32, L=6 m/9 m@1.5 m×1.5 m。 预应力锚索3排 T=1 000 kN,排距6 m,间距4.5 m, L=20 m。 喷挂网δ=15 cm, Φ8@20 cm×20 cm。 以上9 m长的锚杆为100 kN级的预应力锚杆	(1)顶拱 锚杆Φ28/Φ32, L=6.0 m/9 m@1.5 m×1.5 m。 喷挂网δ=15 cm, Φ8@20 cm×20 cm。 (2)上游边墙 锚杆Φ28/Φ32, L=6.0 m/9 m@1.5 m×1.5 m。 预应力锚索3排 T=1 000 kN,排距6 m,间距4.5 m, L=20 m。 喷挂网δ=15 cm, Φ8@20 cm×20 cm。 (3)下游边墙 锚杆Φ28/Φ32, L=6 m/9 m@1.5 m×1.5 m。 预应力锚索3排 T=1 000 kN,排距6 m,间距4.5 m, L=20 m。 喷挂网δ=15 cm, Φ8@20 cm×20 cm	(1)顶拱 锚杆Φ28/Φ32, L=6.0 m/9 m@1.5 m×1.5 m。 喷挂网δ=15 cm, Φ8@20 cm×20 cm。 (2)上游边墙 锚杆Φ28/Φ32, L=6.0 m/9 m@1.5 m×1.5 m。 喷挂网δ=15 cm, Φ8@20 cm×20 cm。 (3)下游边墙 锚杆Φ28/Φ32, L=6 m/9 m@1.5 m×1.5 m。 喷挂网δ=15 cm, Φ8@20 cm×20 cm。 以上9 m长的锚杆为100 kN级的预应力锚杆	(1)顶拱 锚杆Φ28/Φ32, L=6.0 m/9 m@1.5 m×1.5 m。 喷挂网δ=15 cm, Φ8@20 cm×20 cm。 (2)上游边墙 锚杆Φ28/Φ32, L=6.0 m/9 m@1.5 m×1.5 m。 喷挂网δ=15 cm, Φ8@20 cm×20 cm。 (3)下游边墙 锚杆Φ28/Φ32, L=6 m/9 m@1.5 m×1.5 m。 喷挂网δ=15 cm, Φ8@20 cm×20 cm

续表 7-45

洞室名称	方案 6	方案 7	方案 8	方案 9	方案 10
主变室	(1)顶拱 锚杆Φ 28/Φ 32, L=4.5 m/6 m@ 1.5 m×1.5 m。 喷挂网 δ=15 cm,Φ 8@ 20 cm×20 cm。 (2)上游边墙 锚杆Φ 28/Φ 32, L=4.5 m/6 m@ 1.5 m×1.5 m。 喷挂网 δ=15 cm,Φ 8@ 20 cm×20 cm。 (3)下游边墙 锚杆Φ 28/Φ 32, L=4.5 m/6 m@ 1.5 m×1.5 m。 喷挂网 δ=15 cm,Φ 8@ 20 cm×20 cm	(1)顶拱 锚杆Φ 28/Φ 32, L=6.0 m/9 m@ 1.5 m×1.5 m。 喷挂网 δ=15 cm,Φ 8@ 20 cm×20 cm。 (2)上游边墙 锚杆Φ 28/Φ 32, L=6.0 m/9 m@ 1.5 m×1.5 m。 预应力锚索 3 排 T=1 000 kN,排距 6 m,间距 4.5 m,L=20 m。 喷挂网 δ=15 cm,Φ 8@ 20 cm×20 cm。 (3)下游边墙 锚杆Φ 28/Φ 32, L=6.0 m/9 m@ 1.5 m×1.5 m。 预应力锚索 3 排 T=1 000 kN,排距 6 m,间距 4.5 m,L=20 m。 喷挂网 δ=15 cm,Φ 8@ 20 cm×20 cm。 以上 9 m 长的锚杆为 100 kN 级的预应力锚杆	(1)顶拱 锚杆Φ 28/Φ 32, L=6.0 m/9 m@ 1.5 m×1.5 m。 喷挂网 δ=15 cm,Φ 8@ 20 cm×20 cm。 (2)上游边墙 锚杆Φ 28/Φ 32, L=6.0 m/9 m@ 1.5 m×1.5 m。 预应力锚索 3 排 T=1 000 kN,排距 6 m,间距 4.5 m,L=20 m。 喷挂网 δ=15 cm,Φ 8@ 20 cm×20 cm。 (3)下游边墙 锚杆Φ 28/Φ 32, L=6.0 m/9 m@ 1.5 m×1.5 m。 预应力锚索 3 排 T=1 000 kN,排距 6 m,间距 4.5 m,L=20 m。 喷挂网 δ=15 cm,Φ 8@ 20 cm×20 cm	(1)顶拱 锚杆Φ 28/Φ 32, L=6.0 m/9 m@ 1.5 m×1.5 m。 喷挂网 δ=15 cm,Φ 8@ 20 cm×20 cm。 (2)上游边墙 锚杆Φ 28/Φ 32, L=6.0 m/9 m@ 1.5 m×1.5 m。 喷挂网 δ=15 cm,Φ 8@ 20 cm×20 cm。 (3)下游边墙 锚杆Φ 28/Φ 32, L=6.0 m/9 m@ 1.5 m×1.5 m。 喷挂网 δ=15 cm,Φ 8@ 20 cm×20 cm。 以上 9 m 长的锚杆为 100 kN 级的预应力锚杆	(1)顶拱 锚杆Φ 28/Φ 32,L=6.0 m/9 m@ 1.5 m×1.5 m。 喷挂网 δ=15 cm,Φ 8@ 20 cm×20 cm。 (2)上游边墙 锚杆Φ 28/Φ 32,L=6.0 m/9 m@ 1.5 m×1.5 m。 喷挂网 δ=15 cm,Φ 8@ 20 cm×20 cm。 (3)下游边墙 锚杆Φ 28/Φ 32,L=6.0 m/9 m@ 1.5 m×1.5 m。 喷挂网 δ=15 cm,Φ 8@ 20 cm×20 cm

7.8.3.1　围岩塑性区

从围岩塑性区分布图可以清楚看出,10 种支护方案洞室群开挖围岩塑性区分布和发展过程基本相同,洞室第 1 层开挖,顶拱出现塑性区,随着洞室向下部逐层开挖,顶拱的塑性区扩展的范围和向围岩深部发展的深度很小;洞室高边墙围岩塑性区随着洞室下部逐层开挖,扩展的范围和向围岩深部延伸的深度也逐步增加,到开挖结束即第 5 期开挖结束后,各支护方案围岩塑性区分布范围和深度基本相同,如图 7-191 ~ 图 7-196 所示,两大洞室之间岩墙塑性区没有贯通;在洞口附近围岩塑性损伤程度相对较大。

(a)2#机机组中心线横剖面

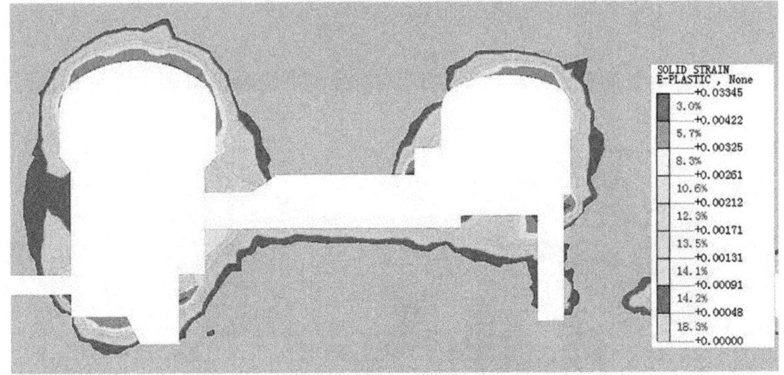

(b)2#机母线洞中心线剖面

图 7-191　支护方案 10 洞室开挖结束机组横剖面围岩塑性区分布范围示意图

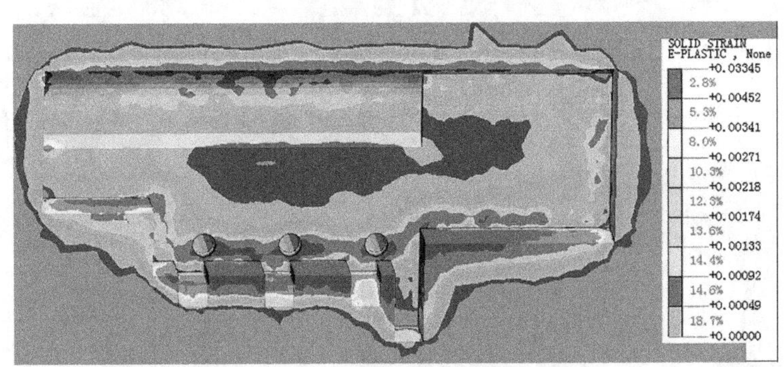

图 7-192　支护方案 1 洞室开挖结束厂房洞纵轴线向上游看围岩塑性区分布范围剖视图

(1)本次计算地下厂房上游边墙塑性区在围岩中最大延伸深度约为 5.8 m,顶拱为 4.2 m,下游边墙为 7.8 m;安装间上游边墙为 4.0 m,顶拱为 3.0 m,下游边墙为 4.5 m,端墙为 4.2 m;副厂房上游边墙约为 4.1 m,顶拱为 4.3 m,下游边墙为 4.5 m,端墙为 4.1 m。

(2)主变洞上游边墙塑性区在围岩中最大延伸深度约为 4.6 m,顶拱为 4.5 m,下游边墙为 3.8 m,左端墙为 3.0 m,右端墙为 3.0 m。

(3)从塑性区分布和塑性应变量值可以看出,10 种支护方案对围岩塑性区影响很小,表 7-46 是 10 种支护塑性区的最大塑性应变量值。

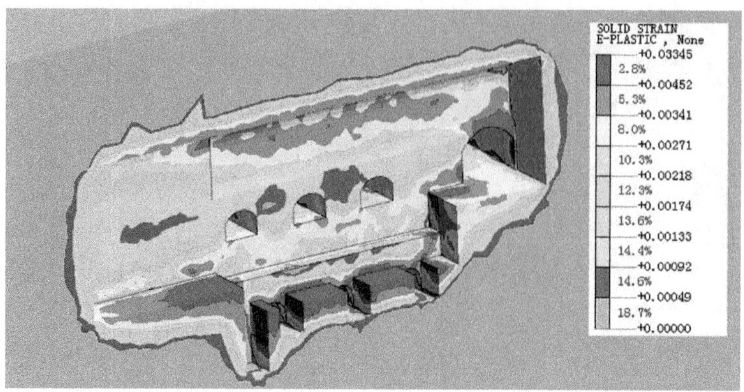

图 7-193　支护方案 1 洞室开挖结束厂房洞纵轴线向下游看围岩塑性区分布范围剖视图

图 7-194　支护方案 1 洞室开挖结束主变洞纵轴线向上游看围岩塑性区分布范围剖视图

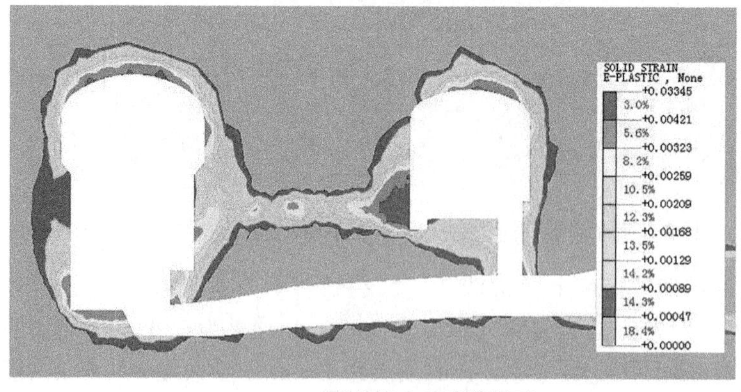

(a)2#机机组中心线横剖面

图 7-195　支护方案 1 洞室开挖结束机组横剖面围岩塑性区分布范围示意图

(b)2#机母线洞中心线剖面

续图 7-195

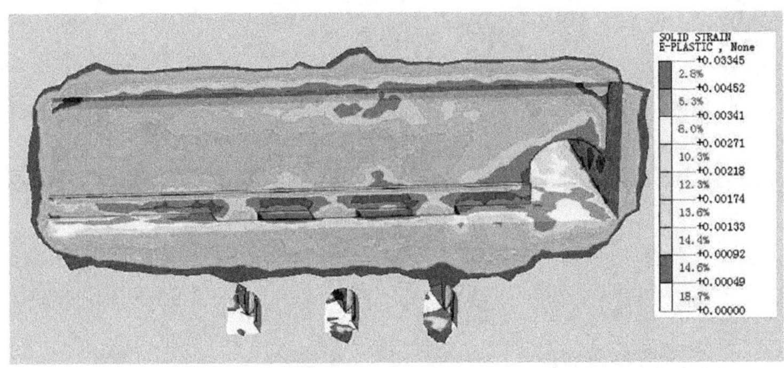

图 7-196 支护方案 1 洞室开挖结束主变洞纵轴线向下游看围岩塑性区分布范围剖视图

表 7-46 10 种支护塑性区的最大塑性应变量值

支护方案	1	2	3	4	5
最大塑性应变值	0.033 45	0.033 46	0.033 45	0.033 45	0.033 44
支护方案	6	7	8	9	10
最大塑性应变值	0.033 43	0.033 45	0.033 45	0.033 44	0.033 45

7.8.3.2 围岩变形

洞室开挖结束后，厂房洞室上游边墙最大变形 28.59~28.82 mm，变形一般在 21 mm 以下，顶拱最大变形 20.90~21.17 mm；下游边墙最大变形 34.42~35.12 mm，变形一般在 25 mm 以下，变形较大值位于 1#~3#机组的母线洞上下附近区域，最大变形位于交通洞与主变洞下游墙交接处。10 种支护方案，厂房洞室上游边墙、顶拱、下游边墙围岩变形最大值与最小值之间的差值分别为 0.23 mm、0.27 mm、0.70 mm。

洞室开挖结束后，主变洞上游边墙最大变形 26.06～26.38 mm，变形一般在 20 mm 以下；顶拱最大变形 18.07～18.93 mm；下游边墙最大变形 23.15～23.31 mm（最大变形位于交通洞与主变洞下游墙交接处），变形一般在 15 mm 以下。10 种支护方案，主变洞室上游边墙、顶拱、下游边墙围岩变形最大值与最小值之间的差值分别为 0.32 mm、0.86 mm、0.16 mm。

图 7-197～图 7-198 是洞室群开挖结束后围岩变形分布图，厂房和主变洞分期开挖洞周最大水平变形（或竖向变形）统计见表 7-47。

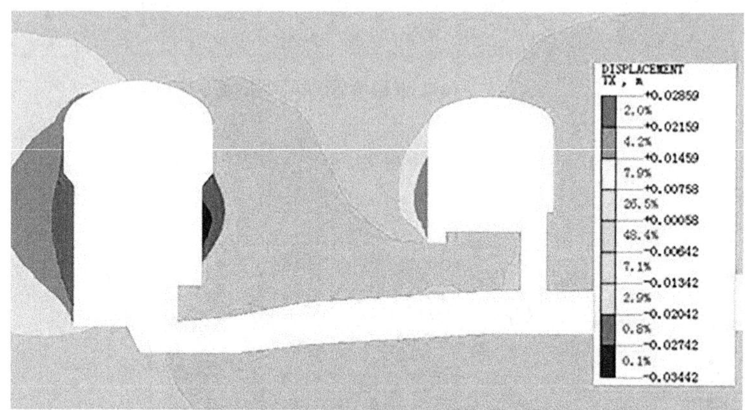

(a)水平变形

(b)竖向变形

图 7-197　支护方案 1 洞室开挖结束 2# 机中心线横剖面围岩变形分布图

(a)水平变形

(b)竖向变形

图 7-198 支护方案 10 洞室开挖结束 2#机中心线横剖面围岩变形分布图

表 7-47 支护方案与围岩最大变形 （单位：mm）

支护方案	主厂房			主变洞		
	上游边墙	顶拱	下游边墙	上游边墙	顶拱	下游边墙
1	28.59	20.90	34.42	26.26	18.72	23.18
2	28.64	21.12	34.67	26.30	18.89	23.22
3	28.68	20.94	34.85	26.33	18.76	23.26
4	28.73	21.16	35.12	26.38	18.93	23.30
5	28.64	21.12	34.63	26.22	18.90	23.23
6	28.73	21.17	35.06	26.30	18.83	23.31
7	28.68	20.90	34.43	26.06	18.07	23.15
8	28.72	21.12	34.67	26.10	18.23	23.19
9	28.77	20.95	34.85	26.13	18.11	23.23
10	28.82	21.17	35.11	26.18	18.26	23.27

7.8.3.3　围岩应力

从围岩应力分布结果来看(图 7-190 和图 7-200),10 种支护措施形成洞周的二次应力场基本相同,差异较小,第 5 期开挖结束后,洞周局部有应力集中现象,分布在洞室的交叉口和面与面相交的直棱附近第 1 主应力最大值为 33.406~33.667 MPa,是岩体平均饱和抗压强度 70 MPa 的 47.3%~48.1%,围岩强度应力比值为 2.1;绝大部分岩体第 1 主应力在 19.0 MPa 以下,是岩体饱和抗压强度 70 MPa 的 27.1%,围岩强度应力比值为 3.7;局部地区第 2 主应力和第 3 主应力有拉应力,主拉应力最大值为 0.771 MPa。10 种支护方案,围岩第 1 主应力最大值与最小值之间的差值为 0.22 MPa。支护方案与围岩主应力极值统计见表 7-48。

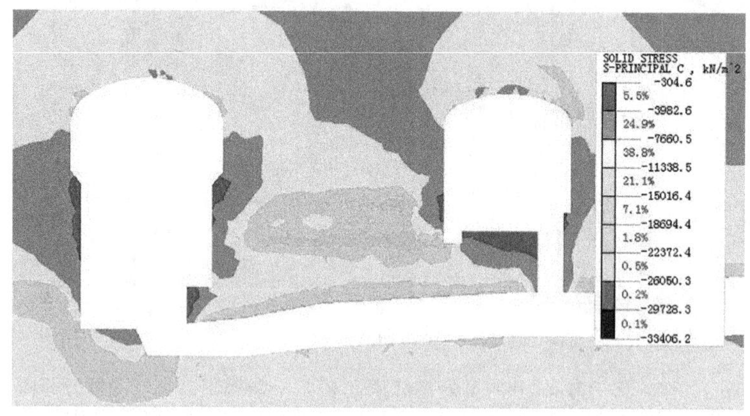

(a)第1主变力

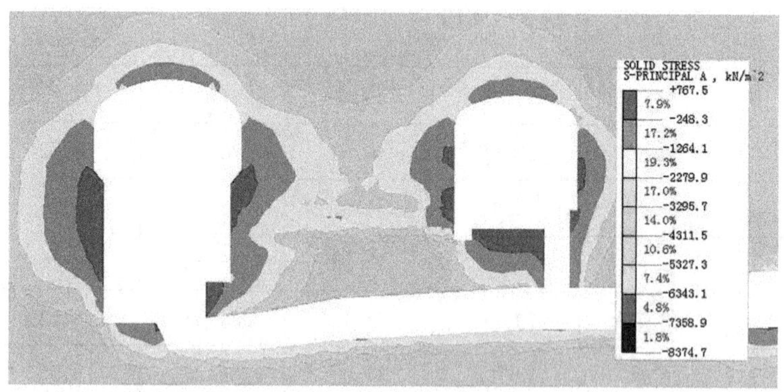

(b)第3主变力

图 7-199　支护方案 1 洞室开挖结束 2#机中心线横剖面围岩主应力分布图

(a)第1主应力

(b)第1主应力

图7-200　支护方案10洞室开挖结束2#机中心线横剖面围岩主应力分布图

表7-48　支护方案与围岩主应力极值　（单位：MPa）

支护方案	第1主应力		第2主应力		第3主应力	
	最大值	最小值	最大值	最小值	最大值	最小值
1	-33.406	-0.305	-14.056	0.585	-8.375	0.768
2	-33.404	-0.305	-14.059	0.584	-8.375	0.767
3	-33.441	-0.307	-14.061	0.582	-8.375	0.767
4	-33.441	-0.308	-14.064	0.581	-8.376	0.767
5	-33.399	-0.291	-14.061	0.580	-8.376	0.771
6	-33.435	-0.294	-14.066	0.577	-8.376	0.770
7	-33.628	-0.293	-14.056	0.587	-8.375	0.770
8	-33.630	-0.293	-14.058	0.586	-8.375	0.770
9	-33.665	-0.295	-14.061	0.584	-8.375	0.770
10	-33.667	-0.296	-14.064	0.583	-8.376	0.769

7.8.3.4　锚杆(索)应力

表 7-49 为各支护方案下的锚杆(索)应力极值,图 7-201、图 7-202 是洞室群围岩变形锚杆(索)轴力分布图。从锚杆应力分布来看,在塑性区范围内和洞室的交叉口的杆体轴向应力一般相对较大。

表 7-49　支护方案与锚杆(索)应力极值

支护方案	主厂房			主变洞		
	边墙锚杆(MPa)	顶拱锚杆(MPa)	锚索(MPa)	边墙锚杆(MPa)	顶拱锚杆(MPa)	锚索(MPa)
1	549.69	468.52	1 409.71	468.31	404.72	1 368.69
2	549.90	475.58	1 416.54	469.17	410.00	1 372.34
3	550.10	471.08		469.94	406.22	
4	550.34	471.08		470.79	411.52	
5	550.28	475.61	1 420.00	452.09	409.94	1 381.04
6	550.72	478.23		453.92	411.46	
7	549.65	466.13	1 409.29	445.51	385.12	1 368.05
8	549.89	473.11	1 416.11	446.51	390.02	1 371.14
9	550.08	468.65		447.29	386.53	
10	550.33	475.69		448.30	391.44	

主厂房边墙锚杆应力最大值在 549.65~550.72 MPa,差值为 1.07 MPa,77.4%应力点的应力在 200 MPa 以下,下游边墙锚杆应力大于上游边墙中的锚杆应力;顶拱锚杆应力最大值在 466.13~478.23 MPa,差值为 12.10 MPa,59.7%应力点的应力在 200 MPa 以下;1 000 kN 级锚索应力最大值在 1 409.29~1 416.54 MPa,约是屈服强度 1 860 MPa 的 75.8%~76.1%。

主变洞边墙锚杆应力最大值在 445.51~470.79 MPa,差值为 25.28 MPa,81.4%应力点的应力在 200 MPa 以下,下游边墙锚杆应力大于上游边墙中的锚杆应力;顶拱锚杆应力最大值在 385.12~411.52 MPa,差值为 26.40 MPa,71.2%应力点的应力在 200 MPa 以下;1 000 kN 级锚索应力最大值在 1 368.69~1381.04 MPa,约是屈服强度 1 860 MPa 的 73.6%~74.2%。

7.8.4　围岩稳定多维控制关键技术应用成果及建议

根据本工程的岩体力学特性和地质条件,通过综合分析地下洞室群开挖支护多方案的数值仿真分析结果和块体稳定性分析结果,提出如下成果。

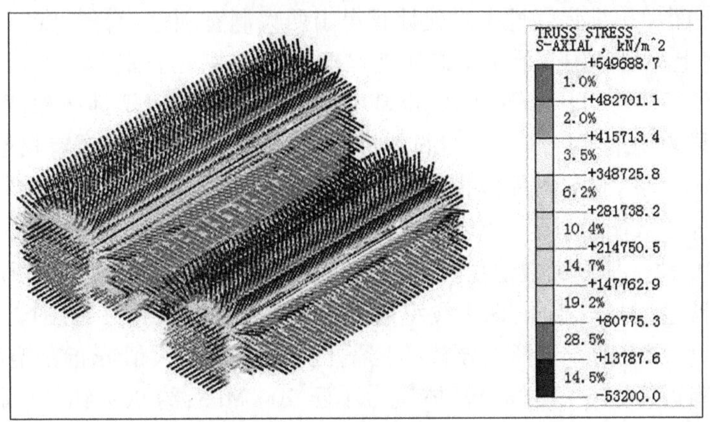

(a)锚杆应力

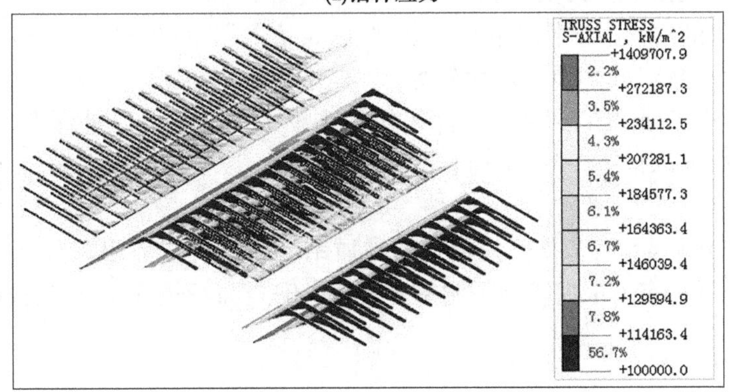

(b)锚索应力

图 7-201　支护方案 1 洞室开挖结束锚杆(索)应力分布图

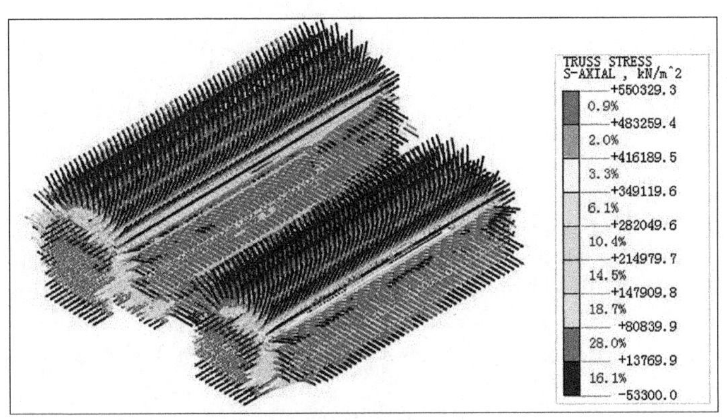

图 7-202　支护方案 10 洞室开挖结束锚杆应力分布图

(1)通过有无系统支护的三维弹塑性有限元计算分析得出系统锚固措施可以有效控制围岩塑性区和围岩变形,塑性区变化幅度在 10%~20%,围岩变形变化幅度在 25%~30%。

(2)通过平面和三维弹塑性有限元计算得出两大洞室顶拱锚杆长度穿过围岩塑性区深度;地下厂房上边墙和主变洞上下游边墙锚杆长度基本穿过围岩塑性区;地下厂房下游边墙大部分锚杆长度穿过围岩塑性区,也基本大于70%的围岩塑性区深度。同时,三维弹塑性计算结果表明地下厂房与主变洞之间的30 m厚岩墙塑性区没有贯通,塑性区线长度占岩墙厚的41.0%;洞室洞周破损区深度不大于洞室跨度的40%~60%。由此,说明拟定的系统锚杆参数能够满足洞室围岩整体稳定要求。

(3)通过10种支护方案数值仿真分析得出不同方案之间的洞室群开挖围岩塑性区分布范围和发展过程基本相同,两大洞室之间的岩墙塑性区没有贯通,围岩损伤主要发生于洞口附近;厂房洞室围岩变形差异较小;锚杆(索)应力较大值分布在塑性区范围内和洞室的交叉口附近,约76%锚杆中杆体应力小于200 MPa;约90%锚杆中杆体应力小于300 MPa;锚索应力最大值约是屈服强度的75.0%。

根据本工程的岩体力学特性和地质条件,以及地下洞室群开挖支护多方案的数值仿真分析和块体稳定性分析结果,并参考类似工程建设经验,提出如下建议。

(1)根据弹塑性收敛的速度和塑性区分布、块体在围岩中的延伸深度来看,建议两大洞室顶拱的锚杆可以稍短一些,布置于边墙上的锚索可以根据开挖揭露的地质情况,进行适当的优化调整。

(2)建议在施工阶段,依据开挖揭露的地质结构面进行块体跟踪分析或预测分析是非常有必要的,从而有力地保障地下洞室开挖施工安全,做到跟踪动态支护设计。

参考文献

[1] 邬爱清,徐平,徐春敏,等.三峡工程地下厂房围岩稳定型研究[J].岩石力学与工程学报,2001,20(5):690-695.

[2] 樊启祥,王义锋.向家坝水电站地下厂房缓倾角层状围岩稳定分析[J].岩石力学与工程学报,2010,29(7):1307-1313.

[3] 左双英,肖明.高地应力区水电站地下厂房分期开挖围岩稳定分析[J].水电能源科学,2010,28(5):88-90,126.

[4] 许强,张登项,郑光.锦屏Ⅰ级水电站左岸坝肩边坡施工期破坏模式及稳定性分析[J].岩石力学与工程学报,2009,28(6):1183-1192.

[5] 方丹,陈建林,张帅.杨房沟水电站地下厂房围岩稳定性分析[J].岩土力学与工程学报,2013,32(10):2094-2099.

[6] 聂卫平,徐卫亚,周先齐,等.向家坝水电站地下厂房围岩稳定的黏弹塑性有限元分析[J].岩土力学,2010,31(4):1276-1282.

[7] 程丽娟,李仲奎,郭凯.锦屏一级水电站地下厂房洞室群围岩时效变形研究[J].岩石力学与工程学报,2011,30(S1):3081-3088.

[8] Feng, XT., Xu, H., Qiu, SL., et al. In situ observation of rock spalling in the deep tunnels of the China Jinping underground Laboratory (2 400 m Depth)[J]. Rock Mech Rock Eng,2018. 51,1193-1213.

[9] Ang Li, Yi Liu, Feng Dai, Ke Liu, et al. Continuum analysis of the structurally controlled displacements for large-scale underground caverns in bedded rock masses [J]. Tunnelling and Underground Space Technology,2020,97(Mar.):103288. 1-103288. 15.

[10] 董家兴,赵毅然,徐光黎,等.基于工程类比的高地应力地下洞室高边墙围岩支护强度评价[J/OL].长江科学院院报:1-9[2021-03-06]. http://kns. cnki. net/kcms/detail/42. 1171. TV. 20210226. 1618. 010. html.

[11] 王克忠,李仲奎,王玉培,等.大型地下洞室断层破碎带变形特征及强柔性支护机制研究[J].岩石力学与工程学报,2013,32(12):2455-2462.

[12] 李金河,伍文锋,李建川.溪洛渡水电站超大型地下厂房洞室群岩体工程控制与监测[J].岩石力学与工程学报,2013,32(1):8-14.

[13] 刘鹏,赵青,陈轶磊,等.断层破碎带与洞室间距对地下水封洞库洞室稳定性的影响研究[J].长江科学院院报,2018,35(8):151-153,158.

[14] 张頔,李邵军,徐鼎平,等.双江口水电站主厂房开挖初期围岩变形破裂与稳定性分析研究[J].岩石力学与工程学报,2021,40(3):520-532.

[15] Zimbardo Margherita, Cannone Claudio, Ercoli Laura, et al. A risk assessment proposal for underground cavities in Hard Soils-Soft Rocks[J]. International Journal of Rock Mechanics and Mining Sciences, 2018,103,43-54.

[16] Salmi, E. F., Nazem, M. & Giacomini, A. A numerical investigation of sinkhole subsidence development over shallow excavations in tectonised weak rocks:the dolaei tunnel's excavation case[J]. geotech Geol Eng,2017,35,1685-1716.

[17] Behnia, M., Seifabad, M. C. Stability analysis and optimization of the support system of an underground

powerhouse cavern considering rock mass variability[J]. Environ Ea+rth Sci 2018,77,645.

[18] Rezaei, M., Rajabi, M. Assessment of plastic zones surrounding the power station cavern using numerical, fuzzy and statistical models [J]. Engineering with Computers ,2021,37(2): 1499-1518.

[19] Kumar, V., Gopalakrishnan, N., Singh, N. P. et al. Microseismic monitoring application for primary stability evaluation of the powerhouse of the Tapovan Vishnugad Hydropower Project [J]. Journal of earth system science, 2019,128(6):169-1-169-16.

[20] Bhasin, R., Pabst, T. Finite element and distinct element analysis of the stability of a large underground hydropower machine hall in the Himalayas [J]. KSCE journal of civil engineering,2015,19(3):725-732.

[21] Abdollahipour, A., Rahmannejad, R. Investigating the effects of lateral stress to vertical stress ratios and caverns shape on the cavern stability and sidewall displacements [J]. Arabian journal of geosciences,2013,6(13):4811-4819.

[22] Mishra A. K., Ahmed I. Three-Dimensional Numerical Modeling of Underground Powerhouse Complex of 720 MW Mangdechhu Hydroelectric Project, Bhutan. In: Shukla S., Barai S., Mehta A. (eds) Advances in Sustainable Construction Materials and Geotechnical Engineering. Lecture Notes in Civil Engineering,2020,35. Springer, Singapore.

[23] Atsushi Sainoki, Duncan Maina, Adam Karl Schwartzkopff, Yuzo Obara, Murat Karakus, Impact of the intermediate stress component in a plastic potential function on rock mass stability around a sequentially excavated large underground cavity[J]. International Journal of Rock Mechanics and Mining Sciences, 2020,127:104-223.

[24] Mohammad Rezaei, Morteza Rajabi. Vertical displacement estimation in roof and floor of an underground powerhouse cavern[J]. Engineering Failure Analysis, 2018,90,290-309.

[25] Nader Moussaei, Mostafa Sharifzadeh, Kourosh Sahriar, Mohammad Hossein Khosravi. A new classification of failure mechanisms at tunnels in stratified rock masses through physical and numerical modeling [J]. Tunnelling and Underground Space Technology,2019,91(Sep.):103017. 1-103017. 12.

[26] Yossef H. Hatzor, Ilia Wainshtein, Dagan Bakun Mazor, Stability of shallow karstic caverns in blocky rock masses[J]. International Journal of Rock Mechanics and Mining Sciences,2010,47, Issue 8,1289-1303.

[27] V. B. Maji. Numerical analysis of Shiobara hydropower cavern using practical equivalent approach[J].岩石力学与岩土工程学报(英文版),2018,10(2):402-410.

[28] 李沃钊,李钟奎. 监测反馈分析在二滩地下厂房施工中的应用[J].水电站设计,1999,15(1):66-72. [LI Wozhao,LI Zhongkui. Application of feedback analysis in construction of Ertan underground powerhouse[J]. Design of Hydroelectric Power Station,1999,15(1):66-72. (in Chinese)].

[29] 唐旭海,张建海,张恩宝. 溪洛渡电站左岸地下厂房洞室群围岩整体稳定性研究[J]. 云南水力发电,2007,23(1):33-37. [TANG Xuhai,ZHANG Jianhai,ZHANG Enbao. Study on the cavern surrounding rock stability of the underground powerhouse of the xiluodu hydropower station[J]. Yun Nan Water Power, 2007,23(1):33-37. (in Chinese)].

[30] 韩荣荣,张建海,张肖,等. 地应力场反演回归分析的一种改进算法[J]. 四川水利,2008,(4):72-75. [Han Rongrong, Zhang Jianhai, Zhang Xiao, et al. An improved algorithm of inversion regression analysis for groundstress field [J]. Sichuan Water Resource, 2008, (4): 72-75. (in Chinese)].

[31] 徐芝纶. 弹性力学[M]. 北京:高等教育出版社,1978. [Xu ZhiLun. Theory of elasticity[M]. Beijing: Higher Education Press,1978. (in Chinese)].

[32] 徐士良. FORTRAN 常用算法程序集[M]. 北京:清华大学出版社,1992. (XU Shiliang. Fortran

algorithms procedures set[M]. Beijing:Tsinghua University Press,1992. (in Chinese)).

[33] 李庆杨,王能超,易大义. 数值分析[M]. 北京:清华大学出版社,2008. (LI Qingyang, Wang Nengchao, YI Dayi. numerical analysis[M]. Beijing:Tsinghua University Press, 2008).

[34] 许强,黄润秋. 考虑地应力的洞室围岩块体稳定性分析的理论与实践[J]. 地质力学与环境保护,1996,7(4):1-6. [Xu Qiang,Huang Runqiu. The theory and application of stability analysis of surrounding rock in consideration of geostress[J]. Journal of Geological Hazards and Environment Preservation, 1996,7(4):1-6. (in Chinese)].

[35] 闫和雷. 蒲石河抽水蓄能电站地下厂房围岩块体稳性研究[D]. 长春:吉林大学,2007. [Yan Helei. A study on block stability in the surrounding rock of underground cavities in Pushihe Pumped-storage Power Station[D]. Changchun: JilinUniversity, 2007. (in Chinese)].

[36] 李攀峰,王银梅,张倬元. 某大型地下洞室群整体稳定性评价[J]. 太原理工大学学报,2002,33(4):422-425. [LI Panfeng,WANG Yinmei,ZHANG Zhuoyuan. Stability Assessment of a Large-scale Underground Chamber Group[J]. Journal of Taiyuan University of Technology, 2002,33(4):422-425].

[37] 朱维申,孙爱花,王文涛,等. 大型洞室群高边墙位移预测和围岩稳定性判别方法[J]. 岩石力学与工程学报. 2007,26(9):1729-1736. [Zhu Weishen, Sun Aihua, Wang Wentao, et al. Study on prediction of high wall displacement and stability judging method of surrounding rock for large cavern groups [J]. Chinese Journal of Rock Mechanics and Engineering, 2007,26(9):1729-1736. (in Chinese)].

[38] 郭凌云,肖明. 地下工程岩体参数场反演分析应用研究[J]. 岩石力学与工程学报. 岩石力学与工程学报, 2008, 27(Supp. 2): 3822-3826. [(GUO Lingyu, XIAO Ming. Back-analysis and application study on surrounding rock parameter field of underground engineering[J]. Chinese Journal of Rock Mechanics and Engineering, 2008, 27(Supp. 2): 3822-3826. (in Chinese)].

[39] 王文远, 张四和. 糯扎渡水电站左岸厂房区地下洞室群围岩稳定性研究[J]. 水力发电, 2005, 31(5): 30-32, 39. [Wang Wenyuan, Zhang Sihe. Study on the stability of surrounding rocks of the underground chamber group for the left-bank powerhouse of Nuozhadu Hydropower Station[J]. Water Power, 2005,31(5):30-32,39. (in Chinese)].

[40] 谢晔,刘军. 在大型地下开挖中围岩块体稳定性分析[J]. 岩石力学与工程学报,2006,25(2):306-311. [XIE Ye, LIU Jun. Stability Analysis of Block in Surrounding Rock Mass of Large Underground Excavation[J]. Journal of Rock Mechanics and Engineering, 2006,25(2):306-311].

[41] 陈秀铜,李璐. 大型地下厂房洞室群围岩稳定分析[J]. 岩石力学与工程学报,2008,27(supp. 1):2866-2872. [CHEN Xiutong, LI Lu. Stability analysis of surrounding rock of large underground powerhouse cavern group[J]. Chinese Journal of Rock Mechanics and Engineering,2008,27(supp. 1):2866-2872].

[42] 雍世和,张超谟. 测井数据处理与综合解释[M]. 东营:中国石油大学出版社,1996. [YONG Shihe, ZHANG Chaomo. Digital processing and interpretation of well-logging[M]. Dongying: China University of Petroleum Press,1996. (in Chinese)].